JN217974

Pythonによる データ分析入門

第2版

NumPy、pandasを使ったデータ処理

Wes McKinney　著

瀬戸山 雅人
小林 儀匡　訳
滝口 開資

SECOND EDITION

Python for Data Analysis

Data Wrangling with Pandas, NumPy,
and IPython

Wes McKinney

Beijing · Boston · Farnham · Sebastopol · Tokyo

訳者まえがき

　この本の日本語版の初版は、2013年に出版されました。それから5年近く経過し、当時とはかなり状況が変わったように思います。当時の時点で、既にデータサイエンスは注目されていました。また、データサイエンティストという職種も登場していました。ただ、あくまで個人的な感触ですが、まだ当時はRに関する情報の方が多かったように思います。しかし、近年では、機械学習、AIのブーム、それに伴って使われるようになったscikit-learn、statsmodels、TensorFlow、Keras、Chainer、PyTorchなどのPython製のライブラリによって、Pythonの人気が圧倒的になっています。Pythonに関する書籍も多く出版されました。

　そのような変化の中で、この本で紹介しているpandasやその前提としているPythonのバージョンも上がっていきました。特にPythonは、バージョン3以降がようやく普及し始めて、新バージョンを使える機会も増えたように思います。初版で前提としていたPythonのバージョンは2.7で、pandasは0.8.2でしたが、第2版ではPythonは3.6、pandasは原書が執筆された2017年時点で最新の0.19.2が前提になっています。

　また訳していく中で気付きましたが、第2版では、初版の原文に対して細部にいたるまで細かい修正が行われており、あいまいな表現やわかりにくい表現が置き換えられています。おそらく原著者は、全文を見直してブラッシュアップをされたのではないかと思います。また、章の構成も読みやすくするための変更が加えられています。例えば、pandasの応用編として独立した章が設けられ、その章に応用的な内容はまとめられています。第2版での書き下ろしの内容として、statsmodelsを使ったモデリングに関する章も追加されています。原著者のそういった手を抜かずに第2版に挑む姿勢には訳者としても応えようと思い、日本語訳の文章も基本的に全文を見直し、わかりにくいところは表現を変更しました。

　第2版では、初版と同様に私の大学時代の友人である滝口氏と小林氏と一緒に翻訳を行いました。読んでいただければわかると思いますが、日本語版では積極的に訳注と補足説明を加えました。また、これは訳者にしかわからないかもしれませんが、説明のために本文を追加しているところもあります。これらの追加・変更は、滝口氏、小林氏や私がわかりにくいと感じたところや説明が唐突だと感じたと

ころで、読者がなるべく手を止めずに、理解するための思考を止めずに、快適に読み進められるように考慮したものです。この本に対して本気で取り組んでくださった両氏には心から感謝します。また、翻訳原稿をレビューしてくださった藤村行俊氏と鈴木駿氏、いつものように丁寧な編集作業をしてくださるオライリー・ジャパンの赤池氏にも感謝します。

　この本を手に取った方々が、新たな知識を得て、それぞれの道で活躍されていくのを私は願っています。

瀬戸山 雅人

まえがき

第2版での変更点

　この本の第1版は、2012年[*1]に発行されました。当時は、pandasのようなオープンソースのPython向けデータ分析ライブラリは、まだ目新しいものであり、急速に発展している最中でした。今回の第2版での改定のために、私はすべての章を徹底的に見直し、互換性のない変更や廃止予定（deprecated）になった点、そして、この5年間で新しく追加された機能を説明するようにしました。また、2012年当時にはまだ存在しなかったツールや、当時はまだ紹介できる程には成熟していなかったツールなどの新しい内容も追加しました。それから、あまり成熟していないような最新鋭のオープンソースプロジェクトについては説明するのを避けておきました。私としては、この本が2017年時点と同様に2020年や2021年においても読者にとって価値がある状態であることを願っています。

　第2版における主な変更点は以下です。

- Pythonチュートリアルを含めたすべてのコードを、Python 3.6向けに変更した（初版ではPython 2.7であった）。
- Pythonの環境構築手順を、Anacondaディストリビューションやその他の必須パッケージを使用するように変更した。
- 2017時点で最新のpandasのバージョンを使うようにした。
- より応用的なpandasのツールや、その他使い方のヒントとなる点について、新しい章を追加した。
- statsmodelsやscikit-learnについて簡単な紹介を追加した。

　さらに、今回の変更では、新しい読者にも読みやすくなるように、初版の多くの内容を再編成しました。

---

*1　訳注：初版の原書は2012年発行。日本語版は2013年発行です。

本書の表記法

本書では、次に示すように文字のフォントを使い分けています。

ゴシック (サンプル)

新しい用語を示す。

固定幅 (sample)

プログラムリストに使うほか、本文中でも変数、関数、データ型、環境変数、文、キーワードなどのプログラムの要素を表すために使う。

固定幅ボールド (sample)

ユーザがその通りに入力すべきコマンドやテキストを表す。

固定幅イタリック (sample)

ユーザ入力の値やコンテキストによって置き換えられるテキストを表す。

 このアイコンはヒントや提案を示す。

 このアイコンは、一般的な注記を示す。

 このアイコンは警告や注意事項を示す。

コード例の使用

本書で使われているデータファイルや関連する素材はGitHubレポジトリ http://github.com/wesm/pydata-book に用意しています。

本書は、読者の仕事の実現を手助けするためのものです。一般に、本書のコードを読者のプログラムやドキュメントで使用できます。コードの大部分を複製しない限り、O'Reilly の許可を得る必要はありません。例えば、本書のコードの一部をいくつか使用するプログラムを書くのに許可は必要ありません。O'Reilly の書籍のサンプルを含む CD-ROM の販売や配布には許可が必要です。本書を引き合いに出し、サンプルコードを引用して質問に答えるのには許可は必要ありません。本書のサンプルコードの大部分を製品のマニュアルに記載する場合は許可が必要です。

出典を明らかにしていただくのはありがたいことですが、必須ではありません。出典を示す際は、例えば、『Python for Data Analysis, 2nd Edition』Wes McKinney著、O'Reilly、Copyright 2017 Wes McKinney、978-1-491-95766-0、邦題『Pythonによるデータ分析入門 第2版』（オライリー・ジャパン、ISBN978-4-87311-845-1）のように、タイトル、著者、出版社、ISBNを記載してください。

サンプルコードの使用について、公正な使用の範囲を超えると思われる場合、または上記で許可している範囲を超えると感じる場合は、permissions@oreilly.comまでご連絡ください。

問い合わせ先

本書のすべての情報は、全力を尽くしてテストして確認していますが、機能が変更されていたり、あるいは製作上の過程で誤りが混入していたりすることを、あなたは発見なさるかもしれません。その場合には、お手数ですが発見したエラーについてご報告いただければ幸いです。また、将来の版のための提言もお寄せください。宛先は次の通りです。

> 株式会社オライリー・ジャパン
> 電子メール japan@oreilly.co.jp

また、本書のためのウェブサイトを用意しています。そこでは、プログラム例、正誤表などを公開しています。

> http://bit.ly/python_data_analysis_2e（原書）
> http://www.oreilly.co.jp/books/9784873118451/（日本語版）

本書に関する技術的な質問やコメントは、以下に電子メールを送信してください。

> bookquestions@oreilly.com

当社の書籍、コース、カンファレンス、ニュースに関する詳しい情報は、当社のウェブサイトを参照してください。

> http://www.oreilly.com（英語）
> http://www.oreilly.co.jp（日本語）

当社のFacebookは以下の通り。

> http://facebook.com/oreilly

当社のTwitterは以下でフォローできます。

> http://twitter.com/oreillymedia

YouTubeで見るには以下にアクセスしてください。

http://www.youtube.com/oreillymedia

謝辞

　この著作物は、何年にもおよぶ充実した議論や共同作業、そして、世界中の多くの人の援助によって仕上がった成果です。それらの何人かにここで感謝を伝えたいです。

追悼：John D. Hunter (1968−2012)

　私たちの親愛なる友人であり、同僚であるJohn D. Hunterは、結腸癌の闘病の甲斐もなく、2012年8月28日に逝去しました。これは、この本の初版の原稿を私が書き終えたほんの少し後でした。

　Pythonにおける科学やデータ分析のコミュニティにおいて、Johnが与えた影響や残した遺産は、誇張してもしすぎることはないほどでした。2000年代初期（Pythonがまだ今ほど人気でなかった頃）にMatplotlibを開発しただけでなく、今では当然のように存在しているPythonのエコシステムにおいて、中核をなしているオープンソース開発者たちの文化を形作るのに尽力したのも彼でした。

　ちょうどpandas 0.1をリリースした直後の2010年1月、私のオープンソース関連のキャリアの初期にJohnとつながりを持てたのは幸運でした。当時、私はpandasとPythonを第一級のデータ分析言語にするという構想において苦しい時期でしたが、彼から受けた刺激と指導によって、前進することができました。

　IPython、Jupyterにおいてパイオニアであり、他のPythonコミュニティにおいても主導権を持っているFernando PérezとBrian GrangerともJohnは親しくしていました。私たちはこの4人で一緒に1冊の本を書くのを夢見ていましたが、私は結局ほとんどの自由な時間を1人ですごしてしまっていました。しかし、この5年間で私たちが個人やコミュニティで成し遂げたことに対して、きっと彼も誇らしく思っていることでしょう。

第2版（2017）に関する謝辞

　2012年7月に初版の原稿を仕上げた後、おおよそ5年が経ちました。あれから多くの変化がありました。Pythonのコミュニティは非常に大きくなりましたし、関連するオープンソースソフトウェアのエコシステムも栄えています。

　この本の新版は、pandasのコア開発者たちの不断の努力がなければ存在しなかったでしょう。彼らこそが、pandasのプロジェクトやユーザコミュニティをPythonのデータサイエンスエコシステムにおける土台へと成長させたのです。Tom Augspurger、Joris van den Bossche、Chris Bartak、Phillip Cloud、gfyoung、Andy Hayden、Masaaki Horikoshi、Stephan Hoyer、Adam Klein、Wouter Overmeire、Jeff Reback、Chang She、Skipper Seabold、Jeff Tratner、y-pといった方々（彼らだけに限らないのですが）です。

　第2版の書籍そのものに関しては、辛抱強く私の執筆を支えてくれたO'Reillyのスタッフの方々に感謝したいです。Marie Beaugureau、Ben Lorica、Colleen Toporekです。私は、優れた技術面でのレビューアーにも恵まれました。Tom Augpurger、Paul Barry、Hugh Brown、Jonathan Coe、Andreas Müllerといった方々です。ありがとうございました。

　この本の初版は多くの外国語において翻訳されました。中国語、フランス語、ドイツ語、日本語、韓国語、ロシア語です。この本のすべてを翻訳し、多くの読者へ届ける仕事は、莫大な努力が必要で、しかも割に合わなかったことでしょう。世界のたくさんの人々がデータ分析ツールを使いプログラムを書くための学習をする手助けをしてくださり、ありがとうございます。

　私のオープンソース開発のために、この数年にわたり、CloudreaとTwo Sigma Investmentsから支援を受けられたことも幸運でした。ユーザ規模と比較して、少ない開発リソースで賄っているオープンソースソフトウェアプロジェクトにとって、企業が鍵となるオープンソースプロジェクトを支援するのは、重要になりつつあります。それは正しい行為と言えるでしょう。

初版（2012）に関する謝辞

　この本は、多くの人々のサポートなしで書けるものではありませんでした。

　O'Reillyのスタッフでは、私の担当編集者の方々にとても感謝しています。Meghan Blanchette、Julie Steeleが執筆の過程をガイドしてくれました。Mike Loukidesは、企画時に私と一緒に検討し、この本の実現を手助けしてくれました。

　多くの方々から技術的レビューを受けることもできました。特に、Martin BlaisとHugh Brownからは、本に記載する例や、内容のわかりやすさ、構成に関して、全編にわたって多大な協力をいただきました。James Long、Drew Conway、Fernando Pérez、Brian Granger、Thomas Kluyver、Adam Klein、Josh Klein、Chang She、Stéfan van der Waltのみなさんは、1つ以上の章をレビューし、多くの視点からフィードバックをしてくれました。

　データコミュニティの友人や同僚からも、例やデータセットに関して、多くの良いアイデアをいただきました。Mike Dewar、Jeff Hammerbacher、James Johndrow、Kristian Lum、Adam Klein、Hilary Mason、Chang She、Ashley Williamsといった方々です。

　オープンソースの科学関連のPythonコミュニティにおいて、私が開発しているものの基盤となる部分を開発してくださり、そして、私がこの本を執筆するのを励ましてくださった多くの先駆者の方々にも、当然ながら恩を感じています。IPythonコアチームのみなさん（Fernando Pérez、Brian Granger、Min Ragan-Kelly、Thomas Kluyver、他のみなさん）、John Hunter、Skipper Seabold、Travis Oliphant、Peter Wang、Eric Jones、Robert Kern、Josef Perktold、Francesc Alted、Chris Fonnesbeck、そのほか言い尽くせないほど多くの方々がいます。執筆中に、多大な支援やアイデア、励ましを提供してくださった方々もいます。Drew Conway、Sean Taylor、Giuseppe Paleologo、Jared Lander、David Epstein、John Krowas、Joshua Bloom、Den Pilsworth、John Myles-White、忘れてしまいましたが

その他にも多くの人がいました。

　私が成長過程にあった時期の多くの方々にも感謝を伝えたいです。まず、前職のAQRの同僚は、私のpandasの開発をずっと応援してくれました。Alex Reyfman、Michael Wong、Tim Sargen、Oktay Kurbanov、Matthew Tschantz、Roni Israelov、Michael Katz、Chris Uga、Prasad Ramanan、Ted Square、Hoon Kimといった方々です。最後に、私の学生時代のアドバイザーであったHaynes Miller（MIT）とMike West（Duke）にも感謝します。

　この本のコードサンプルを更新し、pandasの変更が原因で起こった不正確な内容を修正するために、Phillip CloudとJoris Van den Bosscheには、2014年に多大な協力をいただきました。

　個人的な点においては、Caseyは、私の執筆中に計り知れない日々のサポートをしてくれました。過度なスケジュールになりながら私が最終原稿を仕上げる中で、浮き沈みする私を許してくれました。最後に、私の両親であるBillとKimに感謝します。私がいつも夢を追い続け、決して甘んじることのないように教えてくれたのが両親でした。

目次

6章　データの読み込み、書き出しとファイル形式　181

7章　データのクリーニングと前処理　209

付録B　IPythonシステム上級編 　　　　527

1章
はじめに

1.1 この本で説明する内容

　この本は、Pythonによるデータの操作、処理、クリーニング、高速処理の基本について説明しています。私にとってのゴールはPythonのプログラミングに使える部品や、Pythonを取り巻くデータ関連ライブラリやツールを紹介し、それによって読者であるあなたが優秀なデータ分析者になっていくことです。本のタイトルには、「データ分析」とありますが、この本で扱うのは、Pythonプログラミングやライブラリ、ツールなどであり、データ分析手法を扱うわけではありません。データ分析のために必要なプログラミングをPythonによって行うための知識を学ぶ本です。

1.1.1 どういうデータを扱うのか

　この本で「データ」と呼ぶものは、**構造化された情報**のことを指します。この少し曖昧な定義の言葉には、多くの形式のデータが含まれ、例えば次のようなものがあります。

- 複数の異なる型（文字列、数値、日付など）の列を持つ、表形式やスプレッド形式のデータ。これは、一般的にRDBやタブ区切り、コンマ区切りのテキストファイルに格納されているデータを含む。
- 複数の次元を持つ配列（行列）。
- （SQLで主キーや外部キーとして知られている）キー列でデータが関連付けられた複数の表。
- 均一あるいは不均一に配置された時系列。

　もちろん、これは完全な一覧とは言えません。そして、常にそうとは限りませんが、大半のデータセットは、分析やモデル化に適した構造化された形式に変換可能なのです。変換ができない場合でも、データの特徴を構造化された形式に抽出することはできるかもしれません。例えば、データセットをニュース記事とした場合は、それを単語の出現頻度表に加工することができ、さらにその情報を感情分析に使用できます。

　Microsoft Excelのような表計算ソフトは、おそらく世界中で最も広く使われているデータ分析ツールですが、この表計算ソフトの多くのユーザは、このような種類のデータと無縁ではないはずです。

1.2　なぜPythonをデータ分析に使うのか

　多くの人にとって、Pythonは非常に魅力的なプログラミング言語です。1991年に初めて登場して以来、Pythonは、PerlやRuby、その他のインタプリタ型言語と並んで最も人気のある言語になっています。その中でも、PythonとRubyは2005年くらいから特に人気があり、Rails（Ruby）やDjango（Python）などの多くのウェブフレームワークを使って、ウェブサイトの構築によく利用されています。これらの言語はよく**スクリプト言語**と呼ばれます。なぜなら、さくっと書いた小さなプログラム、つまり、スクリプトを使って処理を自動化するのに使えるからです。しかし、私は「スクリプト言語」という言葉が好きではありません。この言葉は、重要なソフトウェアの開発には使えないという意味を暗に含んでいるからです。インタプリタ型言語の中でも、Pythonはさまざまな歴史的・文化的理由から、大きく活発な科学計算やデータ分析のコミュニティを発展させてきました。過去10年において、Pythonは、実験的で自己責任で使う科学計算用の言語であった状態から、データサイエンス、機械学習、学術的な分野や産業界における一般的なソフトウェア開発において、最も重要な言語の1つへと変わっていきました。

　データ分析やインタラクティブな計算、データの可視化において、Pythonは、他の広く使われているオープンソースや商用のプログラミング言語やツールと否応なく比較されます。それらの比較対象としては、RやMATLAB、SAS、Stataなどが挙げられます。この数年、pandasやscikit-learnといったライブラリのサポートの改善によって、Pythonはデータ分析における有力な選択肢になりました。Pythonの汎用的なソフトウェア開発における強みとあいまって、データ中心のアプリケーション構築における主要な言語としては、最高の選択肢になっています。

1.2.1　「糊（グルー）」としてのPython

　Pythonを科学計算の分野で成功させた理由の1つは、C、C++、Fortranのコードとの統合が行いやすいことです。ほとんどの現代の計算機環境においても、過去の資産は未だに現役であり、線形代数や最適化、データ統合、高速フーリエ変換などのアルゴリズムを実装したFortranやCのライブラリが使われています。同じことは多くの企業や国の研究所でも共通して見られ、そういった企業や研究所は数十年間のソフトウェア資産をつなぐ糊としてPythonを利用しています。

　多くのプログラムは、大半の実行時間が費やされる小さなコードと、ほとんど実行されない大量の「グルーコード」と呼ばれるもので構成されています。ほとんどの場合、グルーコードの実行時間はごくわずかであるので、開発者は、大半の努力を計算のボトルネックを最適化することの方に傾けています。そのために、大半の実行時間が費やされる小さなコードをC言語のような低レベルなコードに移植することがあります。

1.2.2　「2つの言語」問題を解決する

　多くの組織では、SASやRなどのようにドメイン特化型の言語を使って、新しいアイデアを調査し、プロトタイプを作り、検証します。そして、それらを終えた後に、そのアイデアをJavaやC#、C++などの言語で実装された製品版のシステムに移植します。しかし、最近多くの人が気付き始めているのですが、Pythonは調査やプロトタイピングだけでなく、製品版のシステムを構築するのにも適しています。1つの環境で十分なのに、わざわざ2つの開発環境をメンテナンスする必要があるでしょうか。私は、今後、多くの企業が製品版のシステムもPythonで記述し、1つの開発環境をメンテナンスするようになると考えています。なぜなら研究者と技術者が同じプログラミングツールを利用することは、組織にとって大きな利益となるからです。

1.2.3　Pythonを使うべきではないケース

　このように、Pythonは、分析アプリケーションや一般的なシステムの開発に適した素晴らしい環境ですが、Pythonがあまり適していないケースもあります。

　Pythonはインタプリタ型言語なので、JavaやC++などのコンパイル型言語で書かれたコードに比べると、多くの場合実行速度が遅くなるでしょう。**プログラムを書くのにかかる時間**は、一般的には**CPU時間**よりも貴重であるため、多くの場合はプログラマ時間を重視するトレードオフで幸せになるでしょう。しかしながら、待ち時間が短いことが求められるアプリケーションや、リソースの有効利用を要求するようなアプリケーション（例えば高頻度の取引システム）などでは、C++のような低レベル（そして生産性も低い）言語でプログラミングをすることに時間を費やして、性能を極限まで高める方が、有効な時間の使い方になるのです。

　Pythonは、高度に並列でマルチスレッドなアプリケーション、特に多数のCPUを拘束するスレッドで動くアプリケーションを開発する言語としては、難易度が高いです。なぜなら、**GIL（global interpreter lock）**という、Pythonの命令をインタプリタが同時に複数実行するのを妨げる機構が存在するからです。GILが存在する技術的理由は、この本が取り扱う範疇を超えています。しかし、ビッグデータを処理する多くのアプリケーションにおいて、リーズナブルな時間でデータセットを処理するためにコンピュータのクラスターが求められる間は、まだ、単一プロセスでマルチスレッドなシステムが望ましい状況も存在します。

　これは、Pythonではマルチスレッドで並列なコードを実行できないということではありません。PythonのC拡張は、（CやC++を使った）ネイティブのマルチスレッドを使って、GILの影響を受けずに並列にコードを実行することができます。ただし、通常のようにPythonオブジェクトとやり取りする必要がない場合に限ります。

1.3　必須のPythonライブラリ

Pythonのデータ分析界隈や、この本で使うライブラリに詳しくない人のために、それらの一部について簡潔に概要を説明します。

1.3.1　NumPy

NumPy（http://numpy.org）はNumerical Pythonの略で、長い間Pythonにおける数値計算の基盤となっています。NumPyは、データ構造やアルゴリズムを提供し、また、Pythonにおける数値データを扱うほとんどのアプリケーションとの連携に必要なグルーとなっているライブラリです。特に、以下を提供しています。

- 高速で効率的な多次元配列オブジェクトndarray
- 配列間における要素レベルの計算や、配列同士で数学的演算を行う関数
- 配列ベースのデータセットをディスクに読み書きするツール
- 線形代数演算、フーリエ変換、乱数の生成
- Python拡張やネイティブのC、C++コードがNumPyのデータ構造や計算機能にアクセスできるようにするための、安定したC言語のAPI

NumPyは、高速な配列処理能力をPythonに与えるだけでなく、データ分析において、アルゴリズムやライブラリ間でデータを受け渡しするためのデータコンテナとしての役割も担っています。数値データを扱う場合、NumPyの配列はPython組み込みのデータ構造よりも効率的にデータの格納・操作をすることができます。したがって多くのPythonの数値計算ツールは、NumPyの配列を主要なデータ構造として想定していたり、NumPyとシームレスな互換性を持つことを目標にしていたりします。

1.3.2　pandas

pandas（http://pandas.pydata.org）は、高レベルなデータ構造を提供しています。また、構造化されたデータやテーブル形式のデータを、素早く簡単にわかりやすく扱えるように設計された関数も提供します。2010年に登場して以来、pandasの貢献によって、Pythonは強力で生産性の高いデータ分析環境になりました。この本でも使われているpandasの主要なオブジェクトはデータフレーム（DataFrame）という、テーブル形式で列指向のデータ構造です。データフレームは、行と列や、シリーズ（Series）という1次元のラベル配列オブジェクトを持ちます。

pandasは、NumPyの高性能な配列計算機能と、スプレッドシートやリレーショナルデータベースのデータを（SQLのように）柔軟に操作する機能を併せ持ちます。pandasは洗練されたインデックス機能を持ち、データの再形成やスライシング、ダイシング、集約、部分集合の選択が容易です。データの操作や準備、クリーニングは、データ分析において重要なスキルであるので、pandasはこの本で主に扱うものの1つとなっています。

少しだけpandas開発の背景を紹介します。私はAQR Capital Managementというクオンツ運用[1]を行う投資運用会社に在籍していたときにpandasを作り始めました。当時、私は次のような要件を持っていましたが、私が使えるツールの中で、単独ですべての要件に応えられるものはありませんでした。

- ラベル付けされたデータ構造を持ち、そのデータ構造では、自動的、もしくは、明示的にデータを整形する機能がサポートされている。これにより、間違って整形されたデータに起因するエラーや、別々のデータソースから別々にインデックス付けされたデータを用いることで、発生するエラーを防ぐことができる
- 時系列データを扱う機能が統合されている
- 時系列データも非時系列データも同じデータ構造で扱うことができる
- 算術演算や集約演算によってメタデータが失われない
- 欠損値を柔軟に扱うことができる
- マージや一般的なSQLベースのデータベースで使用可能な関係演算を扱うことができる

私は、これらのことを1つのツールで行いたく、しかもできれば、一般的なソフトウェア開発に適したプログラミング言語で行いたかったのです。Pythonはこの目的を満たす良い候補でした。しかし、当時はデータ構造とこれらの機能を統合して備えたライブラリはありませんでした。初期に、金融やビジネスにおける課題を解決するために開発した結果、pandasは特に深く時系列データに関する機能やツールを考慮したものになり、ビジネスプロセスによって生成される日付で並んだデータを扱いやすくなりました。

R言語を統計学の計算に使っているユーザにとって、データフレームという名前は親しみやすいはずです。なぜなら、このオブジェクトの名前はRの`data.frame`にちなんで命名したからです。Pythonとは異なり、Rではデータフレームは標準ライブラリに組み込まれています。したがって、pandasの多くの機能と同等なものは、Rではコア機能の一部になっていたり、アドオンパッケージとして提供されています。

pandasの名前の由来は、**panel data**という、計量経済学での多次元の構造化されたデータセットを示す語と、**Python data analysis**という表現の両方にあります。

1.3.3 Matplotlib

Matplotlib (http://matplotlib.org) は、グラフなどの2次元形式の可視化に用いる最も一般的なPythonのライブラリです。John D. Hunter (JDH) によってオリジナル版が作られ、現在は大規模な開発者チームによってメンテナンスされています。Matplotlibは出版品質のグラフを作成できるように設計されたものです。Pythonプログラマが使える可視化のためのライブラリは他にもありますが、Matplotlibは最も広く使われているため、他のエコシステムとうまく連携しやすくなっています。デフォ

---

[1] 訳注:高度な数学とコンピュータ分析を用いて投資を行うこと。

ルトで使う可視化ツールとして安全な選択肢であると言えるでしょう。

1.3.4　IPythonとJupyter

　IPythonプロジェクト（http://ipython.org）は、2001年にFernando Pérezの非業務プロジェクトとして始まり、よりよい対話的なPythonインタプリタを作ることを目指していました。その後の16年間で、IPythonはモダンなPythonのデータ分析環境において最も重要なツールの1つになりました。IPython自体は、分析機能や計算機能を提供しているわけではありませんが、対話的な計算においてもソフトウェア開発においても最大限に生産性を上げられるように、徹底的に設計されています。IPythonは、**実行して試行錯誤する**状況での利用を推奨していて、他のプログラミング言語にあるように**編集してコンパイルし、実行する**状況での利用は推奨していません。IPythonでは、OSのシェルやファイルシステムへも簡単にアクセスできるようになっています。データ分析のコーディング時には、探索や試行錯誤、繰り返し作業をすることが多いため、IPythonは作業の高速化を手助けしてくれるでしょう。

　2014年に、FernandoとIPythonチームは、言語に依存しない対話的な計算ツールを設計する大きな取り組みとしてJupyterプロジェクト（http://jupyter.org）を発表しました。IPython web notebookは、Jupyter Notebookに変わり、今では40以上のプログラミング言語をサポートしています。IPythonは、現在では、JupyterでPythonを使うための**カーネル**（特定のプログラミング言語モード）として使われています。

　IPythonは、より広範囲なオープンソースプロジェクトであるJupyterの構成要素の一部となり、対話的で探索的な計算における生産的な環境を提供しています。IPythonにおいて最も古く最も単純な「モード」は、Pythonシェルの拡張としての機能です。これは、Pythonのコードの編集やテスト、デバッグを効率化するために設計されています。IPythonは、Jupyter Notebookから使うこともできます。Jupyter Notebookは、ウェブベースでコードを書くための「ノート」であり、さまざまなプログラミング言語をサポートしています。IPythonシェルとJupyter Notebookは、特にデータの探索や可視化において役に立つでしょう。

　Jupyter Notebookは、MarkdownやHTMLで内容を編集できるようにもなっていて、コードと文章が混在したリッチなドキュメントを作る手段を提供しています。他のプログラミング言語もJupyter用のカーネルを実装していて、JupyterではPython以外の言語を使うこともできます。

　私個人としては、コードの実行やデバッグ、テストといった、私のPythonを使った仕事の大半にIPythonが組み込まれた状態になっています。

　この本の付録情報（http://github.com/wesm/pydata-book）では、各章のコード例をすべて含んだJupyter Notebookを公開しています。

1.3.5　SciPy

　SciPy（http://scipy.org）は、科学計算の領域における一般的な問題を扱うパッケージを集めたものです。例えば、次のようなパッケージが含まれています。

scipy.integrate
数値積分ルーチンや微分方程式ソルバ（solver）

scipy.linalg
線形代数ルーチンや、numpy.linalgで提供されている機能を拡張した行列の分解機能

scipy.optimize
関数の最適化（最小化）と求根アルゴリズム

scipy.signal
信号処理ツール

scipy.sparse
疎（スパース）なデータを持つ行列や線形システムのソルバ

scipy.special
ガンマ関数のような多数の一般的な数学の関数を実装したFortranのライブラリSPECFUNを
使うためのラッパー

scipy.stats
標準的な連続分布や離散分布（密度関数、サンプラー、連続分布関数）、さまざまな統計検定、
その他の記述統計

　NumPyとSciPyを一緒に用いることで、それらを合理的で成熟した計算基盤として扱うことができ、
多くの伝統的な科学計算に適用することができます。

1.3.6　scikit-learn

　2010年にプロジェクトが開始されて以来、scikit-learn（http://scikit-learn.org）は、Pythonプログラ
マにとって、一般的な機械学習ツールのトップに立つものになりました。たったの7年のうちに、世界
中の1,500人にもおよぶ貢献者を得ています。scikit-learnには、次のようなサブモジュールがあります。

- 分類：SVMや最近傍法、ランダムフォレスト、ロジスティック回帰など
- 回帰：Lasso、リッジ回帰、など
- クラスタリング：k平均、スペクトラルクラスタリング、など
- 次元削減：PCA、特徴量選択、マトリクスファクトリゼーション（Matrix Factorization）、など
- モデル選択：グリッドサーチ（Grid Search）、交差検証（Cross Validation）、メトリクス
- 前処理：特徴量抽出、正規化

pandas、statsmodels、IPythonと並んで、scikit-learnは、Pythonをデータサイエンスにおける生産

的なプログラム言語にした重要な立役者です。この本では、scikit-learnについてまとまった説明をすることはできませんが、いくつかのモデルについて簡単な説明を行い、また、それらがこの本で紹介している他のツールと合わせてどのように使えるのかを説明することにします。

1.3.7 statsmodels

statsmodels（http://statsmodels.org）は統計分析用のパッケージで、スタンフォード大学のJonathan Taylor教授の成果が基になっています。彼は、R言語で人気を得ている多くの回帰分析のモデルを実装した人です。Skier SeaboldとJosef Perktoldは、正式に新しいstatsmodelsプロジェクトを2010年に立ち上げ、それ以来、多くの参加者や貢献者が集まるプロジェクトに成長しています。また、Nathaniel Smithは、Patsyというものを開発しました。これは、statsmodelsのための式やモデル定義のためのフレームワークで、Rのformulaシステムに影響を受けたものです。

scikit-learnと比較して、statsmodelsは古典的な（主に頻度論的）な統計学や計量経済学のアルゴリズムを提供しています。例えば、次のようなサブモジュールが含まれます。

- 回帰モデル：線形回帰、一般化線形モデル、ロバスト線形モデル、混合線形モデル、など
- 分散分析（ANOVA）
- 時系列分析：AR、ARMA、ARIMA、VAR、など
- ノンパラメトリックな手法：カーネル密度推定、カーネル回帰
- 統計モデルの分析結果の可視化

statsmodelsは統計的な推定に注力しているパッケージで、不確かさの推定値やパラメータのp値を提供しています。一方、scikit-learnはどちらかというと予測の方に注力しています。

scikit-learnと同様に、この本ではstatsmodelsについても簡単に紹介し、NumPyとpandasと合わせてどのように使うかも説明します。

1.4　インストールとセットアップ

さまざまな人がPythonを異なる分野で使うでしょうから、Pythonと必要な追加パッケージをセットアップする唯一の方法というものはありません。しかし多くの読者は、この本を読み進めていくために適した完璧なPython開発環境を持っているわけではないと思いますので、ここでは、OSごとに詳細なセットアップ手順を紹介します。この本を書いている時点では、AnacondaはPython 2.7と3.6形式で提供されています。しかし、これは将来変わっていくでしょう。この本では、Python 3.6を使うので、Python 3.6以上を選ぶのをお勧めします。

1.4.1 Windows

Windowsでセットアップするためには、まずAnaconda installer（http://anaconda.com/downloads）をダウンロードします。Windowsで利用可能なAnacondaのダウンロードページの手順に従うのをお勧

めします。これは、この本が出版される間や、あなたがこの本を読む頃には変わっているかもしれません。

それでは、セットアップがうまくいったか確かめてみましょう。コマンドプロンプト（cmd.exeのこと）を開くために、スタートメニューをクリックして「Windows システムツール」から「コマンドプロンプト」を選択してください。そして、Pythonのインタプリタを起動するためにpythonと入力してください。そうするとインストールしたAnacondaのバージョンに従って、次のようなメッセージが表示されます。

```
C:\Users\wesm>python
Python 3.6.0 |Anaconda 4.3.0 (64-bit)| (default, Dec 23 2016, 11:57:41)
[MSC v.1900 64 bit (AMD64)] on win32
Type "help", "copyright", "credits" or "license" for more information.
>>>
```

シェルを終了するときには、Ctrl-Z、または、exit()とコマンドを入力してEnterを押してください。

1.4.2 Apple（macOS）

Anaconda3-4.3.0-MacOSX-x86_64.pkgのようなファイル名になっているmacOS用のAnacondaインストーラをダウンロードし、.pkgファイルをダブルクリックしてインストーラを実行します。インストーラを実行すると、自動的にAnacondaの実行ファイルへのパスが.bash_profileに追加されます。.bash_profileは、/Users/$USER/.bash_profileに置かれています。

インストールがうまくいったか確かめるには、シェル（コマンドプロンプトを使うために「ターミナル」を起動して開く）で、IPythonを起動してみます。

```
$ ipython
```

シェルを終了するには、Ctrl-Dを押すか、exit()コマンドを入力してEnterを押します。

1.4.3 GNU/Linux

Linuxでの詳細な手順は、Linuxの種類によって少しずつ変わります。しかし、ここではDebian、Ubuntu、CentOS、Fedoraなどのディストリビューションでの手順を紹介します。セットアップ手順はmacOSの場合と似ていますが、Anacondaがどういう方法でインストールされるか、という点だけが異なります。Linuxではインストーラはシェルスクリプトになっていて、ターミナルで実行しなければなりません。使用しているシステムが32ビットか64ビットかによって、x86（32ビット用）もしくはx86_64（64ビット用）のインストーラを実行しなければなりません。anaconda3-4.3.0-Linux-x86_64.shのようなファイルを取得した後、インストールするために、このスクリプトをbashで実行します。

```
$ bash Anaconda3-4.1.0-Linux-x86_64.sh
```

 いくつかのLinuxディストリビューションでは、必要なすべてのPythonパッケージがパッケージマネージャに含まれており、aptのようなツールでインストールすることができます。ここで紹介しているセットアップではAnacondaのスクリプトを使っていますが、これはディストリビューション間で簡単に環境を再現でき、かつ、シンプルに最新バージョンにアップグレードできるからです。

　ライセンスに同意した後、どこにAnacondaのファイルを置くかの選択が求められます。これはホームディレクトリのデフォルトの場所に配置するのはお勧めします。例えば、/home/$USER/anaconda（$USERはあなたのユーザ名です）です。

　Anacondaインストーラは、そのbin/ディレクトリを$PATH変数の先頭部分に追記したいかを確認します。もし、インストール後に何らかの不具合が発生した場合、これと同じことは.bashrc（もしzshを使っているなら.zshrc）を次のように修正することでできます。

```
export PATH=/home/$USER/anaconda/bin:$PATH
```

　この修正の後には、ターミナルを新しく起動するか、あるいはsource ~/.bashrcのようにして.bashrcを再実行します。

1.4.4　Pythonパッケージのインストールとアップデート

　この本を読み進めていく中で、Anacondaに含まれていない追加のPythonパッケージをインストールしたくなるかもしれません。一般的に、そういったパッケージは次のコマンドでインストールすることができます。

```
conda install package_name
```

　もし、これが動作しない場合、pipというパッケージ管理ツールでもインストールできます。

```
pip install package_name
```

　パッケージのアップデートにはconda updateコマンドを使います。

```
conda update package_name
```

　pipも--upgradeフラグを使ってアップグレードすることができます。

```
pip install --upgrade package_name
```

　この本を読む中で、これらのコマンドを試す機会が何度かあるでしょう。

 パッケージのインストールには、condaとpipを両方使うことができますが、condaパッケージをpipでアップデートしてはいけません。そうしてしまうと、開発環境に問題が発生してしまうからです。AnacondaやMinicondaを使う場合は、まずはcondaを使ってアップデートするようにしましょう。

1.4.5　Python 2とPython 3

　Python 3.x系の最初のバージョンは2008年末にリリースされました。このバージョンは、多くの変更が加えられていて、Python 2.x系で書かれたコードと互換性がないものも含まれていました。1991年の最初のPythonのリリースから17年も経っていたので、Python 3の「破壊的な」リリースは、それまでに学習して蓄積した教訓を生かすという大義のもとに行われた、と見られていました。

　2012年当時、ほとんどの科学やデータ分析コミュニティでは、まだPython 2.xを使用していました。多くのパッケージがまだ完全にはPython 3と互換性がなかったからです。したがって、この本の初版でもPython 2.7を使用していました。しかし、今はPython 2.xと3.xのどちらを選択することもできますし、ほとんどの場合、どちらのバージョンに対してもライブラリはサポートしています。

　しかしながら、Python 2.xは2020年に（致命的なセキュリティパッチも含めて）開発が終了予定です。今は新しいプロジェクトをPython 2.7で開始するのは良い考えではないでしょう。したがって、この本ではPython 3.6を使っています。Python 3.6は、広く配布され、サポートがしっかりしていてリリースが安定しています。私たちは、Python 2.xのことを「レガシー Python」と呼び始めています。そして、Python 3.xのことをシンプルに「Python」と呼んでいます。みなさんも同じようにすることをお勧めします。

　この本はPython 3.6を基盤として使っています。読者が使うPythonは3.6より新しいかもしれません。しかし、コード例はおそらく新しいバージョンでも動作します。Python 2.7ではこの本のコードは異なる動作をしたり、まったく動かないかもしれません。

1.4.6　統合開発環境（IDE）とテキストエディタ

　私の標準的な開発環境を聞かれたら、私はいつも「IPythonとテキストエディタ」と答えています。私は、いつもIPythonやJupyter Notebookで、プログラムを書いて反復的なテストをしてデバッグをしています。このやり方が便利なのは、対話的にデータを扱うことができるところです。また、データの操作結果を視覚的に確認できるのも良いことでしょう。pandasやNumPyなどのライブラリは、シェルでも使いやすいように設計されています。

　しかし、ソフトウェア開発を行う場合は、EmacsやVimなどのテキストエディタよりも、より豊富な機能があるIDEを使いたいという人もいるでしょう。以下のIDEを試してみるとよいでしょう。

- PyDev（フリー）、Eclipseプラットフォーム上で動作するIDE
- JetBrainsのPyCharm（商用版、および、オープンソース開発者向けの無償版）

- Visual Studio用のPython Tools（Windowsユーザ向け）
- Spyder（フリー）、現在はAnacondaに同梱されている
- Komodo IDE（商用）

Python人気に伴い、AtomやSublime Text 2などのほとんどのテキストエディタはPythonをサポートしています。

1.5　コミュニティとカンファレンス

インターネット上の検索以外では、科学やデータ関連のPythonのメーリングリストが便利で、質問に対して反応もあります。いくつか例を挙げます。

- pydata：GoogleグループによるPythonのデータ分析やpandasに関する質問用のメーリングリスト
- pystatsmodels：statsmodelsやpandasに関する質問用のメーリングリスト
- scikit-learnやPythonにおける一般的な機械学習用のメーリングリスト（scikit-learn@python.org）
- numpy-discussion：NumPyに関連する質問用メーリングリスト
- scipy-user：SciPyや科学分野におけるPythonの質問用のメーリングリスト

URLが変更される可能性があるため、ここではURLは記載しませんが、上に挙げたメーリングリストはインターネット上で検索すればすぐに見つかるはずです。

毎年、Pythonプログラマ向けのカンファレンスが世界中で行われています。もし、他のPythonプログラマと興味を共有したければ、可能な限りどれか1つに参加するのをお勧めします。カンファレンスの入場料や旅費を払えない人向けの金銭的サポートも、多くのカンファレンスで行われています。次のようなものがあります。

- PyConとEuroPython：北アメリカとヨーロッパにおけるPythonの2大カンファレンス
- SciPyとEuroSciPy：北アメリカと欧州における科学計算指向のカンファレンス
- PyData：データサイエンスやデータ分析を対象範囲とした世界各国で行われているカンファレンス
- PyConの国際会議や地域会議（完全なリストは（http://pycon.org）を参照）[*1]

1.6　この本の案内

もし過去にPythonでのプログラミング経験がなければ、2章と3章をある程度読むのがいいでしょう。ここでは、短めのPython言語のチュートリアルやIPythonシェル、Jupyter Notebookについて説明し

[*1]　訳注：日本でもPyCon JPが開催されています。

ています。これらは、この本の残りの部分の前提知識となっています。Python言語の経験が既にある場合は、これらの章はさっと読んだり飛ばしてもかまいません。

　その次では、NumPyの主要な機能を簡潔に紹介しています。NumPyの高度な内容については付録Aにまとめています。その後はpandasを紹介し、それ以降の部分ではpandasとNumPy、（可視化のための）Matplotlibを使ってデータ分析を行う話題に移ります。なるべく順番通りに読めるように構成しましたが、一部細かい点において章を行き来する必要があります。そういった部分では、まだ紹介していない概念が使われることがあります。

　読者の方々にとって、各自が思う最終的な目標はそれぞれ異なると思いますが、そこで必要となるタスクは、概ね次のようなグループに分かれるでしょう。

世界に触れる

　たくさんのファイル形式やデータストアを読み書きする。

準備する

　データのクリーニング、変換、結合、正規化、再形成、スライシング、ダイシング、変形などを行う。

変形する

　データセットに対して数学的、統計的な操作を行って、新しいデータセットを導出する（例えば、大きなテーブルをグループ変数で集約する、など）。

モデル化と計算を行う

　データを統計モデルや機械学習のアルゴリズム、その他の計算のためのツールと結び付ける。

プレゼンテーションを行う

　対話的なグラフや静的なグラフ、あるいは、文字による要約表現で可視化する。

1.6.1　コード例

　この本の大半のコード例は、入力と出力をIPtyhonのシェルやJupyter Notebookで実行した場合の形式で記載しています。

```
In [5]: CODE EXAMPLE
Out[5]: OUTPUT
```

　このようなコード例を見つけたら、Inブロックにあるコードをあなたの実行環境で入力してEnterキー（Jupyterの場合はShift-Enter）を押してほしい、ということです。そうするとOutブロックにある出力と同様な結果を得られるでしょう。

1.6.2　例で使用しているデータ

　各章で例として使用しているデータは、私のウェブサイト（http://wesmckinney.com）に掲載している最新の手順を確認して、この本に関する資料を入手してください。

　例を再現するために必要なすべてのものを含むように最大限の努力をしていますが、何らかのミスや欠陥はあるかもしれません。その場合は、著者book@wesmckinney.comまで、メールで連絡をしてください。この本の不具合を報告する最良の場所は、O'Reillyのウェブサイトにある正誤表（http://bit.ly/pyDataAnalysis_errata）です。

1.6.3　インポートにおける慣習

　Pythonコミュニティにおいて、よく使われるモジュールには慣習的な命名規則があります。

```
import numpy as np
import matplotlib.pyplot as plt
import pandas as pd
import seaborn as sns
import statsmodels as sm
```

　これは、つまり、np.arangeという名前は、NumPyのarange関数を参照しているということです。Pythonのソフトウェア開発において、NumPyのような大きいパッケージからすべてをインポートする（例えば、from numpy import *のようにする）のは悪い慣習とされるため、このようにするのです。

1.6.4　専門用語（ジャーゴン、Jargon）

　この本では、プログラミングやデータサイエンスの分野で一般的であるけれども、この本の読者は聞き慣れていないと思われる専門用語を使うときがあります。それらについて、ここで簡単に定義をしておきます。

マンジング、ラングリング（munging/wrangling）
　　構造化されていなかったり、乱雑なデータを構造化されたきれいな形式に操作するプロセス全体のことを指す。この単語は、現代のデータハッカーたちから少しずつ専門用語として浸透したもの。「munge」は「grunge（不潔なもの）」と韻を踏んでいる[*1]。

擬似コード
　　アルゴリズムやプロセスを説明するために実際に正しく動くソースコードではないものの、ソースコードに似た形式で説明するもの。

シンタックスシュガー
　　新機能を追加するわけではないが、入力を便利にするようなプログラミング言語の文法のこと。

＊1　訳注：汚いデータをきれいに整理することをMunge grungeと読めば韻を踏んだ感じになります。

2章
Pythonの基礎、IPythonと
Jupyter Notebook

　私がこの本の初版を書いた2011年から2012年の時点では、Pythonでのデータ分析を学習しようと思ったときに利用できるリソースはごく限られていました。ある意味これは鶏と卵の問題に近いのですが、現在私たちが当たり前に利用しているpandas、scikit-learnやstatsmodelsといったライブラリは、当時はまだ成熟しきっていない状態でした。それが2017年現在では、計算機科学者、物理学者といった特定の分野の研究者を対象としていたそれまでの大規模科学計算の業績を補完する形で、データサイエンス、データ分析、また機械学習といった分野の文献が増え続けています。またPython言語そのものを学び、また素晴らしいソフトウェアエンジニアになるのに役立つ素晴らしい書籍も多く存在しています。

　私は、この本をPythonでデータ分析するための入門テキストとして位置づけたいと考えています。そこで、データ分析の観点から、Python組み込みのデータ型とライブラリについてのいくつかの重要な機能をまとめて紹介したいと思います。よって、この章と「**3章　Python組み込みのデータ構造と関数、ファイルの扱い**」では概要を示すに留め、細かな部分については残りの章で補足できるようにします。

　効率的にデータ分析できるようになるために、Pythonで良いソフトウェアを構築できるようになる必要はない、というのが私の持論です。私が強調したいのは、IPythonシェルやJupyter Notebookでコード例を手元で試し、型や関数、メソッドなどの情報についてドキュメントに当たることの重要性です。この本ではできる限り一歩ずつ積み上げるように概念を説明するように努めるつもりですが、場合によっては完全には説明されていない概念が出てくる可能性がある点をご承知おきください。

　この本の大半は、テーブル形式の分析と大規模データを取り扱うためのデータ前処理ツールを中心としています。これらのツールを使えるようにするため、多くの場面では、最初にぐちゃぐちゃなデータを整頓し、表形式、あるいは**構造化された** 形式にするような何らかのデータの変換が必要になります。幸いなことに、Pythonは対象データを手早く整えるのに理想的なプログラミング言語です。Pythonに慣れ親しむほど、分析対象となる新しいデータセットの準備が簡単になることでしょう。

　この本で取り上げるいくつかのツールは、現行のIPythonやJupyter環境に含まれています。一通り

IPythonやJupyterの起動方法を学んだ後に、この本の例を同じようになぞり、またさまざまに変化させて実験してみることをお勧めします。他のコマンドラインベースのツールを覚えるときと同様に、手を動かして頻度の高いコマンドを覚えるのは上達を早める近道の1つです。

 ここでは、クラスやオブジェクト指向プログラミングなどのこの本ではカバーされないPythonの概念について、Pythonでデータ分析を始める際に有用と思われるいくつかの入門書籍を紹介します。

Pythonの知識を深める上では、チュートリアル (https://docs.python.org/ja/3/tutorial/index.html) を推薦します。また書籍にも良いものが数多くあり、その中から次のものを紹介します。

- 『Pythonクックブック第2版』、Alex Martelli、Anna Martelli Ravenscroft、David Ascher著、鴨澤眞夫、當山仁健、吉田聡、吉宗貞紀、他訳 (オライリー・ジャパン)
- 『Fluent Python ── Pythonicな思考とコーディング手法』、Luciano Ramalho著、豊沢聡、桑井博之監訳、梶原玲子訳 (オライリー・ジャパン)
- 『Effective Python ── Pythonプログラムを改良する59項目』、Brett Slatkin著、黒川利明訳、石本敦夫技術監修 (オライリー・ジャパン)

2.1 Pythonインタプリタ

Pythonは**インタプリタ型**の言語です。Pythonインタプリタはプログラムを実行するとき、1行ずつ逐次解釈して実行します。Python標準のインタラクティブなインタプリタを起動するには、コマンドラインからpythonと入力します。

```
$ python
Python 3.6.0 | packaged by conda-forge | (default, Jan 13 2017, 23:17:12)
[GCC 4.8.2 20140120 (Red Hat 4.8.2-15)] on linux
Type "help", "copyright", "credits" or "license" for more information.
>>> a = 5
>>> print(a)
5
```

ここで出てくる>>>という部分は**プロンプト**と呼ばれ、プログラムコードを入力する場所です。Pythonインタプリタを終了してコマンドプロンプトやシェルに戻るには、exit()と入力するか、Ctrl-Dを入力します。

Pythonプログラムを実行するには、単にpythonコマンドに.pyという拡張子の付いたファイルを指定して実行するだけです。例えば、hello_world.pyというプログラムを次の内容で作成したとしましょう。

```
print('Hello world')
```

このプログラムを実行するには次のコマンドを実行します。hello_world.pyが現在のワーキングディ

レクトリに存在することを確認してください。

```
$ python hello_world.py
Hello world
```

　Pythonプログラマの中には、作成するすべてのプログラムをこのようにファイル形式に保存してから実行する人もいます。一方データ分析や科学技術計算の分野では、Pythonインタプリタの拡張版であるIPythonや、IPythonプロジェクトにより開発されたウェブベースのプログラムノートブックであるJupyter Notebooksを利用するのが一般的です。この章ではIPythonとJupyterを紹介し、IPythonのより深い部分について「**付録B　IPythonシステム上級編**」で触れたいと思います。

2.2　IPythonの基礎

　この節ではIPythonシェルとJupyter Notebookについて、いくつかの主要な概念を紹介します。

2.2.1　IPythonシェルの起動

　IPythonシェルの起動は、標準Pythonインタプリタを起動するときと同じように、コマンドラインから単にipythonと入力します。

```
$ ipython
Python 3.6.0 | packaged by conda-forge | (default, Jan 13 2017, 23:17:12)
Type "copyright", "credits" or "license" for more information.

IPython 5.1.0 -- An enhanced Interactive Python.
?         -> Introduction and overview of IPython's features.
%quickref -> Quick reference.
help      -> Python's own help system.
object?   -> Details about 'object', use 'object??' for extra details.

In [1]: a = 5

In [2]: a
Out[2]: 5
```

　Python標準のプロンプトが>>>という形であるのに対し、IPythonのプロンプトはデフォルトではIn [2]:というように実行した順番が示されます。

　任意のPythonコード文を入力し、リターンキー（もしくはエンターキー）を押して実行します。変数を入力すると、その変数の文字列表現が表示されます。

```
In [5]: import numpy as np

In [6]: data = {i : np.random.randn() for i in range(7)}

In [7]: data
Out[7]:
{0: -0.20470765948471295,
```

```
  1: 0.47894333805754824,
  2: -0.5194387150567381,
  3: -0.55573030434749,
  4: 1.9657805725027142,
  5: 1.3934058329729904,
  6: 0.09290787674371767}
```

最初の2行はPythonコード文であり、2番目の文で新規Pythonディクショナリを参照する変数を
dataという名前で作成します。最後の行でdataの値をコンソールに表示しています。

IPythonでは、多くのPythonオブジェクトは標準Pythonインタプリタのprintで表示するよりも読
みやすく成形されます。上のdata変数をprintで表示させてみると以下のようになります。ずいぶん視
認性に差があるのがおわかりでしょうか。

```
>>> from numpy.random import randn
>>> data = {i : randn() for i in range(7)}
>>> print(data)
{0: -1.5948255432744511, 1: 0.10569006472787983, 2: 1.972367135977295,
3: 0.15455217573074576, 4: -0.24058577449429575, 5: -1.2904897053651216,
6: 0.3308507317325902}
```

さらにIPythonでは任意のコードの一部をコピーアンドペーストしながら実行することもできます
し、Pythonスクリプト全体を実行することもできます。もちろん大規模なコードの実行にはJupyter
Notebookを利用することもでき、これについては次の節で触れたいと思います。

2.2.2　Jupyter Notebookの実行

Jupyterプロジェクトの最も大きなコンポーネントの1つが**Notebook**です。これはコードを記載す
るためのインタラクティブなドキュメントの一種であり、マークアップ付き（もしくはなし）のテキスト
を扱うことができ、データの視覚化を含めたさまざまなアウトプットに対応したツールです。Jupyter
Notebookは**カーネル**とやり取りするように設計されています。各プログラミング言語がJupyterとやり
取りできるように実装したプロトコルをカーネルと呼びます。Pythonの場合、Jupyterカーネルは内部
的にIPythonシステムを用いています。

Jupyterを起動するにはjupyter notebookコマンドをターミナルで実行します。

```
$ jupyter notebook
[I 15:20:52.739 NotebookApp] Serving notebooks from local directory:
/home/wesm/code/pydata-book
[I 15:20:52.739 NotebookApp] 0 active kernels
[I 15:20:52.739 NotebookApp] The Jupyter Notebook is running at:
http://localhost:8888/
[I 15:20:52.740 NotebookApp] Use Control-C to stop this server and shut down
all kernels (twice to skip confirmation).
Created new window in existing browser session.
```

--no-browserオプションを指定しない限り、多くの環境ではJupyterを起動するとデフォルトのブ

ラウザが起動するようになっています。あるいは、Jupyter Notebookの起動時に表示される`http://localhost:8888/`というURLを直接参照することもできます。Google Chrome環境での表示を**図2-1**に示します。

 多くの場合、手元のマシンでJupyterを起動してローカルで利用することになりますが、リモートサーバとして構成することもできます。この本では詳細には触れませんが、もし興味があればインターネットで関連情報を入手してください。

図2-1 Jupyter Notebook起動ページ

新しいNotebookを作成するには、まず「New」ボタンを押し、続いて「Python 3」もしくは「conda [default]」のいずれかを選択します。すると**図2-2**のような画面になります。初めて起動した場合には、表示されている空の「セル」をクリックし、何らかのPythonコードを入力してみてください。Shift-Enterで実行できます。

図2-2　新規Jupyter Notebook

　Notebookの情報を保存するには、File メニューの「Save and Checkpoint」を選択します。保存すると、`.ipynb`という拡張子のファイルができます。これはその時点でNotebookで実行されていたすべての評価済みコード出力を含めて保存できる、いわば全部入りのファイル形式です。このように保存しておくことで、他のJupyterユーザに再現可能な形で提供することもできます。既存のNotebookをロードするには、Notebookを起動したディレクトリ、もしくはそのサブフォルダ以下に保存したipynbファイルを配置しておき、ブラウザのJupyter起動ページからそのファイルを選択します。サンプルとしてGitHub上に`wesm/pydata-book`リポジトリを用意しておきましたので、ここにあるipynbファイルをロードしてみてください（**図2-3**）。

　一見するとJupyter NotebookとIPythonシェルはまったく異なった環境に感じられるかもしれませんが、この章で紹介するほとんどすべてのコマンドやツールはどちらの環境でも動作することを覚えておいてください。

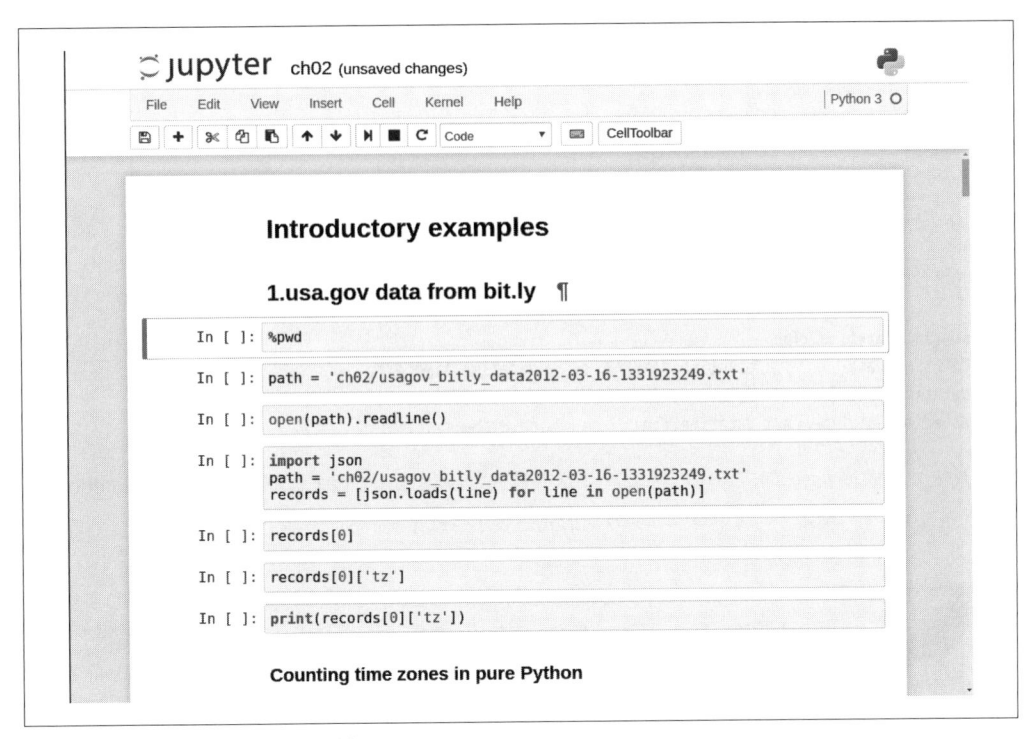

図2-3　既存Jupyter Notebookの例

2.2.3　タブ補完

　pythonコマンドで起動される標準のPythonインタプリタと比べて、IPythonシェルは表面上の違い
があるだけのように見えます。しかし大きな改善点として、**タブ補完**機能が挙げられます。これは多く
のIDEや対話的分析環境でも実装されているものです。IPythonシェルに式の一部を入力してタブキー
を押すと、オブジェクトや関数といった変数のうち、その時点で参照可能な名前空間からマッチする候
補を提示してくれます。

```
In [1]: an_apple = 27

In [2]: an_example = 42

In [3]: an<Tab>
an_apple      and           an_example    any
```

　この例では、anまで入力して補完しています。その結果、事前に定義されていた2つの変数an_
apple, an_exampleに加え、Pythonキーワードであるandと組み込み関数のanyが候補として表示され
ています。また別の例として、あるオブジェクト変数のメソッドやデータ属性を補完することもできま
す。ピリオドまで入力してタブ補完してみましょう。

```
In [3]: b = [1, 2, 3]

In [4]: b.<Tab>
b.append  b.count   b.insert  b.reverse
b.clear   b.extend  b.pop     b.sort
b.copy    b.index   b.remove
```

モジュールに対しても同じことができます。

```
In [1]: import datetime

In [2]: datetime.<Tab>
datetime.date            datetime.MAXYEAR    datetime.timedelta
datetime.datetime        datetime.MINYEAR    datetime.timezone
datetime.datetime_CAPI  datetime.time       datetime.tzinfo
```

これまでの候補表示は上の例のようなテキスト形式で提供されていましたが、Jupyter Notebookと IPython 5.0以上の環境からはドロップダウン形式で表示されます。

 デフォルトでは、IPhtyonが補完候補に表示しないメソッドや属性がいくつかあります。候補表示が煩雑になるのを防ぐため、また初心者を混乱させないため、アンダースコア（_）から始まる特殊メソッドやプライベートメソッド、プライベート属性などは候補から除外します。これらの候補を明示的に表示させたい場合は、IPythonシェルにアンダースコアを入力してタブ補完を呼び出します。これらの候補を常に表示させるようにIPython構成機能で設定することもできます。必要に応じてIPythonドキュメントを参照してください。

タブ補完の探索範囲は、利用中の名前空間やオブジェクト属性、モジュール属性だけではありません。ユーザがファイル名の一部（のような文字列）を入力してタブ補完した場合、そのコンピュータのファイルシステムを参照して候補を出力します。Pythonの文字列値としてファイル名の一部を入力する場合にもこの仕組みが動作します。

```
In [7]: datasets/movielens/<Tab>
datasets/movielens/movies.dat   datasets/movielens/README
datasets/movielens/ratings.dat  datasets/movielens/users.dat

In [7]: path = 'datasets/movielens/<Tab>
datasets/movielens/movies.dat   datasets/movielens/README
datasets/movielens/ratings.dat  datasets/movielens/users.dat
```

後に「2.2.5 %runコマンド」でも触れますが、このファイル名補完と%runコマンドを併用すると、驚くほどキーストローク数を削減できます。

また、関数のキーワード引数に対してもタブ補完することができます（キーワード引数を指定する等号（=）さえも補完できます）。**図2-4**を参照してください。

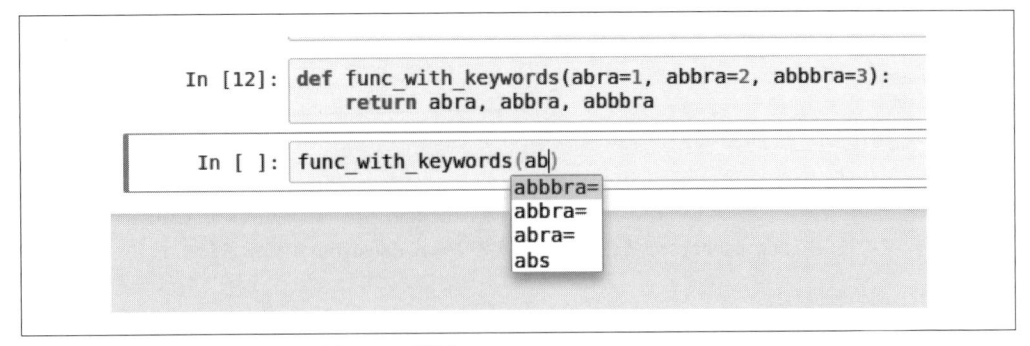

図2-4　関数のキーワード引数に対するタブ補完

関数については後ほど触れていきたいと思います。

2.2.4　イントロスペクション

変数の前、もしくは後に疑問符 (?) を付けると、そのオブジェクトの一般情報を見ることができます。

```
In [8]: b = [1, 2, 3]

In [9]: b?
Type:        list
String Form:[1, 2, 3]
Length:      3
Docstring:
list() -> new empty list
list(iterable) -> new list initialized from iterable's items

In [10]: print?
Docstring:
print(value, ..., sep=' ', end='\n', file=sys.stdout, flush=False)

Prints the values to a stream, or to sys.stdout by default.
Optional keyword arguments:
file:  a file-like object (stream); defaults to the current sys.stdout.
sep:   string inserted between values, default a space.
end:   string appended after the last value, default a newline.
flush: whether to forcibly flush the stream.
Type:        builtin_function_or_method
```

　この機能は**オブジェクトイントロスペクション**と呼ばれます。表示させるオブジェクトが関数やインスタンスメソッドであった場合には、存在していればドキュメンテーション文字列 (docstring) が表示されます。例えば、次のような関数を定義しているとしましょう。お手元のIPythonやJupyter環境で再現させてみてください。

```
def add_numbers(a, b):
    """
```

```
    Add two numbers together

    Returns
    -------
    the_sum : type of arguments
    """
    return a + b
```

このとき、?を使ってadd_numbersの情報を見ると次のようにdocstringが表示されます。

```
In [11]: add_numbers?
Signature: add_numbers(a, b)
Docstring:
Add two numbers together

Returns
-------
the_sum : type of arguments
File:      <ipython-input-9-6a548a216e27>
Type:      function
```

さらに??を付けると、（可能であれば）その関数のソースコードを表示させることができます。

```
In [12]: add_numbers??
Signature: add_numbers(a, b)
Source:
def add_numbers(a, b):
    """
    Add two numbers together

    Returns
    -------
    the_sum : type of arguments
    """
    return a + b
File:      <ipython-input-9-6a548a216e27>
Type:      function
```

また?の別な機能として、IPythonの名前空間探索を呼び出すことができます。UNIXやWindowsの
コマンドラインシェルでは、ワイルドカード (*) を用いて任意の文字列を指定できるのをご存知でしょ
う。このワイルドカード機能をIPythonで呼び出すのに、?を使います。例えば、NumPyのトップレベ
ル名前空間で「load」を含むすべての関数を列挙するには次のようにします。

```
In [13]: np.*load*?
np.__loader__
np.load
np.loads
np.loadtxt
np.pkgload
```

2.2.5 %run コマンド

IPythonでは、%runコマンドを使ってあらゆるPythonプログラムを起動できます。例えば次のような内容のスクリプトipython_script_test.pyを考えます。

```
def f(x, y, z):
    return (x + y) / z

a = 5
b = 6
c = 7.5

result = f(a, b, c)
```

これを実行するには、%runにファイル名を渡します。

```
In [14]: %run ipython_script_test.py
```

このスクリプトが稼働する環境は、**空の名前空間**です。この空間はいわばまっさらな名前空間で、インポートもなく、また他の変数も一切定義されていない環境です。したがって、この環境でスクリプトを実行するということは、コマンドラインからpython script.pyなどと実行したときと同じ挙動を望むことができる、ということです。%run%でスクリプトを実行すると、そのスクリプトで定義したあらゆる変数（インポートしたもの、関数、グローバル変数）に対して、後から参照が可能になります。

```
In [15]: c
Out [15]: 7.5

In [16]: result
Out[16]: 1.4666666666666666
```

%runで実行するスクリプトがsys.argvで与えられる実行時引数を必要とする場合、スクリプトのファイルパス名の後ろに指定します。

 それまでのIPython環境で定義した名前空間に%runで実行するスクリプトからアクセスする場合、%run -iとオプションを指定して実行します。

Jupyter Notebook環境では、マジックコマンドである%loadを用いて既存のスクリプトをコードセルに読み込むことができます。

```
>>> %load ipython_script_test.py

def f(x, y, z):
    return (x + y) / z

a = 5
```

```
b = 6
c = 7.5

result = f(a, b, c)
```

2.2.5.1　実行中コードの中断

　IPythonでのあらゆるコードの実行中、Ctrl-Cを押すとKeyboardInterrupt例外が発生します。実行中のコードには、%runで実行させたスクリプト、長時間実行中となってしまったコマンドなどが含まれます。この例外により、ごくわずかな特殊ケースを除いて、ほとんどすべてのPythonプログラムを即時に停止することができます。

 実行中コードがコンパイル済みのモジュールを呼び出すケースがあります。多くの場合、モジュール内の命令の実行中は、Ctrl-Cによる停止要求は受け付けられません。こういった場合にはPythonインタプリタに制御が戻るまで待つか、直接Pythonプロセスを停止する必要があります。

2.2.6　クリップボード経由の実行

　既存のコードをコピーし、それをJupyter Notebookのセルにペーストしてそのまま実行できます。IPythonシェル環境でも同様です。次のコードが既に手元にあるとします。

```
x = 5
y = 7
if x > 5:
    x += 1

    y = 8
```

　これをIPython環境にペーストするにはマジックコマンドである%pasteと%cpasteを使うのが最も簡便です。%pasteはクリップボードの中身を1つのブロックとして扱います。

```
In [17]: %paste
x = 5
y = 7
if x > 5:
    x += 1

    y = 8
## -- テキストのペースト終わり --
```

%cpasteもほぼ同様の動作となりますが、貼り付け時にプロンプトを出してくれます[*1]。

```
In [18]: %cpaste                                                          コードのペースト。ペースト終了には
Pasting code; enter '--' alone on the line to stop or use Ctrl-D.        '--'を入力するかCtrl-Dを入力する
:x = 5
:y = 7
:if x > 5:
:    x += 1
:
:    y = 8
:--
```

%cpasteでは、実行前にコード片をどんどん貼り付けていくことができます。ペーストしたコードは即時実行されないので、実行前にクリップボードの内容を確認する目的で%cpasteを用いる場合もあるでしょう。もし貼り付けるコードを間違ってしまった場合、Ctrl-Cで中断できます。

2.2.7 IPythonのキーボードショートカット

IPythonには、プロンプトの移動やコマンド履歴取得などの便利なキーボードショートカットが多く用意されています。その多くはテキストエディタEmacsやbashシェルのユーザになじみのあるものばかりです。ショートカットのうち多用するものを**表2-1**にまとめました。また**図2-5**には、主だったカーソル移動ショートカットを図示しています。

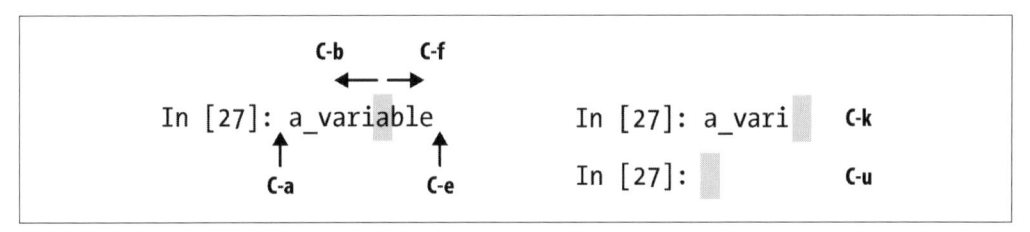

図2-5　IPythonシェルでのカーソル移動ショートカットキー

表2-1　標準的なIPythonキーボードショートカット一覧

コマンド	説明
Ctrl-Pまたは上矢印	コマンド履歴から、入力した文字列で始まるものを遡って検索。
Ctrl-Nまたは下矢印	コマンド履歴から、入力した文字列で始まるものを時間順に検索。
Ctrl-R	コマンド履歴を遡ってのインクリメンタルサーチ（部分一致）。
Ctrl-Shift-V	クリップボードから貼り付け。
Ctrl-C	実行中コードの中断指示（割り込み）。
Ctrl-A	カーソルを行頭へ。
Ctrl-E	カーソルを行末へ。

[*1]　訳注：Pasting code;...のプロンプト後に待ち受け状態となり、そこで貼り付け操作によりクリップボードの中身をペーストします。さらに別のコードをコピーし、追加してペーストすることも可能です。ペースト処理を終了するには--、あるいはCtrl-Dを入力します。

コマンド	説明
Ctrl-K	カーソル位置から行末までのテキストを消去（消去した文字列はCtrl-Yで貼り付け可能）。
Ctrl-U	現在入力中の行内のすべての文字列を消去（消去した文字列はCtrl-Yで貼り付け可能）。
Ctrl-F	カーソルを一文字分進める。
Ctrl-B	カーソルを一文字分戻す。
Ctrl-L	画面全体消去。

　なお、Jupyter Notebook環境にも移動や編集のためのキーボードショートカットが独自に用意されています。IPythonのショートカットと比べてJupyter Notebookのショートカットは急速に発展し続けているため、最新の情報についてはJupyter Notebook メニューからヘルプを参照するようにしてください。

2.2.8　マジックコマンド

　Pythonが標準で提供するものとは別に、IPythonには**マジックコマンド**と呼ばれる特別なコマンドが提供されています。マジックコマンドは、デバッグなどさまざまなプログラミングで共通する作業を容易にするため、またIPython自体への制御方法を提供するために準備されています。マジックコマンドはコマンドの先頭にパーセント記号（%）が付きます。ここで、マジックコマンドの例として%timeitを見てみましょう。%timeitはPython命令の実行時間を計測することができます。動作の詳細は後述することにして、ここではまず行列の掛け算に掛かる時間を計測してみましょう。

```
In [20]: a = np.random.randn(100, 100)

In [20]: %timeit np.dot(a, a)
10000 loops, best of 3: 20.9 µs per loop
```

　マジックコマンドはIPython環境上で提供されるコマンドラインプログラムのようなものです。多くのマジックコマンドがいわゆる「コマンドラインオプション」を持ちます。これらを確認するには、既に見てきた?を使います。

```
In [21]: %debug?
Docstring:
::

  %debug [--breakpoint FILE:LINE] [statement [statement ...]]

Activate the interactive debugger.     対話的デバッガの起動。

This magic command support two ways of activating debugger.
One is to activate debugger before executing code.  This way, you
can set a break point, to step through the code from the point.
You can use this mode by giving statements to execute and optionally
a breakpoint.
```

> このマジックコマンドは2通りのデバッガ起動方法を提供する。コード実行前にデバッガを起動する
> 方法では、ブレークポイントを設定し、そこからステップ実行させることができる。このモードでは、
> 実行する任意の命令を与えることができ、またブレークポイントを設定することもできる。

The other one is to activate debugger in post-mortem mode. You can
activate this mode simply running %debug without any argument.
If an exception has just occurred, this lets you inspect its stack
frames interactively. Note that this will always work only on the last
traceback that occurred, so you must call this quickly after an
exception that you wish to inspect has fired, because if another one
occurs, it clobbers the previous one.

> またもう1つは、いわゆるポストモーテムデバッガを起動する方法である。単に引数なしで%debug を
> 呼び出すと、直前に発生した例外に対して、その時点のスタックフレームの状態を対話的に確認でき
> る。なお、この方法は発生した直前のトレースバックを対象とする。別の例外が発生した時点で上書
> きされてしまうため、調査対象の例外が発生したらば速やかにデバッガを起動すること。

If you want IPython to automatically do this on every exception, see
the %pdb magic for more details.

> 例外が発生するたびにデバッガを起動するよう設定することもできる。`%pdb`マジックコマンドを参
> 照のこと。

```
positional arguments:
  statement               Code to run in debugger. You can omit this in cell
                          magic mode.
```

> 位置引数：statement デバッガで実行するコード。セルマジックとして呼び出す場合は省略可能。

```
optional arguments:     オプション引数：
  --breakpoint <FILE:LINE>, -b <FILE:LINE>
                          Set break point at LINE in FILE.
```

> --breakpoint <FILE:LINE>, -b <FILE:LINE> FILE の LINE 行目にブレークポイントを設定。

　同名の変数定義がない場合に限り、マジックコマンドの呼び出しにパーセント記号を省略できます。
この機能は**automagic（自動マジック）**と呼ばれます。%automagicマジックコマンドでautomagic機能
の有効・無効を切り替えることができます。

　マジックコマンドの中にはPython関数のような動作を取るものもあり、出力を変数に代入すること
もできます。

```
In [22]: %pwd
Out[22]: '/home/wesm/code/pydata-book'

In [23]: foo = %pwd

In [24]: foo
Out[24]: '/home/wesm/code/pydata-book'
```

　IPythonにはドキュメントが付属しています。ぜひこれを参照し、マジックコマンドの全貌を確認し
てみてください。%quickref、あるいは%magicと入力して、マジックコマンドに関する情報を網羅でき
ます。その中でも最も重要なものを**表2-2**に抜粋しました。きっとこれからのPython開発の生産性向
上に役立つことでしょう。

表2-2　よく使われるIPythonマジックコマンド

コマンド	説明
%quickref	IPythonのクイックリファレンスを表示。
%magic	全マジックコマンドの詳細記述を表示。
%debug	対話的デバッガの起動。直前に発生した例外に対して、トレースバックの最下層からの開始。
%hist	コマンド入力の履歴を表示（オプション指定により出力履歴も表示）。
%pdb	例外発生時のデバッガ自動起動の切り替え（ONあるいはOFF）。
%paste	クリップボード内の整形済みPythonコード片の実行。
%cpaste	クリップボード内Pythonコードの実行のための特別なプロンプトを表示。
%reset	名前空間から変数を含めた名前を除去。
%page OBJECT	ページャを起動し、引数OBJECTを整形して表示。
%run script.py	引数script.pyをPythonスクリプトとみなしてIPython内で実行。
%prun statement	cProfile付きの命令を実行し、プロファイラ出力を表示。
%time statement	引数で与えられた命令の実行時間を計測。
%timeit statement	引数で与えられた命令の実行時間を複数回計測。実行時間のごく短い命令の計測に有効。
%who,%who_ls, %whos	引数に型名、関数名などを取る。利用中の名前空間の中で定義された、その種類の変数のリストを戻す。3種類の違いは返り値のフォーマット。%whoは単に一覧を戻し、%who_lsはリストとして戻す。%whosは整形して見やすく表示してくれる。
%xdel variable	IPython内のオブジェクトを削除し、可能な限りそのオブジェクトへの参照も削除する。

2.2.9　Matplotlibとの連携

　データ分析分野でIPythonが広まった理由の1つに、Matplotlibに代表されるデータ可視化ライブラリとの強い連携が挙げられます。Matplotlibについては後の章で触れます。もしMatplotlibを知らなかったとしても安心して読み進めてください。IPythonシェルやJupyter NotebookからMatplotlib環境を利用するには、マジックコマンド%matplotlibを用います。仮にこれを忘れた場合、Notebookでは描画が表示されない、IPythonシェルでは描画後に制御が戻らないといったケースが発生します。

　IPythonシェルからMatplotlib環境を利用するには、マジックコマンド%matplotlibを実行します。これによりIPythonシェルの制御を奪われることなく描画ウィンドウを表示できます。

```
In [26]: %matplotlib
Using matplotlib backend: Qt4Agg
```

Jupyterでは次のオプションが必要になることに注意してください（**図2-6**）。

```
In [26]: %matplotlib inline
```

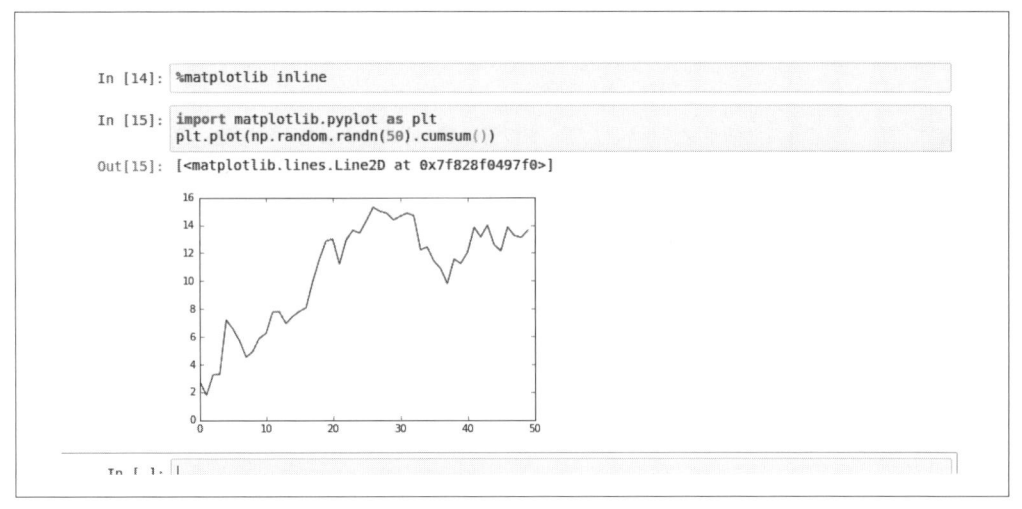

図2-6　Jupyter環境でのmatplotlibインライン描画

2.3　Pythonの基礎

　この節ではPythonプログラミングの考え方と言語の仕組みについて紹介します。Pythonのデータ構造、関数、その他の組み込みツールについては次の章で触れます。

2.3.1　セマンティクス

　Pythonの言語設計の特徴は、読みやすさ、シンプルさ、明確さにあると言われています。その読みやすさから、Pythonのことを「実行可能な擬似コード」などと言う人もいます。

2.3.1.1　中括弧ではなくインデント

　プログラムコードを構造化するのに、Pythonではタブ、もしくはスペースを用います。これは、構造化のためにRやC++、Java、Perlといったプログラミング言語が中括弧を用いるのと対比的です。あるソートアルゴリズムから抜粋した次のforループの例を参照してください。

```
for x in array:
    if x < pivot:
        less.append(x)
    else:
        greater.append(x)
```

　コロンはインデントされたブロックの開始の合図です。以後、ブロックの終了まで、それぞれの行に同じだけのインデントが必要です。

　好むと好まざるとにかかわらず、Pythonプログラマがこの大量の空白と付き合わねばならないのは、まぎれもない事実です。私の経験上、Pythonは他の言語と比べてこの空白があるからこそコードが読

みやすいように感じます。最初のうちは戸惑うかもしれませんが、時が経つにつれて慣れていくことと思います。

 デフォルトのインデントとして、タブではなく4つ分のスペースを使うことを強くお勧めします。多くのテキストエディタにはタブをいくつかのスペースに自動で置き換えてくれる機能があるはずです（ぜひ、今やってください！）。もちろん、タブや別の数のスペース、例えば2つ分のスペースを使っている人もいないわけではありません。ただ4つ分のスペースという文化は主流であり、Pythonプログラマの大多数に支持されているのです。強い理由がない限り、ぜひ4つ分のスペースを試してみてください。

　Pythonの文はセミコロンで終わる必要はありません。ただし次の例で見るように、複数の文を1行にまとめる場合にはそれぞれの区切りにセミコロンを用います。

```
a = 5; b = 6; c = 7
```

　ただし可読性を落とすことから、複数の文を1行にまとめることは一般的に避けるべきとされています。

2.3.1.2　すべてがオブジェクト

　Pythonの特徴の1つに一貫した**オブジェクト**モデルであるという点が挙げられます。すべての数、文字列、データ構造、関数、クラス、モジュール、その他Pythonインタプリタの扱うあらゆるものは**Pythonオブジェクト**です。それぞれのオブジェクトには対応する**型**（例えばstrやfunction）があり、内部データがあります。このような設計のおかげで、例えば関数ですらオブジェクトとして扱えるといったように、言語の柔軟性が生まれています。

2.3.1.3　コメント

　番号記号（井げた）#から始まる行があるとき、Pythonインタプリタはこの行を無視します。コメントを残すのによく使われます。またコードのある一部のブロックの実行を停止させるのにも有用で、以下のように#を用いて**コメントアウト**できます。

```
results = []
for line in file_handle:
    # 現時点では以下の行を残しておく
    # if len(line) == 0:
    #     continue
    results.append(line.replace('foo', 'bar'))
```

　また、行の途中からコメントを始めることもできます。特定のコード行の前の行にコメントを記載することもありますが、時には次のような書き方をすることもあります。

```
print("Reached this line")  # 簡易通知のためのprint文
```

2.3.1.4　関数とオブジェクトメソッドの呼び出し

関数を呼び出すときは括弧を用い、0個以上の引数を与えます。関数に戻り値がある場合、それを変数に代入することもできます。

```
result = f(x, y, z)
g()
```

ほぼすべてのオブジェクトには関数が割り付けられています。これはメソッドと呼ばれ、オブジェクトの内部構造にアクセスできるものです。メソッドは次のようにして呼び出すことができます。

```
obj.some_method(x, y, z)
```

関数の取る引数には**位置引数**と**キーワード引数**があります。

```
result = f(a, b, c, d=5, e='foo')
```

これについては後ほど触れます。

2.3.1.5　変数と引数の引き渡し

変数を代入すると、等式の右辺にあるオブジェクトへの**参照**が作られます。ある整数リストのオブジェクトaを考えてみます。

```
In [8]: a = [1, 2, 3]
```

ここで、新しい変数bにaを代入します。

```
In [9]: b = a
```

プログラミング言語の中にはこの操作で[1, 2, 3]のコピーが作られるものがありますが、Pythonはそうではありません。aとbはいずれも、[1, 2, 3]というまったく同一のオブジェクトを参照します。**図2-7**を合わせて参照してください。実際に同一であることは、aに要素を追加したのちにbの値を調べることで確認できます。

```
In [10]: a.append(4)

In [11]: b
Out[11]: [1, 2, 3, 4]
```

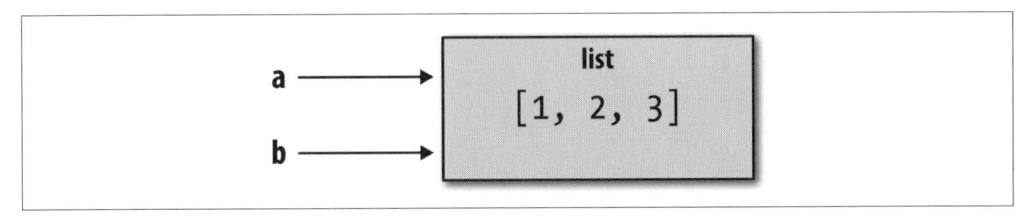

図2-7　同一オブジェクトを指す2つの参照

　Pythonの参照のセマンティクスを理解し、いつ、なぜ、どのようにしてデータがコピーされるのかを理解しておくことは、今後巨大なデータセットを扱うときに極めて重要になってきます。

 変数の代入は**束縛（binding）**とも呼ばれます。これはオブジェクトに名前を付けると、その名前で縛ることになるためです。代入された変数名は束縛変数と呼ばれることがあります。

　関数の引数にオブジェクトを渡すと、そのオブジェクトに対する参照として新しいローカル変数が作成されます。元データが新たにコピーされるのではありません。また関数の中で新しいオブジェクトを作成して変数名を付けたとしても、その操作は関数の呼び出し元である親のスコープには影響を与えません。前者について、変更可能（mutable）[1]な引数オブジェクトを持つ関数の具体例を見てみましょう。次のコードとその実行結果を確認してください。

```
def append_element(some_list, element):
    some_list.append(element)
```

　このような関数append_elementを呼び出すと、引数some_listに与えたオブジェクトdataが変更されます。

```
In [27]: data = [1, 2, 3]

In [28]: append_element(data, 4)

In [29]: data
Out[29]: [1, 2, 3, 4]
```

2.3.1.6　動的参照、強い型付け

　JavaやC++といったコンパイルの必要なプログラミング言語とは対照的に、Pythonでのオブジェクトの**参照**には型が付きません。このことは、次の例のように変数aに一貫性のない型を代入できることからもわかります[2]。

```
In [12]: a = 5

In [13]: type(a)
Out[13]: int

In [14]: a = 'foo'

In [15]: type(a)
```

---

[1]　訳注：オブジェクトには値を変更できる（mutable）ものと、生成後に値を変更できない（immutable）ものがあります。詳細はPython言語リファレンス（http://docs.python.jp/3/reference/datamodel.html）を参照してください。

[2]　訳注：JavaやC++などの処理系で同様のコードを記述すると型エラーが発生します。変数aに5を代入すると変数aに数値型が付き、次の文字列型の代入を受け付けられないためです。

```
Out[15]: str
```

　変数はある特定の名前空間におけるオブジェクトの名前です。Pythonでは、型情報はオブジェクトそのものに格納されています。ここまでの説明で、せっかちな人は「ではPythonには型がないのね」と結論付けてしまうかもしれませんが、そうではありません。次の例を見てください。

```
In [16]: '5' + 5
---------------------------------------------------------------------------
TypeError                                 Traceback (most recent call last)
<ipython-input-16-f9dbf5f0b234> in <module>()
----> 1 '5' + 5
TypeError: must be str, not int
```

　Visual Basicなどのプログラミング言語では、文字列である'5'が暗黙的に整数に型変換（**キャスト**）され、計算結果として10を得ることができます。さらにJavaScriptなどの言語では、整数の5が文字列にキャストされて計算結果が'55'になったりします。この点について、Pythonはすべてのオブジェクトが何らかの型（あるいは**クラス**）を持つ**強い型付け**の言語であると言うことができます。そして暗黙の型変換が行われるのは、次の例のようにそれが明白なときに限られます。

```
In [17]: a = 4.5
```

```
In [18]: b = 2
```

```
# 文字列フォーマット記法（本章で後述します）
In [19]: print('a is {0}, b is {1}'.format(type(a), type(b)))
a is <class 'float'>, b is <class 'int'>
```

```
In [20]: a / b
Out[20]: 2.25
```

　扱うオブジェクトの型を知っておくのは重要で、これによりさまざまな種類の入力を取る関数を書くことができるようになります。isinstance関数を使うと、そのオブジェクトがどの型のインスタンスであるのかを確かめることができます。

```
In [21]: a = 5
```

```
In [22]: isinstance(a, int)
Out[22]: True
```

　また、あるオブジェクトが複数の型のどれかであるとわかればよいという場合にもisinstanceは有用です。次の例のように複数の型をタプルにして与えることができます。

```
In [23]: a = 5; b = 4.5
```

```
In [24]: isinstance(a, (int, float))
Out[24]: True
```

```
In [25]: isinstance(b, (int, float))
Out[25]: True
```

2.3.1.7　属性とメソッド

　Pythonでは通常、オブジェクトには属性とメソッドが定義されています。属性はそのオブジェクトの中に格納された別のオブジェクトです。メソッドはオブジェクト内部にアクセスするための手段を提供する関数です。ピリオドを使って、属性やメソッドにアクセスすることができます。次の例を参照してください。

```
In [1]: a = 'foo'

In [2]: a.<Press Tab>
a.capitalize  a.format    a.isupper    a.rindex      a.strip
a.center      a.index     a.join       a.rjust       a.swapcase
a.count       a.isalnum   a.ljust      a.rpartition  a.title
a.decode      a.isalpha   a.lower      a.rsplit      a.translate
a.encode      a.isdigit   a.lstrip     a.rstrip      a.upper
a.endswith    a.islower   a.partition  a.split       a.zfill
a.expandtabs  a.isspace   a.replace    a.splitlines
a.find        a.istitle   a.rfind      a.startswith
```

　属性とメソッドの呼び出しには別の方法もあり、getattrという標準関数に属性名もしくはメソッド名を文字列で与えて呼び出します[*1]。

```
In [27]: getattr(a, 'split')
Out[27]: <function str.split>
```

　この例のように、属性名やメソッド名、またはオブジェクト名を表現する文字列から、その属性やメソッド、オブジェクトを呼び出す手法は、他のプログラミング言語では「リフレクション」と呼ばれます。Pythonではリフレクション関連の関数としてgetattrだけでなく、hasattrやsetattrといったものが用意されていますが、この本ではその名前を紹介するに留めます。リフレクションを用いることでより汎用的、かつ再利用可能なコードになる場合があることを覚えておいてください。

2.3.1.8　ダックタイピング

　あるオブジェクトについてその型を気にするよりも、そのオブジェクトがどんなメソッドを持つのか、どういう振る舞いをするのかに着目する方がずっと多いのではないでしょうか。これに関連して、プログラミングの世界には「ダックタイピング」という考え方があります。これは「アヒルのように歩きアヒルのように鳴くのであれば、それはアヒルである」というものです。例えば、あるオブジェクトが「イテ

[*1] 訳注：getattr(a, 'split')はa.splitと等価で、オブジェクトaに定義された関数splitを呼び出します。より理解を深めるため、本文の例に加え、a.split('f')とgetattr(a, 'split')('f')を実行し、同一の結果 (['', 'oo']) が返ることを確認してみてください。

レータプロトコル」を実装しており、イテラブルであるかどうか調べることを考えましょう。多くのオブジェクトでは「特殊メソッド」の__iter__もしくは__getitem__が実装されていることと同義になりますが、ダックタイピングの考え方ではオブジェクトの中身を調査しません。その代わり、単にiter関数を使って確認します[*1]。

```
def isiterable(obj):
    try:
        iter(obj)
        return True
    except TypeError: # イテレーション不可の場合
        return False
```

　このisiterable関数を文字列に適用すると、他のPythonのシーケンス型に適用したときと同じくTrueが返されます。数値に適用した場合、イテラブルではないためFalseが返されます。

```
In [29]: isiterable('a string')
Out[29]: True

In [30]: isiterable([1, 2, 3])
Out[30]: True

In [31]: isiterable(5)
Out[31]: False
```

　ここで説明した考え方は、扱うオブジェクトが複数の型を取り得るような場合に効果を発揮します。例えば、引数にシーケンス型 (リスト型、タプル、Numpyのndarrayなど)、もしくはイテレータまでも受け付ける可能性のある関数を記述するとします。このときまず最初に、そのオブジェクトが例えばリストであるかをチェックし、もしそうでないならリスト化してしまう、というように考えていくのです[*2]。

```
if not isinstance(x, list) and isiterable(x):
    x = list(x)
```

2.3.1.9　インポート

　Pythonのモジュールとは、単に拡張子.pyを持つPythonコードを指します。次のモジュールを考えてみましょう。

```
# some_module.py
```

[*1]　訳注：iter関数は、与えられたオブジェクトがイテレーション可能な場合にイテレータを返します。本文の関数ではまずtry節でiter(obj)を呼び出し、イテレータを取り出します。そしてこれが成功すればTrueを返します。取り出しに失敗した場合はTypeError例外が発生することを利用し、except節でこの例外をキャッチしてFalseを返すという動作となっています。

[*2]　訳注：このようにすることで、受け取る引数の型が何であれ、後続の処理でリストとして扱うことができるようになります。

```
PI = 3.14159

def f(x):
    return x + 2

def g(a, b):
    return a + b
```

このモジュールsome_module.pyに定義された変数や関数を、同一ディレクトリにある別のコードから呼ぶには次のようにします。

```
import some_module
result = some_module.f(5)
pi = some_module.PI
```

もしくは次のように記述することもできます。

```
from some_module import f, g, PI
result = g(5, PI)
```

キーワードasを用いると、変数名などを変更してインポートすることができます。

```
import some_module as sm
from some_module import PI as pi, g as gf

r1 = sm.f(pi)
r2 = gf(6, pi)
```

2.3.1.10　二項演算子と比較演算子

Pythonに用意された二項算術演算子や比較演算子の多くは、次のように直感的に利用することができます。

```
In [32]: 5 - 7
Out[32]: -2

In [33]: 12 + 21.5
Out[33]: 33.5

In [34]: 5 <= 2
Out[34]: False
```

これらを含めた二項演算子のリストを**表2-3**に記載しています。

ある2つの参照が同じオブジェクトを参照しているかを確認するにはisを利用します。また参照先が異なるかどうかの確認にはis notを用います。

```
In [35]: a = [1, 2, 3]

In [36]: b = a
```

```
In [37]: c = list(a)

In [38]: a is b
Out[38]: True

In [39]: a is not c
Out[39]: True
```

list関数は常に新しいPythonリストを生成します。すなわちコピーします。このため、cがaとは異なるオブジェクトを指すというのは納得できる結果でしょう。ところで、isで比較したときと==演算子で比較したときとでは、結果が異なります。次の例を見てください。

```
In [40]: a == c
Out[40]: True
```

isとis notを用いる主な場面としては、ある変数がNoneであるかどうかを確認するという例が挙げられます。他のオブジェクトと異なり、Noneのインスタンスはただ1つしか存在しないためです[*1]。

```
In [41]: a = None

In [42]: a is None
Out[42]: True
```

表2-3　二項演算子

演算	定義
a + b	aとbを足す。
a - b	aからbを引く。
a * b	aにbを掛ける。
a / b	aをbで割る。
a // b	aをbで割った商の整数部分(小数点以下切り捨て)。
a ** b	aのb乗。
a & b	aもbもTrueであればTrueを返す。a、bともに整数の場合はビット単位のANDを返す。
a | b	aかbのいずれかがTrueであればTrueを返す。a、bともに整数の場合はビット単位のORを返す。
a ^ b	aかbのいずれかがTrueであればTrueを返す。ただし両方ともTrueの場合はFalseを返す。a、bともに整数の場合はビット単位のXORを返す。
a == b	aとbが等しい場合Trueを返す。
a != b	aとbが等しくない場合Trueを返す。
a <= b, a < b	aがb以下の場合、もしくはaがbより小さい場合Trueを返す。
a > b, a >= b	aがbより大きい場合、もしくはaがb以上の場合Trueを返す。
a is b	aとbとが同一オブジェクトの参照である場合Trueを返す。
a is not b	aとbとが同一オブジェクトの参照でない場合Trueを返す。

[*1] 訳注:NoneはNoneType型オブジェクトの唯一の値(インスタンス)です。原理的にNoneと同じ値を持つ別のインスタンスが存在しないため、isやis notで安全に比較することができます。

2.3.1.11 変更可能なオブジェクト、不変なオブジェクト

Pythonではリスト、ディクショナリ、Numpyの配列、またユーザ定義のオブジェクトのほとんどが変更可能 (mutable) です。これはそのオブジェクト内に格納された値やオブジェクトが変更可能であることを意味します。

```
In [43]: a_list = ['foo', 2, [4, 5]]

In [44]: a_list[2] = (3, 4)

In [45]: a_list
Out[45]: ['foo', 2, (3, 4)]
```

一方、文字列やタプルは変更不可能 (immutable) です。

```
In [46]: a_tuple = (3, 5, (4, 5))

In [47]: a_tuple[1] = 'four'
---------------------------------------------------------------------------
TypeError                                 Traceback (most recent call last)
<ipython-input-47-b7966a9ae0f1> in <module>()
----> 1 a_tuple[1] = 'four'
TypeError: 'tuple' object does not support item assignment
```

注意してほしいのは、あるオブジェクトが**変更可能**だからといって、必ずしもそのオブジェクトが**変更されるべき**とは限らないことです。ある操作によって意図せずオブジェクトが変更されてしまうことを**副作用**と呼びます。例えば何か関数を書いたとして、もしその関数に副作用があるのであれば、それはユーザに周知すべくドキュメントに明記される必要があります。可能な限り副作用を避けるために、たとえ変更可能なオブジェクトがある処理に含まれていたとしても、何か処理を書くときには**不変である** (immutable) ように心がけよう、というのが私のお勧めです。

2.3.2 スカラー型

Python組み込みのライブラリには、数値データ、文字列、真偽値 (TrueまたはFalse)、日付と時刻データといった標準の型が用意されています。こういった単一値を取る型は**スカラー型**と呼ばれることもあり、この本ではこれらをスカラーと呼ぶことにします。**表2-4**に主要なスカラー型を記載しています。なお日付と時刻については標準ライブラリにdatetimeモジュールが提供されており、後述します。

表2-4　標準のPythonスカラー型

型	定義
None	Pythonにおける「ヌル (何もない状態を表す値)」。存在できるNoneオブジェクトのインスタンスはただ1つのみ。
str	文字列型。Unicode (文字符号化方式はUTF-8) で保持される。
bytes	生のASCIIバイト列、もしくは文字列を符号化したバイト列。

型	定義
float	倍精度（64ビット）浮動小数点数。いわゆるdouble型としては用意されずfloat型であることに注意。
bool	真偽値。TrueもしくはFalseを取る。
int	任意精度の符号付き整数。

2.3.2.1 数値型

数値に関するPythonの最も重要な型はintとfloatでしょう。int型は任意の大きさの整数を扱うことができます。

```
In [48]: ival = 17239871

In [49]: ival ** 6
Out[49]: 26254519291092456596965462913230729701102721
```

Pythonでの浮動小数点はfloat型として扱われます。内部的にはこれは倍精度（64ビット）の値となります。小数を表現するのに科学的表記（浮動小数点表記）を用いることもできます。

```
In [50]: fval = 7.243

In [51]: fval2 = 6.78e-5
```

整数同士を割り算したとき、割り切れない場合には浮動小数点数が得られます。

```
In [52]: 3 / 2
Out[52]: 1.5
```

C言語のように整数同士の割り算の結果として商のみを得たい場合、//演算子を用います。

```
In [53]: 3 // 2
Out[53]: 1
```

2.3.2.2 文字列

Pythonには強力かつ柔軟な文字列操作機能があり、多くの場面で活躍します。**文字列リテラル**を作成するには、単一引用符 ' もしくは二重引用符 " で文字列を囲みます。

```
a = 'one way of writing a string'
b = "another way"
```

複数行にわたる文字列を扱う場合には3つの引用符を使います。''' もしくは """ を利用可能です。

```
c = """
This is a longer string that
spans multiple lines
"""
```

実は、この例の文字列cは4行で構成されている、と言ったら驚くでしょうか。文字列の先頭、最初の3つの二重引用符`"""`の直後に改行があり、また文字列末尾、`lines`の直後にも改行があるため、これで合計4行となります。改行文字自体を数えるには、`count`メソッドを用いて次のようにします。

```
In [55]: c.count('\n')
Out[55]: 3
```

Pythonでは文字列は不変（immutable）です。次の例で、文字列自体の変更ができないことを確認しましょう。

```
In [56]: a = 'this is a string'

In [57]: a[10] = 'f'
---------------------------------------------------------------------------
TypeError                                 Traceback (most recent call last)
<ipython-input-57-5ca625d1e504> in <module>()
----> 1 a[10] = 'f'
TypeError: 'str' object does not support item assignment

In [58]: b = a.replace('string', 'longer string')

In [59]: b
Out[59]: 'this is a longer string'
```

直接文字列aを変更することはできないものの、`replace`メソッドで操作した結果を新しい変数bに格納することができます。このようにした後も、元の変数a自体は変化していません。

```
In [60]: a
Out[60]: 'this is a string'
```

`str`関数を用いることで、多くのPythonオブジェクトを文字列形式に変換できることを覚えておいてください。

```
In [61]: a = 5.6

In [62]: s = str(a)

In [63]: print(s)
5.6
```

Pythonでは、文字列の実体はUnicode文字のシーケンスとして表現されます。よって、次の章で後述するリストやタプルといったシーケンス型のオブジェクトと同様に、以下のような操作が可能です。

```
In [64]: s = 'python'

In [65]: list(s)
Out[65]: ['p', 'y', 't', 'h', 'o', 'n']
```

```
In [66]: s[:3]
Out[66]: 'pyt'
```

ここで出てきたs[:3]という記法は**スライシング**と呼ばれるもので、多くのPythonのシーケンス型に用意されている操作です。この本ではスライシングを多用しています。詳細については後ほど触れます。

バックスラッシュ \ は**エスケープ文字**と呼ばれ、改行文字である \n や、ユニコード文字など特別な文字を表現するのに使われます。バックスラッシュ自体を文字列に含める場合には、（バックスラッシュで）エスケープしてください。

```
In [67]: s = '12\\34'
```

```
In [68]: print(s)
12\34
```

場合によってはバックスラッシュそのものが頻出する文字列があり、そこには特殊文字は出現しない、というようなことがあるかもしれません。こういった場合にすべてのバックスラッシュをエスケープするのはつらいものがあります。幸いなことに、引用符の直前にrを付与することで、文字列をありのままで解釈させることができます。

```
In [69]: s = r'this\has\no\special\characters'
```

```
In [70]: s
Out[70]: 'this\\has\\no\\special\\characters'
```

rはraw（生）の頭文字です。

2つの文字列を結合すると、新しい文字列が生成されます。

```
In [71]: a = 'this is the first half '
```

```
In [72]: b = 'and this is the second half'
```

```
In [73]: a + b
Out[73]: 'this is the first half and this is the second half'
```

文字列のテンプレート化とフォーマットについても重要なトピックの1つで、Python 3の登場とともに機能が拡充されています。ここではこれらの機能のうち、主要なものを取り上げて紹介します。文字列オブジェクトにはformatメソッドが用意されており、これを用いると引数で与える値をフォーマットしてから新たな文字列を生成することができます。次の例を見てください。

```
In [74]: template = '{0:.2f} {1:s} are worth US${2:d}'
```

この文字列には3つの引数が与えられており、それぞれ次のような意味です。

● {0:.2f}は、1番目の引数を浮動小数点としてフォーマットし、小数点以下2桁まで表示すること

を示します。

- {1:s}は、2番目の引数を文字列としてフォーマットすることを示します。
- {2:d}は、3番目の引数を整数としてフォーマットすることを示します。

実際に3つの引数を渡してフォーマットするには、formatメソッドにこれらの引数を渡します。

```
In [75]: template.format(4.5560, 'Argentine Pesos', 1)
Out[75]: '4.56 Argentine Pesos are worth US$1'
```

文字列フォーマットは奥が深いトピックです。最終的に得られる文字列に、引数の値をどのように
フォーマットして渡すことができるのかについて、関連する多くのメソッドとたくさんのオプションが
用意されています。この詳細についてはPython 標準ライブラリ（https://docs.python.jp/3/library/
string.html）を参照してください。

データ分析の観点から見た文字列処理については、後ほど「**8章　データラングリング：連結、結合、
変形**」で詳述します。

2.3.2.3　バイト型とUnicode型

Python 3.0以降のモダンなPython環境では、文字列型がUnicodeから成るものとして定義された
ことから、ASCIIと非ASCII文字を一貫して取り扱えるようになりました。それ以前のPythonのバー
ジョンでは、文字列は明示的なエンコード指定のない単なるバイト列でした。つまり以前の環境では、
Unicodeに変換できる条件はその文字のエンコーディングを知っていたときに限られていたのです。
Python 3での例を見てみましょう。

```
In [76]: val = "español"
```

```
In [77]: val
Out[77]: 'español'
```

このUnicode文字列をUTF-8バイト表現に変換するには、encodeメソッドを用います。

```
In [78]: val_utf8 = val.encode('utf-8')
```

```
In [79]: val_utf8
Out[79]: b'espa\xc3\xb1ol'
```

```
In [80]: type(val_utf8)
Out[80]: bytes
```

このバイト列をUnicode文字列に戻してみましょう。既にエンコーディングがUTF-8であると知って
いるので、次のようにdecodeメソッドを呼びます。

```
In [81]: val_utf8.decode('utf-8')
Out[81]: 'español'
```

最近の流れではUTF-8がエンコーディングの主流となってきていますが、歴史的背景から、場合によっては他のさまざまなエンコーディングを目にすることがあるかもしれません。

```
In [82]: val.encode('latin1')
Out[82]: b'espa\xf1ol'

In [83]: val.encode('utf-16')
Out[83]: b'\xff\xfee\x00s\x00p\x00a\x00\xf1\x00o\x00l\x00'

In [84]: val.encode('utf-16le')
Out[84]: b'e\x00s\x00p\x00a\x00\xf1\x00o\x00l\x00'
```

この話でよくあるのは、ファイルを扱うときにデータをbytes型オブジェクトとして読み込むような場合です。暗黙的にすべてのデータをUnicode文字列に変換してしまうのは望ましくなかった、というような場面が考えられます。

また、こんなことをする必要は滅多に生じないと思いますが、文字列の直前にbを付与することでバイト文字列自体を定義することもできます。

```
In [85]: bytes_val = b'this is bytes'

In [86]: bytes_val
Out[86]: b'this is bytes'

In [87]: decoded = bytes_val.decode('utf8')

In [88]: decoded  # str(Unicode)になっている
Out[88]: 'this is bytes'
```

2.3.2.4 真偽値型

Pythonの真偽値型はTrueとFalseで定義されます。比較演算を含めたすべての条件判断では、その結果がTrueであるかFalseであるかを判定します。真偽値型の値同士はandもしくはorキーワードで結合し、その結果を計算することができます。

```
In [89]: True and True
Out[89]: True

In [90]: False or True
Out[90]: True
```

2.3.2.5 キャスト

str、bool、int、floatはそれぞれ関数としても動作します。与えられた引数をその型にキャスト(型変換)します。

```
In [91]: s = '3.14159'
```

```
In [92]: fval = float(s)

In [93]: type(fval)
Out[93]: float

In [94]: int(fval)
Out[94]: 3

In [95]: bool(fval)
Out[95]: True

In [96]: bool(0)
Out[96]: False
```

2.3.2.6　None

　NoneはPythonにおける「ヌル（何もない状態を表す値）」です。明示的に値を返さない関数があるとき、その関数は暗黙的にNoneを返すものとして扱われます。ある値がNoneであるかどうかは次のように確認できます。

```
In [97]: a = None

In [98]: a is None
Out[98]: True

In [99]: b = 5

In [100]: b is not None
Out[100]: True
```

　Noneは引数のデフォルト値として指定される場合も多くあります。

```
def add_and_maybe_multiply(a, b, c=None):
    result = a + b

    if c is not None:
        result = result * c

    return result
```

　技術的なアドバイスとしては、Noneは単に予約語であるという理解に留めず、NoneType型オブジェクトの唯一の値（インスタンス）であることを知っておくと良いでしょう。

```
In [101]: type(None)
Out[101]: NoneType
```

2.3.2.7　日付と時刻

　Python組み込みのdatetimeモジュールは、日付と時刻に関する機能としてdatetime型、date型、time型の3種類を提供します。datetime型はその名の通り、date（日付）とtime（時刻）とを組み合わせた情報を取り扱うことができ、最もよく使われるものです。

```
In [102]: from datetime import datetime, date, time

In [103]: dt = datetime(2011, 10, 29, 20, 30, 21)

In [104]: dt.day
Out[104]: 29

In [105]: dt.minute
Out[105]: 30
```

　datetime型のオブジェクトインスタンスがあるとき、そのオブジェクトから導かれるdateオブジェクト、あるいはtimeオブジェクトを得ることができます。メソッド名はその名の通り、それぞれdateとtimeです。

```
In [106]: dt.date()
Out[106]: datetime.date(2011, 10, 29)

In [107]: dt.time()
Out[107]: datetime.time(20, 30, 21)
```

　strftimeメソッドを用いると、datetimeオブジェクトを文字列としてフォーマットすることができます。

```
In [108]: dt.strftime('%m/%d/%Y %H:%M')
Out[108]: '10/29/2011 20:30'
```

　逆にstrptimeメソッドを用いると、文字列をdatetimeオブジェクトに変換することができます。

```
In [109]: datetime.strptime('20091031', '%Y%m%d')
Out[109]: datetime.datetime(2009, 10, 31, 0, 0)
```

　日付および時刻のフォーマット表記については**表2-5**を参照してください。

　時系列データを統合して扱う、もしくはグループ化して扱うような場面では、datetimeの時刻フィールドを一括して揃えると便利なことがあるかもしれません。例えば、分と秒を一度に0で置き換えるには次のようにします。

```
In [110]: dt.replace(minute=0, second=0)
Out[110]: datetime.datetime(2011, 10, 29, 20, 0)
```

　ここで、datetime.datetimeメソッドは不変な操作となるため、上記のような操作には常に新規オブジェクトが返されることに注意してください。

別の例を見ましょう。2つのdatetimeオブジェクトの差を取ると、その結果はdatetime.timedelta型のオブジェクトとして返されます。

```
In [111]: dt2 = datetime(2011, 11, 15, 22, 30)

In [112]: delta = dt2 - dt

In [113]: delta
Out[113]: datetime.timedelta(17, 7179)

In [114]: type(delta)
Out[114]: datetime.timedelta
```

出力結果のtimedelta(17, 7179)というのは、17日と7,179秒の差であることを示しています。

またdatetimeオブジェクトにtimedeltaオブジェクトを加えると、その分だけ変化した時刻を得ることができます。

```
In [115]: dt
Out[115]: datetime.datetime(2011, 10, 29, 20, 30, 21)

In [116]: dt + delta
Out[116]: datetime.datetime(2011, 11, 15, 22, 30)
```

表2-5　Datetimeフォーマット一覧（ISO C89準拠）

タイプ	定義
%Y	年（4桁表記）
%y	年（2桁表記）
%m	月（2桁表記）[01, 12]
%d	日（2桁表記）[01, 31]
%H	時（24時間表記）[00, 23]
%I	時（12時間表記）[01, 12]
%M	分（2桁表記）[00, 59]
%S	秒（2桁表記）[00, 61]（通常は60まで、うるう秒の場合にのみ61）
%w	曜日の数値表記[0, 6]（日曜始まり。日曜が0、土曜が6）
%U	週番号（1年のうち何週目かを表す）。日曜を週初とし、その年の最初の日曜より前の週を第0週とする[00, 53]
%W	週番号。月曜を週初とし、その年の最初の月曜より前の週を第0週とする[00, 53]
%z	UTCからのタイムゾーンのオフセット（差）。+HHMMもしくは-HHMMで表される。タイムゾーン情報なし（time zone naive）の場合は空
%F	%Y-%m-%dのショートカット（別名）。例：2012-4-18
%D	%m/%d/%yのショートカット（別名）。例：04/18/12

2.3.3　制御フロー

他のプログラミング言語と同様に、Pythonにも条件やループといった一般的な**制御フロー**の概念と、対応するキーワードが用意されています。

2.3.3.1 ifとelif、else

数ある制御フロー文の中でもif文は最もよく使われるものの1つです。与えられた条件を評価し、Trueであれば続くブロックのコードを実行します。次の例を見てください。

```
if x < 0:
    print('It\'s negative')
```

別の条件を評価するのに、if文にelifのブロックを追加することができます。またいずれの条件にも当てはまらず、すべてがFalseの場合を受け止めるのに、elseブロックを追加できます。次の例を確認してください。

```
if x < 0:
    print('It\'s negative')
elif x == 0:
    print('Equal to zero')
elif 0 < x < 5:
    print('Positive but smaller than 5')
else:
    print('Positive and larger than or equal to 5')
```

指定されたいずれかの条件がTrueとなる場合、以降のelifもしくはelseのブロックは評価されずスキップされます。ifではandやorを使った複合条件を評価することができます。それぞれの条件は左から右に順番に評価され、Trueになるものが見つかった時点で後続の条件の評価はスキップされます。

```
In [117]: a = 5; b = 7

In [118]: c = 8; d = 4

In [119]: if a < b or c > d:
    .....:     print('Made it')
Made it
```

上の例では、前半の条件がTrueとなるため、後半に出てくるc > dという条件は評価されません。また、比較演算子をつなげて使うこともできます。

```
In [120]: 4 > 3 > 2 > 1
Out[120]: True
```

2.3.3.2 forループ

forループはリストやタプルといった集合的データ構造、あるいはイテレータに対して、それぞれの要素に順番に処理するために用いられます。forループの基本的な書き方は次のような形です。

```
for value in collection:
    # それぞれの要素に対して処理する
```

forループの中でキーワードcontinueを用いると、繰り返しブロック内のそれ以降の命令をスキップ

し、次の繰り返しに進みます。次のコードは、要素が整数の場合は足し合わせて総和を求め、要素が
Noneの場合はスキップするように記述されています。

```
sequence = [1, 2, None, 4, None, 5]
total = 0
for value in sequence:
    if value is None:
        continue
    total += value
```

キーワードbreakを用いるとforループから抜け出します。breakが出現するとそのループは終了します。次のコードはリスト内の要素に5が出現するまでの要素の総和を求めるものです。

```
sequence = [1, 2, 0, 4, 6, 5, 2, 1]
total_until_5 = 0
for value in sequence:
    if value == 5:
        break
    total_until_5 += value
```

キーワードbreakが終了させるのはその最も内側のループ処理であり、外側のループ処理は継続します。次の例を見てください。

```
In [121]: for i in range(4):
   .....:     for j in range(4):
   .....:         if j > i:
   .....:             break
   .....:         print((i, j))
   .....:
(0, 0)
(1, 0)
(1, 1)
(2, 0)
(2, 1)
(2, 2)
(3, 0)
(3, 1)
(3, 2)
(3, 3)
```

後ほど詳細を見ていくように、集合的データ構造の要素、もしくはイテレータの中の要素がタプルやリストのようなシーケンス型であるとき、次のようにしてforのループ文からそれぞれの要素を取り出し、変数に代入することができます。

```
for a, b, c in iterator:
    # 処理する
```

2.3.3.3 whileループ

whileループ文には、与えられたループ条件とループ対象のコードブロックを記述します。与えられた条件がFalseになるまで、もしくはループがbreakにより明示的に終了させられるまで、そのブロックが繰り返し実行されます。

```
x = 256
total = 0
while x > 0:
    if total > 500:
        break
    total += x
    x = x // 2
```

2.3.3.4 pass

passはPythonにおける「no-op」、つまり「何もしない」ことを示す命令です。コードブロック内で必要なアクションがないことを示すとき、またすぐには実装できないコードのプレースホルダーが必要な場面などで用いられます。Pythonでは空白文字をコードブロックの区切りとみなすため、「何もしない」ことを示すキーワードとしてpassが提供されているのです。

```
if x < 0:
    print('negative!')
elif x == 0:
    # TODO: 後でちゃんと実装する
    pass
else:
    print('positive!')
```

2.3.3.5 range

range関数は均等に配置された整数列を生成するイテラブルオブジェクトを返します。

```
In [122]: range(10)
Out[122]: range(0, 10)

In [123]: list(range(10))
Out[123]: [0, 1, 2, 3, 4, 5, 6, 7, 8, 9]
```

rangeの引数には始点、終点、ステップ (増分) を与えることができます。ステップには負の数を指定することもできます。

```
In [124]: list(range(0, 20, 2))
Out[124]: [0, 2, 4, 6, 8, 10, 12, 14, 16, 18]

In [125]: list(range(5, 0, -1))
Out[125]: [5, 4, 3, 2, 1]
```

　上の例でわかるように、rangeの生成する数列には、与えられた終点の値は含まれません。rangeの主な用途の1つに、シーケンスに対して繰り返し処理するのにインデックスを振るような使い方があります。

```
seq = [1, 2, 3, 4]
for i in range(len(seq)):
    val = seq[i]
```

　rangeに整数列を生成させた後、それを操作するのにlist関数でリスト化しようとするのはアイデアの1つです。ですが、単にrangeに用意されたイテレータで済む場面も多いことをぜひ覚えておいてください。次の例は、0から99,999までの数列に対して、3もしくは5の倍数であるものだけを足し合わせるものです。

```
sum = 0
for i in range(100000):
    # %は剰余演算子
    if i % 3 == 0 or i % 5 == 0:
        sum += i
```

　rangeは任意の巨大な値を扱うことができますが、どのタイミングを取ってもメモリ消費量はとても小さく抑えられています。

2.3.3.6　三項演算子

　Pythonにおける**三項演算子**は、if-elseブロックを結合して1行で記述し、結果を返すものです。次のような書式です。

　*true-expr*は真の場合に実行する式、*condition*は評価される条件、*false-expr*は偽の場合に実行する式です。

```
value = true-expr if condition else false-expr
```

　*true-expr*にも*false-expr*にも任意のPython式を記述できます。まったく同一の処理になるように、より冗長な形で書き直すと次のようになります。

```
if condition:
    value = true-expr
else:
    value = false-expr
```

　例を1つ見ておきましょう。

```
In [126]: x = 5

In [127]: 'Non-negative' if x >= 0 else 'Negative'
Out[127]: 'Non-negative'
```

　if-elseブロックと同様に、三項演算子で実行されるのは*true-expr*もしくは*false-expr*のどちらか片方です。三項演算子はifとelseの双方に式を書き、これが1行で表されているため、この両方が評価されるのであれば無駄な計算が発生するように見えるかもしれません。ですが実際に評価されるのは条件に合致する一方の式だけです。

　コード量短縮のために、あらゆる条件文を三項演算子で書いてしまおうと考えるかもしれません。しかし条件式や真偽式が複雑なときほど、三項演算子は可読性を犠牲にすることがあることを心に留めてもらえたらと思います。

3章
Python組み込みのデータ構造と
関数、ファイルの扱い

　この章では、Python言語に組み込まれている標準の機能について説明します。これらの機能はこの本のどこでも常に使っています。pandasやNumPyのような追加のライブラリは、より大きなデータに対する応用的な計算機能を提供するものですが、Python組み込みのデータ操作機能と併せて使えるように設計されています。

　まずは、Pythonの主力となるデータ構造から始めることにしましょう。タプル、リスト、ディクショナリ、セットです。そしてその後、再利用可能な独自のPython関数の作り方を紹介します。最後に、Pythonのファイルオブジェクトの仕組みとローカルハードドライブとのやり取りの方法を見ていきます。

3.1　データ構造とシーケンス

　Pythonのデータ構造はシンプルですが強力です。それらの使い方を習得するのは、Pythonの達人プログラマになるための重要な一歩です。

3.1.1　タプル

　タプルは、固定長で変更不可能（immutable）な一連のPythonオブジェクトの集合です。タプルを作る最も簡単な方法は、コンマで値を区切ることです。

```
In [1]: tup = 4, 5, 6

In [2]: tup
Out[2]: (4, 5, 6)
```

　タプルでより複雑な内容を定義する場合は、括弧で値を区切ります。次の例では、タプルのタプルを作っています。

```
In [3]: nested_tup = (4, 5, 6), (7, 8)

In [4]: nested_tup
```

```
Out[4]: ((4, 5, 6), (7, 8))
```

シーケンスやイテレータはtuple関数を使ってタプルに変換可能です。

```
In [5]: tuple([4, 0, 2])
Out[5]: (4, 0, 2)

In [6]: tup = tuple('string')

In [7]: tup
Out[7]: ('s', 't', 'r', 'i', 'n', 'g')
```

他のシーケンス型と同じように、タプルの要素は大括弧[]で参照できます。CやC++、Javaやその他の言語と同様に、Pythonでもシーケンスは0から始まるインデックスを持ちます。

```
In [8]: tup[0]
Out[8]: 's'
```

タプルに保存されたオブジェクト自身は変更可能（mutable）であっても、タプルが作られた後には、タプルの各要素を差し替えることはできません。

```
In [9]: tup = tuple(['foo', [1, 2], True])

In [10]: tup[2] = False
---------------------------------------------------------------------
TypeError                                 Traceback (most recent call last)
<ipython-input-10-c7308343b841> in <module>()
----> 1 tup[2] = False
TypeError: 'tuple' object does not support item assignment
```

しかし、タプルの中のオブジェクトがリストのように変更可能であれば、そのリストの中身を変更することはできます。

```
In [11]: tup[1].append(3)

In [12]: tup
Out[12]: ('foo', [1, 2, 3], True)
```

+演算子を使って連結したタプルを作ることもできます。

```
In [13]: (4, None, 'foo') + (6, 0) + ('bar',)
Out[13]: (4, None, 'foo', 6, 0, 'bar')
```

タプルに整数を掛けると、リストの場合と同じように、タプルのコピーが連結されます。

```
In [14]: ('foo', 'bar') * 4
Out[14]: ('foo', 'bar', 'foo', 'bar', 'foo', 'bar', 'foo', 'bar')
```

オブジェクト自身がコピーされるのではなく、オブジェクトへの参照がコピーされるという点に注意

しましょう。

3.1.1.1　タプルの分解

　変数をタプルのような表記で記載して、そこに代入すると、Pythonは等号の右辺の値の**分解**を試みます。

```
In [15]: tup = (4, 5, 6)

In [16]: a, b, c = tup

In [17]: b
Out[17]: 5
```

ネストしたタプルのシーケンスでさえも、分解することができます。

```
In [18]: tup = 4, 5, (6, 7)

In [19]: a, b, (c, d) = tup

In [20]: d
Out[20]: 7
```

　この機能を使って、変数名を簡単に入れ替えることができます。多くの言語では次のように書くと思います。

```
tmp = a
a = b
b = tmp
```

しかし、Pythonでは、次のようにして入れ替えることができます。

```
In [21]: a, b = 1, 2

In [22]: a
Out[22]: 1

In [23]: b
Out[23]: 2

In [24]: b, a = a, b

In [25]: a
Out[25]: 2

In [26]: b
Out[26]: 1
```

　変数分解の一般的な用途は、タプルやリストのシーケンスを反復処理することです。

```
In [27]: seq = [(1, 2, 3), (4, 5, 6), (7, 8, 9)]

In [28]: for a, b, c in seq:
   ....:     print('a={0}, b={1}, c={2}'.format(a, b, c))
a=1, b=2, c=3
a=4, b=5, c=6
a=7, b=8, c=9
```

その他の主な用途は、関数から複数の値を戻すことです。これについては後ほど詳しく説明します。

　Pythonでは最近、より高度なタプル分解の機能が追加されました。これは、タプルの最初の部分から少しだけ要素を取り出したいような場合に役立ちます。この機能は *rest のように特別な文法を使います。似たような文法は、関数で任意の長さの位置引数[*1]のリストを受け取るときにも使われます。

```
In [29]: values = 1, 2, 3, 4, 5

In [30]: a, b, *rest = values

In [31]: a, b
Out[31]: (1, 2)

In [32]: rest
Out[32]: [3, 4, 5]
```

このrestの部分は不要という人もいるでしょう。restという名前の通り、たいして特別な情報ではないからです。慣例として、Pythonプログラマは、そのような不要な変数にアンダースコア (_) という名前を付けます。

```
In [33]: a, b, *_ = values
```

3.1.1.2　タプルのメソッド

　タプルの長さや内容は変更できないため、インスタンスメソッドは動作が軽くなります。特に、使いやすいのは (リストでも使えますが) count です。これは、ある値が出現する回数を数えます。

```
In [34]: a = (1, 2, 2, 2, 3, 4, 2)

In [35]: a.count(2)
Out[35]: 4
```

[*1]　訳注：some_function("a", "b", "c") のようにキーワード (引数の名前) を指定せずに、関数で定義されている引数の位置をもとに値を指定するとき、この引数のことを位置引数と言います。一方、some_function(arg1="a", arg2="b", arg3="c") のような呼び出しをするときの引数は、キーワード引数と呼びます。

3.1.2 リスト

タプルとは異なり、リストは可変長で内容も差し替えることが可能です。リストの定義は大括弧[ ]か、あるいはlist関数を使います。

```
In [36]: a_list = [2, 3, 7, None]

In [37]: tup = ('foo', 'bar', 'baz')

In [38]: b_list = list(tup)

In [39]: b_list
Out[39]: ['foo', 'bar', 'baz']

In [40]: b_list[1] = 'peekaboo'

In [41]: b_list
Out[41]: ['foo', 'peekaboo', 'baz']
```

リストとタプルは意味的には似ているので（ただし、タプルは内容の変更が不可能）、多くの関数を相互に使うことができます。

例えば、データを処理したいときに、list関数を使ってイテレータやジェネレータ式を使うことはよくあります。

```
In [42]: gen = range(10)

In [43]: gen
Out[43]: range(0, 10)

In [44]: list(gen)
Out[44]: [0, 1, 2, 3, 4, 5, 6, 7, 8, 9]
```

3.1.2.1　要素の追加と削除

appendメソッドを使ってリストの末尾に要素を追加することができます。

```
In [45]: b_list.append('dwarf')

In [46]: b_list
Out[46]: ['foo', 'peekaboo', 'baz', 'dwarf']
```

insertを使うとリストの特定の位置に要素を挿入することができます。

```
In [47]: b_list.insert(1, 'red')

In [48]: b_list
Out[48]: ['foo', 'red', 'peekaboo', 'baz', 'dwarf']
```

挿入位置のインデックスは、0からリストの長さの間に収まる値でなければなりません。

insertはappendと比較してコストの高い処理です。なぜなら新しい要素を追加するための領域を作るために後続の要素をずらす処理が必要だからです。シーケンスの先頭や末尾に要素を追加する必要があるときには、両端に末尾があるcollections.dequeを使うのが良いでしょう。

popはinsertの逆の操作を行います。特定のインデックス位置の要素を削除して戻します。

```
In [49]: b_list.pop(2)
Out[49]: 'peekaboo'

In [50]: b_list
Out[50]: ['foo', 'red', 'baz', 'dwarf']
```

リストの要素はremoveで削除することができます。このメソッドは、指定した値を先頭から探し、最初に見つかったものを削除します。

```
In [51]: b_list.append('foo')

In [52]: b_list
Out[52]: ['foo', 'red', 'baz', 'dwarf', 'foo']

In [53]: b_list.remove('foo')

In [54]: b_list
Out[54]: ['red', 'baz', 'dwarf', 'foo']
```

パフォーマンスを気にしなければ、appendとremoveを活用することで、Pythonのリストを完全な「多重集合」[*1]のデータ構造として扱うことができます。

リストに特定の値が含まれているかは、inキーワードを使って確認できます。

```
In [55]: 'dwarf' in b_list
Out[55]: True
```

notキーワードはinを否定するときに使います。

```
In [56]: 'dwarf' not in b_list
Out[56]: False
```

リストに特定の値が含まれるかの確認処理は、ディクショナリやセット（これは後ほど説明します）を使うより少し遅いです。Pythonはリストの値を順番に検索しますが、ディクショナリやセットではハッシュ値に基づいて一定時間で確認することができるからです。

---

*1　訳注：同じ値を複数含む集合のこと。

3.1.2.2 リストの連結

タプルと同様に、2つのリストを+演算子で連結することができます。

```
In [57]: [4, None, 'foo'] + [7, 8, (2, 3)]
Out[57]: [4, None, 'foo', 7, 8, (2, 3)]
```

既に定義されたリストがある場合は、extendメソッドを使って複数の要素を追加することもできます。

```
In [58]: x = [4, None, 'foo']

In [59]: x.extend([7, 8, (2, 3)])

In [60]: x
Out[60]: [4, None, 'foo', 7, 8, (2, 3)]
```

リストの連結は比較的コストの高い処理であることに注意してください。この処理では、新しいリストが作られ、オブジェクトがコピーされます。既存のリストに要素を追加する場合、大きいリストを作るときは特に、extendを使うのが好ましいです。

```
everything = []
for chunk in list_of_lists:
    everything.extend(chunk)
```

上記のやり方は、次のように連結をするよりも高速です。

```
everything = []
for chunk in list_of_lists:
    everything = everything + chunk
```

3.1.2.3 ソート

sort関数を使うと、リストは直接（新しいオブジェクトを作ることなく）ソートすることができます。

```
In [61]: a = [7, 2, 5, 1, 3]

In [62]: a.sort()

In [63]: a
Out[63]: [1, 2, 3, 5, 7]
```

sortには、役に立ついくつかのオプションがあります。その1つに、ソートキーを指定する機能があります。これは、オブジェクトをソートするのに使う関数を指定する機能です。例えば、文字列を長さでソートするときは次のようにします。

```
In [64]: b = ['saw', 'small', 'He', 'foxes', 'six']

In [65]: b.sort(key=len)
```

```
In [66]: b
Out[66]: ['He', 'saw', 'six', 'small', 'foxes']
```

後ほど、sorted関数を紹介しますが、これはソートされたシーケンスのコピーを生成することができます。

3.1.2.4　二分探索とソートされたリストの管理

Pythonに標準で組み込まれているbisectモジュールは、二分探索とソートされたリストへの挿入を実装しています。bisect.bisect[*1]は、リストをソートされた状態に保つために、ある要素をどこに挿入するべきかを見つけます。bisect.insortは、見つけるだけではなく、実際にその要素をその場所に挿入します。

```
In [67]: import bisect

In [68]: c = [1, 2, 2, 2, 3, 4, 7]

In [69]: bisect.bisect(c, 2)
Out[69]: 4

In [70]: bisect.bisect(c, 5)
Out[70]: 6

In [71]: bisect.insort(c, 6)

In [72]: c
Out[72]: [1, 2, 2, 2, 3, 4, 6, 7]
```

 bisectモジュールの関数は、リストがソートされているかどうかを確認はしません。それをしてしまうと計算コストが高いからです。したがって、ソートされていないリストに対して、これらの関数を使ってもエラーは出ず、実行できます。しかし、得られる結果は正しいものではないでしょう。

3.1.2.5　スライシング

スライス記法を使えば、ほとんどのシーケンス型の一部を抽出することができます。スライス記法とは、インデックス参照の演算子である[]に対して、start:stop形式の書き方で抽出したい部分を指定する方法です。

```
In [73]: seq = [7, 2, 3, 7, 5, 6, 0, 1]

In [74]: seq[1:5]
```

---

*1　訳注：bisectモジュールのbisect関数。

```
Out[74]: [2, 3, 7, 5]
```

スライスに対して、シーケンスを使って代入することもできます。

```
In [75]: seq[3:4] = [6, 3]
```

```
In [76]: seq
Out[76]: [7, 2, 3, 6, 3, 5, 6, 0, 1]
```

startインデックスにある要素は含まれますが、stopインデックスにある要素は**含まれません**。したがって、スライスした結果に含まれる要素数は、stop - startになります。

startやstopは省略することができ、その場合、省略した部分はそれぞれシーケンスの先頭と末尾になります。

```
In [77]: seq[:5]
Out[77]: [7, 2, 3, 6, 3]
```

```
In [78]: seq[3:]
Out[78]: [6, 3, 5, 6, 0, 1]
```

負のインデックス値を使ったスライスは、シーケンスの末尾からの相対的な位置でスライスを作ります。

```
In [79]: seq[-4:]
Out[79]: [5, 6, 0, 1]
```

```
In [80]: seq[-6:-2]
Out[80]: [6, 3, 5, 6]
```

スライシングの文法は少し慣れが必要です。RやMATLABユーザであった人は尚更です。**図3-1**は、正と負の整数を使ったスライシングをわかりやすく説明しています。この図ではインデックスが箱の端に記載してあり、正と負のインデックスを使ったときのスライスの開始と終了の位置をわかりやすくしています。

2つ目のコロンの後に、stepも指定することができます。例えば、1つおきに要素を取得したいときに使います。

```
In [81]: seq[::2]
Out[81]: [7, 3, 3, 6, 1]
```

stepの賢い使い方の1つに、-1を指定するやり方があります。これは、リストやタプルを反転させる効果があります。

```
In [82]: seq[::-1]
Out[82]: [1, 0, 6, 5, 3, 6, 3, 2, 7]
```

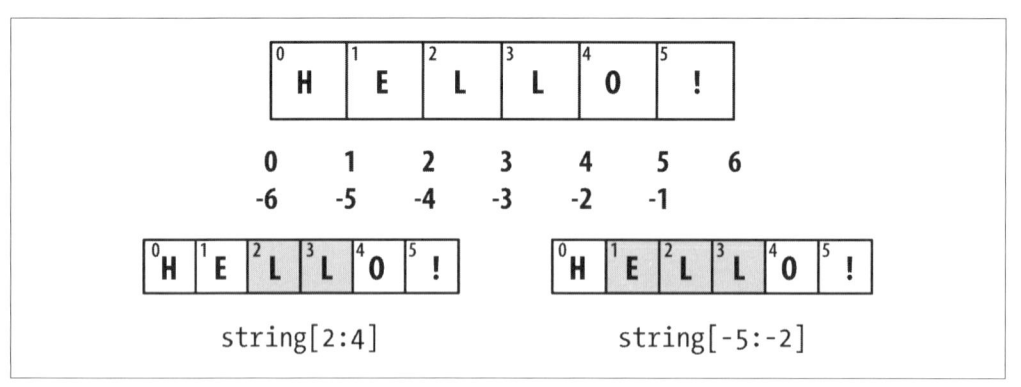

図3-1　Pythonにおけるスライシングの説明図

3.1.3　組み込みのシーケンス関数

Pythonのシーケンスには、使い慣れると便利で色々と役に立つ便利な関数がいくつかあります。

3.1.3.1　enumerate関数

特定のシーケンスを逐次処理する場合に、現在のインデックスを保持しておきたいことはよくあります。これをすべて自分で実装すると次のようになるでしょう。

```
i = 0
for value in collection:
    # ここで、valueを使って何かする
    i += 1
```

これはよくあることなので、Pythonにはenumerateという組み込み関数があります。これは(i, value)という形式のタプルをシーケンスにしたものを戻します。これを使うと先ほどのケースは次のように書けます。

```
for i, value in enumerate(collection):
    # ここで、valueを使って何かする
```

データを参照するときにenumerateを使うと便利なパターンに、シーケンスの値（ここでは重複がないと想定）のインデックス値のマップをディクショナリを使って作る方法があります。

```
In [83]: some_list = ['foo', 'bar', 'baz']

In [84]: mapping = {}

In [85]: for i, v in enumerate(some_list):
   ....:     mapping[v] = i

In [86]: mapping
Out[86]: {'bar': 1, 'baz': 2, 'foo': 0}
```

3.1.3.2 sorted関数

sorted関数は、シーケンスの要素をソートした新しいリストを戻します。

```
In [87]: sorted([7, 1, 2, 6, 0, 3, 2])
Out[87]: [0, 1, 2, 2, 3, 6, 7]

In [88]: sorted('horse race')
Out[88]: [' ', 'a', 'c', 'e', 'e', 'h', 'o', 'r', 'r', 's']
```

sorted関数は、リストのsortメソッドと同じ引数を受け付けます。

3.1.3.3 zip関数

zip関数は、複数のリスト、タプルやその他のシーケンスから、タプルのリストを1つ組み上げます。

```
In [89]: seq1 = ['foo', 'bar', 'baz']

In [90]: seq2 = ['one', 'two', 'three']

In [91]: zipped = zip(seq1, seq2)

In [92]: list(zipped)
Out[92]: [('foo', 'one'), ('bar', 'two'), ('baz', 'three')]
```

zip関数は、任意の数のシーケンスを受け取ることができ、生成されるリストの要素数は、最も**短い**シーケンスによって決まります。

```
In [93]: seq3 = [False, True]

In [94]: list(zip(seq1, seq2, seq3))
Out[94]: [('foo', 'one', False), ('bar', 'two', True)]
```

zipの最も一般的な使い方は、複数のシーケンスを同時に逐次処理する場合です。おそらく、enumerateもあわせて使われるでしょう。

```
In [95]: for i, (a, b) in enumerate(zip(seq1, seq2)):
   ....:     print('{0}: {1}, {2}'.format(i, a, b))
   ....:
0: foo, one
1: bar, two
2: baz, three
```

あるzip化されたシーケンスがある場合、zipは「分解 (unzip)」するときにも使えます。**行**のリストを**列**のリストに変換する場合を想像するとよいでしょう。少し魔法のように見えるかもしれませんが、次

のように記述できます[*1]。

```
In [96]: pitchers = [('Nolan', 'Ryan'), ('Roger', 'Clemens'),
    ....:             ('Curt', 'Schilling')]

In [97]: first_names, last_names = zip(*pitchers)

In [98]: first_names
Out[98]: ('Nolan', 'Roger', 'Curt')

In [99]: last_names
Out[99]: ('Ryan', 'Clemens', 'Schilling')
```

3.1.3.4　reversed関数

reversed関数は、特定のシーケンスを逆順に逐次処理します。

```
In [100]: list(reversed(range(10)))
Out[100]: [9, 8, 7, 6, 5, 4, 3, 2, 1, 0]
```

reversedはジェネレータ（後ほど詳しく説明します）であると覚えておいてください。したがって、実体化される（例えば、list関数やforループで使われる）までは、逆順のシーケンスを生成することはありません。

3.1.4　ディクショナリ

ディクショナリは、最も重要なPython組み込みのデータ構造と言えるようなものです。ディクショナリのより一般的な言い方には、**ハッシュマップ**や**連想配列**といったものもあります。ディクショナリは、**キー・バリュー** (key-value) のペアの集合で、長さも柔軟に変えられます。ディクショナリを作る1つの方法は、中括弧{ }を使い、キーとバリューをコロンで区切るやり方です。

```
In [101]: empty_dict = {}

In [102]: d1 = {'a' : 'some value', 'b' : [1, 2, 3, 4]}

In [103]: d1
Out[103]: {'a': 'some value', 'b': [1, 2, 3, 4]}
```

リストやタプルと同じ文法で、要素の参照、挿入、設定をすることができます。

```
In [104]: d1[7] = 'an integer'

In [105]: d1
Out[105]: {'a': 'some value', 'b': [1, 2, 3, 4], 7: 'an integer'}
```

[*1]　訳注：Pythonの引数にリストやタプルを指定して、その前にアスタリスクを1つ付けると、リストやタプルが分解されて、それぞれ1つの引数として使われます。ここでは、zip(*pitchers)と指定すると、zip(pitchers[0], pitchers[1], pitchers[2])と展開され、3つのタプルをzip化することになります。

```
In [106]: d1['b']
Out[106]: [1, 2, 3, 4]
```

リストやタプルに特定の値が含んでいるかどうかを調べるのと同じ方法で、ディクショナリが特定の
キーを含んでいるかを調べることができます。

```
In [107]: 'b' in d1
Out[107]: True
```

ディクショナリの要素を削除したい場合は、delキーワードやpopメソッド（値を取り出すと同時に
ディクショナリから削除する）が使えます。

```
In [108]: d1[5] = 'some value'

In [109]: d1
Out[109]:
{'a': 'some value',
 'b': [1, 2, 3, 4],
 7: 'an integer',
 5: 'some value'}

In [110]: d1['dummy'] = 'another value'

In [111]: d1
Out[111]:
{'a': 'some value',
 'b': [1, 2, 3, 4],
 7: 'an integer',
 5: 'some value',
 'dummy': 'another value'}

In [112]: del d1[5]

In [113]: d1
Out[113]:
{'a': 'some value',
 'b': [1, 2, 3, 4],
 7: 'an integer',
 'dummy': 'another value'}

In [114]: ret = d1.pop('dummy')

In [115]: ret
Out[115]: 'another value'

In [116]: d1
Out[116]: {'a': 'some value', 'b': [1, 2, 3, 4], 7: 'an integer'}
```

keysとvaluesメソッドは、それぞれディクショナリのキーとバリューのイテレータを取得します。キー・バリューのペアは、ディクショナリにおいては特定の順番[*1]に並んでいるわけではありませんが、これらの関数で出力されるキーとバリューの順番は同じになっています。

```
In [117]: list(d1.keys())
Out[117]: ['a', 'b', 7]

In [118]: list(d1.values())
Out[118]: ['some value', [1, 2, 3, 4], 'an integer']
```

updateメソッドを使って、ディクショナリを別のディクショナリにマージすることができます。

```
In [119]: d1.update({'b' : 'foo', 'c' : 12})

In [120]: d1
Out[120]: {'a': 'some value', 'b': 'foo', 7: 'an integer', 'c': 12}
```

updateメソッドはディクショナリを直接変更します。そして、updateメソッドの引数に渡されたデータに含まれる既存のディクショナリのキーは、古い値が破棄されて新しい値で置き換えられます。

3.1.4.1　シーケンスからディクショナリを作る

2つのシーケンスを要素ごとにディクショナリにまとめたくなることは、よくあります。こういうときに書くのは、次のようなコードではないでしょうか。

```
mapping = {}
for key, value in zip(key_list, value_list):
    mapping[key] = value
```

ディクショナリは、本質的には2つの要素を持つタプルの集合なので、dict関数は、2つの要素を持つタプルのリストを受け付けます。

```
In [121]: mapping = dict(zip(range(5), reversed(range(5))))

In [122]: mapping
Out[122]: {0: 4, 1: 3, 2: 2, 3: 1, 4: 0}
```

後ほどディクショナリ内包表記（dictionary comprehension）について紹介しますが、これもディクショナリを構成するためのエレガントなやり方の1つです。

3.1.4.2　ディクショナリのデフォルト値

次のようなロジックを書くことはよくあります。

[*1]　訳注：Python 3.6では実装の効率化の影響で挿入順の順序が維持されるようになり、Python 3.7以降は仕様となりました（https://docs.python.org/ja/3.7/whatsnew/3.7.html）。

```
if key in some_dict:
    value = some_dict[key]
else:
    value = default_value
```

ディクショナリの get と pop メソッドはデフォルト値を戻すことができるので、先ほどの if-else 文は、次のようにシンプルに書けます。

```
value = some_dict.get(key, default_value)
```

get は、キーが存在しないときにデフォルトで None を戻しますが、pop は例外を発生させます。キーに対するバリューを構築するときによくあるのは、バリューとしてリストのような集合を使う場合です。例えば、単語のリストを最初の1文字で分類して、リストをバリューとして持つディクショナリを作ることを想像すると次のようになります。

```
In [123]: words = ['apple', 'bat', 'bar', 'atom', 'book']

In [124]: by_letter = {}

In [125]: for word in words:
   .....:     letter = word[0]
   .....:     if letter not in by_letter:
   .....:         by_letter[letter] = [word]
   .....:     else:
   .....:         by_letter[letter].append(word)
   .....:

In [126]: by_letter
Out[126]: {'a': ['apple', 'atom'], 'b': ['bat', 'bar', 'book']}
```

ディクショナリの setdefault メソッドは、まさにこの用途で使います。先ほどの for ループは次のように書き直せます。

```
for word in words:
    letter = word[0]
    by_letter.setdefault(letter, []).append(word)
```

組み込みの collections モジュールには、defaultdict という便利なクラスがあります。これを使うとこのケースはさらに簡単になります。このクラスでは、ディクショナリのデフォルト値を生成する型や関数を指定して、ディクショナリを作ります。

```
from collections import defaultdict
by_letter = defaultdict(list)
for word in words:
    by_letter[word[0]].append(word)
```

3.1.4.3　ディクショナリで使えるキーの型

ディクショナリのバリューは、Pythonのどのようなオブジェクトでも使うことができますが、キーではスカラー値（int、float、string）のように変更不可能（immutable）なオブジェクトか、あるいは、タプル（タプル内のすべてのオブジェクトも変更不可能）でなければなりません。技術的な言葉でいうと**ハッシュ可能**である必要があります。あるオブジェクトがハッシュ可能であるか（つまりディクショナリのキーに使えるか）は、hash関数を使って調べることができます。

```
In [127]: hash('string')
Out[127]: 5023931463650008331

In [128]: hash((1, 2, (2, 3)))
Out[128]: 1097636502276347782

In [129]: hash((1, 2, [2, 3])) # リストは変更可能 (mutable) なので失敗する
---------------------------------------------------------------------
TypeError                                 Traceback (most recent call last)
<ipython-input-129-800cd14ba8be> in <module>()
----> 1 hash((1, 2, [2, 3])) # リストは変更可能 (mutable) なので失敗する
TypeError: unhashable type: 'list'
```

リストをキーとして使うには、タプルに変換する手があります。タプルの要素がハッシュ可能であれば、タプル自体もハッシュ可能になります。

```
In [130]: d = {}

In [131]: d[tuple([1, 2, 3])] = 5

In [132]: d
Out[132]: {(1, 2, 3): 5}
```

3.1.5　セット

セットは、順序付けされていない一意な要素の集合です。ディクショナリと同じようですが、キーだけでありバリューは持ちません。セットを作る方法は2つあります。set関数を使う方法と中括弧を使ったセットリテラルを使う方法です。

```
In [133]: set([2, 2, 2, 1, 3, 3])
Out[133]: {1, 2, 3}

In [134]: {2, 2, 2, 1, 3, 3}
Out[134]: {1, 2, 3}
```

セットは、数学的な**集合演算**をサポートします。和、積、差、対称差[1]などです。

---

[1]　訳注：2つの集合のうち、どちらか一方には含まれて、両方には含まれない要素の集まりのこと。

```
In [135]: a = {1, 2, 3, 4, 5}
```

```
In [136]: b = {3, 4, 5, 6, 7, 8}
```

2つのセットの和は、それぞれのセットに存在する重複のない要素で構成されるセットになります。unionメソッドを使うか、二項演算子 | を使って計算できます。

```
In [137]: a.union(b)
Out[137]: {1, 2, 3, 4, 5, 6, 7, 8}
```

```
In [138]: a | b
Out[138]: {1, 2, 3, 4, 5, 6, 7, 8}
```

セットの積には、両方のセットに存在するものが含まれます。&演算子か、intersectionメソッドを使って計算できます。

```
In [139]: a.intersection(b)
Out[139]: {3, 4, 5}
```

```
In [140]: a & b
Out[140]: {3, 4, 5}
```

一般的に使われるメソッドについては、**表3-1**を参照してください。

表3-1　Pythonの集合演算

関数	代替文法	説明
a.add(x)	N/A	要素xをセットaに追加する。
a.clear()	N/A	すべての要素を破棄して、セットaを空の状態にする。
a.remove(x)	N/A	セットaから要素xを削除する。
a.pop()	N/A	任意の要素をセットaから削除し、セットが空になるとKeyErrorを発生させる。
a.union(b)	a | b	aとbの重複がない要素すべて。
a.update(b)	a |= b	セットaを変更し、aとbの要素の和集合にする。
a.intersection(b)	a & b	aとbの**両方**に含まれる要素すべて。
a.intersection_update(b)	a &= b	セットaを変更し、aとbの要素の積集合にする。
a.difference(b)	a - b	セットaの要素のうち、bに含まれないもの。
a.difference_update(b)	a -= b	セットaを変更し、bに含まれない要素だけにする。
a.symmetric_difference(b)	a ^ b	aまたはbのいずれかに含まれるが、**両方には含まれない**要素すべて。
a.symmetric_difference_update(b)	a ^= b	セットaを変更し、aまたはbのいずれかに含まれて**両方には含まれない**要素だけにする。
a.issubset(b)	a <= b	aの要素がすべてbに含まれればTrueを戻す。
a.issuperset(b)	a => b	bの要素がすべてaに含まれればTrueを戻す。
a.isdisjoint(b)	N/A	aとbに共通の要素が1つもないときにTrueを戻す。

すべてのセットの演算は、直接値を変更する演算を持っています。これを使うと演算の左辺の内容を直接置き換えることができます。セットが大きい場合に、これは効果を発揮します。

```
In [141]: c = a.copy()

In [142]: c |= b

In [143]: c
Out[143]: {1, 2, 3, 4, 5, 6, 7, 8}

In [144]: d = a.copy()

In [145]: d &= b

In [146]: d
Out[146]: {3, 4, 5}
```

ディクショナリのように、セットの要素は変更不可（immutable）でなければなりません。リストのような要素は、タプルに変換する必要があります。

```
In [147]: my_data = [1, 2, 3, 4]

In [148]: my_set = {tuple(my_data)}

In [149]: my_set
Out[149]: {(1, 2, 3, 4)}
```

あるセットが別のセットの部分集合であるかどうか（すべての要素が別の集合に含まれるかどうか）、また、上位集合であるかどうか（別の集合のすべての要素を持つかどうか）を調べるメソッドもあります。

```
In [150]: a_set = {1, 2, 3, 4, 5}

In [151]: {1, 2, 3}.issubset(a_set)
Out[151]: True

In [152]: a_set.issuperset({1, 2, 3})
Out[152]: True
```

セットは、含まれる内容が同じであるときのみ、等しいとみなされます。

```
In [153]: {1, 2, 3} == {3, 2, 1}
Out[153]: True
```

3.1.6　リスト、セット、ディクショナリの内包表記

リスト内包表記は、Python言語で最も愛されている機能の1つです。リスト内包表記を使うと、簡潔な記述のフィルタを使って集合の要素を変換しながら抽出することができます。基本的な書き方は次のようになります。

```
[expr for val in collection if condition]
```

これは、for ループを使って次のように書くのと同じです。

```
result = []
for val in collection:
    if condition:
        result.append(expr)
```

フィルタ条件は省略して、変換する式だけを書くこともできます。リスト内包の例として、文字列のリストの処理を考えます。この例では、文字長が2以下という条件でフィルタを適用した上で、フィルタで抽出された文字列に対して大文字に変換する処理を書いています。

```
In [154]: strings = ['a', 'as', 'bat', 'car', 'dove', 'python']

In [155]: [x.upper() for x in strings if len(x) > 2]
Out[155]: ['BAT', 'CAR', 'DOVE', 'PYTHON']
```

セットとディクショナリの内包表記は、リスト内包表記を自然に延長したような機能になっています。リストと似たような書き方でセットとディクショナリを生成することができます。例えば、ディクショナリにおいてディクショナリ内包表記を使うと次のようになります。

```
dict_comp = {key-expr : value-expr for value in collection
                if condition}
```

セット内包表記はリスト内包表記とほぼ同じで、大括弧 [ ] の代わりに、中括弧 { } を使う点だけが違います。

```
set_comp = {expr  for value in collection if condition}
```

リスト内包表記と同様に、セットとディクショナリの内包表記も利便性のためのものですが、コードの読み書きという点においても簡単にすることができます。先ほどの文字列のリストの例を再び考えます。この例で、リスト中の文字列の長さだけを含むセットを作りたい場合、次のようなセット内包表記を使って簡単に計算することができます。

```
In [156]: unique_lengths = {len(x) for x in strings}

In [157]: unique_lengths
Out[157]: {1, 2, 3, 4, 6}
```

この例については、map 関数を使って、より短く書くこともできます。

```
In [158]: set(map(len, strings))
Out[158]: {1, 2, 3, 4, 6}
```

シンプルなディクショナリ内包表記の例として、リスト内における文字列のインデックス位置を参照するためのマップを作ると、次のようになります。

```
In [159]: loc_mapping = {val : index for index, val in enumerate(strings)}

In [160]: loc_mapping
```

```
Out[160]: {'a': 0, 'as': 1, 'bat': 2, 'car': 3, 'dove': 4, 'python': 5}
```

3.1.6.1　ネストしたリスト内包表記

英語名とスペイン語名を含む次のようなリストのリストがあるとします。

```
In [161]: all_data = [['John', 'Emily', 'Michael', 'Mary', 'Steven'],
     .....:            ['Maria', 'Juan', 'Javier', 'Natalia', 'Pilar']]
```

これらの名前は、1組のファイルから取得して言語ごとにまとめたものです。ここで、2つ以上のeを含む名前すべてを含む1つのリストが欲しい場合を考えます。簡単なforループを使えば、次のようにできます。

```
names_of_interest = []
for names in all_data:
    enough_es = [name for name in names if name.count('e') >= 2]
    names_of_interest.extend(enough_es)
```

ネストしたリスト内包表記を使えば、この操作を1行で次のように書けます。

```
In [162]: result = [name for names in all_data for name in names
     .....:           if name.count('e') >= 2]

In [163]: result
Out[163]: ['Steven']
```

最初は、ネストしたリスト内包表記は、少し頭が混乱するかもしれません。リスト内包表記のforの部分は、ネストしている順番に従って、外側から順番に記載されています。そして、フィルタ条件は以前と同様に末尾に記載されています。次に、整数を要素に持つタプルのリストを、1つのシンプルな整数のリストに平坦化する例を考えます。

```
In [164]: some_tuples = [(1, 2, 3), (4, 5, 6), (7, 8, 9)]

In [165]: flattened = [x for tup in some_tuples for x in tup]

In [166]: flattened
Out[166]: [1, 2, 3, 4, 5, 6, 7, 8, 9]
```

内包表記のforの順番は、ネストしたfor文を書いたときと同じ順番になることに注意してください。

```
flattened = []

for tup in some_tuples:
    for x in tup:
        flattened.append(x)
```

ネストは任意の階層数ですることができますが、2か3以上の階層のネストが発生した場合、コードの可読性を考慮して、そのネストをするべきか考え始めた方がよいです。ネストしたリスト内包表記は、

リスト内包表記の中にリスト内包表記を書くこととは異なります。リスト内包表記の中にリスト内包表記を書くこと自体も可能で次のようになります。

```
In [167]: [[x for x in tup] for tup in some_tuples]
Out[167]: [[1, 2, 3], [4, 5, 6], [7, 8, 9]]
```

これを実行すると、すべての要素が平坦化されたリストではなく、リストのリストが生成されます。

3.2　関数

関数は、Pythonにおいてコードを構成し、再利用するための最も重要な方法です。もし同じことや似たようなことを繰り返しているなという感覚があるときは、経験上、それを再利用可能な関数にする価値があります。関数は、Pythonのひとまとまりの文に名前を付けることができるので、コードの可読性を上げるのにも貢献します。

関数はdefキーワードで宣言をして、returnキーワードで戻ります。

```
def my_function(x, y, z=1.5):
    if z > 1:
        return z * (x + y)
    else:
        return z / (x + y)
```

複数のreturn文があっても問題はありません。Pythonは、return文にぶつかることなく関数の末尾に到達した場合は、自動的に戻ります。

関数は**位置**引数と**キーワード**引数を持つことができます。キーワード引数が最も使われるのは、デフォルト値やオプション値を指定するときです。先ほどの関数の場合xとyは位置引数ですが、zはキーワード引数になっています。次のような関数の呼び出しが可能になります。

```
my_function(5, 6, z=0.7)
my_function(3.14, 7, 3.5)
my_function(10, 20)
```

関数の引数に関する主な制約に、キーワード引数は、位置引数がある場合は、**必ず**位置引数の後に続けて書かないといけない、というものがあります。その制約の上で、キーワード引数はどのような順番で定義を記載してもかまいません。キーワード引数を使うと、関数の引数がどのような順番で定義されていたかを覚える必要はなくなり、引数の名前だけを覚えればよくなります。

位置引数に対してキーワードを渡すことも同様に可能です。先ほどの例では、次のように関数を呼べます。

```
my_function(x=5, y=6, z=7)
my_function(y=6, x=5, z=7)
```

これによって可読性が上がる場合もあるでしょう。

3.2.1 名前空間、スコープ、ローカル関数

関数は2つの異なるスコープの変数にアクセスすることができます。**グローバルスコープ**と**ローカル****スコープ**です。変数のスコープの呼び方として、よりわかりやすいのはPythonの**名前空間**です。関数内で代入された変数は、どれもローカル名前空間に代入されます。ローカル名前空間は、関数が呼び出されたときに生成され、関数の引数がすぐに追加されます。関数が終了するとローカル名前空間は消失します（一部例外があるのですが、それはこの章の範囲外です）。次のような関数を考えましょう。

```python
def func():
    a = []
    for i in range(5):
        a.append(i)
```

func()が呼び出されると、空のリストaが作られ、5つの要素が追加され、その後、関数が終了するときにaは消失します。ここで、aを次のように定義するとどうなるでしょうか。

```python
a = []
def func():
    for i in range(5):
        a.append(i)
```

この定義の後、func()を呼び出してprint(a)を実行すると、関数内で実行したaの要素の変更が反映され、[0, 1, 2, 3, 4]が出力されます。

関数のスコープ外の変数に代入することは可能ですが、それらの変数はglobalキーワードを使って宣言しておかなければなりません。

```python
In [168]: a = None

In [169]: def bind_a_variable():
    .....:     global a
    .....:     a = []
    .....: bind_a_variable()
    .....:

In [170]: print(a)
[]
```

 私は基本的にglobalキーワードの使用はお勧めしません。典型的なグローバル変数の使用例は、何らかのシステム状態を保存する場合です。もしこれを多用したくなったら、おそらく、クラスを使ってオブジェクト指向プログラミングをすべきです。

3.2.2 複数の値を戻す

JavaやC++の経験がある私が最初にPythonでプログラミングしたときに気に入った機能の1つに、簡単な文法で複数の値を関数から戻すことができる機能があります。次のように書けます。

```python
def f():
    a = 5
    b = 6
    c = 7
    return a, b, c

a, b, c = f()
```

データ分析やその他の科学分野では、これをよくやることがあります。ここでは、関数は実際には1つのオブジェクトを戻しています。つまり、タプルを戻し、それが結果格納用の変数に分解されているのです。先ほどの例は、次のように書き換えることもできます。

```python
return_value = f()
```

この場合はreturn_valueは、関数が戻している3つの変数を要素として持つタプルになっています。先ほどの例において、やるといいかもしれない方法として、タプルの代わりにディクショナリを戻す方法もあるかもしれません。

```python
def f():
    a = 5
    b = 6
    c = 7
    return {'a' : a, 'b' : b, 'c' : c}
```

この別のやり方が便利かどうかは、やりたいことによって変わります。

3.2.3 関数はオブジェクトである

Pythonの関数はオブジェクトなので、他言語では実装が難しいような多くの概念を簡単に表現することができます。ここでは、何らかのデータクリーニングを行うときに、次の文字列のリストに対していくつかの変換処理を適用する必要がある場合を考えます。

```python
In [171]: states = ['   Alabama ', 'Georgia!', 'Georgia', 'georgia', 'FlOrIda',
   .....:            'south   carolina##', 'West virginia?']
```

ユーザが提出する調査データに関する仕事をしたことがある人であれば、こういった乱雑な結果データを見たことはあると思います。この文字列のリストを分析用にきれいに整えるのには、多くの作業が必要です。例えば、空白や句読点の記号の除去、適切な大文字の使用への統一などです。こういったことをする方法の1つに、組み込みの文字列のメソッドと正規表現用の組み込みライブラリreを使う方法があります。

```python
import re

def clean_strings(strings):
    result = []
    for value in strings:
```

```
        value = value.strip()
        value = re.sub('[!#?]', '', value)
        value = value.title()
        result.append(value)
    return result
```

この結果は次のようになります。

```
In [173]: clean_strings(states)
Out[173]:
['Alabama',
 'Georgia',
 'Georgia',
 'Georgia',
 'Florida',
 'South   Carolina',
 'West Virginia']
```

より便利な別の方法に、文字列に適用したい操作のリストを作るやり方があります。

```
def remove_punctuation(value):
    return re.sub('[!#?]', '', value)

clean_ops = [str.strip, remove_punctuation, str.title]

def clean_strings(strings, ops):
    result = []
    for value in strings:
        for function in ops:
            value = function(value)
        result.append(value)
    return result
```

この場合の結果は次のようになります。

```
In [175]: clean_strings(states, clean_ops)
Out[175]:
['Alabama',
 'Georgia',
 'Georgia',
 'Georgia',
 'Florida',
 'South   Carolina',
 'West Virginia']
```

このような**関数的な**パターンを使えば、より抽象的なレベルで文字列の変更処理を簡単に追加することができます。clean_strings関数は、先ほどよりも再利用しやすく汎用の関数になっています。

何らかのシーケンスに対して関数を適用するmap関数のように、関数は他の関数の引数として使うことができます。

```
In [176]: for x in map(remove_punctuation, states):
   .....:     print(x)
Alabama
Georgia
Georgia
georgia
FlOrIda
south    carolina
West virginia
```

3.2.4 無名(ラムダ)関数

Pythonはいわゆる**無名**関数や**ラムダ**関数をサポートしています。これは、値を戻すような処理を一文で定義して書く関数です。lambda キーワードを使って宣言し、このキーワードには「無名関数を定義する」以外の意味はありません。

```
def short_function(x):
    return x * 2

equiv_anon = lambda x: x * 2
```

この本ではこれらの関数をラムダ関数として参照することがあります。ラムダ関数は特にデータ分析では便利です。というのも、データ変換関数の多くは、関数を引数に持つからです。関数を定義して使ったり、ラムダ関数を変数に代入して普通の関数のように使うよりも、ラムダ関数を直接使うことで、タイピングの量が減り、コードが明確になります。例えば、次の例の使い方を見てください。

```
def apply_to_list(some_list, f):
    return [f(x) for x in some_list]

ints = [4, 0, 1, 5, 6]
apply_to_list(ints, lambda x: x * 2)
```

これは[x * 2 for x in ints]と書くこともできますが、apply_to_list関数に簡単なカスタム演算を渡して実装することができました。

他の例として、文字列のリストを、各文字列に含まれるユニークな文字の数でソートするような場合を考えます。

```
In [177]: strings = ['foo', 'card', 'bar', 'aaaa', 'abab']
```

この場合、リストのsort メソッドにラムダ関数を渡すことができます。

```
In [178]: strings.sort(key=lambda x: len(set(list(x))))
```

```
In [179]: strings
Out[179]: ['aaaa', 'foo', 'abab', 'bar', 'card']
```

 ラムダ関数が無名関数と言われる理由の1つに、defキーワードを使って定義される関数とは異なり、作られる関数オブジェクト自身が、明示的に__name__属性を持たないという点があります。

3.2.5　カリー化：引数の部分適用

カリー化は、計算機科学の専門用語（数学者のHaskell Curryにちなんだ名前）です。カリー化とは、**引数の部分適用**をすることで、既存の関数から新しい関数を導き出すことです。例えば、2つの数を足す単純な関数を考えることにします。

```
def add_numbers(x, y):
    return x + y
```

この関数を使って、引数を1つ持つ新しい関数add_fiveを導き出すことができます。この新しい関数は、1つ受け取った引数に対して5を足します。

```
add_five = lambda y: add_numbers(5, y)
```

add_numbersへの2つ目の引数は、カリー化されている状態です。何も手の込んだことはしていません。ただ、既存の関数を呼び出す新しい関数を定義しているだけです。組み込みのfunctoolsモジュールには、partial関数を使ってこの処理を簡素化する機能があります。

```
from functools import partial
add_five = partial(add_numbers, 5)
```

3.2.6　ジェネレータ

リストやファイルのすべての行などのシーケンスを逐次処理するための一貫した方法があるのは、Pythonの重要な機能です。これは**イテレータプロトコル**を使って実現されています。イテレータプロトコルは、オブジェクトを逐次処理可能にする汎用的な方法です。例えば、ディクショナリを逐次処理する場合には、キーが渡されます。

```
In [180]: some_dict = {'a': 1, 'b': 2, 'c': 3}

In [181]: for key in some_dict:
   .....:     print(key)
a
b
c
```

for key inと書くと、Pythonのインタプリタはディクショナリsome_dictからイテレータを作ろうとします。

```
In [182]: dict_iterator = iter(some_dict)

In [183]: dict_iterator
Out[183]: <dict_keyiterator at 0x7fbbd5a9f908>
```

インタプリタは、forループなどの文脈で使われたときに、Pythonインタプリタに逐次処理をするためのオブジェクトを渡します。リストやリスト的なオブジェクトを受け取るほとんどのメソッドは、イテレータも引数として受け付けます。これらのメソッドには、組み込みのmin、max、sumや、list、tupleなどのコンストラクタも含まれます。

```
In [184]: list(dict_iterator)
Out[184]: ['a', 'b', 'c']
```

ジェネレータは、新しいイテレータを生成する簡単な方法の1つです。通常の関数は実行された後1つの結果を1回で戻すのに対して、ジェネレータは、一連の複数の結果を遅延しながら戻します。次の呼び出しがされるまでは、次の結果を戻しません。ジェネレータを作るためには、returnの代わりにyieldキーワードを関数内で使います。

```
def squares(n=10):
    print('Generating squares from 1 to {0}'.format(n ** 2))
    for i in range(1, n + 1):
        yield i ** 2
```

実際にこのジェネレータを呼び出しても、コードはすぐには実行されません[*1]。

```
In [186]: gen = squares()
```

```
In [187]: gen
Out[187]: <generator object squares at 0x7fbbd5ab4570>
```

ジェネレータに要素を要求すると、ジェネレータはコードを実行します。

```
In [188]: for x in gen:
    .....:     print(x, end=' ')
Generating squares from 1 to 100
1 4 9 16 25 36 49 64 81 100
```

3.2.6.1 ジェネレータ式

ジェネレータを生成するもう1つの簡単な方法は、**ジェネレータ式**を使う方法です。これは、リスト、ディクショナリ、セットの内包表記と似たようなジェネレータです。ジェネレータ式を作るためには、リスト内包表記で大括弧[]の内側に書く内容を、大括弧ではなく、小括弧()で囲みます。

```
In [189]: gen = (x ** 2 for x in range(100))
```

```
In [190]: gen
Out[190]: <generator object <genexpr> at 0x7fbbd5ab29e8>
```

これは、次のような冗長なジェネレータの定義をするのとまったく同じです。

```
def _make_gen():
    for x in range(100):
```

[*1] 訳注：もしコードがすぐに実行されていれば、print関数で指定した文字列が表示されるはずですが、squaresを呼び出した時点では、その文字列は出力されていないことが確認できます。

```
        yield x ** 2
gen = _make_gen()
```

ジェネレータ式は、多くの場合、関数の引数としてリスト内包表記の代わりに使うことができます。

```
In [191]: sum(x ** 2 for x in range(100))
Out[191]: 328350

In [192]: dict((i, i **2) for i in range(5))
Out[192]: {0: 0, 1: 1, 2: 4, 3: 9, 4: 16}
```

3.2.6.2　itertoolsモジュール

標準ライブラリのitertoolsには、多くの一般的なデータアルゴリズム用のジェネレータが揃っています。例えば、groupbyは、シーケンスや関数を引数として受け取り、シーケンス内の連続した要素を指定した関数で集約します。次のようになります。

```
In [193]: import itertools

In [194]: first_letter = lambda x: x[0]

In [195]: names = ['Alan', 'Adam', 'Wes', 'Will', 'Albert', 'Steven']

In [196]: for letter, names in itertools.groupby(names, first_letter):
    .....:     print(letter, list(names)) # このnamesはジェネレータ
A ['Alan', 'Adam']
W ['Wes', 'Will']
A ['Albert']
S ['Steven']
```

便利で私がよく使うitertoolsのその他のいくつかの関数については、**表3-2**を参照してください。この組み込みのユーティリティモジュールに関するより詳しい説明は、Pythonの公式ドキュメント（https://docs.python.org/3/library/itertools.html）を確認してください。

表3-2　itertoolsの便利な関数

関数	説明
combinations(iterable, k)	可能なk個の要素を持つタプルをiterableの中から生成する。この際、並び順が異なっていても組み合わせが同じであれば同一とみなし、復元抽出[*1]はしない（復元抽出をする場合についてはcombinations_with_replacement関数のドキュメント参照）。
permutations(iterable, k)	可能なk個の要素を持つタプルをiterableの中から生成する。この際、要素の並び順も考慮に入れる。
groupby(iterable[, keyfunc])	(キー, キーごとのグループを参照するイテレータ)形式のタプルを各キーごとに生成する。
product(*iterables, repeat=1)	入力した変数iterablesの直積をタプルとして生成する。ネストしたforループと同様なことが可能。

[*1]　訳注：例えば、A、B、Cから2つ組み合わせ（combination）を取得するとき、復元抽出なしであれば、AB、BC、CAの3つとなりますが、復元抽出をする場合、これらの3つに加えて、AA、BB、CCが追加されます。復元抽出をする場合、1つ目を引いて、2つ目を引くときに1つ目を除外しません。

3.2.7 エラーと例外の処理

Pythonのエラーと**例外**の処理をうまく行うのは、堅牢なプログラムを書くために重要な部分です。データ分析アプリケーションでは、多くの関数が特定の種類の入力値に対してだけ機能します。例えば、Pythonのfloat関数は、浮動小数を表す文字列を使ってfloatへ変換可能ですが、不適切な入力を行うとValueErrorを起こして失敗します。

```
In [197]: float('1.2345')
Out[197]: 1.2345

In [198]: float('something')
---------------------------------------------------------------
ValueError                          Traceback (most recent call last)
<ipython-input-198-439904410854> in <module>()
----> 1 float('something')
ValueError: could not convert string to float: 'something'
```

このfloat関数のエラーをうまく処理して、エラーが発生する場合は入力値をそのまま戻すようにしたい場合を考えます。この場合、float関数をtry/exceptブロックで囲んだ関数を書きます。

```python
def attempt_float(x):
    try:
        return float(x)
    except:
        return x
```

このブロックのexcept部分のコードは、float(x)が例外を発生させたときだけ実行されます。

```
In [200]: attempt_float('1.2345')
Out[200]: 1.2345

In [201]: attempt_float('something')
Out[201]: 'something'
```

float関数はValueError以外の例外も発生するぞ、という人がいるかもしれません。確かに次のように発生します。

```
In [202]: float((1, 2))
---------------------------------------------------------------
TypeError                           Traceback (most recent call last)
<ipython-input-202-842079ebb635> in <module>()
----> 1 float((1, 2))
TypeError: float() argument must be a string or a number, not 'tuple'
```

ValueErrorの発生だけを抑え込みたいことがあるかもしれません。TypeError（入力が文字列でも数値でもない）が発生する場合は、まっとうなバグと考えられるからです。こういうときには、exceptの後に例外の型を記載します。

```
def attempt_float(x):
    try:
        return float(x)
    except ValueError:
        return x
```

そして呼び出しを行うと、次のようになります。

```
In [204]: attempt_float((1, 2))
---------------------------------------------------------------------------
TypeError                                 Traceback (most recent call last)
<ipython-input-204-9bdfd730cead> in <module>()
----> 1 attempt_float((1, 2))
<ipython-input-203-3e06b8379b6b> in attempt_float(x)
      1 def attempt_float(x):
      2     try:
----> 3         return float(x)
      4     except ValueError:
      5         return x
TypeError: float() argument must be a string or a number, not 'tuple'
```

複数の例外型を捕捉することもできます。この場合は、例外の型をタプルで指定します（括弧が必要）。

```
def attempt_float(x):
    try:
        return float(x)
    except (TypeError, ValueError):
        return x
```

例外を抑え込みたくなく、例外を発生するかどうかに関係なく実行したいコードがあるときには、finallyを使います。

```
f = open(path, 'w')

try:
    write_to_file(f)
finally:
    f.close()
```

ここでは、ファイル操作行うfは**常**に閉じられています。同様に、**try**ブロックが成功した場合だけ実行するコードを指定することもできます。

```
f = open(path, 'w')

try:
    write_to_file(f)
except:
    print('Failed')
```

```
else:
    print('Succeeded')
finally:
    f.close()
```

3.2.7.1 IPythonにおける例外

%runでスクリプトを実行しているときに例外が発生した場合、IPythonはデフォルトでは、すべての
スタックトレースを出力し、そのうち数行の関連する部分も出力します。

```
In [10]: %run examples/ipython_bug.py
---------------------------------------------------------------------------
AssertionError                            Traceback (most recent call last)
/home/wesm/code/pydata-book/examples/ipython_bug.py in <module>()
     13         throws_an_exception()
     14
---> 15 calling_things()

/home/wesm/code/pydata-book/examples/ipython_bug.py in calling_things()
     11 def calling_things():
     12     works_fine()
---> 13     throws_an_exception()
     14
     15 calling_things()

/home/wesm/code/pydata-book/examples/ipython_bug.py in throws_an_exception()
      7     a = 5
      8     b = 6
----> 9     assert(a + b == 10)
     10
     11 def calling_things():

AssertionError:
```

　この追加の数行があることは、（それを出力しない）その他のPythonインタプリタよりも大きく優れ
ているところです。%xmodeコマンドを使うと、この内容の多さをPlain（Pythonの標準インタプリタと
同じ）からVerbose（関数の引数の値などの情報などを含む）まで設定することができます。後の章で見
ることになりますが、エラーが発生してポストモーテムデバッグするときには、（%debugや%pdbを使っ
て）このコールスタックの**ステップに入る**こともできます。

3.3 ファイルとオペレーティングシステム

　この本の大部分では、ディスクからファイルを読み込んでPythonのデータ構造として読み出すとき
に、pandas.read_csvなどの高度なツールを使っています。しかしながら、Pythonにおいてファイル
を使った作業方法の基礎を理解しておくのは重要なことです。幸い、それは非常にシンプルであり、
Pythonがテキスト処理やファイル操作で人気を得ている理由の1つにもなっているほどです。

　ファイルを読み込んで書き込むためには、組み込みの open 関数を使い、ファイルの相対パスか絶対パスを指定します。

```
In [207]: path = 'examples/segismundo.txt'
```

```
In [208]: f = open(path)
```

　デフォルトでは、ファイルは読み込み専用モード 'r' で開かれます。その後、ここでのファイル操作用の変数 f は、リストのように扱うことができ、行を逐次処理することができます。

```
for line in f:
    pass
```

　各行はファイルから EOL (end-of-line、行末) マーカーとともに取り出されます。そのため、ファイルの各行を EOL がない状態のリストとして得るようなコードを書くことができます。

```
In [209]: lines = [x.rstrip() for x in open(path)]
```

```
In [210]: lines
Out[210]:
['Sueña el rico en su riqueza,',
 'que más cuidados le ofrece;',
 '',
 'sueña el pobre que padece',
 'su miseria y su pobreza;',
 '',
 'sueña el que a medrar empieza,',
 'sueña el que afana y pretende,',
 'sueña el que agravia y ofende,',
 '',
 'y en el mundo, en conclusión,',
 'todos sueñan lo que son,',
 'aunque ninguno lo entiende.',
 '']
```

　open を使ってファイルオブジェクトを作るとき、作業が終了した後に明示的にファイルを閉じるのは重要です。ファイルを閉じることで、リソースをオペレーティングシステムに解放しています。

```
In [211]: f.close()
```

　開いたファイルのクリーンアップを簡単にするには、with 文を使うのが便利です。

```
In [212]: with open(path) as f:
   .....:     lines = [x.rstrip() for x in f]
```

　こうすると with ブロックを出るときに、自動的にファイル f を閉じます。

　f = open(path, 'w') のように書くと、**新しいファイル**が examples/segismundo.txt に作られることになります (ので注意してください)。しかも、これは指定した場所にあるファイルを上書きします。

'x' ファイルモードも存在し、これを使うと書き込み可能なファイルを作りますが、そのパスに既にファイルが存在していると失敗します。利用可能なファイルの読み/書きモードは、**表3-3**を参照してください。

ファイルを読み込んだ後に最もよく使われるメソッドには、read、seek、tellがあります。readは特定の数の文字をファイルから戻します。ここでいう「文字」は、ファイルのエンコーディング（例えば、UTF-8）によって決まります。あるいは、ファイルをバイナリモードで開いている場合には、単純に生のバイト列によって決まります。

```
In [213]: f = open(path)

In [214]: f.read(10)
Out[214]: 'Sueña el r'

In [215]: f2 = open(path, 'rb')  # バイナリモード

In [216]: f2.read(10)
Out[216]: b'Sue\xc3\xb1a el '
```

readメソッドでは、ファイル操作の位置がバイト読み込み時に進められます。tellメソッドを使うと現在の位置を知ることができます。

```
In [217]: f.tell()
Out[217]: 11

In [218]: f2.tell()
Out[218]: 10
```

ファイルから10文字しか読み込んでいないにもかかわらず、位置が11になっているのは、10文字をデフォルトのエンコーディングでデコードするために、10以上のバイトを使ったからです。sysモジュールには、デフォルトのエンコーディングを確認する関数が用意されています。

```
In [219]: import sys

In [220]: sys.getdefaultencoding()
Out[220]: 'utf-8'
```

seekは、ファイルの位置を指定したバイト位置に移します。

```
In [221]: f.seek(3)
Out[221]: 3

In [222]: f.read(1)
Out[222]: 'ñ'
```

最後に、ファイルをクローズするのを忘れないようにしましょう。

```
In [223]: f.close()

In [224]: f2.close()
```

表3-3 Pythonのファイルモード

モード	説明
r	読み込み専用モード。
w	書き込み専用モード。新しいファイルを作成する（同じ名前のファイルがあればデータを消す）
x	書き込み専用モード。新しいファイルを作成するが、同じ名前のファイルが存在する場合は失敗する。
a	既存のファイルに追記する（ファイルが存在しない場合は作成する）
r+	読み込みと書き込みを両方行う。
b	対象のモードをバイナリファイル用モードにする（'rb'や'wb'のように指定する）。
t	テキストモード（自動的にUnicodeでデコードする）。何も指定しない場合はこれがデフォルトのモードになる。他のモードをテキストモードにしたい場合にはtを付ける（'rt'や'xt'のように指定する）。

　ファイルにテキストを書き込むには、ファイルのwriteやwritelinesメソッドを使います。例えば、先ほどのsegismundo.txtの空白行なしのバージョンは、次のようにして作れます。

```
In [225]: with open('tmp.txt', 'w') as handle:
     .....:     handle.writelines(x for x in open(path) if len(x) > 1)

In [226]: with open('tmp.txt') as f:
     .....:     lines = f.readlines()

In [227]: lines
Out[227]:
['Sueña el rico en su riqueza,\n',
 'que más cuidados le ofrece;\n',
 'sueña el pobre que padece\n',
 'su miseria y su pobreza;\n',
 'sueña el que a medrar empieza,\n',
 'sueña el que afana y pretende,\n',
 'sueña el que agravia y ofende,\n',
 'y en el mundo, en conclusión,\n',
 'todos sueñan lo que son,\n',
 'aunque ninguno lo entiende.\n']
```

　ファイルのメソッドでよく使うものについては、**表3-4**を参照してください。

表3-4 Pythonの重要なファイルメソッドや属性

メソッド	説明
read([size])	ファイルのデータを文字列として戻す。オプションでsize引数を渡すと、バイナリモードの場合は読み込むバイト数、テキストモードの場合は文字数を指定できる。
readlines([size])	ファイルの各行をリスト形式で戻す。オプションでsize引数を渡せる。
write(str)	文字列をファイルに書き込む。
writelines(strings)	文字列のシーケンスをファイルに書き込む。
close()	ファイル操作用のオブジェクトを閉じる。
flush()	内部のI/Oバッファをディスクに書き込む。
seek(pos)	整数で指定したファイル位置に移動する。
tell()	現在のファイル位置を示す整数を戻す。
closed	ファイルが閉じていればTrueを戻す。

3.3.1 ファイルにおけるバイトとUnicode

Pythonのファイルにおいて、(読み込み、書き込みの両方での) デフォルトの動作は、**テキストモード**です。これは、そのファイルを、Pythonの文字列 (つまり、Unicode) で扱うことになります。これは**バイナリモード**とは対照的です。バイナリモードは、ファイルモードに b を追加することで実行できます。ここで、前節のファイル (UTF-8エンコーディングで、非ASCII文字を含んでいた) を見てみましょう。

```
In [230]: with open(path) as f:
   .....:     chars = f.read(10)

In [231]: chars
Out[231]: 'Sueña el r'
```

UTF-8は可変長のUnicodeエンコーディングです。したがって、ファイルから一定数の文字の読み込みを要求すると、Pythonは指定した文字数を読み込むための十分なバイト (最低10バイトで、最大40バイト) をファイルから読み込んでデコードします。しかしながら、ファイルを 'rb' モードで開くと readでは厳密に指定したバイト数が読み込まれます。

```
In [232]: with open(path, 'rb') as f:
   .....:     data = f.read(10)

In [233]: data
Out[233]: b'Sue\xc3\xb1a el '
```

テキストのエンコーディングに従って、バイト列を自分で文字列オブジェクトとしてデコードすることはできますが、これができるのは、エンコードされた各Unicode文字が完全な形で構成されている場合だけです[*1]。

[*1]　訳注：この例では、データの4バイトめ (インデックスで0から3) までをスライスした上でデコードしようとしていますが、4バイトめと5バイト目で、1つの文字ñをデコードすることができるので、エラーが発生してしまいます。

```
In [234]: data.decode('utf8')
Out[234]: 'Sueña el '

In [235]: data[:4].decode('utf8')
---------------------------------------------------------------------
UnicodeDecodeError                        Traceback (most recent call last)
<ipython-input-235-300e0af10bb7> in <module>()
----> 1 data[:4].decode('utf8')
UnicodeDecodeError: 'utf-8' codec can't decode byte 0xc3 in position 3: unexpecte
d end of data
```

テキストモードで、open関数のオプションにencodingを指定すると、Unicodeエンコーディングを別のエンコーディングに変換するのに便利です。

```
In [236]: sink_path = 'sink.txt'

In [237]: with open(path) as source:
    .....:     with open(sink_path, 'xt', encoding='iso-8859-1') as sink:
    .....:         sink.write(source.read())

In [238]: with open(sink_path, encoding='iso-8859-1') as f:
    .....:     print(f.read(10))
Sueña el r
```

ファイルをバイナリ以外のモードで開いているときにseekを使うのは注意が必要です。ファイルの位置がUnicode文字の途中のバイトになってしまうと、後続の読み込みはエラーになります。

```
In [240]: f = open(path)

In [241]: f.read(5)
Out[241]: 'Sueña'

In [242]: f.seek(4)
Out[242]: 4

In [243]: f.read(1)
---------------------------------------------------------------------
UnicodeDecodeError                        Traceback (most recent call last)
<ipython-input-243-7841103e33f5> in <module>()
----> 1 f.read(1)
/miniconda/envs/book-env/lib/python3.6/codecs.py in decode(self, input, final)
    319         # decode input (taking the buffer into account)
    320         data = self.buffer + input
--> 321         (result, consumed) = self._buffer_decode(data, self.errors, final)
    322         # keep undecoded input until the next call
    323         self.buffer = data[consumed:]
UnicodeDecodeError: 'utf-8' codec can't decode byte 0xb1 in position 0: invalid s
tart byte
```

```
In [244]: f.close()
```

データ分析で、非ASCII文字のテキストデータを扱うことが多い人は、PythonのUnicode機能を習得するとよいでしょう。詳細は、Pythonのオンラインドキュメント（https://docs.python.org/）を参照してください。

3.4　まとめ

ここまでで、ある程度の基本とPythonの開発環境と言語仕様の知識が整ったので、いよいよNumPyとPythonにおける配列指向の計算について進みましょう。

4章
NumPyの基礎：
配列とベクトル演算

NumPyは「Numerical Python」、つまり「数的Python」くらいの意味で、Pythonでの数値計算における最も重要な基本パッケージの1つです。科学技術計算向けの多くのPythonパッケージが、データ交換のためのいわば共通語としてNumPyの配列オブジェクトを用いています。

NumPyの特徴には次のようなものがあります。

- 高速な行列計算と柔軟な**ブロードキャスト**を提供する効率的な多次元配列であるndarray。
- 高速に動作し、呼び出しにループ記法を必要としない標準的な数学関数。
- ディスクへの配列の読み書きに加え、メモリマップファイル機能を提供する入出力機能。
- 行列計算、乱数生成、フーリエ変換といった機能。
- C、C++、Fortranへのインタフェース。

NumPyにはC言語呼び出しのAPIがあり、NumPyからCで書かれた外部ライブラリへ容易にデータを渡すことができ、また外部ライブラリの計算結果をNumPyに戻してndarrayとして扱うこともできます。この機能のおかげで、PythonはC、C++、Fortranなどで書かれた既存のコード資産へのラッパーとしての位置づけを獲得してきました。NumPyはこれら既存ライブラリを簡単に呼び出せる、動的インタフェースとしての役割を担っています。

NumPyはそれ自体が数理モデリングや何らかのデータ分析手法を提供するというわけではありません。しかしNumPyの配列、および配列指向の計算手法を知っておくことで、pandasのような配列指向のツールを使うときに強力な武器となります。NumPy自体が1つの大きなトピックであるため、ブロードキャスティングなどの高度なNumPyの機能については後に「**付録A　NumPy：応用編**」で詳しく触れたいと思います。

この章では次のような機能を紹介します。これらは一般的なデータ分析アプリケーションにとって重要なものばかりです。

- ベクトル化記法による高速な計算。データの変更、整頓、取り出しやフィルタリング、変換といったあらゆるデータ操作。
- 一般的な配列操作。ソートや重複除外操作（unique）、集合演算。
- 効率的な記述統計学的データ操作。またそれに必要なデータの結合、要約。
- 種類の異なるデータセットに対する統合や結合などいった、データ整理や関係データ処理。
- 配列内での条件記述。ループを書くことなく、配列内で直接if-elif-else相当の制御を記述する。
- グループ単位でのデータ操作（データ集計、データ構造の変更、関数の適用）。

NumPyはこれらのデータ処理の基盤を提供しています。しかし、統計分析の場面、特に表形式データを扱うような場合には、読者の多くがpandasを用いるのではないでしょうか。pandasには特定領域を対象とした機能もあり、例えば時系列処理機能が提供されています。こういった機能はNumPyからは提供されていません。

 Pythonによる配列指向プログラミングの歴史を紐解くと、Jim HuguninがNumericというライブラリを書いた1995年まで遡ることになります。そこからの10年は多くの科学計算コミュニティがPythonによる配列志向プログラミングをこぞって始めた時期でした。しかし2000年代の前半、残念なことにこのライブラリのエコシステムは崩壊してしまいます。その後2005年になって、Numeric、そしてその後に出ていたNumarrayのそれぞれのプロジェクトを統合する形で、Travis OliphantがNumPyプロジェクトを完遂させたのです。

Pythonで数値計算を扱うときにNumPyがどれだけ重要であるかを語るのに、よく挙げられる理由の1つとして巨大なデータ配列を効率的に扱うことができるという点があります。

- NumPyは他の組み込みPythonオブジェクトと独立する形で、メモリの連続領域にデータを配置します。NumPyのアルゴリズムライブラリはCで書かれており、型検査などのオーバーヘッドなしにメモリ上のデータをそのまま扱うことができます。さらに標準のPythonシーケンスと比較したとき、NumPy配列のメモリ使用量は十分小さなものとなります。
- NumPyは配列全体にわたる複雑な計算をPythonのforループなしに実現しています。

この性能差を確認してみましょう。まず100万までの整数を格納したNumPy配列とPythonのリストをそれぞれ用意します。

```
In [7]: import numpy as np

In [8]: my_arr = np.arange(1000000)

In [9]: my_list = list(range(1000000))
```

次にそれぞれに2を掛けて、所要時間を確認します。

```
In [10]: %time for _ in range(10): my_arr2 = my_arr * 2
CPU times: user 20 ms, sys: 50 ms, total: 70 ms
Wall time: 72.4 ms

In [11]: %time for _ in range(10): my_list2 = [x * 2 for x in my_list]
CPU times: user 760 ms, sys: 290 ms, total: 1.05 s
Wall time: 1.05 s
```

　この例で示されるように、NumPyのアルゴリズムはPython標準で提供される同等機能と比較して10倍から100倍、あるいはそれ以上に高速に動作します。さらに要求するメモリ量も格段に少なく済むという特徴があります。

4.1　NumPy ndarray：多次元配列オブジェクト

　ndarrayはNumPyの基本要素の1つであり、その名前はN次元配列オブジェクト（N-dimensional array）に由来します。ndarrayはPython環境における高速かつ柔軟な大規模データ処理を提供します。まずndarrayの算術演算から見ていきましょう。ndarrayに対する算術操作は、その配列要素すべてに作用します。NumPyが配列要素に一括計算する仕組みを見ていきたいと思います。これは標準Python環境でスカラー値を算術演算するのと何ら変わらない方法です。まずNumPyパッケージをインポートし、乱数からなる小さな配列を生成します。

```
In [12]: import numpy as np

# 乱数列を生成
In [13]: data = np.random.randn(2, 3)

In [14]: data
Out[14]:
array([[-0.2047,  0.4789, -0.5194],
       [-0.5557,  1.9658,  1.3934]])
```

　次のようにして、この配列に算術演算を行うことができます。

```
In [15]: data * 10
Out[15]:
array([[ -2.0471,   4.7894,  -5.1944],
       [ -5.5573,  19.6578,  13.9341]])

In [16]: data + data
Out[16]:
array([[-0.4094,  0.9579, -1.0389],
       [-1.1115,  3.9316,  2.7868]])
```

　最初の例では、すべての要素に10が掛けられました。次の例では同一の配列を足し合わせており、このとき配列要素のそれぞれ対応する位置同士の和が計算されています。

 本書ではNumPyの呼び出しを`import numpy as np`に統一しました。もちろん`from numpy import *`という形で記述することもでき、この形式で呼び出すと毎回の関数呼び出しに`np.`を付ける必要はなくなります。しかしここで読者に強調しておきたいのは、`import numpy as np`という記法の習慣化とその利点です。`numpy`という名前空間には数多くの関数名が定義されており、例えば`min`や`max`などのように、Python組み込み関数と名前が重なるものが多く存在します。そのためスコープを分けておくことが重要になります。

ndarrayは次のような特徴を持ちます。まずndarrayの多次元配列要素はすべて同じ型である必要があります。次に、ndarray配列にはshapeとdtypeという属性があり、それぞれの配列変数ごとに固有の値を持ちます。shapeはその配列の次元ごとの要素数を格納するタプルです。dtypeは配列要素に期待する型を示します。

次の例を確認してみましょう。先ほど定義したdataはまず外側が2要素、その内側に3要素の配列を持つ配列で、最も内側の要素の型はfloat64です。

```
In [17]: data.shape
Out[17]: (2, 3)

In [18]: data.dtype
Out[18]: dtype('float64')
```

この章ではndarrayの基礎として、後続の章を読み進めるのに必要な知識を紹介します。多くのデータ分析の実務では、NumPyの深い理解が求められる場面はそれほど多くはありません。しかし科学計算分野でPythonを使いこなし、Python道を極めていこうとするのであれば、配列指向プログラミングとその考え方を身に付けるのは必須のステップです。

 本書で「配列」、「NumPy配列」、あるいは「ndarray」という言葉が出てきた場合、ほぼ例外なくndarrayオブジェクトを指すものと考えてください。

4.1.1 ndarrayの生成

ndarrayオブジェクトを生成するのに一番簡単な方法は、NumPyのarray関数を用いる方法です。array関数は、引数にシーケンス型やそれに類する形式の変数（もちろんndarray変数も含む）を取り、そのデータを格納した新しいndarray変数を返します。引数にリストを与える例を見てみましょう。

```
In [19]: data1 = [6, 7.5, 8, 0, 1]

In [20]: arr1 = np.array(data1)

In [21]: arr1
Out[21]: array([ 6. ,  7.5,  8. ,  0. ,  1. ])
```

　例えばリストの中にリストを持つケースのように、ネストしているシーケンスオブジェクトを考えて
みましょう。このような構造が渡されたとき、ネスト構造の内側のシーケンス同士の要素数が一致する
場合に、ndarrayの多次元配列が生成されます。

```
In [22]: data2 = [[1, 2, 3, 4], [5, 6, 7, 8]]

In [23]: arr2 = np.array(data2)

In [24]: arr2
Out[24]:
array([[1, 2, 3, 4],
       [5, 6, 7, 8]])
```

　data2はリストのリストでした。そしてこの形状を受け継いだNumPy配列のarr2は2次元配列と
なっています。この配列の内部構成は、ndimと前出のshapeという2つの属性によって表現されます。
np.ndimはその配列の次元数を返します。

```
In [25]: arr2.ndim
Out[25]: 2

In [26]: arr2.shape
Out[26]: (2, 4)
```

　要素の型を明示的に指定せずnp.arrayを呼び出した場合、np.arrayは最適な型を推測しようとしま
す。この仕組みについては後述します。また、要素の型はdtype属性に格納されます。先に生成した
arr1とarr2がどのような型になっているかを確認してみましょう。

```
In [27]: arr1.dtype
Out[27]: dtype('float64')

In [28]: arr2.dtype
Out[28]: dtype('int64')
```

　ndarrayオブジェクトの生成方法はnp.array以外にもさまざまなものがあります。例えばnp.zeros
は、指定されたサイズのndarrayを生成し、すべての要素に0を設定します。同様にnp.onesはすべて
の要素に1を設定します。np.emptyは要素を初期化せず戻してくれます。これらのメソッドを用いて高
次元ndarrayを生成するには、これらの関数にタプルを指定します。いくつか例を見てみましょう[1]。

```
In [29]: np.zeros(10)
Out[29]: array([ 0.,  0.,  0.,  0.,  0.,  0.,  0.,  0.,  0.,  0.])

In [30]: np.zeros((3, 6))
Out[30]:
array([[ 0.,  0.,  0.,  0.,  0.,  0.],
       [ 0.,  0.,  0.,  0.,  0.,  0.],
```

---

[1] 訳注：np.zeros、np.ones、np.emptyのいずれも、生成する配列のshapeを第1引数に取ります。shapeはタプルで表
現されます。

```
        [ 0.,  0.,  0.,  0.,  0.,  0.]])

In [31]: np.empty((2, 3, 2))
Out[31]:
array([[[ 0.,  0.],
        [ 0.,  0.],
        [ 0.,  0.]],

       [[ 0.,  0.],
        [ 0.,  0.],
        [ 0.,  0.]]])
```

 np.emptyで返される配列要素が0であることは保証されていません。上記の例では0となっていますが、この動作を前提とするのは安全ではありません。配列要素の各値は不定で、保証されていないものと考えてください。

np.arangeはPython組み込みのrange関数と同等の動作で、等間隔に増減させた値で要素を満たします。

```
In [32]: np.arange(15)
Out[32]: array([ 0,  1,  2,  3,  4,  5,  6,  7,  8,  9, 10, 11, 12, 13, 14])
```

表4-1に、これまで見てきた関数を含めた標準的なndarray生成関数をまとめました。なお、NumPyの主目的が科学技術計算であることから、配列要素の型が指定されなかった場合、その要素は多くの場合float64で初期化されます[*1]。

表4-1　ndarray生成関数

関数	説明
array	入力にリスト、タプル、Python配列、その他列挙型といったデータを受けてndarrayを生成する。ndarrayの要素の型（dtype）は推測されたもの、あるいは明示的に指定されたものを使う。
asarray	arrayと同様にndarrayを生成する。ただし入力がndarrayだった場合は、コピーを作成することはない。
arange	Python組み込みのrange関数と同じ動作で、ndarrayを生成する。
ones, ones_like	onesは指定されたサイズのndarrayを指定されたdtypeで生成し、要素をすべて1で埋める。ones_likeは引数に別のndarrayなどのシーケンス型変数を受け、それをテンプレートとして要素をすべて1で埋めたndarrayを生成する。
zeros, zeros_like	onesやones_likeと同様にndarrayを生成し、要素をすべて0で埋める。
empty, empty_like	onesやones_likeと同様にndarrayを生成するが、各要素は初期化されず不定のまま。
full, full_like	fullは指定されたサイズのndarrayを指定されたdtypeで生成し、要素をすべて指定された値で埋める。full_likeは引数に別のndarrayなどのシーケンス型変数を受け、それをテンプレートとして要素をすべて指定された値で埋めたndarrayを生成する。
eye, identity	N×Nの単位行列となるndarrayを生成する（単位行列は、対角成分の要素が1、それ以外の要素がすべて0であるような行列）[*2]。

[*1]　訳注：おそらく、測定値は実数で計測されるもの、という仮定があるためと考えられます。

[*2]　訳注：identityは単位行列を生成します。eyeは単位行列を生成した上で、さらに列数を指定して切り出しできます。

4.1.2　ndarrayのデータ型

　dtypeはndarrayの**データ型**です。これはメモリ上のデータ表現形式を示す特別なオブジェクトで、データについてのデータということで**メタデータ**の一種でもあります。dtypeの役割は、あるndarrayが格納されるメモリ範囲が特定のデータ型で解釈されることを示すものです。

```
In [33]: arr1 = np.array([1, 2, 3], dtype=np.float64)

In [34]: arr2 = np.array([1, 2, 3], dtype=np.int32)

In [35]: arr1.dtype
Out[35]: dtype('float64')

In [36]: arr2.dtype
Out[36]: dtype('int32')
```

　外部システムとのデータ連携におけるNumPyの柔軟さは、dtypeなしに考えることはできません。多くの場合、dtypeはメモリ上にその要素の機械表現をそのまま保持します。このため、ndarrayをバイトストリームとして直接読み書きしたり、ディスクに直接入出力したり、さらにはCやFortranといった機械語に近い言語（いわゆる低水準言語）で書かれたアプリケーションと連携したり、といったことができます。数値型のdtypeには命名規則があり、float、intといった型名の後ろにビット長を示す数字が付きます。例えば倍精度浮動小数点を考えると、これは8バイト、すなわち64ビットで表現されるものであり、NumPyのdtypeはfloat64という型名になります。NumPyのサポートするデータ型の全リストを**表4-2**に示します。

　今回初めてNumPyに触れるという場合、このdtypeを逐一記憶しようとこだわる必要はありません。むしろ把握しておくべきなのは、扱おうとする**データが何の型か**、という情報です。これには浮動小数点型、複素数型、整数型、真偽値型、文字列型、あるいはPythonの型オブジェクトなどがあります。データ型を詳細に検討するタイミングがあるとすると、例えばメモリ上やディスク上にデータを格納する際、特にデータセットが大きなものである場面などでしょう。

表4-2　NumPyのデータ型

型	型コード	説明
int8, uint8	i1, u1	符号あり/なし8ビット整数型（すなわち1バイト）
int16, uint16	i2, u2	符号あり/なし16ビット整数型
int32, uint32	i4, u4	符号あり/なし32ビット整数型
int64, uint64	i8, u8	符号あり/なし64ビット整数型
float16	f2	半精度浮動小数点型
float32	f4（もしくはf）	単精度浮動小数点型。Cのfloatと同等
float64	f8（もしくはd）	倍精度浮動小数点型
float128	f16（もしくはg）	四倍精度浮動小数点型

型	型コード	説明
complex64, complex128, complex256	c8, c16, c32	複素数型。2つの浮動小数点数の組（実部、虚部）で表される。complex64は実部・虚部ともに32ビット単精度型、complex128は実部・虚部ともに64ビット単精度型、complex256は実部・虚部ともに128ビット単精度型
bool	?	真偽値型。True（真）あるいはFalse（偽）を格納する
object	O	Pythonオブジェクト型
string_	S	固定長文字列型。1文字当たり1バイト。例えば10文字の文字列型dtypeは 'S10' となる
unicode_	U	固定長ユニコード文字列型。1文字当たりのバイト数はプラットフォーム依存。dtype表記法はstring_と同じ（例：'U10'）

　dtypeを明示的に型変換（**キャスト**）するにはNumPyのastypeメソッドを使います。astypeは元となるndarrayをキャストし、コピーした新しいndarrayを戻します。

```
In [37]: arr = np.array([1, 2, 3, 4, 5])

In [38]: arr.dtype
Out[38]: dtype('int64')

In [39]: float_arr = arr.astype(np.float64)

In [40]: float_arr.dtype
Out[40]: dtype('float64')
```

　この例では整数型を小数型にキャストしました。これとは逆に、小数型を整数型にキャストする場合、小数部は次のように切り捨てられます[*1]。

```
In [41]: arr = np.array([3.7, -1.2, -2.6, 0.5, 12.9, 10.1])

In [42]: arr
Out[42]: array([  3.7,  -1.2,  -2.6,   0.5,  12.9,  10.1])

In [43]: arr.astype(np.int32)
Out[43]: array([ 3, -1, -2,  0, 12, 10], dtype=int32)
```

　数値が文字列型として格納されている場合は、次のようにastypeを用いて数値型にキャストすることができます。

```
In [44]: numeric_strings = np.array(['1.25', '-9.6', '42'], dtype=np.string_)

In [45]: numeric_strings.astype(float)
Out[45]: array([  1.25,  -9.6 ,  42.  ])
```

[*1]　訳注：NumPyでの負の小数の切り捨ては「0への丸め」です。負数を切り捨てるときは、絶対値に変換して切り捨てを行い、その後符号を戻す操作になります。

 numpy.string_型を使用するとき、NumPyの文字列データは固定長であるため、警告なしに切り捨てられる可能性があることに注意してください。pandasを使うと、非数値データの扱いがもう少し直観的になります。

この例について2点補足します。まず何らかの理由でキャストが失敗した場合、ValueError例外が発生します。例えば数字でない文字列をfloat64にキャストしようとしたときなどが該当します。次に、np.float64と書く代わりに、やや横着をしてfloatを使ったのに気付いたでしょうか。NumPyは標準Python型をそれと等価なdtypeに自動的に変換してくれるのです。

キャストの別法として、あるndarrayのdtypeに、別のndarrayのdtypeを適用することもできます。

```
In [46]: int_array = np.arange(10)

In [47]: calibers = np.array([.22, .270, .357, .380, .44, .50], dtype=np.float64)

In [48]: int_array.astype(calibers.dtype)
Out[48]: array([ 0.,  1.,  2.,  3.,  4.,  5.,  6.,  7.,  8.,  9.])
```

また型名以外にも、型コードを指定することもできます[1]。

```
In [49]: empty_uint32 = np.empty(8, dtype='u4')

In [50]: empty_uint32
Out[50]:
array([         0, 1075314688,          0, 1075707904,          0,
       1075838976,          0, 1072693248], dtype=uint32)
```

 astypeを呼び出す際、**必ず**新規ndarrayが生成される（データがコピーされる）ことに注意してください。コピー元と同一のdtypeを指定する場合であっても、そのコピーが生成されます。

4.1.3 ndarrayの算術演算

ndarrayでは、要素ごとの処理のためにわざわざループを書く必要はありません。この機能は**ベクトル演算**と呼ばれる、NumPyの重要な特徴の1つです。同じサイズのndarray同士の算術演算は、同位置の要素同士で計算されます。

```
In [51]: arr = np.array([[1., 2., 3.], [4., 5., 6.]])

In [52]: arr
Out[52]:
array([[ 1.,  2.,  3.],
```

---

[1] 訳注：np.emptyは要素を初期化しないため、不定値が入っていることに注意してください。

```
       [ 4.,  5.,  6.]])

In [53]: arr * arr
Out[53]:
array([[  1.,   4.,   9.],
       [ 16.,  25.,  36.]])

In [54]: arr - arr
Out[54]:
array([[ 0.,  0.,  0.],
       [ 0.,  0.,  0.]])
```

次にスカラーとndarrayとの算術演算の場合、要素ごとにその加減乗除が計算されます。

```
In [55]: 1 / arr
Out[55]:
array([[ 1.    ,  0.5   ,  0.3333],
       [ 0.25  ,  0.2   ,  0.1667]])

In [56]: arr ** 0.5
Out[56]:
array([[ 1.    ,  1.4142,  1.7321],
       [ 2.    ,  2.2361,  2.4495]])
```

ndarray間を比較したとき、その結果は同要素数の真偽値配列として戻されます。

```
In [57]: arr2 = np.array([[0., 4., 1.], [7., 2., 12.]])

In [58]: arr2
Out[58]:
array([[  0.,   4.,   1.],
       [  7.,   2.,  12.]])

In [59]: arr2 > arr
Out[59]:
array([[False,  True, False],
       [ True, False,  True]], dtype=bool)
```

サイズの異なるndarray同士の演算は**ブロードキャスト**と呼ばれます。このトピックは「**付録A NumPy：応用編**」で紹介しますが、この本の大半を理解するだけであればブロードキャストの深い理解は不要です。

4.1.4　インデックス参照とスライシングの基礎

NumPyのインデックス参照について紹介します。インデックス参照はデータから一部を切り出す、あるいは個々の要素を取り出すことができる機能です。このトピックは奥が深く、さまざまな方法が存在します。まず1次元ndarrayについて見ていきます。表面上、1次元ndarrayはPythonのリストと同じような振る舞いをします。

```
In [60]: arr = np.arange(10)

In [61]: arr
Out[61]: array([0, 1, 2, 3, 4, 5, 6, 7, 8, 9])

In [62]: arr[5]
Out[62]: 5

In [63]: arr[5:8]
Out[63]: array([5, 6, 7])

In [64]: arr[5:8] = 12

In [65]: arr
Out[65]: array([ 0,  1,  2,  3,  4, 12, 12, 12,  8,  9])
```

この例のように、ndarrayから切り出した一部（スライス）にスカラーを指定することができます。arr[5:8]=12と指定すると、3つの要素それぞれに12という値が代入されます。指定した1つの値が、切り出した全体に伝搬した（あるいは**ブロードキャスト**された）ということです。Pythonのリストとndarrayの相違点の最初のポイントは、スライスが元のndarrayの**ビュー**であり、元のndarrayのコピーではないという点です。スライスへのあらゆる変更はオリジナルのndarrayに反映されます。

以下の例で、スライスへの変更が元のndarrayに反映されるのを見ていきましょう。まずarrのスライスを定義します。

```
In [66]: arr_slice = arr[5:8]

In [67]: arr_slice
Out[67]: array([12, 12, 12])
```

次にarr_sliceの値を変更すると、この変更が元のndarrayであるarrにも反映されます。

```
In [68]: arr_slice[1] = 12345

In [69]: arr
Out[69]: array([    0,     1,     2,     3,     4,    12, 12345,    12,     8,     9])
```

[:]は範囲指定のない、いわば裸のスライスです。これを用いた場合、スライス範囲のすべてに値を代入します。

```
In [70]: arr_slice[:] = 64

In [71]: arr
Out[71]: array([ 0,  1,  2,  3,  4, 64, 64, 64,  8,  9])
```

NumPyに初めて触れる読者は、もしかするとこのスライスの仕様に驚いているかもしれません。他の配列指向のプログラミング言語には、スライスのようなデータの一部がビューではなく、コピーとして扱われる仕様を持つものが多いためです。しかしNumPyは大量データ処理を目的として設計されて

います。仮にデータをコピーする方針が採用されていたとすると、パフォーマンスおよびメモリ関連の問題が避けられなかったことは想像に難くありません。

 スライスをビューではなくndarrayからコピーして生成する必要がある場合、例えばarr[5:8].copy()というように、ndarrayを明示的にコピーする必要があります。

2次元以上の高次元配列を扱う場合、インデックス参照の手段が増えます。2次元配列では、インデックスで参照した先の要素にはスカラー値ではなく1次元配列が格納されています。

```
In [72]: arr2d = np.array([[1, 2, 3], [4, 5, 6], [7, 8, 9]])

In [73]: arr2d[2]
Out[73]: array([7, 8, 9])
```

このため、個々の要素に辿り着くにはarr2d[0][2]のように階層的にアクセスする必要があります。これをもう少し簡便に記せるよう、arr2d[0, 2]というようにインデックスのコンマ区切りリストを使うことができます。したがって下記の例は等価です。

```
In [74]: arr2d[0][2]
Out[74]: 3

In [75]: arr2d[0, 2]
Out[75]: 3
```

図4-1は2次元配列のインデックス参照の概念を示しています。axis0を行に、axis1を列に見立てるとわかりやすいかもしれません[*1]。

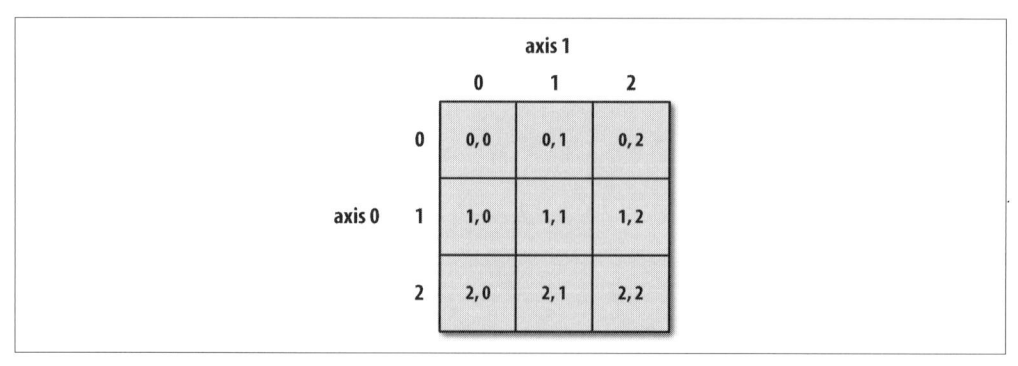

図4-1　NumPy 2次元配列のインデックスの仕組み

---

*1　訳注：arr2dの例では、「行」すなわちaxis0にそれぞれ[1, 2, 3], [4, 5, 6], [7, 8, 9]が格納されていると考えることができます。0行2列の要素を参照するには、行から列の順、つまりaxis0、axis1の順にアクセスすると考え、arr2d[0][2]もしくはarr2d[0, 2]と記します。

　多次元配列のインデックス参照では後方のインデックスを省略することができます。このとき返されるのは次元数が落ちたndarrayで、元の多次元配列の一部分です。この挙動を確かめるのに、2×2×3のndarrayであるarr3dを例に見てみましょう。arr3dは3次元配列です。

```
In [76]: arr3d = np.array([[[1, 2, 3], [4, 5, 6]], [[7, 8, 9], [10, 11, 12]]])
```

```
In [77]: arr3d
Out[77]:
array([[[ 1,  2,  3],
        [ 4,  5,  6]],

       [[ 7,  8,  9],
        [10, 11, 12]]])
```

arr3d[0]は2×3の2次元配列になります。

```
In [78]: arr3d[0]
Out[78]:
array([[1, 2, 3],
       [4, 5, 6]])
```

arr3d[0]に値を代入することができます。スカラー値、ndarrayのどちらも指定可能です。

```
In [79]: old_values = arr3d[0].copy()
```

```
In [80]: arr3d[0] = 42
```

```
In [81]: arr3d
Out[81]:
array([[[42, 42, 42],
        [42, 42, 42]],

       [[ 7,  8,  9],
        [10, 11, 12]]])
```

```
In [82]: arr3d[0] = old_values
```

```
In [83]: arr3d
Out[83]:
array([[[ 1,  2,  3],
        [ 4,  5,  6]],

       [[ 7,  8,  9],
        [10, 11, 12]]])
```

　同様にarr3d[1, 0]にアクセスすると1次元配列を取り出すことができます。この1次元配列にはarr3d[1,0,0]、arr3d[1,0,1]、arr3d[1,0,2]の3つの要素が含まれます。

```
In [84]: arr3d[1, 0]
Out[84]: array([7, 8, 9])
```

　この記法を次のように2ステップに分けて理解することもできます。

```
In [85]: x = arr3d[1]

In [86]: x
Out[86]:
array([[ 7,  8,  9],
       [10, 11, 12]])

In [87]: x[0]
Out[87]: array([7, 8, 9])
```

　ここまでのインデックス参照の例で得られた部分配列はあくまでビューであり、コピーではないことに注意してください。

4.1.4.1　スライスによるインデックス参照

　ndarrayはスライス記法で部分的に切り出すことができます。これはPythonのリストなどでおなじみの記法です。

```
In [88]: arr
Out[88]: array([ 0,  1,  2,  3,  4, 64, 64, 64,  8,  9])

In [89]: arr[1:6]
Out[89]: array([ 1,  2,  3,  4, 64])
```

　前出のarr2dを用いて、2次元配列のスライシングを考えてみましょう。

```
In [90]: arr2d
Out[90]:
array([[1, 2, 3],
       [4, 5, 6],
       [7, 8, 9]])

In [91]: arr2d[:2]
Out[91]:
array([[1, 2, 3],
       [4, 5, 6]])
```

　ご覧のように、第0軸（内側のリスト）に沿って切り出されました。2次元配列に対するスライスは、軸に沿う形で要素が選択されます。arr2d[:2]という表記を読むとき、「arr2dの最初の2行を切り出す」と理解するのがわかりやすいかもしれません。

　さらに多次元配列の場合、複数のインデックスを指定するのと同様に、複数のスライスを指定できます。

```
In [92]: arr2d[:2, 1:]
Out[92]:
array([[2, 3],
       [5, 6]])
```

　このように範囲指定でスライスしていく場合、得られるのは元の配列と同次元のビューです。一方、スライスだけでなくスカラー値を交えてインデックス指定した場合、スライスは元の配列よりも次元が下がったものになります。

　例えば、行には2番目の行（1行分）をスカラー値で指定し、列には先頭から2つ分をスライスで指定してみましょう。

```
In [93]: arr2d[1, :2]
Out[93]: array([4, 5])
```

同様に、3列目だけ欲しい、ただし行は先頭2行でよい、という場合には次のようにします。

```
In [94]: arr2d[:2, 2]
Out[94]: array([3, 6])
```

　この概念を図4-2に示したのでご覧ください。なお、単独のコロン（:）が軸全体を意味することを利用し、次のようにして内側の次元のみで切り出すことができます。

```
In [95]: arr2d[:, :1]
Out[95]:
array([[1],
       [4],
       [7]])
```

スライス表記へのスカラー値の代入は、その範囲の要素すべてに対する代入を意味します。

```
In [96]: arr2d[:2, 1:] = 0

In [97]: arr2d
Out[97]:
array([[1, 0, 0],
       [4, 0, 0],
       [7, 8, 9]])
```

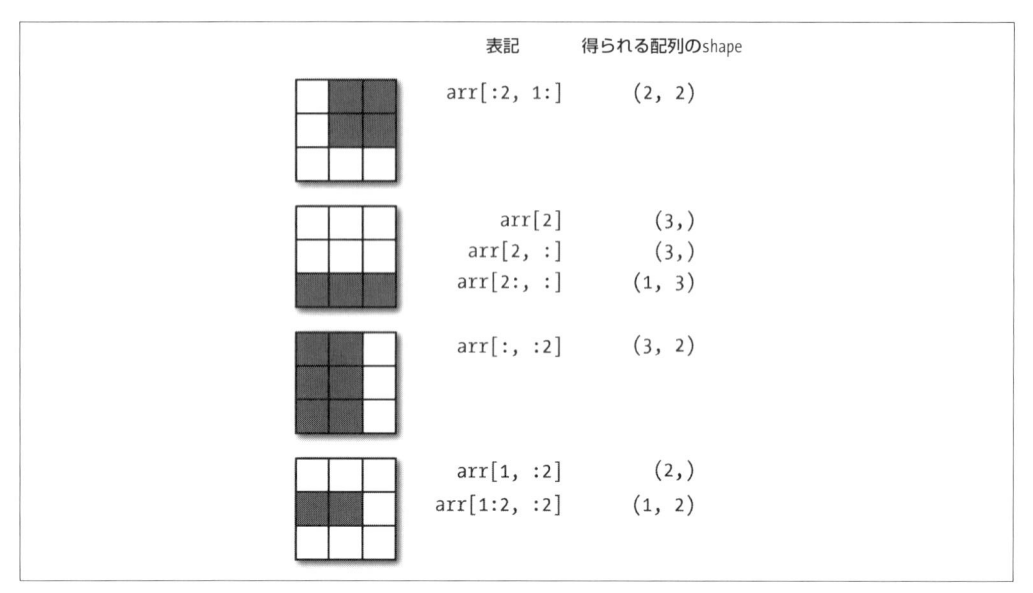

図4-2　2次元配列のスライシング

4.1.5　ブールインデックス参照

　ある数値データを格納した7×4の2次元配列（data）と、7人の名前を格納している配列（names）を考えます。names内では、名前の重複を許しているものとします。この準備として、dataの各要素値をランダムに設定しましょう。numpy.randomモジュールの提供するrandn関数を利用します。

```
In [98]: names = np.array(['Bob', 'Joe', 'Will', 'Bob', 'Will', 'Joe', 'Joe'])

In [99]: data = np.random.randn(7, 4)

In [100]: names
Out[100]:
array(['Bob', 'Joe', 'Will', 'Bob', 'Will', 'Joe', 'Joe'],
      dtype='<U4')

In [101]: data
Out[101]:
array([[ 0.0929,  0.2817,  0.769 ,  1.2464],
       [ 1.0072, -1.2962,  0.275 ,  0.2289],
       [ 1.3529,  0.8864, -2.0016, -0.3718],
       [ 1.669 , -0.4386, -0.5397,  0.477 ],
       [ 3.2489, -1.0212, -0.5771,  0.1241],
       [ 0.3026,  0.5238,  0.0009,  1.3438],
       [-0.7135, -0.8312, -2.3702, -1.8608]])
```

　配列names内のそれぞれの要素（7名分の人名）が、配列dataのそれぞれの行（7行）に対応している

ものとします。このとき、dataから'Bob'に対応する行をすべて抜き出すことを考えます。ndarrayには算術演算と同様に、比較演算子（例えば==）もベクトル演算子として定義されています。次のようにして、namesの各要素が'Bob'であるかどうかを示す真偽値配列を得ることができます。

```
In [102]: names == 'Bob'
Out[102]: array([ True, False, False,  True, False, False, False], dtype=bool)
```

この真偽値配列をdataのインデックス参照として渡すことができます[*1]。

```
In [103]: data[names == 'Bob']
Out[103]:
array([[ 0.0929,  0.2817,  0.769 ,  1.2464],
       [ 1.669 , -0.4386, -0.5397,  0.477 ]])
```

ブールインデックスで参照する場合、必ず参照先配列の軸の要素数と真偽値配列の要素数が一致している必要があることに注意してください。真偽値配列とスライス、真偽値配列とスカラー値のインデックスを同時指定することもできます。

names == 'Bob'という条件に加え、列のスライスやインデックスも同時に指定することができます。

```
In [104]: data[names == 'Bob', 2:]
Out[104]:
array([[ 0.769 ,  1.2464],
       [-0.5397,  0.477 ]])
```

```
In [105]: data[names == 'Bob', 3]
Out[105]: array([ 1.2464,  0.477 ])
```

'Bob'以外の名前で選択することもできます。これには比較演算子!=を使ってもよいですし、真偽を逆転させるのに~を使うこともできます。

```
In [106]: names != 'Bob'
Out[106]: array([False,  True,  True, False,  True,  True,  True], dtype=bool)
```

```
In [107]: data[~(names == 'Bob')]
Out[107]:
array([[ 1.0072, -1.2962,  0.275 ,  0.2289],
       [ 1.3529,  0.8864, -2.0016, -0.3718],
       [ 3.2489, -1.0212, -0.5771,  0.1241],
       [ 0.3026,  0.5238,  0.0009,  1.3438],
       [-0.7135, -0.8312, -2.3702, -1.8608]])
```

[*1] 訳注：names=='Bob'の結果を見ると1要素目と4要素目がTrueとなり、残りの要素がFalseとなっています。これをdataに渡すと、dataの1行目と4行目が抜き出されることになります。

演算子~は条件式の結果を反転させるのに便利です。

```
In [108]: cond = names == 'Bob'

In [109]: data[~cond]
Out[109]:
array([[ 1.0072, -1.2962,  0.275 ,  0.2289],
       [ 1.3529,  0.8864, -2.0016, -0.3718],
       [ 3.2489, -1.0212, -0.5771,  0.1241],
       [ 0.3026,  0.5238,  0.0009,  1.3438],
       [-0.7135, -0.8312, -2.3702, -1.8608]])
```

さらに、2つあるいは3つの名前条件を組み合わせるなど、複数条件の結合もできます。これには論理演算子&（and）や|（or）を用います。

```
In [110]: mask = (names == 'Bob') | (names == 'Will')

In [111]: mask
Out[111]: array([ True, False,  True,  True,  True, False, False], dtype=bool)

In [112]: data[mask]
Out[112]:
array([[ 0.0929,  0.2817,  0.769 ,  1.2464],
       [ 1.3529,  0.8864, -2.0016, -0.3718],
       [ 1.669 , -0.4386, -0.5397,  0.477 ],
       [ 3.2489, -1.0212, -0.5771,  0.1241]])
```

ブールインデックス参照で抽出されたデータは、**必ず**元データのコピーが生成されることに注意してください。元のndarrayと抽出されたndarrayが一致する場合であっても、ビューではなくコピーが戻されます。

 真偽値配列には、Pythonキーワードのand、orは適用できません。論理演算子&（and）や|（or）を用いましょう。

真偽値配列を使ってndarrayの各要素に値を代入することができます。例えば、dataの要素のうち、負の値を持つものをすべて0にするには次のようにします[1]。

```
In [113]: data[data < 0] = 0

In [114]: data
Out[114]:
array([[ 0.0929,  0.2817,  0.769 ,  1.2464],
```

---

[1]　訳注：data < 0が7×4の真偽値配列になっています。

```
       [ 1.0072,  0.    ,  0.275 ,  0.2289],
       [ 1.3529,  0.8864,  0.    ,  0.    ],
       [ 1.669 ,  0.    ,  0.    ,  0.477 ],
       [ 3.2489,  0.    ,  0.    ,  0.1241],
       [ 0.3026,  0.5238,  0.0009,  1.3438],
       [ 0.    ,  0.    ,  0.    ,  0.    ]])
```

特定の行や列に対する操作も、1次元の真偽値配列を使えば簡単です。

```
In [115]: data[names != 'Joe'] = 7
```

```
In [116]: data
Out[116]:
array([[ 7.    ,  7.    ,  7.    ,  7.    ],
       [ 1.0072,  0.    ,  0.275 ,  0.2289],
       [ 7.    ,  7.    ,  7.    ,  7.    ],
       [ 7.    ,  7.    ,  7.    ,  7.    ],
       [ 7.    ,  7.    ,  7.    ,  7.    ],
       [ 0.3026,  0.5238,  0.0009,  1.3438],
       [ 0.    ,  0.    ,  0.    ,  0.    ]])
```

後に見ていくように、この類の2次元データの操作はpandas環境で活用されます。

4.1.6　ファンシーインデックス参照

ファンシーインデックス参照とは、インデックス参照に整数配列を用いる方法のことです。次のような8×4配列があるものとします。

```
In [117]: arr = np.empty((8, 4))
```

```
In [118]: for i in range(8):
   .....:     arr[i] = i
```

```
In [119]: arr
Out[119]:
array([[ 0.,  0.,  0.,  0.],
       [ 1.,  1.,  1.,  1.],
       [ 2.,  2.,  2.,  2.],
       [ 3.,  3.,  3.,  3.],
       [ 4.,  4.,  4.,  4.],
       [ 5.,  5.,  5.,  5.],
       [ 6.,  6.,  6.,  6.],
       [ 7.,  7.,  7.,  7.]])
```

arrからある特定の順序で行を抽出するには、その順番を示す整数のリスト、あるいはndarrayをインデックス参照として渡します。

```
In [120]: arr[[4, 3, 0, 6]]
Out[120]:
array([[ 4.,  4.,  4.,  4.],
```

```
      [ 3.,  3.,  3.,  3.],
      [ 0.,  0.,  0.,  0.],
      [ 6.,  6.,  6.,  6.]])
```

これは予想通りの結果となりました。次に負数のインデックスを試しましょう。この方法を用いると最終行から指定することができます。

```
In [121]: arr[[-3, -5, -7]]
Out[121]:
array([[ 5.,  5.,  5.,  5.],
      [ 3.,  3.,  3.,  3.],
      [ 1.,  1.,  1.,  1.]])
```

インデックス指定に複数の配列を指定すると、また違った結果になります。それぞれ対応するインデックスのタプルで示される要素が取り出され、それらの1次元配列が得られます。2次元配列arrに対して複数のインデックス配列を指定する例を見てみましょう。

```
In [122]: arr = np.arange(32).reshape((8, 4))
```

```
In [123]: arr
Out[123]:
array([[ 0,  1,  2,  3],
      [ 4,  5,  6,  7],
      [ 8,  9, 10, 11],
      [12, 13, 14, 15],
      [16, 17, 18, 19],
      [20, 21, 22, 23],
      [24, 25, 26, 27],
      [28, 29, 30, 31]])
```

```
In [124]: arr[[1, 5, 7, 2], [0, 3, 1, 2]]
Out[124]: array([ 4, 23, 29, 10])
```

reshapeメソッドについては後ほど「**付録A　NumPy：応用編**」で説明します。

この結果を少し詳しく見ていきましょう。選択されたのは、(1,0)、(5,3)、(7,1)、(2,2)の位置にある要素です。この例では2次元配列を対象にしましたが、選択対象のndarrayの次元数がいくつであっても、ファンシーインデックス参照の結果は1次元配列として戻されます。

このファンシーインデックス参照の挙動は、少し想像していたものと異なるかもしれません（著者自身そうでした）。予想していた結果は、元のndarrayから指定した行と列を入れ替えた部分行列です[1]。オリジナルの部分行列から、指定した行と列を入れ替えたものです。この結果を得るには次のような方法が考えられます。

```
In [125]: arr[[1, 5, 7, 2]][:, [0, 3, 1, 2]]
```

---

[1]　訳注：この部分行列とは、まず[1, 5, 7, 2]で行を抜き出し（2行目、6行目、8行目、3行目）、そこから[0, 3, 1, 2]の順に列を入れ替えたものです（1列目、4列目、2列目、3列目）。

```
Out[125]:
array([[ 4,  7,  5,  6],
       [20, 23, 21, 22],
       [28, 31, 29, 30],
       [ 8, 11,  9, 10]])
```

スライシングと異なり、ファンシーインデックス参照は常に元データのコピーを返すことに注意してください。

4.1.7　転置行列、行と列の入れ替え

ndarrayの転置は、オリジナル行列を再構成した特別なビューを戻します。コピーは生成しません。ある行列を転置するには、transpose関数を適用する方法と、ndarrayの属性の1つであるTを参照する方法があります。

```
In [126]: arr = np.arange(15).reshape((3, 5))

In [127]: arr
Out[127]:
array([[ 0,  1,  2,  3,  4],
       [ 5,  6,  7,  8,  9],
       [10, 11, 12, 13, 14]])

In [128]: arr.T
Out[128]:
array([[ 0,  5, 10],
       [ 1,  6, 11],
       [ 2,  7, 12],
       [ 3,  8, 13],
       [ 4,  9, 14]])
```

行列の計算、特にnp.dotによる内積の計算では、次の例のように転置行列を頻繁に用います。

```
In [129]: arr = np.random.randn(6, 3)

In [130]: arr
Out[130]:
array([[-0.8608,  0.5601, -1.2659],
       [ 0.1198, -1.0635,  0.3329],
       [-2.3594, -0.1995, -1.542 ],
       [-0.9707, -1.307 ,  0.2863],
       [ 0.378 , -0.7539,  0.3313],
       [ 1.3497,  0.0699,  0.2467]])

In [131]: np.dot(arr.T, arr)
Out[131]:
array([[ 9.2291,  0.9394,  4.948 ],
       [ 0.9394,  3.7662, -1.3622],
       [ 4.948 , -1.3622,  4.3437]])
```

高次元配列の場合、transposeの引数に軸の順序を与え、その順に入れ替えることができます。

```
In [132]: arr = np.arange(16).reshape((2, 2, 4))
```

```
In [133]: arr
Out[133]:
array([[[ 0,  1,  2,  3],
        [ 4,  5,  6,  7]],

       [[ 8,  9, 10, 11],
        [12, 13, 14, 15]]])
```

```
In [134]: arr.transpose((1, 0, 2))
Out[134]:
array([[[ 0,  1,  2,  3],
        [ 8,  9, 10, 11]],

       [[ 4,  5,  6,  7],
        [12, 13, 14, 15]]])
```

この結果、2番目の軸が先頭になり、1番目の軸が2番目に入れ替わり、3番目の軸はそのままとなりました。

ndarrayの属性.Tで得られる転置行列は、軸入れ替えの特別なケースです。swapaxesはこれを一般化し、任意の軸順序で転置できます。

```
In [135]: arr
Out[135]:
array([[[ 0,  1,  2,  3],
        [ 4,  5,  6,  7]],

       [[ 8,  9, 10, 11],
        [12, 13, 14, 15]]])
```

```
In [136]: arr.swapaxes(1, 2)
Out[136]:
array([[[ 0,  4],
        [ 1,  5],
        [ 2,  6],
        [ 3,  7]],

       [[ 8, 12],
        [ 9, 13],
        [10, 14],
        [11, 15]]])
```

swapaxesもコピーではなくビューを戻します。

4.2　ユニバーサル関数：すべての配列要素への関数適用

ユニバーサル関数（universal function, ufunc）は、ndarrayを対象に、要素ごとの操作結果を戻す関数です。これはスカラーを引数に指定してスカラーを戻すような関数をベクトル対応し、ndarrayを引数に指定してndarrayを高速に戻すように拡張したものととらえることができます。

多くのufuncは要素ごとの基本的な計算処理を提供します。これらの例には、sqrt（平方根）やexp（指数）が挙げられます。

```
In [137]: arr = np.arange(10)

In [138]: arr
Out[138]: array([0, 1, 2, 3, 4, 5, 6, 7, 8, 9])

In [139]: np.sqrt(arr)
Out[139]:
array([ 0.    , 1.    , 1.4142, 1.7321, 2.    , 2.2361, 2.4495,
        2.6458, 2.8284, 3.    ])

In [140]: np.exp(arr)
Out[140]:
array([    1.    ,     2.7183,     7.3891,    20.0855,    54.5982,
         148.4132,   403.4288,  1096.6332,  2980.958 ,  8103.0839])
```

これらは引数に1つのndarrayを取ることから**単項**ufuncと呼ばれることがあります。一方で、addやmaximumは2つのndarrayを引数に取り、1つのndarrayを返します。

これらは**二項**ufuncと呼ばれます。

```
In [141]: x = np.random.randn(8)

In [142]: y = np.random.randn(8)

In [143]: x
Out[143]:
array([-0.0119,  1.0048,  1.3272, -0.9193, -1.5491,  0.0222,  0.7584,
       -0.6605])

In [144]: y
Out[144]:
array([ 0.8626, -0.01  ,  0.05  ,  0.6702,  0.853 , -0.9559, -0.0235,
       -2.3042])

In [145]: np.maximum(x, y)
Out[145]:
array([ 0.8626,  1.0048,  1.3272,  0.6702,  0.853 ,  0.0222,  0.7584,
       -0.6605])
```

このように、numpy.maximumは与えられたndarrayであるxとyを要素ごとに比較します。

珍しいufuncとして、複数のndarrayを戻すものがいくつかあります。modfはその一例で、Python組み込みのdivmod関数と同様な計算をベクトル化したものです。divmod関数を使うと実数を整数部分と小数部分に分けることができますが、modfではこの計算を要素ごとに行ってベクトルを戻します。

```
In [146]: arr = np.random.randn(7) * 5
```

```
In [147]: arr
Out[147]: array([-3.2623, -6.0915, -6.663 ,  5.3731,  3.6182,  3.45  ,  5.0077])

In [148]: remainder, whole_part = np.modf(arr)

In [149]: remainder
Out[149]: array([-0.2623, -0.0915, -0.663 ,  0.3731,  0.6182,  0.45  ,  0.0077])

In [150]: whole_part
Out[150]: array([-3., -6., -6.,  5.,  3.,  3.,  5.])
```

ufuncには補助的にout引数を渡すことができ、これを用いると対象のndarrayを直接変更することができます[1]。

```
In [151]: arr
Out[151]: array([-3.2623, -6.0915, -6.663 ,  5.3731,  3.6182,  3.45  ,  5.0077])

In [152]: np.sqrt(arr)
Out[152]: array([   nan,    nan,    nan, 2.318 , 1.9022, 1.8574, 2.2378])

In [153]: np.sqrt(arr, arr)
Out[153]: array([   nan,    nan,    nan, 2.318 , 1.9022, 1.8574, 2.2378])

In [154]: arr
Out[154]: array([   nan,    nan,    nan, 2.318 , 1.9022, 1.8574, 2.2378])
```

表4-3および**表4-4**にufuncの一覧をまとめています。

表4-3　単項ufunc

関数	説明
abs, fabs	各要素の整数、小数、複素数の絶対値を計算する。fabsはabsの高速版で、対象を整数と小数に限定する。
sqrt	各要素の平方根を計算する。arr**0.5と同等。
square	各要素の2乗を計算する。arr**2と同等。
exp	各要素を指数として自然対数の底 e (2.7818...) のべき乗 (e^x) を計算する。
log, log10, log2, log1p	各要素を真数とし、logは底 e の自然対数を、log10は底10の常用対数を、log2は底2の対数を計算する。log1pは各要素に1を加えた数を真数として底 e の自然対数を計算する。
sign	各要素の符号を返す。正は1、ゼロは0、負は−1となる。
ceil	各要素の切り上げを計算する。すなわち各要素に対してその数以上の最小の整数を計算する。
floor	各要素の切り捨てを計算する。すなわち各要素に対してその数以下で最大の整数を計算する。
rint	各要素の丸め値を計算する。すなわち各要素に対してその数に最も近い整数を計算する。dtypeは変更されない。

---

[1]　訳注：np.sqrtの例では、第1引数に対象ndarrayを指定し、オプション引数である第2引数に出力結果を受け取るndarrayを指定しています。本文の例ではどちらにもarrを指定したため、arrの内容が直接変更されています。

関数	説明
modf	要素ごとに整数部分と小数部分に分割し、整数部分からなる配列と小数部分からなる配列を返す。
isnan	要素ごとにNaN (Not a Number) かどうかを判定した結果を格納した真偽値配列を返す。
isfinite, isinf	isfinateは要素ごとに有限 (infでなく、かつNaNでもない) かどうか、isinfは要素ごとに無限 (inf) かどうかを判定した結果を格納した真偽値配列を返す。
cos, cosh, sin, sinh, tan, tanh	各要素の余弦、双曲線余弦、正弦、双曲線正弦、正接、双曲線正接を計算する。
arccos, arccosh, arcsin, arcsinh, arctan, arctanh	各要素の逆余弦、逆双曲線余弦、逆正弦、逆双曲線正弦、逆正接、逆双曲線正接を計算する。
logical_not	各要素の論理否定を返す。~arrと同等。

表4-4　二項ufunc

関数	説明
add	配列の要素ごとの和を取る。
subtract	1番目の配列から2番目の配列のそれぞれの要素の差を取る。
multiply	配列の要素ごとの積を取る。
divide, floor_divide	divideは配列の要素ごとの商を取る。floor_divide商を取り、余りを切り捨てる。
power	1番目の配列要素を底とし、2番目の配列要素でべき乗する。
maximum, fmax	配列の要素ごとの最大値を計算する。要素がNaNの場合、maximumはNaNを選び、fmaxはNaNでない要素を選ぶ。
minimum, fmin	配列の要素ごとの最小値を計算する。要素がNaNの場合、minimumはNaNを選び、fminはNaNでない要素を選ぶ。
mod	配列の要素ごとの剰余を計算する。
copysign	1番目の配列要素の値に2番目の配列要素の符号を付ける。
greater, greater_equal, less, less_equal, equal, not_equal	配列の要素ごとの比較結果を真偽値で格納した配列を返す。次の中置二項演算子と同等：>, >=, <, <=, ==, !=
logical_and, logical_or, logical_xor	配列の要素ごとに論理演算する。次の中置二項演算子と同等：&, |, ^

4.3　ndarrayによる配列指向プログラミング

　ndarrayを用いると、多様なデータ処理タスクを簡潔な配列表現で記述できます。このためにループ処理を書く必要はありません。この配列表現のことを**ベクトル演算**と呼びます。ベクトル演算はPython標準環境と比較して大変高速であり、計算量の差は基本的に1-2桁、あるいはそれ以上のオーダーで効率化されるため、あらゆる数値計算処理に有効です。ベクトル演算の特徴の1つである**ブロードキャスト**については、「付録A　NumPy：応用編」で紹介したいと思います。ベクトル演算の具体例を見てみましょう。

　与えられた格子点状のデータに対して、関数sqrt(x^2 + y^2)を評価することを考えます。格子点データを準備するのにnp.meshgrid関数を用います。np.meshgridは2つの1次元配列を取り、それぞれの要素のすべての組み合わせを列挙します。

```
In [155]: points = np.arange(-5, 5, 0.01) # 等間隔に配置された1,000個の格子点

In [156]: xs, ys = np.meshgrid(points, points)

In [157]: ys
Out[157]:
array([[-5.  , -5.  , -5.  , ..., -5.  , -5.  , -5.  ],
       [-4.99, -4.99, -4.99, ..., -4.99, -4.99, -4.99],
       [-4.98, -4.98, -4.98, ..., -4.98, -4.98, -4.98],
       ...,
       [ 4.97,  4.97,  4.97, ...,  4.97,  4.97,  4.97],
       [ 4.98,  4.98,  4.98, ...,  4.98,  4.98,  4.98],
       [ 4.99,  4.99,  4.99, ...,  4.99,  4.99,  4.99]])
```

この2次元データを使い、関数 sqrt(x^2 + y^2) の取る値を図示します。np.sqrt の引数に ndarray である xs、ys をそのまま渡すことができる点を確認してください。

```
In [158]: z = np.sqrt(xs ** 2 + ys ** 2)

In [159]: z
Out[159]:
array([[ 7.0711,  7.064 ,  7.0569, ...,  7.0499,  7.0569,  7.064 ],
       [ 7.064 ,  7.0569,  7.0499, ...,  7.0428,  7.0499,  7.0569],
       [ 7.0569,  7.0499,  7.0428, ...,  7.0357,  7.0428,  7.0499],
       ...,
       [ 7.0499,  7.0428,  7.0357, ...,  7.0286,  7.0357,  7.0428],
       [ 7.0569,  7.0499,  7.0428, ...,  7.0357,  7.0428,  7.0499],
       [ 7.064 ,  7.0569,  7.0499, ...,  7.0428,  7.0499,  7.0569]])
```

「9章　プロットと可視化」で触れますが、この2次元配列の視覚化のために Matplotlib を用います。

```
In [160]: import matplotlib.pyplot as plt

In [161]: plt.imshow(z, cmap=plt.cm.gray); plt.colorbar()
Out[161]: <matplotlib.colorbar.Colorbar at 0x7f715e3fa630>

In [162]: plt.title("Image plot of $\sqrt{x^2 + y^2}$ for a grid of values")
Out[162]: <matplotlib.text.Text at 0x7f715d2de748>
```

図4-3では、2次元配列の値を表現するのに、Matplotlib の imshow 関数を使いました。

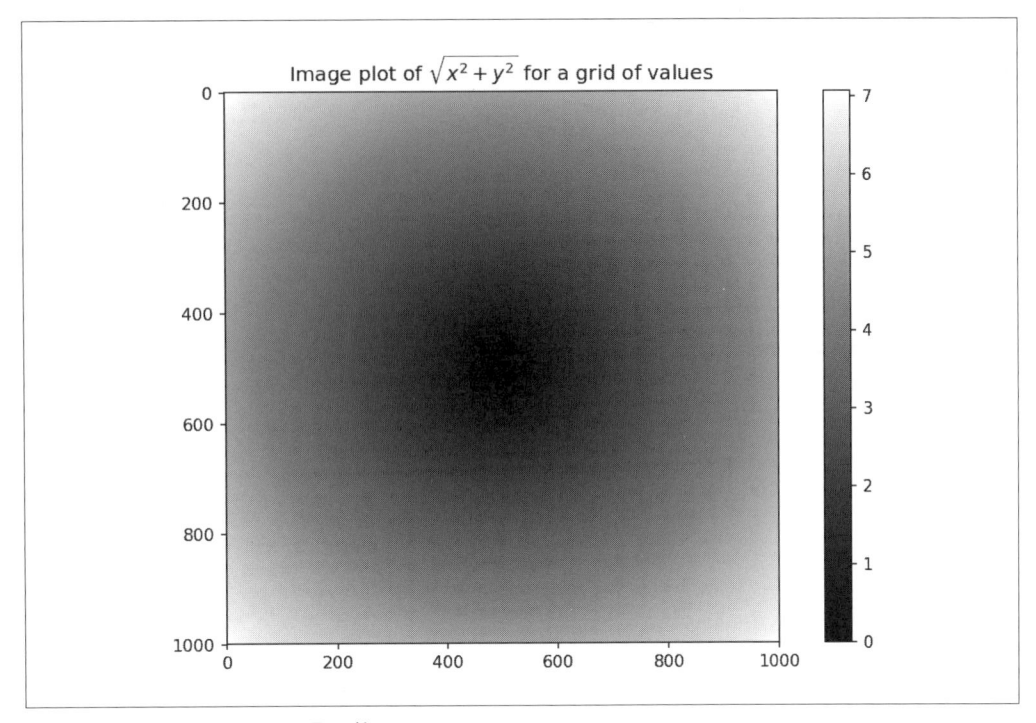

図4-3　関数sqrt(x^2 + y^2)の取る値

4.3.1　条件制御のndarrayでの表現

numpy.whereはPythonの三項演算子（条件文）であるx if condition else yのベクトル演算版です。真偽値配列condと2つの配列xarr、yarrを使い、この挙動を見ていきましょう。

```
In [165]: xarr = np.array([1.1, 1.2, 1.3, 1.4, 1.5])
```

```
In [166]: yarr = np.array([2.1, 2.2, 2.3, 2.4, 2.5])
```

```
In [167]: cond = np.array([True, False, True, True, False])
```

xarr、yarr、condが上記のように定義されているものとします。このとき、condの要素がTrueであればxarrの同位置の要素を、Falseであればyarrの同位置の要素を取ることを考えます。これをPython標準のリスト内包表記を用いて書くと、次のようになります。

```
In [168]: result = [(x if c else y)
    .....:           for x, y, c in zip(xarr, yarr, cond)]
```

```
In [169]: result
Out[169]: [1.1000000000000001, 2.2000000000000002, 1.3, 1.3999999999999999, 2.5]
```

　何とか書き下すことはできますが、このやり方には問題があります。まず、Python標準機能であるため、対象配列が大きくなると必然的に遅くなることが挙げられます。そして次に、多次元配列に対応できない点も問題です。np.whereはこれらの問題を解決し、下記のように簡潔に記すことができます。

```
In [170]: result = np.where(cond, xarr, yarr)

In [171]: result
Out[171]: array([ 1.1,  2.2,  1.3,  1.4,  2.5])
```

　np.whereの引数のうち、2番目と3番目（上記の例ではxarr, yarr）は、配列でなくスカラー値を取ることもできます。np.whereを使う主な場面の例は、ある配列を元にして別の配列を作るようなときです。例えば、乱数を格納した配列があり、このそれぞれの要素を置き換え、正の場合は2に、負の場合は−2に置き換えることを考えます。この操作はnp.whereを用いて次のように書くことができます。

```
In [172]: arr = np.random.randn(4, 4)

In [173]: arr
Out[173]:
array([[-0.5031, -0.6223, -0.9212, -0.7262],
       [ 0.2229,  0.0513, -1.1577,  0.8167],
       [ 0.4336,  1.0107,  1.8249, -0.9975],
       [ 0.8506, -0.1316,  0.9124,  0.1882]])

In [174]: arr > 0
Out[174]:
array([[False, False, False, False],
       [ True,  True, False,  True],
       [ True,  True,  True, False],
       [ True, False,  True,  True]], dtype=bool)

In [175]: np.where(arr > 0, 2, -2)
Out[175]:
array([[-2, -2, -2, -2],
       [ 2,  2, -2,  2],
       [ 2,  2,  2, -2],
       [ 2, -2,  2,  2]])
```

　np.whereを呼び出すときにスカラー値とndarrayを組み合わせることもできます。先の例で、正の場合にのみ2に置き換えるような操作は次のように記述できます。

```
In [176]: np.where(arr > 0, 2, arr) # 正の数をすべて2に置換
Out[176]:
array([[-0.5031, -0.6223, -0.9212, -0.7262],
       [ 2.    ,  2.    , -1.1577,  2.    ],
       [ 2.    ,  2.    ,  2.    , -0.9975],
       [ 2.    , -0.1316,  2.    ,  2.    ]])
```

この例のように、np.where関数に渡す引数は、必ずしも同一サイズの配列、もしくはスカラー値に揃っている必要はありません。

4.3.2 数学関数、統計関数

NumPyの統計関数は、ndarray配列全体、あるいは特定の軸を中心とした統計処理を提供します。sumやmeanといった集計処理（これらは**次元削減**（配列の次数を下げる処理）とも呼ばれます）や標準偏差を求めるstdは、ndarrayのインスタンスメソッドとしても、NumPyのトップレベル関数としても呼び出すことができます。

まず正規分布によるランダムデータを生成し、いくつかの統計値を計算してみましょう。

```
In [177]: arr = np.random.randn(5, 4)

In [178]: arr
Out[178]:
array([[ 2.1695, -0.1149,  2.0037,  0.0296],
       [ 0.7953,  0.1181, -0.7485,  0.585 ],
       [ 0.1527, -1.5657, -0.5625, -0.0327],
       [-0.929 , -0.4826, -0.0363,  1.0954],
       [ 0.9809, -0.5895,  1.5817, -0.5287]])

In [179]: arr.mean()
Out[179]: 0.19607051119998253

In [180]: np.mean(arr)
Out[180]: 0.19607051119998253

In [181]: arr.sum()
Out[181]: 3.9214102239996507
```

meanやsumはどの軸を中心に処理するかを引数axisで指定することができます。この場合に得られる結果は、元の配列に対して1次元下がった次元のものとなります。

```
In [182]: arr.mean(axis=1)
Out[182]: array([ 1.022 ,  0.1875, -0.502 , -0.0881,  0.3611])

In [183]: arr.sum(axis=0)
Out[183]: array([ 3.1693, -2.6345,  2.2381,  1.1486])
```

これらの例は、arr.mean(1)やarr.sum(0)と省略して記述することもできます。arr.mean(1)は行ごとに平均を計算し、arr.sum(0)は列ごとに合計を計算します。集計処理以外に、cumsum（累積和）やcumprod（累積積）といった関数があります。これらは単に集計結果を返すのではなく、途中経過を含めた累積の計算結果を返します。

```
In [184]: arr = np.array([0, 1, 2, 3, 4, 5, 6, 7])
```

```
In [185]: arr.cumsum()
Out[185]: array([ 0,  1,  3,  6, 10, 15, 21, 28])
```

多次元配列の場合、これらの累積関数は引数と同一サイズの配列を返しますが、途中経過の値として返されるのは、指定された軸に沿った方向に計算されたものになります。

```
In [186]: arr = np.array([[0, 1, 2], [3, 4, 5], [6, 7, 8]])

In [187]: arr
Out[187]:
array([[0, 1, 2],
       [3, 4, 5],
       [6, 7, 8]])

In [188]: arr.cumsum(axis=0)
Out[188]:
array([[ 0,  1,  2],
       [ 3,  5,  7],
       [ 9, 12, 15]])

In [189]: arr.cumprod(axis=1)
Out[189]:
array([[  0,   0,   0],
       [  3,  12,  60],
       [  6,  42, 336]])
```

これらの関数を**表4-5**にまとめました。利用例は後の章で紹介していきます。

表4-5　基本的な ndarray の統計関数

関数	定義
sum	配列の和を、指定された軸に沿って取る。長さ0の配列に対しては0を返す。
mean	算術平均。長さ0の配列に対してはNaNを返す。
std, var	標準偏差、分散。自由度のデフォルト値はnで、任意の値を指定可能。
min, max	最小値、最大値。
argmin, argmax	最小値を持つ要素のインデックス、最大値を持つ要素のインデックス。
cumsum	累積和。0に1番目の要素を加えたもの、その結果に2番目の要素を加えたもの、というように累積の和を逐一返す。
cumprod	累積積。1に1番目の要素を掛けたもの、その結果に2番目の要素を掛けたもの、というように累積の積を逐一返す。

4.3.3　真偽値配列関数

真偽値に関数を適用する場合、Trueは1、Falseは0として扱われます。このため、sumを用いて真偽値配列の中のTrueの数を数えることができます。

```
In [190]: arr = np.random.randn(100)

In [191]: (arr > 0).sum() # 正の数の個数
```

```
Out[191]: 42
```

ここで紹介するのはanyとallという2つの関数で、真偽値配列に適用する場合に特に便利なものです。anyは要素に1つでもTrueがあるかを確認するのに用いられ、allは要素のすべてがTrueであるかを確認するのに用いられます。

```
In [192]: bools = np.array([False, False, True, False])
```

```
In [193]: bools.any()
Out[193]: True
```

```
In [194]: bools.all()
Out[194]: False
```

any、allともに真偽値以外の配列に対して適用することができます。この場合、0以外の値がTrueとみなされます[*1]。

4.3.4 ソート

Python組み込みのリスト型と同様に、NumPyのndarrayもsort関数で並び変えることができます。これは元のndarrayを直接置換 (in-place) します。

```
In [195]: arr = np.random.randn(6)
```

```
In [196]: arr
Out[196]: array([ 0.6095, -0.4938,  1.24  , -0.1357,  1.43  , -0.8469])
```

```
In [197]: arr.sort()
```

```
In [198]: arr
Out[198]: array([-0.8469, -0.4938, -0.1357,  0.6095,  1.24  ,  1.43  ])
```

多次元配列をソートする場合、任意の軸に沿ってソートすることができます。これにはsort関数の引数にソートする軸を指定します。

```
In [199]: arr = np.random.randn(5, 3)
```

```
In [200]: arr
Out[200]:
array([[ 0.6033,  1.2636, -0.2555],
       [-0.4457,  0.4684, -0.9616],
       [-1.8245,  0.6254,  1.0229],
       [ 1.1074,  0.0909, -0.3501],
       [ 0.218 , -0.8948, -1.7415]])
```

```
In [201]: arr.sort(1)
```

[*1] 訳注：Trueとなるのは正の値だけではなく、負の値、NaN, 無限大も含まれます。

```
In [202]: arr
Out[202]:
array([[-0.2555,  0.6033,  1.2636],
       [-0.9616, -0.4457,  0.4684],
       [-1.8245,  0.6254,  1.0229],
       [-0.3501,  0.0909,  1.1074],
       [-1.7415, -0.8948,  0.218 ]])
```

　ここでsort関数の種類について触れておきます。上記の例で見てきたのは、`np.ndarray.sort`関数でした。これとは別に`np.sort`関数も提供されており、こちらはソート済み配列をコピーとして返します。さて、ソートの別の例を見てみましょう。あるndarrayの5パーセンタイル分位点を求めることを考えます。これを実現するのに安直な方法は、ソートしてから5パーセントに当たる要素の値を得るというものです。

```
In [203]: large_arr = np.random.randn(1000)

In [204]: large_arr.sort()

In [205]: large_arr[int(0.05 * len(large_arr))] # 5% 分位点
Out[205]: -1.5311513550102103
```

　NumPyのソートについて、`argsort`などインデックスを戻すテクニックを含めた高度な話題については「**付録A　NumPy：応用編**」で後述します。またpandasについての説明の中でも、データ表の列ごとのソートといった操作について触れていきます。

4.3.5　集合関数：uniqueなど

　NumPyには1次元のndarrayを対象とした基本的な集合関数が提供されています。中でも利用頻度が多いのは`np.unique`で、配列要素から重複を取り除き、ソートした結果を戻します。

```
In [206]: names = np.array(['Bob', 'Joe', 'Will', 'Bob', 'Will', 'Joe', 'Joe'])

In [207]: np.unique(names)
Out[207]:
array(['Bob', 'Joe', 'Will'],
      dtype='<U4')

In [208]: ints = np.array([3, 3, 3, 2, 2, 1, 1, 4, 4])

In [209]: np.unique(ints)
Out[209]: array([1, 2, 3, 4])
```

`np.unique`と同等の操作をPython標準機能で書くと次のようになります。

```
In [210]: sorted(set(names))
Out[210]: ['Bob', 'Joe', 'Will']
```

別の集合関数に、np.in1dというものがあります。ある配列内に、指定した要素群が存在するかどうかを判別できます[1]。

```
In [211]: values = np.array([6, 0, 0, 3, 2, 5, 6])

In [212]: np.in1d(values, [2, 3, 6])
Out[212]: array([ True, False, False,  True,  True, False,  True], dtype=bool)
```

これらを含めたNumPyの集合関数の一覧を**表4-6**に示します。

表4-6 NumPyの集合関数

関数	説明
unique(x)	配列xに対し、重複除外してソートする。
intersect1d(x, y)	配列xとyのうち、共通する要素を取り出しソートする（積集合）。
union1d(x, y)	配列xとyのうち、少なくとも一方に存在する要素を取り出しソートする（和集合）。
in1d(x, y)	配列xの各要素に対し、配列yの要素群が含まれているかどうかを判定し、その結果を真偽値配列として返す。
setdiff1d(x, y)	配列xから、配列yに存在する要素を取り除きソートする（差集合）。
setxor1d(x, y)	配列xとyのうち、どちらか一方にのみ存在する要素を取り出しソートする（排他的論理和）。両方に含まれる要素は除く。

4.4 ndarrayのファイル入出力

NumPyはデータの入出力をサポートしており、形式にバイナリとテキストを選ぶことができます。ただし後に「**6章　データの読み込み、書き出しとファイル形式**」で触れるように、テキストファイルやテーブル形式データを読み込むのに多くの読者がpandasを用いると考えられるため、この節ではNumPyのバイナリフォーマットにフォーカスして説明したいと思います。

np.saveとnp.loadはディスクへの保存とディスクからの読み込みを効率的に実現する、NumPy入出力の主力機能です。デフォルトではndarrayデータは無圧縮のバイナリで保管され、拡張子は.npyです。

```
In [213]: arr = np.arange(10)

In [214]: np.save('some_array', arr)
```

上記の例のようにファイルパスに拡張子を指定しない場合、自動で.npyが付加されます。続いてnp.loadでこのファイルを読み込んでみましょう。

```
In [215]: np.load('some_array.npy')
Out[215]: array([0, 1, 2, 3, 4, 5, 6, 7, 8, 9])
```

np.savez関数は複数のndarrayを無圧縮アーカイブとして保管することができます。個々のndarray

---

[1] 訳注：1dは1D array、すなわち1次元配列のことです。「1d」ではなく「1d」であることに注意してください。

を区別するのに、キーワードを指定しておきます。

```
In [216]: np.savez('array_archive.npz', a=arr, b=arr)
```

拡張子 .npz のファイルを読み込んで ndarray を取り出す際には、ディクショナリから要素を取り出すときと同じように、キーワードを指定します。この読み込みは遅延読み込みであり、データは参照された時点で初めて実際にロードされます。

```
In [217]: arch = np.load('array_archive.npz')
```

```
In [218]: arch['b']
Out[218]: array([0, 1, 2, 3, 4, 5, 6, 7, 8, 9])
```

データを圧縮して保管したい場合、numpy.savez_compressed を用いることができます。

```
In [219]: np.savez_compressed('arrays_compressed.npz', a=arr, b=arr)
```

4.5　行列計算

　行列の計算（線形代数）には行列の積、行列の分解、行列式の計算、正方行列にまつわる各種の計算などがあり、これらは NumPy を含むあらゆる配列計算ライブラリにとって重要な機能の一部です。MATLAB などの他の言語と比較して、NumPy では演算子 *（アスタリスク）の定義が異なります。MATLAB では演算子 * を 2 次元配列同士の内積（ドット積）として用いますが、NumPy では対応する要素ごとを掛け合わせることを意味します[*1]。そこで、NumPy で内積を計算するために関数 dot が提供されています。dot は ndarray のインスタンスメソッドとしても、また numpy 名前空間内の NumPy クラスメソッドとしても呼び出すことができます。

```
In [223]: x = np.array([[1., 2., 3.], [4., 5., 6.]])
```

```
In [224]: y = np.array([[6., 23.], [-1, 7], [8, 9]])
```

```
In [225]: x
Out[225]:
array([[ 1., 2., 3.],
       [ 4., 5., 6.]])
```

```
In [226]: y
Out[226]:
array([[ 6., 23.],
       [ -1., 7.],
       [ 8., 9.]])
```

```
In [227]: x.dot(y)
Out[227]:
```

---

*1　訳注：これをアダマール積と呼びます（https://ja.wikipedia.org/wiki/ アダマール積）。

```
array([[  28.,   64.],
       [  67.,  181.]])
```

x.dot(y)はnp.dot(x,y)と等価です。

```
In [228]: np.dot(x, y)
Out[228]:
array([[  28.,   64.],
       [  67.,  181.]])
```

2次元配列と、それに対応する要素数を持つ1次元配列の積は1次元配列になります。

```
In [229]: np.dot(x, np.ones(3))
Out[229]: array([  6.,  15.])
```

Python 3.5から、行列の掛け算を表す二項演算子として@記号が定義されています。

```
In [230]: x @ np.ones(3)
Out[230]: array([  6.,  15.])
```

標準的な行列の分解、逆、行列式の計算といった機能はnumpy.linalgモジュールで提供されています。これらの機能には、MATLABやRといった言語でも用いられている業界標準の線形計算ライブラリであるBLASやLAPACK、あるいはNumPyのバージョンによってはIntel MKL (Math Kernel Library) といったライブラリが使用されます。

```
In [231]: from numpy.linalg import inv, qr

In [232]: X = np.random.randn(5, 5)

In [233]: mat = X.T.dot(X)

In [234]: inv(mat)
Out[234]:
array([[  933.1189,   871.8258, -1417.6902, -1460.4005,  1782.1391],
       [  871.8258,   815.3929, -1325.9965, -1365.9242,  1666.9347],
       [-1417.6902, -1325.9965,  2158.4424,  2222.0191, -2711.6822],
       [-1460.4005, -1365.9242,  2222.0191,  2289.0575, -2793.422 ],
       [ 1782.1391,  1666.9347, -2711.6822, -2793.422 ,  3409.5128]])

In [235]: mat.dot(inv(mat))
Out[235]:
array([[ 1.,  0., -0., -0., -0.],
       [-0.,  1.,  0.,  0.,  0.],
       [ 0.,  0.,  1.,  0.,  0.],
       [-0.,  0.,  0.,  1., -0.],
       [-0.,  0.,  0.,  0.,  1.]])

In [236]: q, r = qr(mat)

In [237]: r
Out[237]:
```

```
array([[-1.6914,  4.38  ,  0.1757,  0.4075, -0.7838],
       [ 0.    , -2.6436,  0.1939, -3.072 , -1.0702],
       [ 0.    ,  0.    , -0.8138,  1.5414,  0.6155],
       [ 0.    ,  0.    ,  0.    , -2.6445, -2.1669],
       [ 0.    ,  0.    ,  0.    ,  0.    ,  0.0002]])
```

X.T.dot(X)という式は、Xとその転置行列であるX.Tとの内積を計算しています。

利用頻度が高い行列計算関数を**表4-7**に示します。

表4-7　よく用いられるnumpy.linalg関数

関数	説明
diag	正方行列の対角要素、あるいは非対角要素を1次元配列として返す。1次元配列に対しては、その要素を対角要素に配置した対角行列（残りの成分を0で埋めた正方行列）を返す。
dot	2つの行列の内積を計算する。
trace	対角要素の総和を計算する。
det	行列式を計算する。
eig	正方行列に対して固有値および固有ベクトルを計算する。
inv	正方行列に対して逆行列を計算する。
pinv	ムーアーペンローズの擬似逆行列を計算する。
qr	QR分解を計算する。
svd	特異値分解（singular value decomposition, SVD）を計算する。
solve	正方行列Aに対して線形方程式Ax=bをxについて解く。
lstsq	Ax=bに対して最小二乗法による近似を求める。

4.6　擬似乱数生成

NumPyはPython組み込みのrandomを補完する形でnumpy.randomモジュールを提供しています。このモジュールは、さまざまな種類の確率分布関数に基づく乱数値を用いてndarrayを効率的に生成します。ここではまず4×4行列に対し、normalを用いて正規分布に基づいた乱数を生成してみましょう。

```
In [238]: samples = np.random.normal(size=(4, 4))

In [239]: samples
Out[239]:
array([[ 0.5732,  0.1933,  0.4429,  1.2796],
       [ 0.575 ,  0.4339, -0.7658, -1.237 ],
       [-0.5367,  1.8545, -0.92  , -0.1082],
       [ 0.1525,  0.9435, -1.0953, -0.144 ]])
```

NumPyの乱数モジュールとは対照的に、Python組み込みの乱数モジュールでは一度に1つの乱数しか生成することができません。この事実は、生成対象が大きければ大きいほどパフォーマンスに影響してきます。

以下に、著者の環境でのベンチマークを比較したいと思います[*1]。

```
In [240]: from random import normalvariate

In [241]: N = 1000000

In [242]: %timeit samples = [normalvariate(0, 1) for _ in range(N)]
1.77 s +- 126 ms per loop (mean +- std. dev. of 7 runs, 1 loop each)

In [243]: %timeit np.random.normal(size=N)
61.7 ms +- 1.32 ms per loop (mean +- std. dev. of 7 runs, 10 loops each)
```

このようにして生成された乱数は、乱数生成器のシード（seed、乱数の種）に基づいて振る舞いが定まります。いわば決定的なアルゴリズムによって生成されたものであることから、**擬似乱数**とも呼ばれます。NumPyでは乱数シードを設定できるよう、np.random.seedが用意されています。

```
In [244]: np.random.seed(1234)
```

numpy.randomモジュールで提供される乱数データ生成関数は、いずれも共通の（グローバルな）乱数シードを参照します。グローバル参照を避けるには、numpy.random.RandomStateを用いて他と分離された乱数生成器を準備することができます。

```
In [245]: rng = np.random.RandomState(1234)

In [246]: rng.randn(10)
Out[246]:
array([ 0.4714, -1.191 ,  1.4327, -0.3127, -0.7206,  0.8872,  0.8596,
       -0.6365,  0.0157, -2.2427])
```

表4-8はnumpy.randomの代表的な関数の抜粋です。実際にこれらの関数の使いどころを理解してもらえるように、次の節では複数の乱数の大きなndarrayを扱う例を紹介したいと思います。

表4-8　代表的なnumpy.random関数

関数	説明
seed	乱数生成器のシード。
permutation	引数が配列の場合、その要素をランダムに並べ替えた配列を返す。引数が整数の場合、その引数でnp.arangeを呼び出し、結果をランダムに並べ替えた配列を返す。
shuffle	その配列自体の要素をランダムに並べ替える（新規配列は返さない）。
rand	連続一様分布に従う乱数を返す。
randint	与えられた整数範囲内での整数乱数を返す。
randn	平均0、標準偏差1である正規分布に従う乱数を返す（MATLABと同様の仕様）。
binomial	二項分布に従う乱数を返す。

[*1] 訳注：%timeitはIPythonの機能で、処理にかかる時間を計測できます。付録Bを参照してください。この2例はいずれも1,000,000個の乱数を正規分布から生成しています。前者がPython標準機能（normalvariate）による実装、後者はNumPy機能（np.random.normal）によるものなのです。前者の処理時間は1.77秒（1回試行）でしたが、後者は61.7ミリ秒（10回試行）と、1桁以上のオーダーで差があることがわかります。

関数	説明
normal	正規分布（ガウス分布）に従う乱数を返す。
beta	ベータ分布に従う乱数を返す。
chisquare	カイ二乗分布に従う乱数を返す。
gamma	ガンマ分布に従う乱数を返す。
uniform	区間[0,1)の一様分布に従う乱数を返す。

4.7　例：ランダムウォーク

　ここではランダムウォーク（https://ja.wikipedia.org/wiki/ランダムウォーク）によるシミュレーションを題材に、配列演算がどのように活用されるかを見ていきたいと思います。まず取り上げるのは単純なランダムウォークで、これは原点0からスタートし、次の1歩が+1、あるいは−1に等確率で決まるものです。

　このランダムウォークで1,000歩進んだ状況をPython標準環境で記述してみます。

```
In [247]: import random
    .....: position = 0
    .....: walk = [position]
    .....: steps = 1000
    .....: for i in range(steps):
    .....:     step = 1 if random.randint(0, 1) else -1
    .....:     position += step
    .....:     walk.append(position)
    .....:
```

　この結果のうち、最初の100歩がどのようであったかを**図4-4**に示します。

```
In [249]: plt.plot(walk[:100])
```

　この結果から、ある時刻でのランダムウォークで到達した位置は、配列に蓄積してきたこれまでの1歩1歩（1もしくは−1）の累積和に等しいことがわかります。したがって、np.randomを用いてこの1,000回のコイントスを記述し、それぞれの累積和を求めることができます[*1]。

---

*1　訳注：1つ前のコード例では、0か1をランダムに取得するために、NumPyではなくPython組み込みのrandom. randint(0, 1)を使っていました。NumPyでは、これとは仕様が異なり、np.random.randint(0, 2)とした場合、結果に2は含まれません。

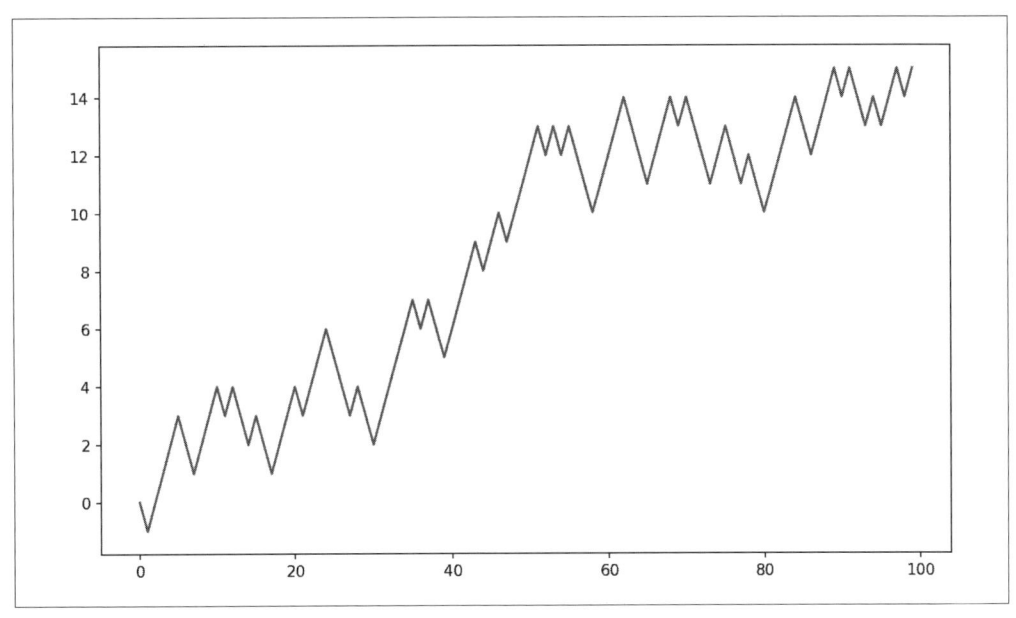

図4-4　単純なランダムウォークの例

```
In [251]: nsteps = 1000

In [252]: draws = np.random.randint(0, 2, size=nsteps)

In [253]: steps = np.where(draws > 0, 1, -1)

In [254]: walk = steps.cumsum()
```

　この結果、これまでの辿ってきた軌跡がndarrayとして変数walkに記録されます。さらにこれを基に、1,000歩の間に到達した位置の最大値と最小値を求めることができます。

```
In [255]: walk.min()
Out[255]: -3

In [256]: walk.max()
Out[256]: 31
```

　さらに複雑な統計量として、**初到達時間**、つまりある位置に到達するまでに要した時刻を求めることを考えます。ある値になるまでランダムウォークをどれくらい続けたのかということです。ここでは、向きを問わずに原点から10の距離まで離れた点に到達するまでにどれくらいかかったかを求めてみま

しょう。まず思いつくのはブールインデックス参照を用いる方法で、np.abs(walk) >=10として1,000要素を持つ真偽値配列を得ることができます。この各要素には、それぞれの時刻の到達点が10もしくは−10より大きいかどうかが格納されます。ただ、本当に知りたかったのは**最初**に10もしくは−10に到達したときがいつか、つまりそのときの配列のインデックスがいくつか、ということです。そこでargmaxを活用します。argmaxは配列内の最大値のうち、一番若いインデックスを戻します。真偽値配列の最大値はTrueそのものであるため、今回の目的に合致します。

```
In [257]: (np.abs(walk) >= 10).argmax()
Out[257]: 37
```

一点だけ、argmaxを用いる方法が常に最適ではないことに注意してください。argmaxを呼び出すと配列要素の全スキャンが発生します。今回の例では、配列内の要素の最大値がTrueであると事前にわかっていました。このためTrueが見つかった時点で処理を中断でき、全スキャンの必要はありませんでした。

4.7.1　多重ランダムウォーク

今回のゴールがランダムウォークの複数回の試行であり、例えば5,000回の試行であるとします。これは上記のコードを手直しするだけで実現可能です。numpy.randomモジュールの関数群は数値の2つ組（2-tuple、2つの数字でできた組）を受け取ると、そのサイズの2次元配列を返します。これを用い、2次元配列の1行1行（全5,000行）に、ランダムウォークの試行を記録します。そして先ほどと同様に、各ランダムウォークの1歩1歩を記録し、その結果の累積和を計算してみたいと思います。

```
In [258]: nwalks = 5000

In [259]: nsteps = 1000

In [260]: draws = np.random.randint(0, 2, size=(nwalks, nsteps)) # 0か1をランダムに生成

In [261]: steps = np.where(draws > 0, 1, -1)

In [262]: walks = steps.cumsum(1)

In [263]: walks
Out[263]:
array([[  1,   0,   1, ...,   8,   7,   8],
       [  1,   0,  -1, ...,  34,  33,  32],
       [  1,   0,  -1, ...,   4,   5,   4],
       ...,
       [  1,   2,   1, ...,  24,  25,  26],
       [  1,   2,   3, ...,  14,  13,  14],
       [ -1,  -2,  -3, ..., -24, -23, -22]])
```

これを基に、5,000回のランダムウォークすべてに対して、1,000歩の間に到達した位置の最大値と最小値を求めることができます。

```
In [264]: walks.max()
Out[264]: 138

In [265]: walks.min()
Out[265]: -133
```

さらにこの5,000回のランダムウォークから、今回は距離30（＋30あるいは−30）への初到達時間を求めてみましょう。これには少し考慮が必要で、5,000回の試行のすべてが必ず距離30に到達しているわけではありません。

この確認には、前出の真偽値配列関数anyを使います。

```
In [266]: hits30 = (np.abs(walks) >= 30).any(1)

In [267]: hits30
Out[267]: array([False,  True, False, ..., False,  True, False], dtype=bool)

In [268]: hits30.sum() # 30もしくは-30に到達した数
Out[268]: 3410
```

このようにして得られた真偽値配列hits30を用いて5,000件の中から距離30に到達できた試行を選び出します。そのそれぞれの抽出結果に対してargmaxを適用し、一番最初に距離30に到達したインデックスを得ます。

```
In [269]: crossing_times = (np.abs(walks[hits30]) >= 30).argmax(1)

In [270]: crossing_times.mean()
Out[270]: 498.88973607038122
```

このランダムウォークの例を基に、正規分布の形状を変化させた実験を試してみてください。上記の例では、確率変数に用いた正規分布はコイン投げのように各方向が等確率で選ばれるものでした。この正規分布の平均と分散を変化させるには、normalの引数を指定します。locには平均を、scaleには標準偏差を与えます。

```
In [271]: steps = np.random.normal(loc=0, scale=0.25,
     .....:                        size=(nwalks, nsteps))
```

4.8　まとめ

次の章以降では主にpandasを用いたデータ処理手法にフォーカスしていくことになりますが、引き続きこの章で身に付けたndarrayベースの考え方に則って進めていきます。「**付録A　NumPy：応用編**」では、配列計算スキルのさらなる向上を目指して、より深くNumPyの機能に踏み込みます。

5章
pandas入門

　この本の残りの部分ではpandasに注目していき、pandasを主要なツールとして扱います。pandasは高度なデータ構造を持ち、また、Pythonでデータの整理や分析を素早く簡単に行うために設計された分析ツールも持っています。pandasは、SciPyやNumPyなどの数値計算ツールや、statsmodelsやscikit-learnなどの分析用ライブラリ、また、Matplotlibなどの可視化ライブラリと連携して使われることが多いです。pandasは、NumPyのような配列ベースの計算スタイルや配列ベースの関数を採用しています。また、NumPyと同様にforループを使わないデータ処理を好みます。

　pandasは、多くのコーディング用法をNumPyから採用していますが、その中で最も大きな違いは、pandasはテーブル形式のデータや不均一なデータを扱うために設計されているというところにあります。NumPyは、均一な数値データの扱いに最も適しています。

　2010年にオープンソースプロジェクトになって以来、pandasは非常に大きなライブラリに成長し、現実世界の広範なユースケースに適用できるものになりました。開発者コミュニティも成長して800人以上の貢献者がいます。彼らは、日々のデータ問題を解決するためにpandasを使いながら、プロジェクトの構築を手伝ってくれています。

　この本の残りの部分では、以下のようなpandasのインポート文を習慣として使うことにします。

```
In [1]: import pandas as pd
```

　したがって、コード中にpd.という部分を見かけたら、それはpandasを参照しています。SeriesとDataFrameはとてもよく使用するので、ローカルな名前空間にそれらをインポートしておくと便利です。

```
In [2]: from pandas import Series, DataFrame
```

5.1　pandasのデータ構造

　pandasを始めるためには、シリーズ（Series）とデータフレーム（DataFrame）という便利なデータ構造に慣れる必要があります。これらはすべての問題に対する万能な解決策ではないですが、この2つのデータ構造によって、ほとんどのアプリケーションにとって信頼できる使いやすい基盤を提供することができます。

5.1.1　シリーズ（Series）

　シリーズは1次元の配列のようなオブジェクトです。シリーズには連続した値（NumPyのデータ型と似たような型を持つ）とそれに関連付けられた**インデックス**というデータラベルの配列が含まれます。最もシンプルなシリーズは1つのデータ配列で構成されます。

```
In [11]: obj = pd.Series([4, 7, -5, 3])
```

```
In [12]: obj
Out[12]:
0    4
1    7
2   -5
3    3
dtype: int64
```

　コンソールに出力されているシリーズの文字列表現では、インデックスが左側、データ値が右側に表示されます。ここでは、データに対するインデックスを指定しなかったため、0からN-1（Nはデータの長さ）のデフォルトのインデックスが作られています。values属性とindex属性を使うと、シリーズが持つデータ配列とインデックスオブジェクトをそれぞれ取得することができます。

```
In [13]: obj.values
Out[13]: array([ 4,  7, -5,  3])
```

```
In [14]: obj.index  # range(4) と同様
Out[14]: RangeIndex(start=0, stop=4, step=1)
```

　各データを特定するためのインデックス付きのシリーズを作成する方が適切な場合もあるでしょう。

```
In [15]: obj2 = pd.Series([4, 7, -5, 3], index=['d', 'b', 'a', 'c'])
```

```
In [16]: obj2
Out[16]:
d    4
b    7
a   -5
c    3
dtype: int64
```

```
In [17]: obj2.index
```

```
Out[17]: Index(['d', 'b', 'a', 'c'], dtype='object')
```

NumPyの配列とは違って、1つの値や複数の値を参照するときにインデックスのラベルを使って指定することができます。

```
In [18]: obj2['a']
Out[18]: -5

In [19]: obj2['d'] = 6

In [20]: obj2[['c', 'a', 'd']]
Out[20]:
c    3
a   -5
d    6
dtype: int64
```

ここでは、['c', 'a', 'd']という部分は整数ではなく文字列を含んでいますが、インデックスのリストと解釈されています。

条件指定によるフィルタリング、スカラー値の掛け算、数学的な関数の適用、などのNumPyの関数やNumPy風の操作を行った場合も、インデックスとデータ値との関連は保持されます。

```
In [21]: obj2[obj2 > 0]
Out[21]:
d    6
b    7
c    3
dtype: int64

In [22]: obj2 * 2
Out[22]:
d    12
b    14
a   -10
c     6
dtype: int64

In [23]: np.exp(obj2)
Out[23]:
d     403.428793
b    1096.633158
a       0.006738
c      20.085537
dtype: float64
```

シリーズを、インデックスとデータ値がマッピングされた固定長の順序付きディクショナリととらえる見方もあります。ディクショナリを使う多くの文脈では、シリーズを使うことができるでしょう。

```
In [24]: 'b' in obj2
Out[24]: True

In [25]: 'e' in obj2
Out[25]: False
```

Pythonのディクショナリ形式のデータがある場合は、それを使ってシリーズを作成することができます。

```
In [26]: sdata = {'Ohio': 35000, 'Texas': 71000, 'Oregon': 16000, 'Utah': 5000}

In [27]: obj3 = pd.Series(sdata)

In [28]: obj3
Out[28]:
Ohio      35000
Oregon    16000
Texas     71000
Utah       5000
dtype: int64
```

前の例のように1つのディクショナリだけを渡した場合は、作成されるシリーズのインデックスはソートされたディクショナリのキーの順になります。この順番は上書きすることができ、ディクショナリのキーをシリーズの中で並べたい順に並べて渡すとその順番になります。

```
In [29]: states = ['California', 'Ohio', 'Oregon', 'Texas']

In [30]: obj4 = pd.Series(sdata, index=states)

In [31]: obj4
Out[31]:
California        NaN
Ohio         35000.0
Oregon       16000.0
Texas        71000.0
dtype: float64
```

この例の場合は、sdataの中に見つかった3つのデータは正しくインデックスと対応付けられていますが、'California'に対応するデータは見つからないため、NaN(not a number、非数)となっています。NaNはpandasでは欠損値、または、**NA**値として扱われます。'Utah'は、指定したstatesには含まれていないため、作成されたシリーズからは除外されています。

この本では、欠損値もNA値も同じ欠損値という意味で使います。pandasのisnull関数とnotnull関数は欠損値を特定するために使います。

```
In [32]: pd.isnull(obj4)
Out[32]:
California        True
```

```
Ohio        False
Oregon      False
Texas       False
dtype: bool

In [33]: pd.notnull(obj4)
Out[33]:
California   False
Ohio         True
Oregon       True
Texas        True
dtype: bool
```

シリーズはこれらの関数をインスタンスメソッドとしても持っています。

```
In [34]: obj4.isnull()
Out[34]:
California   True
Ohio         False
Oregon       False
Texas        False
dtype: bool
```

欠損値の取り扱いについては、「**7章　データのクリーニングと前処理**」で、より詳細に説明します。

多くのアプリケーションにとって便利なシリーズの機能に、算術演算をするときに別々にインデックス付けされたデータが自動的に整形される、というものがあります。

```
In [35]: obj3
Out[35]:
Ohio       35000
Oregon     16000
Texas      71000
Utah        5000
dtype: int64

In [36]: obj4
Out[36]:
California       NaN
Ohio         35000.0
Oregon       16000.0
Texas        71000.0
dtype: float64

In [37]: obj3 + obj4
Out[37]:
California       NaN
Ohio         70000.0
Oregon       32000.0
Texas       142000.0
```

```
Utah            NaN
dtype: float64
```

　算術演算とデータ整形機能については後述します。もし、データベースを扱ったことがあれば、これはテーブル結合の操作と考えられるでしょう。

　シリーズのオブジェクト自身とそのインデックスはname属性を持ちます。このname属性はpandasの別の主要な機能でも同じように持っています。

```
In [38]: obj4.name = 'population'

In [39]: obj4.index.name = 'state'

In [40]: obj4
Out[40]:
state
California        NaN
Ohio          35000.0
Oregon        16000.0
Texas         71000.0
Name: population, dtype: float64
```

　シリーズのインデックスは代入して置き換えることができます。

```
In [41]: obj
Out[41]:
0     4
1     7
2    -5
3     3
dtype: int64

In [42]: obj.index = ['Bob', 'Steve', 'Jeff', 'Ryan']

In [43]: obj
Out[43]:
Bob       4
Steve     7
Jeff     -5
Ryan      3
dtype: int64
```

5.1.2　データフレーム（DataFrame）

　データフレームはテーブル形式のデータ構造を持ち、順序付けられた列を持っています。各列には別々の型（数値型、文字列型、ブール型など）を持たせることができます。データフレームは行と列の両方にインデックスを持っています。データフレームはシリーズをバリューとして持つディクショナリと見ることができます（各シリーズのインデックスを全体で共有しているようなイメージです）。データ

フレームの内部データは、リストやディクショナリ、またはその他の1次元配列などの形式ではなく、1次元か2次元以上の形式で保存されています。データフレームの厳密な内部構造の説明はこの本の対象外とします。

データフレームは物理的には2次元ですが、より高次元なデータを階層的にインデックス付けされたテーブル形式で表現するために使うことができます。階層型インデックスは、pandasの高度なデータ操作機能の中でも重要な要素になります。これについては、「**8章 データラングリング：連結、結合、変形**」で説明します。

データフレームを作成する方法はたくさんあります。しかし、最も一般的な方法は、同じ長さを持つリスト型のバリューを持ったディクショナリか、NumPyの配列を使う方法です。

```
data = {'state': ['Ohio', 'Ohio', 'Ohio', 'Nevada', 'Nevada', 'Nevada'],
        'year': [2000, 2001, 2002, 2001, 2002, 2003],
        'pop': [1.5, 1.7, 3.6, 2.4, 2.9, 3.2]}
frame = pd.DataFrame(data)
```

作成されるデータフレームは、シリーズと同じように自動的にインデックスが代入されます。そして、列はソートされた順番に配置されます。

```
In [45]: frame
Out[45]:
   pop   state   year
0  1.5    Ohio   2000
1  1.7    Ohio   2001
2  3.6    Ohio   2002
3  2.4  Nevada   2001
4  2.9  Nevada   2002
5  3.2  Nevada   2003
```

Jupyter Notebookを使っている場合は、pandasのデータフレームオブジェクトは、ブラウザで見やすいHTML形式の表として表示されます。

大きなデータフレームの場合は、headメソッドを使うと最初の5行だけが抽出されます。

```
In [46]: frame.head()
Out[46]:
   pop   state   year
0  1.5    Ohio   2000
1  1.7    Ohio   2001
2  3.6    Ohio   2002
3  2.4  Nevada   2001
4  2.9  Nevada   2002
```

列の順番を指定すると、データフレームの列はその順番で並びます。

```
In [47]: pd.DataFrame(data, columns=['year', 'state', 'pop'])
```

```
Out[47]:
   year   state  pop
0  2000    Ohio  1.5
1  2001    Ohio  1.7
2  2002    Ohio  3.6
3  2001  Nevada  2.4
4  2002  Nevada  2.9
5  2003  Nevada  3.2
```

指定した列がデータを持っていない場合は、その列は結果として欠損値が代入されます。

```
In [48]: frame2 = pd.DataFrame(data, columns=['year', 'state', 'pop', 'debt'],
   ....:                         index=['one', 'two', 'three', 'four',
   ....:                                'five', 'six'])

In [49]: frame2
Out[49]:
       year   state  pop debt
one    2000    Ohio  1.5  NaN
two    2001    Ohio  1.7  NaN
three  2002    Ohio  3.6  NaN
four   2001  Nevada  2.4  NaN
five   2002  Nevada  2.9  NaN
six    2003  Nevada  3.2  NaN

In [50]: frame2.columns
Out[50]: Index(['year', 'state', 'pop', 'debt'], dtype='object')
```

データフレームの列はディクショナリ風の参照や、属性指定をすることで、シリーズとして取り出すことができます。

```
In [51]: frame2['state']
Out[51]:
one        Ohio
two        Ohio
three      Ohio
four     Nevada
five     Nevada
six      Nevada
Name: state, dtype: object

In [52]: frame2.year
Out[52]:
one      2000
two      2001
three    2002
four     2001
five     2002
six      2003
Name: year, dtype: int64
```

 属性風の参照（例えば、`frame2.year`）とIPythonにおけるタブ補完は、利便性のために用意されたものです。
`frame2['column']`はどのような列名でも動作しますが、`frame2.column`は列名がPythonの変数名として扱える形式のときだけ使えます。

取り出したシリーズはデータフレームの持っていたインデックスと同じインデックスを持ち、`name`属性も適切に設定されています。

行も位置や名前で参照することができます。名前で参照するときには、`loc`という属性を使います（これについては後ほど詳細を説明します）。

```
In [53]: frame2.loc['three']
Out[53]:
year     2002
state    Ohio
pop      3.6
debt     NaN
Name: three, dtype: object
```

列の値は代入して変更できます。次の例のように、NA値になっていた`'debt'`列にスカラー値や配列を代入して変更することができます。

```
In [54]: frame2['debt'] = 16.5

In [55]: frame2
Out[55]:
       year   state  pop  debt
one    2000    Ohio  1.5  16.5
two    2001    Ohio  1.7  16.5
three  2002    Ohio  3.6  16.5
four   2001  Nevada  2.4  16.5
five   2002  Nevada  2.9  16.5
six    2003  Nevada  3.2  16.5

In [56]: frame2['debt'] = np.arange(6.)

In [57]: frame2
Out[57]:
       year   state  pop  debt
one    2000    Ohio  1.5   0.0
two    2001    Ohio  1.7   1.0
three  2002    Ohio  3.6   2.0
four   2001  Nevada  2.4   3.0
five   2002  Nevada  2.9   4.0
six    2003  Nevada  3.2   5.0
```

列にリストや配列を代入するときは、それらの長さはデータフレームの長さと一致している必要があ

ります。シリーズを列に代入する場合は、ラベルはデータフレームのインデックスに従って正確に一致するように代入が行われ、データフレームのインデックスに対応するものがない場合は、欠損値が挿入されます。

```
In [58]: val = pd.Series([-1.2, -1.5, -1.7], index=['two', 'four', 'five'])

In [59]: frame2['debt'] = val

In [60]: frame2
Out[60]:
       year   state  pop  debt
one    2000    Ohio  1.5   NaN
two    2001    Ohio  1.7  -1.2
three  2002    Ohio  3.6   NaN
four   2001  Nevada  2.4  -1.5
five   2002  Nevada  2.9  -1.7
six    2003  Nevada  3.2   NaN
```

　存在しない列に代入を行うと、新しい列が作成されます。delキーワードを使うと、ディクショナリと同じように列を消すことができます。

　delの例を紹介するために、まず、state列が'Ohio'であるかどうかを示す真偽値を持った列を追加します。

```
In [61]: frame2['eastern'] = frame2.state == 'Ohio'

In [62]: frame2
Out[62]:
       year   state  pop  debt  eastern
one    2000    Ohio  1.5   NaN     True
two    2001    Ohio  1.7  -1.2     True
three  2002    Ohio  3.6   NaN     True
four   2001  Nevada  2.4  -1.5    False
five   2002  Nevada  2.9  -1.7    False
six    2003  Nevada  3.2   NaN    False
```

 新しい列は、frame2.easternのような文法で作ることはできません。

　そして、列を削除するためにdelキーワードを使います。

```
In [63]: del frame2['eastern']

In [64]: frame2.columns
Out[64]: Index(['year', 'state', 'pop', 'debt'], dtype='object')
```

データフレームをインデックスで参照して取得できる列は、データフレームの内部に持っているデータへの**参照ビュー**であり、コピーではありません。つまり、取得したシリーズに対して置き換えなどの変更を行うと、データフレームにも反映されます。列は明示的にシリーズのcopyメソッドを使うとコピーを取得することができます。

他の一般的なデータ形式に、ネストしたディクショナリがあります。

```
In [65]: pop = {'Nevada': {2001: 2.4, 2002: 2.9},
   ....:        'Ohio': {2000: 1.5, 2001: 1.7, 2002: 3.6}}
```

このネストしたディクショナリをデータフレームに渡すと、pandasは外側のディクショナリのキーを列のインデックスとして解釈し、内側のインデックスのキーを行のインデックスとして解釈します。

```
In [66]: frame3 = pd.DataFrame(pop)

In [67]: frame3
Out[67]:
      Nevada  Ohio
2000     NaN   1.5
2001     2.4   1.7
2002     2.9   3.6
```

データフレームはNumPyの配列と同様な文法で転置（行と列を入れ替える）することができます。

```
In [68]: frame3.T
Out[68]:
         2000  2001  2002
Nevada    NaN   2.4   2.9
Ohio      1.5   1.7   3.6
```

内側のディクショナリのキーは統合した後にソートされ、データフレームのインデックスになります。しかし、明示的にインデックスを指定した場合は、この処理は行われません。

```
In [69]: pd.DataFrame(pop, index=[2001, 2002, 2003])
Out[69]:
      Nevada  Ohio
2001     2.4   1.7
2002     2.9   3.6
2003     NaN   NaN
```

シリーズをバリューに持つディクショナリを使う場合も同じように扱われます。

```
In [70]: pdata = {'Ohio': frame3['Ohio'][:-1],
   ....:          'Nevada': frame3['Nevada'][:2]}

In [71]: pd.DataFrame(pdata)
Out[71]:
      Nevada  Ohio
```

```
2000   NaN   1.5
2001   2.4   1.7
```

データフレームのコンストラクタに渡すことができるものの完全な一覧は、**表5-1**を参照してください。

データフレームのindexやcolumnsがname属性を持っている場合は、これらもコンソールに出力されます。

```
In [72]: frame3.index.name = 'year'; frame3.columns.name = 'state'

In [73]: frame3
Out[73]:
state  Nevada  Ohio
year
2000      NaN   1.5
2001      2.4   1.7
2002      2.9   3.6
```

シリーズと同じように、values属性を参照すると、データフレームの中のデータが2次元のndarrayとして戻されます。

```
In [74]: frame3.values
Out[74]:
array([[ nan,  1.5],
       [ 2.4,  1.7],
       [ 2.9,  3.6]])
```

データフレームの列が異なるdtypeを保つ場合は、すべての列に対応したdtypeが使われます。

```
In [75]: frame2.values
Out[75]:
array([[2000, 'Ohio', 1.5, nan],
       [2001, 'Ohio', 1.7, -1.2],
       [2002, 'Ohio', 3.6, nan],
       [2001, 'Nevada', 2.4, -1.5],
       [2002, 'Nevada', 2.9, -1.7],
       [2003, 'Nevada', 3.2, nan]], dtype=object)
```

表5-1　データフレームのコンストラクタに渡すことが可能な入力値

型	説明
2次元ndarray	データの行列。任意で行と列の名前を渡すことが可能。
配列、リスト、タプルをバリューに持つディクショナリ	各シーケンスがデータフレームの列になる。すべてのシーケンスは同じ長さである必要がある。
NumPyの構造化/レコード配列	配列をバリューに持つディクショナリと同様に扱われる。
シリーズをバリューに持つディクショナリ	各シリーズが列になる。明示的にインデックスが渡されなかった場合は、各シリーズのインデックスが統合されて、行インデックスになる。

型	説明
ディクショナリをバリューに持つディクショナリ	バリューになっている各ディクショナリが列になる。シリーズをバリューに持つディクショナリと同様に、ディクショナリのキーは統合されて、行インデックスになる。
ディクショナリ、または、シリーズのリスト	各要素はデータフレームの行になる。ディクショナリのキーや、シリーズのインデックスはデータフレームの列ラベルになる。
リスト、または、タプルのリスト	2次元ndarrayと同様に扱われる。
別のデータフレーム	何も指定されなければ、入力に使用したデータフレームのインデックスがインデックスとして使用される。
NumPyのMaskedArray	マスクされた値がデータフレームでは欠損値になるという点を除いて、2次元ndarrayの場合と同様に扱われる。

5.1.3　インデックスオブジェクト

　pandasのインデックスオブジェクトは、軸のラベルやその他のメタデータ（軸のname属性やnames属性など）を保持する役目を持っています。シリーズやデータフレームを初期化するときに、配列やシーケンスなどで指定したラベルは、内部的にはインデックスオブジェクトに変換されます。

```
In [76]: obj = pd.Series(range(3), index=['a', 'b', 'c'])

In [77]: index = obj.index

In [78]: index
Out[78]: Index(['a', 'b', 'c'], dtype='object')

In [79]: index[1:]
Out[79]: Index(['b', 'c'], dtype='object')
```

　インデックスオブジェクトは変更不可能（immutable）です。変更することはできません。

```
index[1] = 'd'  # TypeError
```

　変更不可であることよって、インデックスオブジェクトは、データ構造の中で安全に共有することができるのです。

```
In [80]: labels = pd.Index(np.arange(3))

In [81]: labels
Out[81]: Int64Index([0, 1, 2], dtype='int64')

In [82]: obj2 = pd.Series([1.5, -2.5, 0], index=labels)

In [83]: obj2
Out[83]:
0    1.5
1   -2.5
2    0.0
dtype: float64
```

```
In [84]: obj2.index is labels
Out[84]: True
```

 pandasユーザの中には、インデックスが提供する機能をあまり活用していない人もいます。しかし、インデックス付けされたデータを結果として出す演算も存在するため、インデックスの動作について理解しておくことは重要です。

インデックスオブジェクトは配列と似ているだけではなく、固定長のセットとしても機能します。

```
In [85]: frame3
Out[85]:
state  Nevada  Ohio
year
2000      NaN   1.5
2001      2.4   1.7
2002      2.9   3.6

In [86]: frame3.columns
Out[86]: Index(['Nevada', 'Ohio'], dtype='object', name='state')

In [87]: 'Ohio' in frame3.columns
Out[87]: True

In [88]: 2003 in frame3.index
Out[88]: False
```

Pythonのセットとは異なり、pandasのインデックスは、重複したラベルを持つことができます。

```
In [89]: dup_labels = pd.Index(['foo', 'foo', 'bar', 'bar'])

In [90]: dup_labels
Out[90]: Index(['foo', 'foo', 'bar', 'bar'], dtype='object')
```

重複したラベルでデータを検索すると、そのラベルを持つすべてのデータが抽出されます。

インデックスオブジェクトは集合演算のための多くのメソッドと属性を持っていて、これらを使うと、集合に含まれるデータに関する一般的な演算を行うことができます。そのうちいくつかについては、**表5-2**にまとめました。

表5-2　インデックスオブジェクトのメソッドと属性（抜粋）

メソッド	説明
append	追加のインデックスオブジェクトを連結し、新しくインデックスオブジェクトを生成する。
difference	集合の差を計算して、その差をインデックスオブジェクトとして表現する。
intersection	集合の論理積を計算する。
union	和集合を計算する。
isin	各値が集合に含まれているかどうかを示すブール型の配列を計算する。

メソッド	説明
delete	指定したi番目の要素を削除した新しいインデックスオブジェクトを作成する。
drop	指定した値を削除した新しいインデックスオブジェクトを作成する。
insert	指定したi番目に要素を挿入して新しいインデックスオブジェクトを作成する。
is_monotonic	各要素が1つ前の要素と等しいか、それよりも大きい場合にTrueが戻される。
is_unique	インデックスオブジェクトが重複した値を持たない場合にTrueが戻される。
unique	インデックスオブジェクトから重複のない値の配列を計算する。

5.2 pandasの重要な機能

この節では、シリーズやデータフレームに保持されたデータとやり取りするための基本的な方法に目を通していきます。そして、この後の章では、pandasを使ったデータ分析やデータ操作について深く掘り下げていきます。この本はpandasについて網羅的なドキュメントを提供するものではありません。代わりに、より重要な機能に着目します。そして、あまり一般的でない機能（より難解な機能）は読者のみなさんが独自に調査するために残しておきます。

5.2.1 再インデックス付け

pandasのオブジェクトの非常に重要なメソッドに、reindexがあります。このメソッドは、新しいインデックスに従ったデータを持つ新しいオブジェクトを作成します。次の例を見てみましょう。

```
In [91]: obj = pd.Series([4.5, 7.2, -5.3, 3.6], index=['d', 'b', 'a', 'c'])

In [92]: obj
Out[92]:
d    4.5
b    7.2
a   -5.3
c    3.6
dtype: float64
```

reindexメソッドをこのシリーズで呼ぶと、新しいインデックスに従ってデータが再調整されます。この際、インデックスに対する既存の値がない場合、欠損値が代入されます。

```
In [93]: obj2 = obj.reindex(['a', 'b', 'c', 'd', 'e'])

In [94]: obj2
Out[94]:
a   -5.3
b    7.2
c    3.6
d    4.5
e    NaN
dtype: float64
```

時系列データのようにデータの順序がある場合は、再インデックス付けのときに、内挿や穴埋めが

行えると望ましいでしょう。これを実現するためには、methodオプションを使います。例えばffillというメソッドを指定すると、値が前方に穴埋めされます。

```
In [95]: obj3 = pd.Series(['blue', 'purple', 'yellow'], index=[0, 2, 4])

In [96]: obj3
Out[96]:
0      blue
2    purple
4    yellow
dtype: object

In [97]: obj3.reindex(range(6), method='ffill')
Out[97]:
0      blue
1      blue
2    purple
3    purple
4    yellow
5    yellow
dtype: object
```

データフレームでは、reindexメソッドで行インデックスや列インデックスを変更することができます。シーケンスだけを渡した場合は、行が再インデックス付けされます。

```
In [98]: frame = pd.DataFrame(np.arange(9).reshape((3, 3)),
   ....:                      index=['a', 'c', 'd'],
   ....:                      columns=['Ohio', 'Texas', 'California'])

In [99]: frame
Out[99]:
   Ohio  Texas  California
a     0      1           2
c     3      4           5
d     6      7           8

In [100]: frame2 = frame.reindex(['a', 'b', 'c', 'd'])

In [101]: frame2
Out[101]:
   Ohio  Texas  California
a   0.0    1.0         2.0
b   NaN    NaN         NaN
c   3.0    4.0         5.0
d   6.0    7.0         8.0
```

列は、引数columnsを指定することで再インデックス付けすることができます。

```
In [102]: states = ['Texas', 'Utah', 'California']
```

```
In [103]: frame.reindex(columns=states)
Out[103]:
   Texas  Utah  California
a      1   NaN           2
c      4   NaN           5
d      7   NaN           8
```

reindexの引数の詳細については、**表5-3**を参照してください。

後ほど詳しく確認しますが、locフィールドを使ったインデックス参照でも、簡潔に再インデックス付けを行うことができます。

```
In [104]: frame.loc[['a', 'b', 'c', 'd'], states]
Out[104]:
   Texas  Utah  California
a    1.0   NaN         2.0
b    NaN   NaN         NaN
c    4.0   NaN         5.0
d    7.0   NaN         8.0
```

表5-3　reindexメソッドの引数

引数	説明
index	インデックスに使用する新しいシーケンス。インデックスオブジェクトや、その他のPythonのシーケンス型データ構造を持つものでも指定可能。インデックスオブジェクトはコピーされずに、そのまま使用される。
method	内挿、穴埋めの方法の指定。ffillは前方に穴埋めし、bfillは後方に穴埋めする。
fill_value	再インデックス付けのときに、欠損値の代わりに使用する値。
limit	前方、後方穴埋めのときに、どれだけの数の(要素数の)ギャップを埋めるか、その最大値。
tolerance	前方、後方穴埋めのときに、インデックスの数値にどれくらいの差がある場合までは穴埋めをするか、その最大値。
level	階層型インデックスを使用している場合に、再インデックス付けを行う階層を指定する。
copy	Trueを指定すると、新インデックスが旧インデックスと同じである場合でも、常にデータがコピーされる。Falseを指定すると、インデックスが同じである場合にはデータがコピーされない。

5.2.2　軸から要素を削除する

特定の軸(列や行など)から、1つかそれ以上の要素を削除するのは簡単です。削除したい要素を指定するインデックスの配列やリストを用意するだけです。これはちょっとした作業で実現可能で、dropメソッドを使うと、指定した要素が軸から削除された新しいオブジェクトを作成します。

```
In [105]: obj = pd.Series(np.arange(5.), index=['a', 'b', 'c', 'd', 'e'])

In [106]: obj
Out[106]:
a    0.0
b    1.0
c    2.0
d    3.0
```

```
e    4.0
dtype: float64

In [107]: new_obj = obj.drop('c')

In [108]: new_obj
Out[108]:
a    0.0
b    1.0
d    3.0
e    4.0
dtype: float64

In [109]: obj.drop(['d', 'c'])
Out[109]:
a    0.0
b    1.0
e    4.0
dtype: float64
```

　データフレームでは、インデックスの要素をどちらかの軸から削除することができます。これを説明するために、まずデータフレームを1つ作ります。

```
In [110]: data = pd.DataFrame(np.arange(16).reshape((4, 4)),
   .....:                     index=['Ohio', 'Colorado', 'Utah', 'New York'],
   .....:                     columns=['one', 'two', 'three', 'four'])

In [111]: data
Out[111]:
          one  two  three  four
Ohio        0    1      2     3
Colorado    4    5      6     7
Utah        8    9     10    11
New York   12   13     14    15
```

　ラベルのシーケンスを指定してdropを呼び出すと、行（第0軸）から値が削除されます。

```
In [112]: data.drop(['Colorado', 'Ohio'])
Out[112]:
          one  two  three  four
Utah        8    9     10    11
New York   12   13     14    15
```

　axis=1またはaxis='columns'を指定すると、列（第1軸）から値が削除されます。

```
In [113]: data.drop('two', axis=1)
Out[113]:
          one  three  four
Ohio        0      2     3
Colorado    4      6     7
```

```
Utah        8    10    11
New York    12   14    15

In [114]: data.drop(['two', 'four'], axis='columns')
Out[114]:
          one  three
Ohio        0      2
Colorado    4      6
Utah        8     10
New York    12    14
```

dropのようなシリーズやデータフレームのサイズを変更する関数の多くは、オブジェクトを**インプレース**で（直接置き換えながら）、新しいオブジェクトを戻さずに変更することもできます。

```
In [115]: obj.drop('c', inplace=True)

In [116]: obj
Out[116]:
a    0.0
b    1.0
d    3.0
e    4.0
dtype: float64
```

inplaceを使うときは、削除したデータは完全になくなるので気を付けましょう。

5.2.3　インデックス参照、選択、フィルタリング

シリーズのインデックス参照（obj[...]）は、NumPyの配列のインデックス参照と同じように機能します。ただし、シリーズでは整数値の指定だけではなく、シリーズのインデックス値を指定した参照もできます。この例をいくつか示します。

```
In [117]: obj = pd.Series(np.arange(4.), index=['a', 'b', 'c', 'd'])

In [118]: obj
Out[118]:
a    0.0
b    1.0
c    2.0
d    3.0
dtype: float64

In [119]: obj['b']
Out[119]: 1.0

In [120]: obj[1]
Out[120]: 1.0

In [121]: obj[2:4]
```

```
Out[121]:
c    2.0
d    3.0
dtype: float64

In [122]: obj[['b', 'a', 'd']]
Out[122]:
b    1.0
a    0.0
d    3.0
dtype: float64

In [123]: obj[[1, 3]]
Out[123]:
b    1.0
d    3.0
dtype: float64

In [124]: obj[obj < 2]
Out[124]:
a    0.0
b    1.0
dtype: float64
```

ラベルを使ったスライシングは通常のPythonのスライシングとは振る舞いが異なり、終点が含まれます。

```
In [125]: obj['b':'c']
Out[125]:
b    1.0
c    2.0
dtype: float64
```

インデックス参照をして一部を取り出した上で値を設定すると、取り出した部分が変更されます。

```
In [126]: obj['b':'c'] = 5

In [127]: obj
Out[127]:
a    0.0
b    5.0
c    5.0
d    3.0
dtype: float64
```

データフレームに対してインデックス参照をするのは、データフレームから1つ以上の列を取り出して、それぞれの列が持つ値やシーケンスを取得するためです。

```
In [128]: data = pd.DataFrame(np.arange(16).reshape((4, 4)),
   .....:                      index=['Ohio', 'Colorado', 'Utah', 'New York'],
```

```
    .....:                   columns=['one', 'two', 'three', 'four'])

In [129]: data
Out[129]:
          one  two  three  four
Ohio        0    1      2     3
Colorado    4    5      6     7
Utah        8    9     10    11
New York   12   13     14    15

In [130]: data['two']
Out[130]:
Ohio         1
Colorado     5
Utah         9
New York    13
Name: two, dtype: int64

In [131]: data[['three', 'one']]
Out[131]:
          three  one
Ohio          2    0
Colorado      6    4
Utah         10    8
New York     14   12
```

このようなインデックス参照には、少し特殊なケースがあります。まず、スライシングや、真偽値の配列を使って取得する行を選択するケースです。

```
In [132]: data[:2]
Out[132]:
          one  two  three  four
Ohio        0    1      2     3
Colorado    4    5      6     7

In [133]: data[data['three'] > 5]
Out[133]:
          one  two  three  four
Colorado    4    5      6     7
Utah        8    9     10    11
New York   12   13     14    15
```

data[:2]のように行を選択する記法は、利便性のために提供されたものです。通常は、[]演算子に1つの要素やリストを指定すると列が選択されます。

その他の用途としては、真偽値を持つデータフレームでのインデックス参照があります。例えば、スカラー値とデータフレームを比較して、真偽値を持つデータフレームを次のように取得して使います。

```
In [134]: data < 5
Out[134]:
```

```
            one    two  three   four
Ohio       True   True   True   True
Colorado   True  False  False  False
Utah      False  False  False  False
New York  False  False  False  False

In [135]: data[data < 5] = 0

In [136]: data
Out[136]:
          one  two  three  four
Ohio        0    0      0     0
Colorado    0    5      6     7
Utah        8    9     10    11
New York   12   13     14    15
```

これによってデータフレームを2次元のNumPy配列のように扱えます。

5.2.3.1　locとilocによるデータの選択

　データフレームの行のラベルを使ったインデックス参照の説明部分において、locフィールドを使った特殊なインデックス参照を紹介しました。locやilocフィールドを使うと、NumPyのように軸を指定して、データフレームから行や列の一部分を選択することができます。軸のラベルを使うときはloc、整数のインデックス位置による参照を使うときはilocを使います。

　準備運動として、1つの行と複数の列を選択してみましょう。

```
In [137]: data.loc['Colorado', ['two', 'three']]
Out[137]:
two      5
three    6
Name: Colorado, dtype: int64
```

次に同じようなことをilocを使ってやってみます。

```
In [138]: data.iloc[2, [3, 0, 1]]
Out[138]:
four    11
one      8
two      9
Name: Utah, dtype: int64

In [139]: data.iloc[2]
Out[139]:
one       8
two       9
three    10
four     11
Name: Utah, dtype: int64
```

```
In [140]: data.iloc[[1, 2], [3, 0, 1]]
Out[140]:
          four  one  two
Colorado    7    0    5
Utah       11    8    9
```

locもilocも、前述のようなラベルを使った指定に加えて、スライシングも使うことができます。

```
In [141]: data.loc[:'Utah', 'two']
Out[141]:
Ohio        0
Colorado    5
Utah        9
Name: two, dtype: int64

In [142]: data.iloc[:, :3][data.three > 5]
Out[142]:
          one  two  three
Colorado    0    5      6
Utah        8    9     10
New York   12   13     14
```

これまで見てきたように、pandasのオブジェクトに含まれるデータを選択したり再調整する方法はたくさんあります。データフレームについては、**表5-4**に、それらを簡潔にまとめました。後ほど見るように、階層型インデックス参照では、さらに別の方法があります。

pandasの設計をしていた当初は、私は、ある列を選択するためにframe[:, col]と入力しなければならないのを非常に冗長である（しかも間違いやすい）と感じていました。列の選択という操作は、最も一般的な操作の1つであるからです。そこで私は設計上のトレードオフを考慮し、（ラベルも整数も）すべてのファンシーインデックス参照の機能をix演算子に押し込めました。しかし、実際にはこれによって、軸ラベルに整数を持つ場合に問題が多く生じることになりました。そのため、pandasのチームはlocとiloc演算子を作って、ラベルベースと整数ベースのインデックス参照を厳密に分けて扱うことを決めました。
インデックス参照を行うixは依然として残っていますが、廃止予定（deprecated）になっています。ixの使用は推奨しません。

表5-4　データフレームにおけるインデックス参照の方法

方法	説明
df[val]	データフレームから列や列のシーケンスを取り出す方法。利便性のための特殊なケースとして、行を抽出するための真偽値の配列、行のスライス、真偽値を持つデータフレーム（同じ形式に基づいて作られたデータフレーム）が使用可能である。
df.loc[val]	データフレームの1つ以上の行を、ラベルを指定して選択する。
df.loc[:, val]	1つ以上の列を、ラベルを指定して選択する。
df.loc[val1, val2]	行、列を、ラベルを指定して選択する。

方法	説明
df.iloc[where]	データフレームの1つ以上の行を、整数のインデックス位置を指定して選択する。
df.iloc[:, where]	1つ以上の列を、整数のインデックス位置を指定して選択する。
df.iloc[where_i, where_j]	行、列を、整数のインデックス位置を指定して選択する。
df.at[label_i, label_j]	行と列のラベルを指定して、1つの値を取得する。
df.iat[i, j]	行と列のインデックス位置（整数）を指定して、1つの値を取得する。
reindex メソッド	行や列を、ラベルを指定して選択する。
get_value, set_value メソッド	行と列のラベルを指定して、1つの値を選択する。

5.2.4 整数のインデックス

　整数でインデックス付けされたpandasオブジェクトの扱いは、よく新しいユーザをつまずかせるところです。なぜなら、Python組み込みのデータ構造であるリストやタプルとはインデックス付けの方法が異なるからです。例えば、次のコードでエラーが出るとは予想しないでしょう。

```
ser = pd.Series(np.arange(3.))
ser
ser[-1]
```

　この場合、pandasで整数でのインデックス参照のエラーをフォールバックして値を戻すように設計することもできたのですが、これをすると大抵の場合、潜在的なバグを生み出してしまいます。このケースの場合は、インデックスとして0、1、2を持ちますが、-1と指定したユーザが期待しているものが、ラベルベースのインデックス参照であるのか、インデックス位置ベースのインデックス参照であるのか、推測することは困難です。

```
In [144]: ser
Out[144]:
0    0.0
1    1.0
2    2.0
dtype: float64
```

　一方、整数ではないインデックスを使う場合は、そういった潜在的な曖昧さは一切ありません[*1]。

```
In [145]: ser2 = pd.Series(np.arange(3.), index=['a', 'b', 'c'])

In [146]: ser2[-1]
Out[146]: 2.0
```

　一貫性のため、インデックスに整数を使う場合は、データを選択するときには常にインデックス位置での参照になります。正確に扱いたい場合は、ラベルベースのインデックス参照を明示的に使うlocや、

---

*1　訳注：この場合、インデックスに整数ではなく文字が使われているため、-1と指定しても、それがラベルでのインデックス参照と解釈されることはなく、明らかにインデックス位置を指定していると判断できるため、エラーが出ずに値が戻されています。

インデックス位置での参照を明示的に行う iloc を使いましょう。

```
In [147]: ser[:1]
Out[147]:
0    0.0
dtype: float64

In [148]: ser.loc[:1]
Out[148]:
0    0.0
1    1.0
dtype: float64

In [149]: ser.iloc[:1]
Out[149]:
0    0.0
dtype: float64
```

5.2.5　算術とデータの整形

　pandasの重要な機能の1つに、別々のインデックスを持つオブジェクト間の算術における振る舞いがあります。例えば、オブジェクトを加算した場合、足し合わせるオブジェクトのインデックスのペアのいずれかが異なるときには、加算結果のオブジェクトのインデックスは、加算前のインデックスのペアの和集合になります。データベース経験者であれば、インデックスのラベルを外部結合したものと考えるのが近いです。例を1つ見てみましょう。

```
In [150]: s1 = pd.Series([7.3, -2.5, 3.4, 1.5], index=['a', 'c', 'd', 'e'])

In [151]: s2 = pd.Series([-2.1, 3.6, -1.5, 4, 3.1],
    .....:               index=['a', 'c', 'e', 'f', 'g'])

In [152]: s1
Out[152]:
a    7.3
c   -2.5
d    3.4
e    1.5
dtype: float64

In [153]: s2
Out[153]:
a   -2.1
c    3.6
e   -1.5
f    4.0
g    3.1
dtype: float64
```

これらのシリーズを加算すると次のようになります。

```
In [154]: s1 + s2
Out[154]:
a    5.2
c    1.1
d    NaN
e    0.0
f    NaN
g    NaN
dtype: float64
```

　内部のデータ整形により、重複していないインデックスでは欠損値が代入されています。欠損値は、後続の算術演算において伝搬します。

　データフレームの場合は、この整形は行と列の両方で動作します。

```
In [155]: df1 = pd.DataFrame(np.arange(9.).reshape((3, 3)), columns=list('bcd'),
     .....:                   index=['Ohio', 'Texas', 'Colorado'])

In [156]: df2 = pd.DataFrame(np.arange(12.).reshape((4, 3)), columns=list('bde'),
     .....:                   index=['Utah', 'Ohio', 'Texas', 'Oregon'])

In [157]: df1
Out[157]:
            b    c    d
Ohio      0.0  1.0  2.0
Texas     3.0  4.0  5.0
Colorado  6.0  7.0  8.0

In [158]: df2
Out[158]:
          b    d    e
Utah    0.0  1.0  2.0
Ohio    3.0  4.0  5.0
Texas   6.0  7.0  8.0
Oregon  9.0  10.0 11.0
```

　これらのデータフレームを加算した結果のデータフレームでは、インデックスと列がそれぞれのデータフレームの和集合になっています。

```
In [159]: df1 + df2
Out[159]:
            b   c     d   e
Colorado  NaN NaN   NaN NaN
Ohio      3.0 NaN   6.0 NaN
Oregon    NaN NaN   NaN NaN
Texas     9.0 NaN  12.0 NaN
Utah      NaN NaN   NaN NaN
```

'c'列と'e'列は、両方のデータフレームには存在しないため、結果ではすべて欠損値になっています。行の場合でも、両方のオブジェクトで共通しないラベルでは、同じことが起こっています。

列や行のどちらかで、ラベルが1つも共通しないデータフレームオブジェクトを加算した場合は、結果はすべて欠損値になります。

```
In [160]: df1 = pd.DataFrame({'A': [1, 2]})

In [161]: df2 = pd.DataFrame({'B': [3, 4]})

In [162]: df1
Out[162]:
   A
0  1
1  2

In [163]: df2
Out[163]:
   B
0  3
1  4

In [164]: df1 - df2
Out[164]:
    A   B
0 NaN NaN
1 NaN NaN
```

5.2.5.1 算術メソッドと値の置換

インデックスに違いのあるオブジェクト間での算術演算では、一方のオブジェクトには軸ラベルがあり、もう一方にはその軸ラベルがない場合に、0などの特別な値で不足している値を置換したいと思うかもしれません。

```
In [165]: df1 = pd.DataFrame(np.arange(12.).reshape((3, 4)),
   .....:                     columns=list('abcd'))

In [166]: df2 = pd.DataFrame(np.arange(20.).reshape((4, 5)),
   .....:                     columns=list('abcde'))

In [167]: df2.loc[1, 'b'] = np.nan

In [168]: df1
Out[168]:
     a    b     c     d
0  0.0  1.0   2.0   3.0
1  4.0  5.0   6.0   7.0
2  8.0  9.0  10.0  11.0
```

```
In [169]: df2
Out[169]:
      a     b     c     d     e
0   0.0   1.0   2.0   3.0   4.0
1   5.0   NaN   7.0   8.0   9.0
2  10.0  11.0  12.0  13.0  14.0
3  15.0  16.0  17.0  18.0  19.0
```

これらのデータフレームを加算すると、軸ラベルが重複しないところではNA値になります。

```
In [170]: df1 + df2
Out[170]:
      a     b     c     d    e
0   0.0   2.0   4.0   6.0  NaN
1   9.0   NaN  13.0  15.0  NaN
2  18.0  20.0  22.0  24.0  NaN
3   NaN   NaN   NaN   NaN  NaN
```

df1のaddメソッドを使うときに、df2とfill_valueという引数を渡すと次のような結果になります。

```
In [171]: df1.add(df2, fill_value=0)
Out[171]:
      a     b     c     d     e
0   0.0   2.0   4.0   6.0   4.0
1   9.0   5.0  13.0  15.0   9.0
2  18.0  20.0  22.0  24.0  14.0
3  15.0  16.0  17.0  18.0  19.0
```

シリーズとデータフレームの算術メソッドについては、**表5-5**を参照してください。各メソッドは、r で始まる対応するメソッドを持っていて、それらはオブジェクトと引数の関係が反転したものです。例えば、次の2つの記述は同じことをしています。

```
In [172]: 1 / df1
Out[172]:
          a         b         c         d
0       inf  1.000000  0.500000  0.333333
1  0.250000  0.200000  0.166667  0.142857
2  0.125000  0.111111  0.100000  0.090909
```

```
In [173]: df1.rdiv(1)
Out[173]:
          a         b         c         d
0       inf  1.000000  0.500000  0.333333
1  0.250000  0.200000  0.166667  0.142857
2  0.125000  0.111111  0.100000  0.090909
```

シリーズやデータフレームの再インデックス付けのときにも同様に、置換する値を指定することができます。

```
In [174]: df1.reindex(columns=df2.columns, fill_value=0)
Out[174]:
     a    b     c     d  e
0  0.0  1.0   2.0   3.0  0
1  4.0  5.0   6.0   7.0  0
2  8.0  9.0  10.0  11.0  0
```

表5-5　柔軟な算術メソッド

メソッド	説明
add, radd	加算を行うメソッド (+)
sub, rsub	減算を行うメソッド (-)
div, rdiv	除算を行うメソッド (/)
floordiv, rfloordiv	除算を行った後、床関数を適用するメソッド(//)[1]
mul, rmul	乗算を行うメソッド (*)
pow, rpow	累乗を行うメソッド (**)

5.2.5.2　データフレームとシリーズでの演算

　異なる次元を持つときのNumPyの配列と同じように、データフレームとシリーズの間での算術も定義されています。まず、理解するための例として、2次元配列とその一部の行との減算について考えてみましょう。

```
In [175]: arr = np.arange(12.).reshape((3, 4))

In [176]: arr
Out[176]:
array([[  0.,   1.,   2.,   3.],
       [  4.,   5.,   6.,   7.],
       [  8.,   9.,  10.,  11.]])

In [177]: arr[0]
Out[177]: array([ 0.,  1.,  2.,  3.])

In [178]: arr - arr[0]
Out[178]:
array([[ 0.,  0.,  0.,  0.],
       [ 4.,  4.,  4.,  4.],
       [ 8.,  8.,  8.,  8.]])
```

　arrからarr[0]を減算すると、減算は各行に対して1回ずつ実行されます。これは、**ブロードキャスト**と言われるもので、NumPyの配列と関係するため、「**付録A　NumPy：応用編**」で詳しく説明します。データフレームとシリーズでの演算はこの例と似ています。

---

[1]　訳注：例えば、1//3の場合は0.3の小数部分が切り捨てられて0になり、-1//3の場合は、-0.3に小さい最初の整数である-1になる（この場合0にはならないことに注意）。

```
In [179]: frame = pd.DataFrame(np.arange(12.).reshape((4, 3)),
   .....:                       columns=list('bde'),
   .....:                       index=['Utah', 'Ohio', 'Texas', 'Oregon'])

In [180]: series = frame.iloc[0]

In [181]: frame
Out[181]:
          b     d     e
Utah    0.0   1.0   2.0
Ohio    3.0   4.0   5.0
Texas   6.0   7.0   8.0
Oregon  9.0  10.0  11.0

In [182]: series
Out[182]:
b    0.0
d    1.0
e    2.0
Name: Utah, dtype: float64
```

デフォルトでは、データフレームとシリーズの算術においては、シリーズのインデックスとデータフレームの列がマッチングされ、ブロードキャストは行方向に行われます。

```
In [183]: frame - series
Out[183]:
          b    d    e
Utah    0.0  0.0  0.0
Ohio    3.0  3.0  3.0
Texas   6.0  6.0  6.0
Oregon  9.0  9.0  9.0
```

インデックスの値がデータフレームの列やシリーズのインデックスに見つからなかった場合は、両方のオブジェクトは再インデックス付けされ、インデックスの和集合が形成されます。

```
In [184]: series2 = pd.Series(range(3), index=['b', 'e', 'f'])

In [185]: frame + series2
Out[185]:
          b    d    e    f
Utah    0.0  NaN  3.0  NaN
Ohio    3.0  NaN  6.0  NaN
Texas   6.0  NaN  9.0  NaN
Oregon  9.0  NaN  12.0  NaN
```

インデックスを行にマッチングさせて、ブロードキャストを列方向に行いたい場合は、算術用のメソッドを使う必要があります。次の例を見てみましょう。

```
In [186]: series3 = frame['d']
```

```
In [187]: frame
Out[187]:
         b    d     e
Utah   0.0   1.0   2.0
Ohio   3.0   4.0   5.0
Texas  6.0   7.0   8.0
Oregon 9.0  10.0  11.0

In [188]: series3
Out[188]:
Utah       1.0
Ohio       4.0
Texas      7.0
Oregon    10.0
Name: d, dtype: float64

In [189]: frame.sub(series3, axis='index')
Out[189]:
          b    d    e
Utah   -1.0  0.0  1.0
Ohio   -1.0  0.0  1.0
Texas  -1.0  0.0  1.0
Oregon -1.0  0.0  1.0
```

　指定した軸の値は、インデックスを**マッチさせたい軸**を示します。この例では、データフレームの行インデックス（axis='index' または axis=0）にマッチさせてブロードキャストをさせています。

5.2.6　関数の適用とマッピング

　NumPyのufunc（配列の要素に適用可能なメソッド群）は、pandasのオブジェクトでも機能します。

```
In [190]: frame = pd.DataFrame(np.random.randn(4, 3), columns=list('bde'),
   .....:                      index=['Utah', 'Ohio', 'Texas', 'Oregon'])

In [191]: frame
Out[191]:
               b         d         e
Utah   -0.204708  0.478943 -0.519439
Ohio   -0.555730  1.965781  1.393406
Texas   0.092908  0.281746  0.769023
Oregon  1.246435  1.007189 -1.296221

In [192]: np.abs(frame)
Out[192]:
               b         d         e
Utah    0.204708  0.478943  0.519439
Ohio    0.555730  1.965781  1.393406
Texas   0.092908  0.281746  0.769023
Oregon  1.246435  1.007189  1.296221
```

　その他によくある演算に、1次元配列に適用可能な関数を行や列に対して適用する、というものがあります。データフレームのapplyメソッドでこれを行うことができます。

```
In [193]: f = lambda x: x.max() - x.min()
```

```
In [194]: frame.apply(f)
Out[194]:
b    1.802165
d    1.684034
e    2.689627
dtype: float64
```

　ここでは関数fは、シリーズの最大値と最小値の差を計算します。これがframeの各列で一度だけ呼び出されます。結果は、frameの列をインデックスとして持ったシリーズになっています。

　applyの引数に`axis='columns'`を渡すと、各行に対して一度ずつこの関数が呼ばれます。

```
In [195]: frame.apply(f, axis='columns')
Out[195]:
Utah      0.998382
Ohio      2.521511
Texas     0.676115
Oregon    2.542656
dtype: float64
```

　多くの一般的な配列に対する集計処理（sumやmeanなど）は、データフレームのメソッドとして使うことができます。したがって、これらを行うためにapplyを使う必要はありません。

　applyメソッドに渡す関数は、スカラー値を戻す必要はありません。複数の値を持ったシリーズを戻すこともできます。

```
In [196]: def f(x):
   .....:     return pd.Series([x.min(), x.max()], index=['min', 'max'])
```

```
In [197]: frame.apply(f)
Out[197]:
            b         d         e
min -0.555730  0.281746 -1.296221
max  1.246435  1.965781  1.393406
```

　要素ごとに適用可能なPythonの関数も使うことができます。frame変数の各小数値から書式化された文字列を計算したい場合を考えてみましょう。これには、applymapメソッドを使います。

```
In [198]: format = lambda x: '%.2f' % x
```

```
In [199]: frame.applymap(format)
Out[199]:
            b     d      e
Utah    -0.20  0.48  -0.52
```

```
Ohio     -0.56  1.97   1.39
Texas     0.09  0.28   0.77
Oregon    1.25  1.01  -1.30
```

applymapというメソッド名にしたのは、シリーズが要素ごとに関数を適用するためのメソッドとして、mapメソッドを持っているからです。

```
In [200]: frame['e'].map(format)
Out[200]:
Utah      -0.52
Ohio       1.39
Texas      0.77
Oregon    -1.30
Name: e, dtype: object
```

5.2.7　ソートとランク

データを一定の基準でソートする機能も、pandasに標準で組み込まれている重要な機能です。行や列のインデックスを辞書順でソートするためには、sort_indexメソッドを使います。このメソッドは新しいソート済みのオブジェクトを戻します。

```
In [201]: obj = pd.Series(range(4), index=['d', 'a', 'b', 'c'])

In [202]: obj.sort_index()
Out[202]:
a    1
b    2
c    3
d    0
dtype: int64
```

データフレームでは、軸ごとにインデックスをソートできます。

```
In [203]: frame = pd.DataFrame(np.arange(8).reshape((2, 4)),
   .....:                      index=['three', 'one'],
   .....:                      columns=['d', 'a', 'b', 'c'])

In [204]: frame.sort_index()
Out[204]:
       d  a  b  c
one    4  5  6  7
three  0  1  2  3

In [205]: frame.sort_index(axis=1)
Out[205]:
       a  b  c  d
three  1  2  3  0
one    5  6  7  4
```

データはデフォルトでは昇順でソートされます。降順にすることもできます。

```
In [206]: frame.sort_index(axis=1, ascending=False)
Out[206]:
       d  c  b  a
three  0  3  2  1
one    4  7  6  5
```

シリーズを値によってソートしたいときは、sort_values メソッドを使います。

```
In [207]: obj = pd.Series([4, 7, -3, 2])

In [208]: obj.sort_values()
Out[208]:
2   -3
3    2
0    4
1    7
dtype: int64
```

デフォルトでは、欠損値はシリーズの末尾にソートされます。

```
In [209]: obj = pd.Series([4, np.nan, 7, np.nan, -3, 2])

In [210]: obj.sort_values()
Out[210]:
4   -3.0
5    2.0
0    4.0
2    7.0
1    NaN
3    NaN
dtype: float64
```

データフレームをソートするときには、1つ以上の列をソートキーに指定することができます。このためには、sort_values メソッドのオプションに、1つ以上の列を渡します。

```
In [211]: frame = pd.DataFrame({'b': [4, 7, -3, 2], 'a': [0, 1, 0, 1]})

In [212]: frame
Out[212]:
   a  b
0  0  4
1  1  7
2  0 -3
3  1  2

In [213]: frame.sort_values(by='b')
Out[213]:
   a  b
```

```
2  0 -3
3  1  2
0  0  4
1  1  7
```

複数の列でソートする場合は、列の名前をリストで渡します。

```
In [214]: frame.sort_values(by=['a', 'b'])
Out[214]:
   a  b
2  0 -3
0  0  4
3  1  2
1  1  7
```

ランクは、配列のデータから妥当な数値をランクとして代入します。データフレームやシリーズの rank メソッドがこれを行います。デフォルトでは、タイになったグループは、各グループに平均値を代入してランクを決めます[1]。

```
In [215]: obj = pd.Series([7, -5, 7, 4, 2, 0, 4])
```

```
In [216]: obj.rank()
Out[216]:
0    6.5
1    1.0
2    6.5
3    4.5
4    3.0
5    2.0
6    4.5
dtype: float64
```

ランクは、観測された順番に従って代入することもできます。

```
In [217]: obj.rank(method='first')
Out[217]:
0    6.0
1    1.0
2    7.0
3    4.0
4    3.0
5    2.0
6    5.0
dtype: float64
```

この例では、ラベル0とラベル2の要素に対して、平均を使ったランク6.5ではなく、ラベル0がラベ

---

[1] 訳注：この例の場合、4と7がタイになっています。このうち4の方を見ると、ランクの4番目と5番目の2つ分を占めますが、タイなので、4と5の平均値である4.5がランクとして代入されています。

ル2よりも先に観測されているので6になり、ラベル2が7になっています。

降順にランクを付けることもできます。

```
# タイの値に対して、そのグループでの最大のランクを代入する
In [218]: obj.rank(ascending=False, method='max')
Out[218]:
0    2.0
1    7.0
2    2.0
3    4.0
4    5.0
5    6.0
6    4.0
dtype: float64
```

タイになったときに利用可能なルールの一覧を**表5-6**に記載しました。

データフレームでは、行か列でランクを計算することができます。

```
In [219]: frame = pd.DataFrame({'b': [4.3, 7, -3, 2], 'a': [0, 1, 0, 1],
   .....:                       'c': [-2, 5, 8, -2.5]})

In [220]: frame
Out[220]:
   a    b    c
0  0  4.3 -2.0
1  1  7.0  5.0
2  0 -3.0  8.0
3  1  2.0 -2.5

In [221]: frame.rank(axis='columns')
Out[221]:
     a    b    c
0  2.0  3.0  1.0
1  1.0  3.0  2.0
2  2.0  1.0  3.0
3  2.0  3.0  1.0
```

表5-6　タイになったときのランク代入ルール一覧

メソッド	説明
'average'	デフォルトのルール。タイになったグループの各要素にランクの平均値を代入する。
'min'	タイになったグループ全体の最小ランクを各要素に代入する。
'max'	タイになったグループ全体の最大ランクを各要素に代入する。
'first'	データが出現した順番に従ってランクを代入する。
'dense'	method='min'と指定したときと同様だが、ランクがグループ間で1ずつ増える（minのときは、ランクはグループの要素数と同じ分だけ増える）。

5.2.8 重複したラベルを持つ軸のインデックス

ここまで見てきた例では、すべてのインデックスは一意なラベル（インデックス値）を持っていました。reindexのように、pandasの多くの関数ではインデックスのラベルが一意であることを要求しますが、インデックスのラベル自体は一意である必要はありません。重複したインデックスを持つ小さなシリーズを考えてみましょう。

```
In [222]: obj = pd.Series(range(5), index=['a', 'a', 'b', 'b', 'c'])

In [223]: obj
Out[223]:
a    0
a    1
b    2
b    3
c    4
dtype: int64
```

インデックスのis_unique属性で、インデックスのラベルが一意かどうかを確認することができます。

```
In [224]: obj.index.is_unique
Out[224]: False
```

データの選択結果は、インデックスに重複があるときに振る舞いが変わる主な点です。重複したインデックスがある場合にはシリーズが戻されますが、重複がない場合にはスカラー値が戻されます。

```
In [225]: obj['a']
Out[225]:
a    0
a    1
dtype: int64

In [226]: obj['c']
Out[226]: 4
```

これによって、あなたのコードは複雑になるかもしれません。なぜなら、インデックス参照の結果で得られるデータの型が、ラベルの重複の有無によって変わるからです。

データフレームの行をインデックス参照する場合も、同じ理屈になります。

```
In [227]: df = pd.DataFrame(np.random.randn(4, 3), index=['a', 'a', 'b', 'b'])

In [228]: df
Out[228]:
          0         1         2
a  0.274992  0.228913  1.352917
a  0.886429 -2.001637 -0.371843
b  1.669025 -0.438570 -0.539741
b  0.476985  3.248944 -1.021228
```

```
In [229]: df.loc['b']
Out[229]:
          0         1         2
b  1.669025 -0.438570 -0.539741
b  0.476985  3.248944 -1.021228
```

5.3　要約統計量の集計と計算

　pandasオブジェクトでは、一般的な数学的、統計的なメソッドが使えます。これらのメソッドのほとんどは、**集約**や**要約統計量**に分類されるようなものです。これらのメソッドでは、データフレームの行や列にあるシリーズから合計値や平均値などの1つの値を計算します。NumPy配列と違い、これらのメソッドは欠損値を扱う機能が組み込まれています。小さなデータフレームで例を見てみましょう。

```
In [230]: df = pd.DataFrame([[1.4, np.nan], [7.1, -4.5],
     ....:                   [np.nan, np.nan], [0.75, -1.3]],
     ....:                   index=['a', 'b', 'c', 'd'],
     ....:                   columns=['one', 'two'])

In [231]: df
Out[231]:
    one  two
a  1.40  NaN
b  7.10 -4.5
c   NaN  NaN
d  0.75 -1.3
```

　データフレームのsumメソッドを呼ぶと、特定の列内に含まれる要素の合計値を含むシリーズが戻されます。

```
In [232]: df.sum()
Out[232]:
one    9.25
two   -5.80
dtype: float64
```

　行に対して（列を軸にして）合計値を求める場合は、axis=1かaxis='columns'を指定します。

```
In [233]: df.sum(axis='columns')
Out[233]:
a    1.40
b    2.60
c     NaN
d   -0.55
dtype: float64
```

　列や行のすべてがNAである場合を除いて、NA値は計算から除外されます。これはskipnaオプショ

ンを指定することで無効にすることもできます。

```
In [234]: df.mean(axis='columns', skipna=False)
Out[234]:
a      NaN
b    1.300
c      NaN
d   -0.275
dtype: float64
```

表5-7は、各集約メソッドのオプションのうち、一般的なもののリストです。

表5-7　集約メソッドのオプション

オプション	説明
axis	集約する方向軸。0がデータフレームの行方向で、1が列方向。
skipna	欠損値を除外するかどうか。デフォルトはTrue。
level	軸が階層的にインデックス付けされている（MultiIndexが使われている）場合に、集約対象の グループの階層を指定する。

idxminやidxmaxといったメソッドのように、最小や最大の値を持つ場所を示すインデックス値を戻すものもあります。

```
In [235]: df.idxmax()
Out[235]:
one    b
two    d
dtype: object
```

その他に、**累積**に分類されるメソッドもあります。

```
In [236]: df.cumsum()
Out[236]:
    one  two
a  1.40  NaN
b  8.50 -4.5
c   NaN  NaN
d  9.25 -5.8
```

さらに他のタイプのメソッドに、集約でも累積でもないものがあります。describeメソッドはその一例で、複数の要約統計量を1回で提供します。

```
In [237]: df.describe()
Out[237]:
            one       two
count  3.000000  2.000000
mean   3.083333 -2.900000
std    3.493685  2.262742
min    0.750000 -4.500000
25%    1.075000 -3.700000
```

```
50%    1.400000 -2.900000
75%    4.250000 -2.100000
max    7.100000 -1.300000
```

数値データではない場合は、describeメソッドは別の要約統計量を提供します。

```
In [238]: obj = pd.Series(['a', 'a', 'b', 'c'] * 4)

In [239]: obj.describe()
Out[239]:
count     16
unique     3
top        a
freq       8
dtype: object
```

要約統計量やそれに関連するメソッドの完全な一覧は、**表5-8**を確認してください。

表5-8　要約統計量の一覧

メソッド	説明
count	NAではない要素の数。
describe	シリーズやデータフレームの列に対して、複数の要約統計量を求める。
min, max	最小値、最大値を求める。
argmin, argmax	最小値、最大値が得られた要素のインデックス位置（整数）を求める。
idxmin, idxmax	最小値、最大値が得られた要素のラベルを求める。
quantile	データのパーセント点を0から1の範囲で求める。
sum	合計値。
mean	平均値。
median	中央値（50パーセント点）。
mad	平均値からの平均絶対偏差。
prod	すべての値の積。
var	標本分散。
std	標本標準偏差。
skew	標本歪度（3次のモーメント）。
kurt	標本尖度（4次のモーメント）。
cumsum	累積合計値。
cummin, cummax	累積の最小値と最大値。
cumprod	累積の積。
diff	1次の階差を求める（時系列データで便利）。
pct_change	パーセントの変化を求める。

5.3.1　相関と共分散

相関や共分散などの統計量は、変数のペアから求めることができます。pandas-datareaderパッケージを使ってYahoo! Financeから取得した株価と出来高のデータフレームについて考えてみましょう。pandas-datareaderをインストールしていない人は、condaやpipを使ってインストールできます。

```
conda install pandas-datareader
```

　私は特定の株式相場情報サービスからデータをダウンロードするときには、pandas_datareaderモジュールを使います。

```
import pandas_datareader.data as web
all_data = {ticker: web.get_data_yahoo(ticker)
            for ticker in ['AAPL', 'IBM', 'MSFT', 'GOOG']}

price = pd.DataFrame({ticker: data['Adj Close']
                      for ticker, data in all_data.items()})
volume = pd.DataFrame({ticker: data['Volume']
                       for ticker, data in all_data.items()})
```

 もしかしたらこの本を読む頃には、Yahoo! Financeが存在しないかもしれません。というのもYahoo!は2017年にVerizonに買収されたからです。最新の機能についてはpandas-datareaderのオンラインドキュメントを参照してください。

　まずは、株価のパーセント変化を求めます。なお、時系列の計算については、「**11章　時系列データ**」で詳しく紹介します。

```
In [242]: returns = price.pct_change()

In [243]: returns.tail()
Out[243]:
                AAPL      GOOG       IBM      MSFT
Date
2016-10-17 -0.000680  0.001837  0.002072 -0.003483
2016-10-18 -0.000681  0.019616 -0.026168  0.007690
2016-10-19 -0.002979  0.007846  0.003583 -0.002255
2016-10-20 -0.000512 -0.005652  0.001719 -0.004867
2016-10-21 -0.003930  0.003011 -0.012474  0.042096
```

　シリーズのcorrメソッドは、2つのシリーズのインデックス順に並んだNAでない値の重なりから、相関を求めます。同様に、covメソッドは共分散を求めます。

```
In [244]: returns['MSFT'].corr(returns['IBM'])
Out[244]: 0.49976361144151144

In [245]: returns['MSFT'].cov(returns['IBM'])
Out[245]: 8.8706554797035462e-05
```

　ここで指定しているMSFTは、Pythonオブジェクトの属性としても有効になっているので、次のように簡潔な記法でデータを取得することもできます。

```
In [246]: returns.MSFT.corr(returns.IBM)
Out[246]: 0.49976361144151144
```

　一方、データフレームのcorrやcovメソッドは、完全な相関と共分散の行列をデータフレーム形式で

戻します。

```
In [247]: returns.corr()
Out[247]:
          AAPL      GOOG       IBM      MSFT
AAPL  1.000000  0.407919  0.386817  0.389695
GOOG  0.407919  1.000000  0.405099  0.465919
IBM   0.386817  0.405099  1.000000  0.499764
MSFT  0.389695  0.465919  0.499764  1.000000

In [248]: returns.cov()
Out[248]:
          AAPL      GOOG       IBM      MSFT
AAPL  0.000277  0.000107  0.000078  0.000095
GOOG  0.000107  0.000251  0.000078  0.000108
IBM   0.000078  0.000078  0.000146  0.000089
MSFT  0.000095  0.000108  0.000089  0.000215
```

データフレームのcorrwithメソッドを使うと、データフレームの特定の行や列と、別のシリーズや
データフレームに対する相関を求めることができます。メソッドの引数にシリーズを渡すと、各列ごと
に計算されたシリーズとの相関が戻されます。

```
In [249]: returns.corrwith(returns.IBM)
Out[249]:
AAPL    0.386817
GOOG    0.405099
IBM     1.000000
MSFT    0.499764
dtype: float64
```

引数にデータフレームを渡した場合は、一致した列名同士で相関が計算されます。ここでは、パー
セント変化と出来高の相関を求めています。

```
In [250]: returns.corrwith(volume)
Out[250]:
AAPL   -0.075565
GOOG   -0.007067
IBM    -0.204849
MSFT   -0.092950
dtype: float64
```

axis='columns'を指定すると、列の代わりに行で同じことができます。すべての場合において、相
関を求める前にはデータがラベルで整列されます。

5.3.2　一意な値、頻度の確認、所属の確認

他の関連するメソッドには、1次元のシリーズに含まれる値の情報を抽出するものがあります。次の
例でこれを見てみましょう。

```
In [251]: obj = pd.Series(['c', 'a', 'd', 'a', 'a', 'b', 'b', 'c', 'c'])
```

最初の関数はuniqueです。これは、シリーズの中の一意な値を配列として取り出します。

```
In [252]: uniques = obj.unique()
```

```
In [253]: uniques
Out[253]: array(['c', 'a', 'd', 'b'], dtype=object)
```

取り出した一意な値は、必ずしもソートされた順番にはなっていません。しかし、必要であれば後からソートすることができます（uniques.sort()）。value_countsという関数もあり、これは、シリーズに含まれる値の頻度を求めます。

```
In [254]: obj.value_counts()
Out[254]:
c    3
a    3
b    2
d    1
dtype: int64
```

このシリーズは便宜上、値の降順でソートされています。value_countsメソッドは、pandasのトッププレベルのメソッドとしても使うことができ、配列やシーケンスにも使えます。

```
In [255]: pd.value_counts(obj.values, sort=False)
Out[255]:
a    3
b    2
c    3
d    1
dtype: int64
```

isinメソッドは、ベクトル形式の集合を指定しして、その値のいずれかが含まれるかを確認できます。これはシリーズやデータフレームの列のデータ集合をフィルタリングして、部分集合にするときに非常に便利です。

```
In [256]: obj
Out[256]:
0    c
1    a
2    d
3    a
4    a
5    b
6    b
7    c
8    c
dtype: object
```

```
In [257]: mask = obj.isin(['b', 'c'])

In [258]: mask
Out[258]:
0     True
1    False
2    False
3    False
4    False
5     True
6     True
7     True
8     True
dtype: bool

In [259]: obj[mask]
Out[259]:
0    c
5    b
6    b
7    c
8    c
dtype: object
```

isinに関連するものに、Index.get_indexerメソッドがあります。これは、一意でない値を持つかもしれない配列を、一意な値の配列にするためのインデックス配列を生成します。

```
In [260]: to_match = pd.Series(['c', 'a', 'b', 'b', 'c', 'a'])

In [261]: unique_vals = pd.Series(['c', 'b', 'a'])

In [262]: pd.Index(unique_vals).get_indexer(to_match)
Out[262]: array([0, 2, 1, 1, 0, 2])
```

表5-9は、紹介したメソッドのリファレンスです。

表5-9　一意な値、頻度の確認、所属の確認をするメソッド

メソッド	説明
isin	各シリーズの値が、引数で渡されたシーケンスの値に含まれるかどうかを示す真偽値の配列を求める。
get_indexer	ある配列を、一意な値を持つ別の配列にするために、各値のインデックス位置を求める。データを整理するときや結合するときなどに役立つ。
unique	シリーズの値のうち、一意な値の集合を観測された順に取り出す。
value_counts	シリーズに含まれる一意な値をインデックスとして、そのインデックスに対応する値の頻度を求める。頻度の降順に並ぶ。

場合によっては、データフレームの中の関連する複数の列でヒストグラムを表示したいこともありま

す。次の例を見てみましょう。

```
In [263]: data = pd.DataFrame({'Qu1': [1, 3, 4, 3, 4],
   .....:                      'Qu2': [2, 3, 1, 2, 3],
   .....:                      'Qu3': [1, 5, 2, 4, 4]})

In [264]: data
Out[264]:
   Qu1  Qu2  Qu3
0    1    2    1
1    3    3    5
2    4    1    2
3    3    2    4
4    4    3    4
```

pandas.value_counts メソッドをデータフレームの apply メソッドに適用すると次のようになります。

```
In [265]: result = data.apply(pd.value_counts).fillna(0)

In [266]: result
Out[266]:
   Qu1  Qu2  Qu3
1  1.0  1.0  1.0
2  0.0  2.0  1.0
3  2.0  2.0  0.0
4  2.0  0.0  2.0
5  0.0  0.0  1.0
```

ここでは、結果の行ラベルは、列に存在するすべての値の一意なものになっています。そして、データフレームの値は、各ラベルの値が列に出現した回数になっています。

5.4　まとめ

次の章では、pandasを使ってデータを読み書きするツールについて説明します。そしてその後、pandasを使ったデータのクリーニング、ラングリング、分析、可視化のツールについて掘り下げていきます。

6章
データの読み込み、
書き出しとファイル形式

　この本で扱うツールの大半を使用する上で、最初に必要となるステップはデータへのアクセスです。ここではpandasを用いたデータの入出力に話を絞りますが、さまざまなファイル形式でのデータの読み込みや書き出しを助けてくれるツールは、他のライブラリにもたくさんあります。

　入出力は一般に、いくつかの大きなカテゴリに分類されます。テキストファイルやもっと効率の良い形式のファイルをディスクから読み込むパターン、データベースからのデータを読み込むパターン、Web APIなど、ネットワーク上のソースのデータを読み込むパターンなどです。

6.1　テキスト形式のデータの読み書き

　pandasの特徴は、テーブル形式のデータをデータフレーム（DataFrame）オブジェクトとして読み込む 関数がたくさんあることです。**表6-1**にはそれらの関数のうちいくつかをまとめていますが、おそらく最もよく使うのはread_csvやread_tableでしょう。

表6-1　pandasのデータ読み込み用関数

関数	説明
read_csv	ファイルやURL、その他のファイル系のオブジェクトから、区切り文字で区切られたデータを読み込む。デフォルトの区切り文字はコンマ。
read_table	ファイルやURL、その他のファイル系のオブジェクトから、区切り文字で区切られたデータを読み込む。デフォルトの区切り文字はタブ（'\t'）。
read_fwf	列の幅が固定されている形式のデータ（つまり区切り文字のないデータ）を読み込む。
read_clipboard	read_tableの派生版で、クリップボードからデータを読み込む。ウェブページをテーブルに変換するのに便利。
read_excel	ExcelのXLSやXLSXファイルからテーブル形式のデータを読み込む。
read_hdf	pandasを用いて書き出したHDF5ファイルを読み込む。
read_html	指定されたHTML文書に含まれているあらゆるテーブルを読み込む。
read_json	JSON（JavaScript Object Notation）の文字列表現からデータを読み込む。
read_msgpack	MessagePackバイナリ形式を用いて符号化されたpandasデータを読み込む。
read_pickle	Pythonのpickle形式で書き出された任意のオブジェクトを読み込む。
read_sas	SASシステム独自の保存形式のいずれかのバージョンで書き出されたSASデータセットを読み込む。

関数	説明
read_sql	SQLクエリを（SQLAlchemyを用いて）発行した結果をpandasデータフレームとして読み込む。
read_stata	Stataファイル形式からデータセットを読み込む。
read_feather	Featherバイナリファイル形式を読み込む。

　ここでは、これらの関数をどのように使うか、おおまかに見ていきます。これらの関数は、テキストデータをデータフレームに変換するためのもので、そのオプション引数はいくつかのカテゴリに分類できます。

インデックス化

　これを用いると、1つまたは複数の列を、戻り値として得られるデータフレームのインデックスとして扱うことができる。また、列名をファイルから読み込むか、ユーザが与えるか、あるいは何も与えないか決めることができる。

型推論とデータ変換

　ユーザの定義した値の変換や、どのデータを欠損値として扱うかを決めるリストのカスタマイズはこれに含まれる。

日付の読み込み

　複数の列に分散している日時情報を1つの列にまとめ上げる結合機能はこれに含まれる。

イテレーション

　巨大ファイルのデータの塊に対するイテレーションのサポート。

整っていないデータの問題

　一部の行やフッター、コメントの読み飛ばしや、3桁ごとにコンマで区切られている数値データの読み込みのような小さな問題。

　現実世界のデータは非常に取り扱いにくいことがあるため、いくつかのデータの読み込み関数（特にread_csv）は、時間が経つにつれてオプションが非常に複雑になってしまいました。これらの関数のさまざまなパラメータの数には圧倒されるのが普通です（この本の執筆時点で、read_csvには50ものパラメータがあります）。オンラインのpandasのドキュメントには、それぞれのオプションでどのように動きが変わるのか、たくさんの例が載っています。もし、何らかのファイルの読み込みに苦戦しているのであれば、このドキュメントを見れば似た例が十分に見つかり、適切なパラメータを見つけるのに役立つかもしれません。

　入力データ形式によっては各列のデータ型の情報を含んでいないことがあるため、読み込み関数のいくつか（例えばpandas.read_csv）では、**型推論**が行われます。どの列が数値か、整数か、真偽値か、文字列か、読み込むときに明示的に指定する必要は、必ずしもありません。HDF5やFeather、 msgpackなど、その他のデータ形式には、内部に含んでいるデータの型情報が含まれています。

とはいえ、日付などの特別な型を取り扱うときは、余計な手間が必要になることがあります。まずは、コンマ区切りの小さなテキストファイル (CSV) から始めてみましょう。

```
In [8]: !cat examples/ex1.csv
a,b,c,d,message
1,2,3,4,hello
5,6,7,8,world
9,10,11,12,foo
```

 ここでは、Unixのシェルコマンドcatを使って、ファイルの内容をそのまま画面に表示しました。Windowsを使っている場合は、catの代わりにtypeを使えば同じことができます。

このファイルはコンマ区切りなので、read_csvで読み込んでデータフレームに変換できます。

```
In [9]: df = pd.read_csv('examples/ex1.csv')

In [10]: df
Out[10]:
   a   b   c   d message
0  1   2   3   4   hello
1  5   6   7   8   world
2  9  10  11  12     foo
```

read_tableを使って読むことも可能です。その場合は区切り文字の指定が必要です。

```
In [11]: pd.read_table('examples/ex1.csv', sep=',')
Out[11]:
   a   b   c   d message
0  1   2   3   4   hello
1  5   6   7   8   world
2  9  10  11  12     foo
```

ファイルにヘッダ行があるとは限りません。次のようなファイルを考えてみましょう。

```
In [12]: !cat examples/ex2.csv
1,2,3,4,hello
5,6,7,8,world
9,10,11,12,foo
```

このファイルを読むには、いくつかのオプションが使えます。pandasにデフォルトの列名を代入してもらうこともできますし、自分で列名を指定することもできます。

```
In [13]: pd.read_csv('examples/ex2.csv', header=None)
Out[13]:
   0   1   2   3      4
0  1   2   3   4  hello
```

```
1 5   6   7   8  world
2 9  10  11  12    foo

In [14]: pd.read_csv('examples/ex2.csv', names=['a', 'b', 'c', 'd', 'message'])
Out[14]:
   a  b   c   d message
0  1  2   3   4  hello
1  5  6   7   8  world
2  9 10  11  12    foo
```

message列を、戻り値として得られるデータフレームのインデックスにしたい場合を考えます。index_colという引数に対して、列名の配列（names）でのmessageのインデックス番号4を指定するか、あるいは'message'という列名を指定するだけです。

```
In [15]: names = ['a', 'b', 'c', 'd', 'message']

In [16]: pd.read_csv('examples/ex2.csv', names=names, index_col='message')
Out[16]:
         a  b   c   d
message
hello    1  2   3   4
world    5  6   7   8
foo      9 10  11  12
```

複数の列で構成される階層型インデックスを作りたい場合は、列の数か名前のリストを与えます。

```
In [17]: !cat examples/csv_mindex.csv
key1,key2,value1,value2
one,a,1,2
one,b,3,4
one,c,5,6
one,d,7,8
two,a,9,10
two,b,11,12
two,c,13,14
two,d,15,16

In [18]: parsed = pd.read_csv('examples/csv_mindex.csv',
   ....:                       index_col=['key1', 'key2'])

In [19]: parsed
Out[19]:
           value1  value2
key1 key2
one  a          1       2
     b          3       4
     c          5       6
     d          7       8
two  a          9      10
```

```
b        11      12
c        13      14
d        15      16
```

テーブル形式のデータに、決まった区切り文字がない場合もあります。例えば、フィールドを分割するのに、空白文字（ホワイトスペース）やそれ以外の何らかのパターンが使われている場合です。次のようなテキストファイルを考えてみましょう。

```
In [20]: list(open('examples/ex3.txt'))
Out[20]:
['          A          B          C\n',
 'aaa -0.264438 -1.026059 -0.619500\n',
 'bbb  0.927272  0.302904 -0.032399\n',
 'ccc -0.264273 -0.386314 -0.217601\n',
 'ddd -0.871858 -0.348382  1.100491\n']
```

データに手で変更を加えることもできますが、この場合、フィールドの区切りは何文字かの空白文字となっています。このような場合は、read_tableに正規表現を与えて区切り文字を指定できます。今回の場合、区切りは\s+という正規表現で表すことができるので、次のように処理できます。

```
In [21]: result = pd.read_table('examples/ex3.txt', sep='\s+')
```

```
In [22]: result
Out[22]:
            A         B         C
aaa -0.264438 -1.026059 -0.619500
bbb  0.927272  0.302904 -0.032399
ccc -0.264273 -0.386314 -0.217601
ddd -0.871858 -0.348382  1.100491
```

ヘッダ行に含まれる列数がデータ行の列数よりも1つ少なくなっているため、read_tableは、これは1つ目の列がデータフレームのインデックスになっている特殊な場合なのだろうと推測してくれます。

read_tableなどのこういったパーサ関数には、実際に存在するさまざまな種類の例外的なファイル形式を取り扱うのを手助けしてくれる、追加の引数がたくさんあります（一部を**表6-2**に掲載）。例えば、次のようなファイルの1行目、3行目、4行目はskiprowsを使うと読み飛ばせます。

```
In [23]: !cat examples/ex4.csv
# よう！ここがCSVファイルの1行目だ！
a,b,c,d,message
# ここが3行目。何でこんなコメントを入れているかって？
# 単に、とにかくCSVファイルを機械的に読みにくい例にしたいからさ。
1,2,3,4,hello
5,6,7,8,world
9,10,11,12,foo
```

```
In [24]: pd.read_csv('examples/ex4.csv', skiprows=[0, 2, 3])
Out[24]:
```

```
   a   b   c    d message
0  1   2   3    4  hello
1  5   6   7    8  world
2  9  10  11   12    foo
```

　欠損値の取り扱いは、ファイルを読み込む上で重要な部分であり、しばしばファイルごとに少しずつ異なる部分でもあります。欠損値は通常、値が存在しない（空文字列）か、あるいは、何らかの**標識**となる値で印を付けられています。デフォルトでは、pandasはNAやNULLなどの一般によく使われる標識を使います。

```
In [25]: !cat examples/ex5.csv
something,a,b,c,d,message
one,1,2,3,4,NA
two,5,6,,8,world
three,9,10,11,12,foo

In [26]: result = pd.read_csv('examples/ex5.csv')

In [27]: result
Out[27]:
  something  a   b     c   d message
0       one  1   2   3.0   4     NaN
1       two  5   6   NaN   8   world
2     three  9  10  11.0  12     foo

In [28]: pd.isnull(result)
Out[28]:
   something      a      b      c      d message
0     False  False  False  False  False    True
1     False  False  False   True  False   False
2     False  False  False  False  False   False
```

na_valuesオプションに、欠損値とみなす文字列のリストかセットを指定できます。

```
In [29]: result = pd.read_csv('examples/ex5.csv', na_values=['NULL'])

In [30]: result
Out[30]:
  something  a   b     c   d message
0       one  1   2   3.0   4     NaN
1       two  5   6   NaN   8   world
2     three  9  10  11.0  12     foo
```

欠損値の標識が列によって異なる場合、各列の欠損値の標識をディクショナリ形式で指定できます。

```
In [31]: sentinels = {'message': ['foo', 'NA'], 'something': ['two']}

In [32]: pd.read_csv('examples/ex5.csv', na_values=sentinels)
Out[32]:
```

```
   something  a   b     c   d message
0       one   1   2   3.0   4     NaN
1       NaN   5   6   NaN   8   world
2     three   9  10  11.0  12     NaN
```

　表6-2には、pandas.read_csvとpandas.read_tableを使用する際によく与えるオプションをいくつか載せています。

表6-2　関数read_csvとread_tableによく与える引数

引数	説明
path	ファイルシステム上の位置やURL、その他のファイル系のオブジェクトを示す文字列。
sepまたは delimiter	各行をフィールドに分割するのに用いる文字列あるいは正規表現。
header	列名として使う行の番号。デフォルトでは0（最初の行）。ヘッダ行がない場合はNoneを指定。
index_col	戻り値として得られるオブジェクトにおいて、行のインデックスとして使われる列の番号か名前。単一の名前・番号か、階層型インデックスの場合は名前・番号のリスト。
names	戻り値として得られるオブジェクトの列名のリスト。header=Noneとともに使用する。
skiprows	ファイルの先頭で無視する行数か、読み飛ばす行番号（最初の行は0）。
na_values	欠損値で置き換える一連の値。
comment	この引数に指定した文字または文字列以降を各行からコメントとして切り離す。
parse_dates	データを日時として読み込もうとする。デフォルトではFalseで、Trueの場合はすべての列で読み込もうとする。すべての列に適用したくない場合は、読み込む列の番号か名前を指定する。リストの要素がタプルやリストの場合、それらの複数の列を結合して日付として読み込む（例えば、日付と時刻が2つの列に分かれている場合に使用）。
keep_date_col	複数の列を結合して日付として読み込む場合に、結合に用いられた列を残す。デフォルトではFalse。
converters	列番号を表す名前を、関数にマッピングするディクショナリ（例えば{'foo': f}を指定すると、列'foo'のすべての値に対して関数fを適用できる）。
dayfirst	複数の解釈ができる可能性のある日付を読み込む際に、ヨーロッパで標準的な、日にちが最初にくる形式として取り扱う（例：7/6/2012→2012年6月7日）。デフォルトではFalse。
date_parser	日付を読み込むのに用いる関数。
nrows	ファイル先頭で読み込む行数。
iterator	ファイルを部分的に読み込むためのTextFileReaderオブジェクトを戻り値とする。
chunksize	イテレーションに用いるファイル内のブロックのサイズ。
skip_footer	ファイル末尾で無視する行数。
verbose	パーサの出力するさまざまな情報を表示する。例えば非数値の列に見つかった欠損値の数など。
encoding	Unicodeとして用いる文字コード（例えば、UTF-8でエンコードされたテキストの場合は'utf-8'を指定）。
squeeze	読み込まれたデータに1つの列しか含まれていない場合、シリーズ（Series）を戻り値とする。
thousands	3桁区切りのセパレータ（例えば','や'.'）。

6.1.1 テキストファイルを少しずつ読み込む

　非常に巨大なファイルを処理する場合や、巨大ファイルを正しく処理するのにどのような引数を与える必要があるか調べる場合には、まずは1つのファイルのごく一部だけを読み込んだり、ファイル内の小さなブロックごとに処理を繰り返したりしたいでしょう。

　巨大なファイルを表示させる前に、pandasの表示の設定をもう少しコンパクトにしましょう。

```
In [33]: pd.options.display.max_rows = 10
```

次のような10,000行のデータがあるCSVファイルを例にします。

```
In [34]: result = pd.read_csv('examples/ex6.csv')

In [35]: result
Out[35]:
           one       two     three      four key
0     0.467976 -0.038649 -0.295344 -1.824726   L
1    -0.358893  1.404453  0.704965 -0.200638   B
2    -0.501840  0.659254 -0.421691 -0.057688   G
3     0.204886  1.074134  1.388361 -0.982404   R
4     0.354628 -0.133116  0.283763 -0.837063   Q
...        ...       ...       ...       ...  ..
9995  2.311896 -0.417070 -1.409599 -0.515821   L
9996 -0.479893 -0.650419  0.745152 -0.646038   E
9997  0.523331  0.787112  0.486066  1.093156   K
9998 -0.362559  0.598894 -1.843201  0.887292   G
9999 -0.096376 -1.012999 -0.657431 -0.573315   0
[10000 rows x 5 columns]
```

このCSVファイル全体を読み込まずに数行だけ読み取りたい場合は、行数をnrowsで指定します。

```
In [36]: pd.read_csv('examples/ex6.csv', nrows=5)
Out[36]:
        one       two     three      four key
0  0.467976 -0.038649 -0.295344 -1.824726   L
1 -0.358893  1.404453  0.704965 -0.200638   B
2 -0.501840  0.659254 -0.421691 -0.057688   G
3  0.204886  1.074134  1.388361 -0.982404   R
4  0.354628 -0.133116  0.283763 -0.837063   Q
```

ファイルを少しずつ読み込みたい場合は、一度に読み込む行数をchunksizeで指定します。

```
In [37]: chunker = pd.read_csv('examples/ex6.csv', chunksize=1000)

In [38]: chunker
Out[38]: <pandas.io.parsers.TextFileReader at 0x7f6b1e2672e8>
```

read_csvから戻されるTextFileReaderオブジェクトを使うと、chunksizeで定められた行数ずつファイル内からブロックを読み込んで処理を繰り返せます。例えば次のように、ex6.csvに対して繰り返し

処理を行い、'key' 列に含まれる値ごとに個数を集計できます。

```
chunker = pd.read_csv('examples/ex6.csv', chunksize=1000)

tot = pd.Series([])
for piece in chunker:
    tot = tot.add(piece['key'].value_counts(), fill_value=0)

tot = tot.sort_values(ascending=False)
```

次のような結果が得られます。

```
In [40]: tot[:10]
Out[40]:
E    368.0
X    364.0
L    346.0
O    343.0
Q    340.0
M    338.0
J    337.0
F    335.0
K    334.0
H    330.0
dtype: float64
```

TextFileReaderはget_chunkメソッドも持っています。このメソッドを使うと任意のサイズずつ読み込めます[*1]。

6.1.2　テキスト形式でのデータの書き出し

データは、区切り文字で区切られた形式でのエクスポートもできます。先ほど読み取ったCSVファイルの1つを例に取って考えてみましょう。

```
In [41]: data = pd.read_csv('examples/ex5.csv')

In [42]: data
Out[42]:
  something  a   b     c   d message
0       one  1   2   3.0   4     NaN
1       two  5   6   NaN   8   world
2     three  9  10  11.0  12     foo
```

データフレームのto_csvメソッドを用いると、データをコンマ区切りのファイルに書き出せます。

```
In [43]: data.to_csv('examples/out.csv')

In [44]: !cat examples/out.csv
```

[*1]　訳注：read_csvのchunksize引数で定めたサイズと変えることができる、という意味です。

```
,something,a,b,c,d,message
0,one,1,2,3.0,4,
1,two,5,6,,8,world
2,three,9,10,11.0,12,foo
```

もちろん、他の区切り文字も使えます（以下では sys.stdout に書き出しますので、テキストの出力が
コンソールに表示されます）。

```
In [45]: import sys

In [46]: data.to_csv(sys.stdout, sep='|')
|something|a|b|c|d|message
0|one|1|2|3.0|4|
1|two|5|6||8|world
2|three|9|10|11.0|12|foo
```

欠損値は出力では空文字列になりますが、別の標識で示した方がよい場合もあるでしょう。

```
In [47]: data.to_csv(sys.stdout, na_rep='NULL')
,something,a,b,c,d,message
0,one,1,2,3.0,4,NULL
1,two,5,6,NULL,8,world
2,three,9,10,11.0,12,foo
```

オプションで何も指定されていなければ、行と列の両方のラベルが書き出されますが、どちらも無効
化できます。

```
In [48]: data.to_csv(sys.stdout, index=False, header=False)
one,1,2,3.0,4,
two,5,6,,8,world
three,9,10,11.0,12,foo
```

一部の列だけを、指定した順序で書き出すこともできます。

```
In [49]: data.to_csv(sys.stdout, index=False, columns=['a', 'b', 'c'])
a,b,c
1,2,3.0
5,6,
9,10,11.0
```

シリーズの場合も to_csv メソッドで書き出せます。

```
In [50]: dates = pd.date_range('1/1/2000', periods=7)

In [51]: ts = pd.Series(np.arange(7), index=dates)

In [52]: ts.to_csv('examples/tseries.csv')

In [53]: !cat examples/tseries.csv
2000-01-01,0
```

```
2000-01-02,1
2000-01-03,2
2000-01-04,3
2000-01-05,4
2000-01-06,5
2000-01-07,6
```

6.1.3　区切り文字で区切られた形式を操作する

テーブル形式のデータの大半は、`pandas.read_table`のような関数を用いてディスクから読み込めます。しかし場合によっては、手での処理が多少必要になるかもしれません。`read_table`では取り扱えないような、一部の行の形式が異なるファイルを受け取ることは、珍しくありません。ここでは基本的なツールを説明するために、次のような小さなCSVファイルを考えてみましょう。

```
In [54]: !cat examples/ex7.csv
"a","b","c"
"1","2","3"
"1","2","3"
```

区切り文字が1文字のどんなファイルに対しても、Python組み込みの`csv`モジュールを使えます。このモジュールを使うには、ファイルやファイル系のオブジェクトをオープンして`csv.reader`に渡してください。

```
import csv
f = open('examples/ex7.csv')

reader = csv.reader(f)
```

`csv.reader`から戻された`reader`に対して、ファイルの各行を扱うように繰り返し処理を行うと、引用符がすべて取り除かれて、各行の値のタプルが戻されます。

```
In [56]: for line in reader:
   ....:     print(line)
['a', 'b', 'c']
['1', '2', '3']
['1', '2', '3']
```

これらのタプルに対して、必要とする形式でデータを出力するためにどんな操作をするかはあなた次第です。順を追って説明しましょう。はじめに、ファイルを各行のリストとして読み込みます。

```
In [57]: with open('examples/ex7.csv') as f:
   ....:     lines = list(csv.reader(f))
```

続いて、これらの行をヘッダ行とデータ行に分割します。

```
In [58]: header, values = lines[0], lines[1:]
```

その上で、ディクショナリ内包表記と zip(*values) という式を用いて、ヘッダ行をキーとしたデータ列のディクショナリを作成します。zip(*values) によって、行と列が入れ替わります。

```
In [59]: data_dict = {h: v for h, v in zip(header, zip(*values))}

In [60]: data_dict
Out[60]: {'a': ('1', '1'), 'b': ('2', '2'), 'c': ('3', '3')}
```

CSVファイルにはたくさんの異なる方言があります。区切り文字、文字列を引用符でくくるルール、行終端記号などに異なるものを用いる場合は、新しい形式を csv.Dialect のサブクラスとして簡単に定義できます。

```
class my_dialect(csv.Dialect):
    lineterminator = '\n'
    delimiter = ';'
    quotechar = '"'
    quoting = csv.QUOTE_MINIMAL

reader = csv.reader(f, dialect=my_dialect)
```

新たなサブクラスを定義するのではなく、CSVの方言のそれぞれのパラメータを csv.reader にキーワードとして渡しても、同じことを実現できます。

```
reader = csv.reader(f, delimiter='|')
```

使用可能なオプション（csv.Dialect の属性）とその機能は、**表6-3** にまとめています。

表6-3　CSVの方言に使えるオプション

引数	説明
delimiter	フィールドに分割するための1文字の文字列。デフォルトは ',' （コンマ）。
lineterminator	書き出し用の行終端記号。デフォルトは '\r\n'。reader で読み込む際にはこの指定は無視され、クロスプラットフォームの行終端記号が認識される。
quotechar	区切り文字などの特殊文字を含んだフィールドのための引用符。デフォルトは '"' （二重引用符）。
quoting	引用符でくくるルール。csv.QUOTE_ALL （すべてのフィールドを引用符でくくる）、csv.QUOTE_MINIMAL （区切り文字のような特殊文字を含んだフィールドだけくくる）、csv.QUOTE_NONNUMERIC （数字以外をくくる）、csv.QUOTE_NON （くくらない）を選択できる。完全な詳細については Python のドキュメントを参照のこと。デフォルトは QUOTE_MINIMAL。
skipinitialspace	各区切り文字の直後の空白を無視するか。デフォルトは False。
doublequote	フィールド内の引用符をどう取り扱うか。True の場合、二重引用符になる（完全な詳細や動作については、オンラインのドキュメントを参照のこと）。
escapechar	上記の quoting に csv.QUOTE_NONE が設定されている場合に、区切り文字をエスケープするための文字列。デフォルトでは無効。

 区切り文字がもっと複雑なファイルや、固定の複数文字を区切り文字として用いているファイルについては、csvモジュールは使えません。このような場合は、行の分割や不要な文字の除去などには、文字列のメソッドsplitや、正規表現のメソッドre.splitを使用する必要があります。

区切り文字で区切られたファイルとして手動で書き出すには、csv.writerが使えます。この関数には、オープンされた書き込み可能なファイルオブジェクトを渡します。その際に、CSVの方言や形式を指定するのにcsv.readerと同じオプションを与えることができます。

```python
with open('mydata.csv', 'w') as f:
    writer = csv.writer(f, dialect=my_dialect)
    writer.writerow(('one', 'two', 'three'))
    writer.writerow(('1', '2', '3'))
    writer.writerow(('4', '5', '6'))
    writer.writerow(('7', '8', '9'))
```

6.1.4 JSONデータ

JSON（JavaScript Object Notationの短縮表記）は、ウェブブラウザと他のアプリケーションの間でHTTPリクエストでデータをやり取りする上で、標準的なデータ形式の1つとなりました。CSVのようなテーブル形式のテキストデータと比べると、JSONははるかに自由度が高くフリーフォームなデータ形式です。JSONのデータは例えば次のようになります[1]。

```python
obj = """
{"name": "Wes",
 "places_lived": ["United States", "Spain", "Germany"],
 "pet": null,
 "siblings": [{"name": "Scott", "age": 30, "pets": ["Zeus", "Zuko"]},
              {"name": "Katie", "age": 38,
               "pets": ["Sixes", "Stache", "Cisco"]}]
}
"""
```

JSONはnull値がnullである点や、その他の微妙な差異（リストの最終要素の後ろにコンマを入れられない、など）を除けば、ほぼPythonのコードそのものです。基本型はオブジェクト（ディクショナリ）、配列（リスト）、文字列、数値、真偽値、nullです。オブジェクトのキーはすべて文字列でなければなりません。JSONデータを読み書きするためのPythonライブラリはいくつかあります。ここでは、Python標準ライブラリに含まれているjsonを使いましょう。JSONの文字列をPython形式に変換するには、json.loadsを使います。

---

[1] 訳注：3つの二重引用符でくくられた部分のみがJSONデータで、そのJSONデータを文字列としてobjという変数に代入するPythonのコードです。

```
In [62]: import json

In [63]: result = json.loads(obj)

In [64]: result
Out[64]:
{'name': 'Wes',
 'pet': None,
 'places_lived': ['United States', 'Spain', 'Germany'],
 'siblings': [{'age': 30, 'name': 'Scott', 'pets': ['Zeus', 'Zuko']},
  {'age': 38, 'name': 'Katie', 'pets': ['Sixes', 'Stache', 'Cisco']}]}
```

json.dumpsを使うと、逆に、PythonオブジェクトをJSONに変換できます。

```
In [65]: asjson = json.dumps(result)
```

JSONオブジェクトやオブジェクトのリストを、どのようにしてデータフレームやその他の分析に適したデータ構造に変換するかは、あなた次第です。便利なのは、ディクショナリ（JSONオブジェクトを読み取ったもの）のリストをデータフレームのコンストラクタに渡して、一部のデータフィールドを選択するという方法です[1]。

```
In [66]: siblings = pd.DataFrame(result['siblings'], columns=['name', 'age'])

In [67]: siblings
Out[67]:
    name  age
0  Scott   30
1  Katie   38
```

別の方法として、pandas.read_jsonを使うと、特定の形のデータが連なったJSONデータセットを、シリーズやデータフレームへと自動的に変換することができます。次のデータを使って例を示します。

```
In [68]: !cat examples/example.json
[{"a": 1, "b": 2, "c": 3},
 {"a": 4, "b": 5, "c": 6},
 {"a": 7, "b": 8, "c": 9}]
```

pandas.read_jsonのデフォルトオプションでは、JSON配列内の各オブジェクトがテーブルの行になると仮定されます。

```
In [69]: data = pd.read_json('examples/example.json')

In [70]: data
Out[70]:
   a  b  c
```

---

[1]　訳注：result['siblings']の各要素は、'age'、'name'、'pets'という3つのキーがありますが、pd.DataFrameのcolumns引数で'name'と'age'だけを（その順序で）使ってデータフレームを作るよう指定しています。

```
0 1 2 3
1 4 5 6
2 7 8 9
```

JSONデータの読み込みや操作に関する、さらに広範な事例（レコードがネストしている場合など）については、「**14.4　アメリカ合衆国農務省の食糧データベース**」の例を参照してください。

pandasからJSON形式でデータをエクスポートする必要がある場合、1つの方法としては、シリーズやデータフレームの to_json メソッドが使えます。

```
In [71]: print(data.to_json())
{"a":{"0":1,"1":4,"2":7},"b":{"0":2,"1":5,"2":8},"c":{"0":3,"1":6,"2":9}}

In [72]: print(data.to_json(orient='records'))
[{"a":1,"b":2,"c":3},{"a":4,"b":5,"c":6},{"a":7,"b":8,"c":9}]
```

6.1.5　XMLとHTML：ウェブスクレイピング

Pythonには、巷にあふれるHTML/XML形式のデータの読み書き用のライブラリがたくさんあります。代表的なものとしてはlxml（http://lxml.de）やBeautiful Soup、html5libが挙げられます。これらの中では通常、lxmlがはるかに高速ですが、規格に従っていないHTMLファイルやXMLファイルを取り扱うには、Beautiful Soupやhtml5libの方が便利です。

pandasには組み込み関数read_htmlがあります。この関数は、lxmlやBeautiful Soupなどのライブラリを用いて自動的にHTMLファイルをパースし、ファイル内に含まれているテーブルをデータフレームオブジェクトとして取り出してくれます。read_htmlの動作を説明するため、アメリカ合衆国の政府機関、連邦預金保険公社（FDIC）から銀行の破綻を説明するHTMLファイル[1]をダウンロードし、データセットに入れてあります（pandasのドキュメントで用いているものと同じものです）。はじめに、read_htmlが使用するいくつかの追加のライブラリをインストールしなければいけません。

```
conda install lxml
pip install beautifulsoup4 html5lib
```

condaを使っていない場合は、pip install lxmlでもうまくいくはずです。

pandas.read_html関数にはオプションがたくさんありますが、デフォルトでは、<table>タグで囲まれたテーブル形式のデータをすべて探し出し、パースしようとします。関数の戻り値はデータフレームオブジェクトのリストです。

```
In [73]: tables = pd.read_html('examples/fdic_failed_bank_list.html')

In [74]: len(tables)
Out[74]: 1
```

---

[1]　原注：完全なリストについては、https://www.fdic.gov/bank/individual/failed/banklist.htmlを参照してください。

```
In [75]: failures = tables[0]

In [76]: failures.head()
Out[76]:
                        Bank Name             City  ST   CERT  \
0                      Allied Bank         Mulberry  AR     91
1      The Woodbury Banking Company       Woodbury  GA  11297
2        First CornerStone Bank  King of Prussia  PA  35312
3              Trust Company Bank         Memphis  TN   9956
4      North Milwaukee State Bank      Milwaukee  WI  20364
                  Acquiring Institution       Closing Date      Updated Date
0                        Today's Bank  September 23, 2016  November 17, 2016
1                        United Bank     August 19, 2016  November 17, 2016
2    First-Citizens Bank & Trust Company       May 6, 2016  September 6, 2016
3            The Bank of Fayette County    April 29, 2016  September 6, 2016
4    First-Citizens Bank & Trust Company    March 11, 2016      June 16, 2016
```

failuresに含まれている列が多いため、pandasは改行文字\を挿入しています。

後の章で説明するような方法を使えば、この読み取ったデータからさらに、不要なデータの除去や分析といったことができるでしょう。例えば、年ごとの銀行破綻の数を算出できます。

```
In [77]: close_timestamps = pd.to_datetime(failures['Closing Date'])

In [78]: close_timestamps.dt.year.value_counts()
Out[78]:
2010    157
2009    140
2011     92
2012     51
2008     25
       ...
2004      4
2001      4
2007      3
2003      3
2000      2
Name: Closing Date, Length: 15, dtype: int64
```

6.1.5.1　lxml.objectifyを使ったXMLの読み込み

　XML（eXtensible Markup Language）は、もう1つのよく使われる構造化されたデータ形式で、メタデータを用いたデータの階層化やネスト構造をサポートしています。あなたが現在読んでいるこの本も、実はいくつかの大きなXML文書から作られました。

　先ほど、pandas.read_html関数を説明しました。この関数は、HTMLからデータを読み出すのに、内部でlxmlとBeautiful Soupのどちらかを用いています。XMLとHTMLは構造的にはそっくりですが、XMLの方が汎用的で、さまざまなデータに使えます。ここでは、より汎用的なXML形式のデータから

lxmlを使ってデータを読み出す方法を、例を用いて説明します。

　ニューヨーク・メトロポリタン・トランスポーテーション・オーソリティー（MTA）[*1]では、提供しているバスや電車のサービスについて、多数のデータを公開しています（http://www.mta.info/developers/download.html）。ここでは、一連のXMLファイルに含まれている業績データを見てみましょう。各電車・バスのサービスは異なるファイル（例えば、Metro-North RailroadならPerformance_MNR.xml）に収められており、各ファイルには毎月のデータが、次のような一連のXMLレコードとして含まれています。

```
<INDICATOR>
  <INDICATOR_SEQ>373889</INDICATOR_SEQ>
  <PARENT_SEQ></PARENT_SEQ>
  <AGENCY_NAME>Metro-North Railroad</AGENCY_NAME>
  <INDICATOR_NAME>Escalator Availability</INDICATOR_NAME>
  <DESCRIPTION>Percent of the time that escalators are operational
  systemwide. The availability rate is based on physical observations performed
  the morning of regular business days only. This is a new indicator the agency
  began reporting in 2009.</DESCRIPTION>
  <PERIOD_YEAR>2011</PERIOD_YEAR>
  <PERIOD_MONTH>12</PERIOD_MONTH>
  <CATEGORY>Service Indicators</CATEGORY>
  <FREQUENCY>M</FREQUENCY>
  <DESIRED_CHANGE>U</DESIRED_CHANGE>
  <INDICATOR_UNIT>%</INDICATOR_UNIT>
  <DECIMAL_PLACES>1</DECIMAL_PLACES>
  <YTD_TARGET>97.00</YTD_TARGET>
  <YTD_ACTUAL></YTD_ACTUAL>
  <MONTHLY_TARGET>97.00</MONTHLY_TARGET>
  <MONTHLY_ACTUAL></MONTHLY_ACTUAL>
</INDICATOR>
```

　lxml.objectifyを使ってXMLファイルを読み込み、ファイルのルートノードへの参照をgetrootで取得します。

```
from lxml import objectify

path = 'datasets/mta_perf/Performance_MNR.xml'
parsed = objectify.parse(open(path))
root = parsed.getroot()
```

　root.INDICATORと書くと、各<INDICATOR> XML要素を生成するジェネレータが戻されます。これを用いて、各レコードについて、タグ名（YTD_ACTUALなど）とそれに対応するデータの値（ただし、一部のタグは除きます）を持つディクショナリを構築します。

[*1]　訳注：アメリカ合衆国の独立公益会社。公共輸送を提供している。

```
data = []

skip_fields = ['PARENT_SEQ', 'INDICATOR_SEQ',
               'DESIRED_CHANGE', 'DECIMAL_PLACES']

for elt in root.INDICATOR:
    el_data = {}
    for child in elt.getchildren():
        if child.tag in skip_fields:
            continue
        el_data[child.tag] = child.pyval
    data.append(el_data)
```

最後に、このディクショナリのリストをデータフレームに変換します。

```
In [81]: perf = pd.DataFrame(data)

In [82]: perf.head()
Out[82]:
            AGENCY_NAME            CATEGORY  \
0  Metro-North Railroad  Service Indicators
1  Metro-North Railroad  Service Indicators
2  Metro-North Railroad  Service Indicators
3  Metro-North Railroad  Service Indicators
4  Metro-North Railroad  Service Indicators

                                     DESCRIPTION FREQUENCY  \
0  Percent of commuter trains that arrive at thei...         M
1  Percent of commuter trains that arrive at thei...         M
2  Percent of commuter trains that arrive at thei...         M
3  Percent of commuter trains that arrive at thei...         M
4  Percent of commuter trains that arrive at thei...         M
                     INDICATOR_NAME INDICATOR_UNIT MONTHLY_ACTUAL  \
0  On-Time Performance (West of Hudson)              %           96.9
1  On-Time Performance (West of Hudson)              %             95
2  On-Time Performance (West of Hudson)              %           96.9
3  On-Time Performance (West of Hudson)              %           98.3
4  On-Time Performance (West of Hudson)              %           95.8
  MONTHLY_TARGET PERIOD_MONTH  PERIOD_YEAR YTD_ACTUAL YTD_TARGET
0             95            1         2008       96.9         95
1             95            2         2008         96         95
2             95            3         2008       96.3         95
3             95            4         2008       96.8         95
4             95            5         2008       96.6         95
```

　XMLデータは、この例よりもはるかに複雑なことがあります。各タグにもメタデータ（属性）を付けられるためです。HTMLのリンクタグを考えてみましょう。リンクタグは、妥当なXMLでもあります。

```
from io import StringIO
tag = '<a href="http://www.google.com">Google</a>'
root = objectify.parse(StringIO(tag)).getroot()
```

次のように、タグ内のどんなフィールド (hrefなど) にも、リンクテキストにもアクセスできます。

```
In [84]: root
Out[84]: <Element a at 0x7fb73962a088>

In [85]: root.get('href')
Out[85]: 'http://www.google.com'

In [86]: root.text
Out[86]: 'Google'
```

6.2　バイナリデータ形式

バイナリ形式で効率良くデータを書き出す (いわゆる**シリアライズ**) 最も簡単な方法の1つは、Python組み込みのpickleによるシリアライズを使うことです。pandasオブジェクトはすべて、データをpickle形式でディスクに書き出すto_pickleメソッドを持っています。

```
In [87]: frame = pd.read_csv('examples/ex1.csv')

In [88]: frame
Out[88]:
   a   b   c   d message
0  1   2   3   4   hello
1  5   6   7   8   world
2  9  10  11  12     foo

In [89]: frame.to_pickle('examples/frame_pickle')
```

「pickle化」されてファイルに書き出されたオブジェクトはどれでも、組み込みのpickleを用いて直接読み込めます。あるいは、もっと便利な方法としては、pandas.read_pickleを使ってもよいでしょう。

```
In [90]: pd.read_pickle('examples/frame_pickle')
Out[90]:
   a   b   c   d message
0  1   2   3   4   hello
1  5   6   7   8   world
2  9  10  11  12     foo
```

 pickleが推奨されるのは、短期間の保存形式としてのみです。データ形式が長期間安定しているという保証をしにくい、という問題があるからです。つまり、今日pickle化したオブジェクトが、ライブラリの将来のバージョンでunpickleできない可能性があります。このような後方互換性は、これまで可能な限り保持するようにしてきましたが、将来のある時点で、pickle形式を「壊す」必要が出てくるかもしれません。

pandasでは、pickleの他にも、HDF5とMessagePackという2つのバイナリデータ形式のサポートが組み込まれています。HDF5を使う例は次節でいくつか紹介しますが、読者のみなさんには、ぜひさ

まざまなファイル形式を試しに使ってみて、それらの速度や、自分の分析への適性を確かめてほしいと考えています。pandasやNumPyのデータに使えるその他の保存形式としては、次のようなものがあります。

bcolz（http://bcolz.blosc.org/）

　　Blosc圧縮ライブラリをベースとした、圧縮可能な列指向のバイナリ形式。

Feather（http://github.com/wesm/feather）

　　著者がRプログラミングコミュニティのHadley Wickham（http://hadley.nz/）[1]とともに設計した、言語横断的な列指向のファイル形式。Featherでは、Apache Arrow（http://apache.arrow.org）の列指向のメモリ形式を使っている。

6.2.1　HDF5形式の使用

　HDF5は、大量の科学的な配列データを保存するための、評判のよいファイル形式です。HDF5はCで書かれたライブラリですが、Java、Julia、MATLAB、Pythonなど多数の言語向けのインタフェースがあります。HDF5の「HDF」は、「hierarchical data format」（階層型データ形式）の意味です。各HDF5ファイルには、複数のデータセットや、それらのデータセットの情報を収めるメタデータの保存が可能です。もっと単純なデータ形式と比べると、HDF5はさまざまな圧縮モードでのオンザフライ（中間ファイルを出力しない）の圧縮をサポートしており、繰り返しパターンを持ったデータをより効率良く保存できるようになっています。HDF5では巨大な配列のごく一部を効率良く読み書きできるので、メモリに収まらない非常に巨大なデータセットに使うのはよい選択でしょう。

　PyTablesライブラリとh5pyライブラリのどちらかを使えば、HDF5ファイルへの直接アクセスは可能です。しかしpandasでは、シリーズやデータフレームのオブジェクトを簡単に書き出すための高レベルなインタフェースが提供されています。HDFStoreクラスはディクショナリのように扱えるインタフェースで、低レベルな詳細部分は内部的に処理してくれます。

```
In [92]: frame = pd.DataFrame({'a': np.random.randn(100)})

In [93]: store = pd.HDFStore('mydata.h5')

In [94]: store['obj1'] = frame

In [95]: store['obj1_col'] = frame['a']

In [96]: store
Out[96]:
<class 'pandas.io.pytables.HDFStore'>
File path: mydata.h5
```

---

[1]　訳注：有名なggplot2やplyrパッケージの作成者。

```
/obj1              frame        (shape->[100,1])

/obj1_col          series       (shape->[100])

/obj2              frame_table  (typ->appendable,nrows->100,ncols->1,indexers->
[index])
/obj3              frame_table  (typ->appendable,nrows->100,ncols->1,indexers->
[index])
```

HDF5ファイルに含まれるオブジェクトは、同様にディクショナリのようなAPIを用いて取り出せます。

```
In [97]: store['obj1']
Out[97]:
          a
0  -0.204708
1   0.478943
2  -0.519439
3  -0.555730
4   1.965781
..       ...
95  0.795253
96  0.118110
97 -0.748532
98  0.584970
99  0.152677
[100 rows x 1 columns]
```

HDFStoreでは、'fixed'と'table'の2つの書き出し形式がサポートされています。通常、'table'の方が低速ですが、特殊な文法を用いたクエリ操作をサポートしているという便利な点もあります。

```
In [98]: store.put('obj2', frame, format='table')

In [99]: store.select('obj2', where=['index >= 10 and index <= 15'])
Out[99]:
          a
10  1.007189
11 -1.296221
12  0.274992
13  0.228913
14  1.352917
15  0.886429

In [100]: store.close()
```

ここでのputは、store['obj2'] = frameというコードと同じことを明示的に行うメソッドです。putを用いれば、ディクショナリのようなAPIでは渡せない、保存形式（'format'）のようなオプションを渡すことができます。

pandas.read_hdf関数を用いると、これらのツールを簡単に使うことができます[1]。

```
In [101]: frame.to_hdf('mydata.h5', 'obj3', format='table')

In [102]: pd.read_hdf('mydata.h5', 'obj3', where=['index < 5'])
Out[102]:
          a
0 -0.204708
1  0.478943
2 -0.519439
3 -0.555730
4  1.965781
```

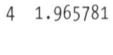

Amazon S3やHDFS[2]などのリモートのサーバ上に保存されたデータを処理する場合は、分散ストレージ向けに設計されたApache Parquet (http://parquet.apache.org) など、他のバイナリ形式を用いる方が適しているかもしれません。Parquetなど他の保存形式のPythonサポートはまだ開発段階にあるので、この本では特に記載しません。

　ローカルで大量のデータを取り扱う場合、PyTablesとh5pyがニーズに合っていないか、使って確かめてみるのをお勧めします。データ分析の課題の多くは（CPUバウンドではなく）I/Oバウンド[3]なので、HDF5のようなツールを用いると、アプリケーションを大幅に加速できます。

HDF5はデータベースではありません。書き込みが1度だけで、読み込みが多いデータセットに最適なファイル形式です。いつでもデータをファイルに追加できますが、複数の書き込みを同時にすると、ファイルが破損するおそれがあります。

6.2.2　Microsoft Excelファイルの読み込み

　pandasでは、Excel 2003（以降）のファイルに保存されたテーブルデータの読み込みもサポートしています。読み込みは、ExcelFileクラスかpandas.read_excel関数のいずれか一方を用いて行います。これらのツールは、Excelファイルの読み込みにはxlrd、書き込みにはxlwt（XLSファイル用）やopenpyxl（XLSXファイル用）というアドオンパッケージを内部で使用しているので、使う場合はpipやcondaを使ってこれらのアドオンパッケージを別途インストールする必要があります。

---

*1　訳注：ファイル 'mydata.h5' の中から、'obj3' をキー（パス）とするデータを読み取り、whereで指定した条件の行だけ抽出する、という一連の操作を1つの関数で行っています。

*2　訳注：Hadoop Distributed File Systemの略。Hadoop上で利用される分散ファイルシステムです。

*3　訳注：CPUバウンド、I/Oバウンドは計算機科学用語です。CPUバウンドなプログラムとは、CPUの計算速度が処理のボトルネックとなっており、プログラムの処理速度が計算速度に依存しているもの。I/Oバウンドなプログラムとは、データの入出力が処理のボトルネックとなっており、プログラムの処理速度が入出力に依存しているプログラムを指します。外部装置のデータの読み書きは非常に低速なので、巨大データの読み書きが必要なデータ分析ではI/Oバウンドになりやすいという傾向があります。

ExcelFileを使うには、次のようにxlsファイルやxlsxファイルのパスを引数として渡して、インスタンスを作ります。

```
In [104]: xlsx = pd.ExcelFile('examples/ex1.xlsx')
```

そうすれば、シート内のデータは、read_excel関数を使ってデータフレームとして読み込めます。

```
In [105]: pd.read_excel(xlsx, 'Sheet1')
Out[105]:
   a   b   c   d message
0  1   2   3   4   hello
1  5   6   7   8   world
2  9  10  11  12     foo
```

ファイル内の複数のシートを読もうとしているのであれば、最初にExcelFileインスタンスを作成する方が高速でしょう。しかし、1つのシートだけであれば、pandas.read_excelにファイル名とシート名を与えるだけでも読めます。

```
In [106]: frame = pd.read_excel('examples/ex1.xlsx', 'Sheet1')

In [107]: frame
Out[107]:
   a   b   c   d message
0  1   2   3   4   hello
1  5   6   7   8   world
2  9  10  11  12     foo
```

pandasのデータをExcel形式で書き出すには、まずExcelWriterを作成した上で、pandasオブジェクトのto_excelメソッドを用いてデータを書き込みます。

```
In [108]: writer = pd.ExcelWriter('examples/ex2.xlsx')

In [109]: frame.to_excel(writer, 'Sheet1')

In [110]: writer.save()
```

ExcelWriterを使わずに、to_excelにファイルのパスを与えても書き出せます。

```
In [111]: frame.to_excel('examples/ex2.xlsx')
```

6.3　Web APIを用いたデータの取得

多くのウェブサイトには、JSONなどの形式でデータフィードを提供している公開APIがあります。このようなAPIにPythonからアクセスするには多くの方法があります。その中でも簡単に使えるお勧めの方法は、requestsパッケージ（http://docs.python-requests.org）を使うことです。

ここでは、GitHub上のpandasのGitHub Issuesから最新の課題30個を取得するために、requestsライブラリをアドオンとして用いて、次のようなHTTPリクエストGETを送信してみましょう。

```
In [113]: import requests

In [114]: url = 'https://api.github.com/repos/pandas-dev/pandas/issues'

In [115]: resp = requests.get(url)

In [116]: resp
Out[116]: <Response [200]>
```

Responseオブジェクトのjsonメソッドからは、JSONから読み出されたネイティブのPythonオブジェクトを含むディクショナリが戻されます。

```
In [117]: data = resp.json()

In [118]: data[0]['title']
Out[118]: 'BUG: rank with +-inf, #6945'
```

data内の各要素は、GitHub上のIssuesのページに含まれている（コメント以外の）すべてのデータを含んだディクショナリです。dataを直接データフレームのコンストラクタに渡して、取り出したいフィールドを指定すれば、データフレームが得られます。

```
In [119]: issues = pd.DataFrame(data, columns=['number', 'title',
   .....:                                      'labels', 'state'])

In [120]: issues
Out[120]:
    number                                              title  \
0    17903                        BUG: rank with +-inf, #6945
1    17902  Revert "ERR: Raise ValueError when setting sca...
2    17901  Wrong orientation of operations between DataFr...
3    17900  added 'infer' option to compression in _get_ha...
4    17898      Last day of month should group with that month
..     ...                                                ...
25   17854       Adding an integer-location based "get" method
26   17853  BUG: adds validation for boolean keywords in D...
27   17851  BUG: duplicate indexing with embedded non-orde...
28   17850        ImportError: No module named 'pandas.plotting'
29   17846  BUG: Ignore division by 0 when merging empty d...

                                               labels state
0                                                   []  open
1   [{'id': 35818298, 'url': 'https://api.github.c...  open
2                                                   []  open
3                                                   []  open
4   [{'id': 76811, 'url': 'https://api.github.com/...  open
..                                                ...   ...
25  [{'id': 35818298, 'url': 'https://api.github.c...  open
26  [{'id': 42670965, 'url': 'https://api.github.c...  open
27  [{'id': 76811, 'url': 'https://api.github.com/...  open
28  [{'id': 31932467, 'url': 'https://api.github.c...  open
```

```
29 [{'id': 76865106, 'url': 'https://api.github.c...  open
[30 rows x 4 columns]
```

ちょっと努力をすれば、よく使う Web API を基に、データフレームのオブジェクトを戻す高レベルインタフェースを作成して、分析をより簡単にできるはずです。

6.4 **データベースからのデータの取得**

ビジネスシーンにおいては、大半のデータは、テキストファイルや Excel ファイルには保存されていないでしょう。SQL ベースのリレーショナルデータベース（SQL Server、PostgreSQL、MySQL など）が広く使われており、それ以外にも、多くの代替となるデータベースの人気もかなり出てきました。どのデータベースを使うかは、通常、アプリケーションの要求するパフォーマンス、データ完全性、スケーラビリティによって決められます。

SQL からデータを読み込んでデータフレームに入れるのはかなり直観的な処理で、pandas にはこの処理を簡単にしてくれる関数がいくつかあります。読み込みの例を説明するために、まずは Python 組み込みの sqlite3 ドライバを用いて、SQLite データベースを作成しましょう。

```
In [121]: import sqlite3

In [122]: query = """
   .....: CREATE TABLE test
   .....: (a VARCHAR(20), b VARCHAR(20),
   .....:  c REAL,        d INTEGER
   .....: );"""

In [123]: con = sqlite3.connect('mydata.sqlite')

In [124]: con.execute(query)
Out[124]: <sqlite3.Cursor at 0x7fb7361b4b90>

In [125]: con.commit()
```

データベースを作成したら、数行のデータを挿入しましょう。

```
In [126]: data = [('Atlanta', 'Georgia', 1.25, 6),
   .....:         ('Tallahassee', 'Florida', 2.6, 3),
   .....:         ('Sacramento', 'California', 1.7, 5)]

In [127]: stmt = "INSERT INTO test VALUES(?, ?, ?, ?)"

In [128]: con.executemany(stmt, data)
Out[128]: <sqlite3.Cursor at 0x7fb7396d25e0>

In [129]: con.commit()
```

さて、データベースの準備ができたので読み込みます。Python の SQL ドライバの大半（PyODBC、

psycopg2、MySQLdb、pymssqlなど）は、テーブルのデータを選択したときにタプルのリストを戻します。

```
In [130]: cursor = con.execute('select * from test')

In [131]: rows = cursor.fetchall()

In [132]: rows
Out[132]:
[('Atlanta', 'Georgia', 1.25, 6),
 ('Tallahassee', 'Florida', 2.6, 3),
 ('Sacramento', 'California', 1.7, 5)]
```

このタプルのリストをデータフレームのコンストラクタに渡してもよいのですが、その場合は列名も一緒に渡す必要があります。列名はカーソルの`description`属性に含まれています。

```
In [133]: cursor.description
Out[133]:
(('a', None, None, None, None, None, None),
 ('b', None, None, None, None, None, None),
 ('c', None, None, None, None, None, None),
 ('d', None, None, None, None, None, None))

In [134]: pd.DataFrame(rows, columns=[x[0] for x in cursor.description])
Out[134]:
            a           b     c  d
0       Atlanta     Georgia  1.25  6
1    Tallahassee    Florida  2.60  3
2     Sacramento  California  1.70  5
```

これはかなり面倒な処理なので、データベースをクエリするときに毎回繰り返すのは嫌でしょう。SQLAlchemyプロジェクト（http://www.sqlalchemy.org/）は、SQLデータベース間によくある差異の多くを抽象化して取り除いてくれる、人気のあるPython用のSQLツールキットを提供しています。このSQLAlchemyの汎用的なデータベース接続を通じて簡単にデータを読み出せる、read_sqlという関数がpandasにはあります。以下では、先ほどと同じSQLiteデータベースにSQLAlchemyを用いて接続し、先ほど作成したテーブルからデータを読み込んでみます。

```
In [135]: import sqlalchemy as sqla

In [136]: db = sqla.create_engine('sqlite:///mydata.sqlite')

In [137]: pd.read_sql('select * from test', db)
Out[137]:
            a           b     c  d
0       Atlanta     Georgia  1.25  6
1    Tallahassee    Florida  2.60  3
2     Sacramento  California  1.70  5
```

6.5　まとめ

　データ分析のプロセスにおいては、データにアクセスできるようになることが最初のステップとなりがちです。この章では、読者のみなさんがとりあえず手を動かすのに役立つ、たくさんのツールを紹介しました。次章以降では、データラングリング、データの可視化、時系列分析などのテーマを、より深く掘り下げていきます。

7章
データのクリーニングと前処理

データ分析やモデリングを行う過程で、かなりの時間がデータの前処理に使われます。データの前処理とは、読み込みやクリーニング、変形、整形といった作業のことで、分析者の時間の80%以上を占めると言われることもあります。その理由としては、扱いたいデータがファイルやデータベースに保存されていても、行いたい作業にとって適切な形式で保存されていないことがあるためです。そのような場合に多くの分析者は、汎用的なプログラミング言語を用いて、データを別の形式に変換するためのアドホックな処理を行うという対応を取ります。ここで使われるプログラミング言語としては、PythonやPerl、R、Java、あるいはUnixのテキスト処理ツールであるsedやawkなどがあります。幸いなことに、pandas本体や、pandasから使えるPython組み込みの機能では、高度で柔軟性も高く、高速なツールセットが提供されていますので、それらを用いてデータを適切な形に変換する作業ができます。

もし、みなさんの行いたいデータ操作方法がこの本に書かれておらず、pandasライブラリのどこにも見当たらない場合は、何らかのPythonのメーリングリストやpandasのGitHubサイトに、遠慮なくそのユースケースを共有してみてください。実際、pandasの機能の多くは、そういった機能を使用したいという実世界の声やニーズに刺激される形で、設計や実装をされてきました。

この章では、欠損値や重複データの処理、文字列操作など、分析に必要なデータの変形のためのツールを取り上げます。また次の章では、データセットの結合やさまざまな整形方法に焦点を当てます。

7.1 欠損値の取り扱い

欠損値は、さまざまなデータ分析事例においてよく発生するテーマです。その欠損値の取り扱いをできる限り面倒臭くないようにする、というのが、pandasが目指す目的の1つです。例えば、デフォルトでは、pandasオブジェクトの記述統計量[*1]の算出時にはすべての欠損値が除外されます。

pandasオブジェクトでの欠損値の表現方法は、すべての事例を完璧に取り扱えるものではありませ

[*1] 訳注：例えば「5章 pandas入門」で紹介したDataFrameオブジェクトのdescribeメソッドで、さまざまな記述統計量を表示できます。

んが、多くの場合には十分な機能を持っています。数値データについては、pandasは、欠損値の表現
として浮動小数値NaN（非数値、Not a Numberの意味）を使います。この値のことを、簡単に欠損値を
見つけるための**標識**と読んでいます。

```
In [10]: string_data = pd.Series(['aardvark', 'artichoke', np.nan, 'avocado'])

In [11]: string_data
Out[11]:
0      aardvark
1     artichoke
2           NaN
3       avocado
dtype: object

In [12]: string_data.isnull()
Out[12]:
0    False
1    False
2     True
3    False
dtype: bool
```

R言語での慣例にならって、pandasでは欠損値をNAと呼んでいます。NAは利用不可（**not
available**）の意味です。統計アプリケーションにおいてNAというデータは、存在しないデータを指す
場合と、存在するが観測できなかったデータ（例えば、収集過程で問題が発生したデータなど）を指す
場合があります。分析のためにデータをクリーニングする過程では、欠損値の数を数えるなど、欠損
値自体の分析をする必要がしばしば出てきます。その目的はさまざまで、データの収集時に問題が起
きていないかという観点で確認する場合もあれば、欠損値によってデータ内に偏りが発生していない
かという観点で確認することもありあす。

Python組み込みの値Noneがオブジェクトの配列に含まれている場合も、欠損値として扱われます。

```
In [13]: string_data[0] = None

In [14]: string_data.isnull()
Out[14]:
0     True
1    False
2     True
3    False
dtype: bool
```

欠損値の取り扱い方法については、内部実装を改善する取り組みが、現在pandasプロジェクト内で
進行中です。しかし現状でも、ユーザ向けにAPIが提供されているpandas.isnullなどの関数は、内部
実装の問題の多くを抽象化して隠してくれます。欠損値の取り扱いに関する関数のうちいくつかを、**表
7-1**にまとめています。

表7-1 欠損値を扱うメソッド

メソッド	説明
dropna	指定した軸について、その軸のラベルの値に欠損値が含まれる場合はラベルを削除する。含まれる欠損値の数がいくつまでなら削除しないか、閾値で指定することもできる。
fillna	欠損値を指定した値で穴埋めする。または、'ffill'や'bfill'などの指定した方法で穴埋めする。
isnull	各値が欠損値（NA）であるかどうかを示す一連の真偽値を戻す。
notnull	isnullの反対の動作をする。

7.1.1 欠損値を削除する

欠損値を削除する方法はいくつかあります。pandas.isnullと真偽値の配列を用いて手動で削除するという方法も常に選択肢の1つではありますが、dropnaを使う方法が便利です。シリーズに対してdropnaを用いると、欠損値でないデータとそのインデックスのみを持ったシリーズが戻されます。

```
In [15]: from numpy import nan as NA

In [16]: data = pd.Series([1, NA, 3.5, NA, 7])

In [17]: data.dropna()
Out[17]:
0    1.0
2    3.5
4    7.0
dtype: float64
```

これは次の方法と等価です。

```
In [18]: data[data.notnull()]
Out[18]:
0    1.0
2    3.5
4    7.0
dtype: float64
```

データフレームオブジェクトの場合は、少し複雑になります。この場合、すべてのデータが欠損値である行か列を削除したいか、欠損値を1つでも含む行か列を削除したいかのどちらかでしょう。dropnaメソッドはデフォルトでは、欠損値を1つでも含む行をすべて削除します。

```
In [19]: data = pd.DataFrame([[1., 6.5, 3.], [1., NA, NA],
   ....:                       [NA, NA, NA], [NA, 6.5, 3.]])

In [20]: cleaned = data.dropna()

In [21]: data
Out[21]:
     0    1    2
0  1.0  6.5  3.0
```

```
  1  1.0  NaN  NaN
  2  NaN  NaN  NaN
  3  NaN  6.5  3.0

In [22]: cleaned
Out[22]:
     0    1    2
0  1.0  6.5  3.0
```

how='all'を指定すると、すべてのデータが欠損値である行のみが削除されます。

```
In [23]: data.dropna(how='all')
Out[23]:
     0    1    2
0  1.0  6.5  3.0
1  1.0  NaN  NaN
3  NaN  6.5  3.0
```

このメソッドで、行でなく列を削除する場合は、axis=1を指定します。

```
In [24]: data[4] = NA

In [25]: data
Out[25]:
     0    1    2    4
0  1.0  6.5  3.0  NaN
1  1.0  NaN  NaN  NaN
2  NaN  NaN  NaN  NaN
3  NaN  6.5  3.0  NaN

In [26]: data.dropna(axis=1, how='all')
Out[26]:
     0    1    2
0  1.0  6.5  3.0
1  1.0  NaN  NaN
2  NaN  NaN  NaN
3  NaN  6.5  3.0
```

　データフレームの行を除外したいケースは、時系列データを扱うときによく起こります。一定数の観測値が含まれる行だけを保持したいケースを考えてみましょう。この一定数を指定するときには引数threshを指定します。

```
In [27]: df = pd.DataFrame(np.random.randn(7, 3))

In [28]: df.iloc[:4, 1] = NA

In [29]: df.iloc[:2, 2] = NA

In [30]: df
Out[30]:
```

```
              0         1         2
0  -0.204708       NaN       NaN
1  -0.555730       NaN       NaN
2   0.092908       NaN  0.769023
3   1.246435       NaN -1.296221
4   0.274992  0.228913  1.352917
5   0.886429 -2.001637 -0.371843
6   1.669025 -0.438570 -0.539741

In [31]: df.dropna()
Out[31]:
              0         1         2
4   0.274992  0.228913  1.352917
5   0.886429 -2.001637 -0.371843
6   1.669025 -0.438570 -0.539741

In [32]: df.dropna(thresh=2)
Out[32]:
              0         1         2
2   0.092908       NaN  0.769023
3   1.246435       NaN -1.296221
4   0.274992  0.228913  1.352917
5   0.886429 -2.001637 -0.371843
6   1.669025 -0.438570 -0.539741
```

7.1.2　欠損値を穴埋めする

　欠損値を削除する（したがって、欠損値に紐付くその他の情報があっても捨ててしまうことになる）のではなく、欠損値という「穴」を何らかの方法で埋めたい場合もあるでしょう。大抵の場合、その役目を果たしてくれるのがfillnaメソッドです。fillnaに何らかの値を引数として与えて呼び出すと、その値で欠損値を置き換えることができます。

```
In [33]: df.fillna(0)
Out[33]:
              0         1         2
0  -0.204708  0.000000  0.000000
1  -0.555730  0.000000  0.000000
2   0.092908  0.000000  0.769023
3   1.246435  0.000000 -1.296221
4   0.274992  0.228913  1.352917
5   0.886429 -2.001637 -0.371843
6   1.669025 -0.438570 -0.539741
```

fillnaメソッドにディクショナリを与えると、列ごとに異なる値で埋めることができます。

```
In [34]: df.fillna({1: 0.5, 2: 0})
Out[34]:
              0         1         2
0  -0.204708  0.500000  0.000000
```

```
1 -0.555730  0.500000   0.000000
2  0.092908  0.500000   0.769023
3  1.246435  0.500000  -1.296221
4  0.274992  0.228913   1.352917
5  0.886429 -2.001637  -0.371843
6  1.669025 -0.438570  -0.539741
```

fillnaメソッドはデフォルトでは新しいオブジェクトを戻しますが、既存のオブジェクトを直接変更することも可能です。

```
In [35]: _ = df.fillna(0, inplace=True)

In [36]: df
Out[36]:
          0         1         2
0 -0.204708  0.000000   0.000000
1 -0.555730  0.000000   0.000000
2  0.092908  0.000000   0.769023
3  1.246435  0.000000  -1.296221
4  0.274992  0.228913   1.352917
5  0.886429 -2.001637  -0.371843
6  1.669025 -0.438570  -0.539741
```

再インデックス付けのときと同じ穴埋め方法がfillnaメソッドでも使えます。

```
In [37]: df = pd.DataFrame(np.random.randn(6, 3))

In [38]: df.iloc[2:, 1] = NA

In [39]: df.iloc[4:, 2] = NA

In [40]: df
Out[40]:
          0         1         2
0  0.476985  3.248944  -1.021228
1 -0.577087  0.124121   0.302614
2  0.523772       NaN   1.343810
3 -0.713544       NaN  -2.370232
4 -1.860761       NaN        NaN
5 -1.265934       NaN        NaN

In [41]: df.fillna(method='ffill')
Out[41]:
          0         1         2
0  0.476985  3.248944  -1.021228
1 -0.577087  0.124121   0.302614
2  0.523772  0.124121   1.343810
3 -0.713544  0.124121  -2.370232
4 -1.860761  0.124121  -2.370232
5 -1.265934  0.124121  -2.370232
```

```
In [42]: df.fillna(method='ffill', limit=2)
Out[42]:
          0         1         2
0  0.476985  3.248944 -1.021228
1 -0.577087  0.124121  0.302614
2  0.523772  0.124121  1.343810
3 -0.713544  0.124121 -2.370232
4 -1.860761       NaN -2.370232
5 -1.265934       NaN -2.370232
```

少し工夫すると、fillnaを用いて、他にもさまざまな埋め方ができます。例えば、シリーズの平均値や中央値で穴を埋めてもよいでしょう。

```
In [43]: data = pd.Series([1., NA, 3.5, NA, 7])

In [44]: data.fillna(data.mean())
Out[44]:
0    1.000000
1    3.833333
2    3.500000
3    3.833333
4    7.000000
dtype: float64
```

fillnaに関しては、**表7-2**のリファレンスも参照してください。

表7-2　メソッドの引数

引数	説明
value	欠損値の穴埋めに用いられるスカラー値、またはディクショナリ系のオブジェクト。
method	穴埋め方法を指定する。他の引数が何も指定されなかった場合、デフォルトでは'ffill'が適用される。
axis	穴埋めをしたい軸。デフォルトではaxis=0（行方向）。
inplace	コピーを作るのではなく、呼び出し元のオブジェクトを直接変更する。
limit	前方（method='ffill'）、後方（method='bfill'）への穴埋め時に、連続した穴埋めを最大何回まで行うか。

7.2　データの変形

この章ではデータを整形することに着目してきました。しかし、データの除去やクリーニング、その他の変換もまた重要な操作です。

7.2.1　重複の除去

さまざまな理由で、1つのデータフレーム内に重複した行が含まれることがあります。例えばこのようなデータです。

```
In [45]: data = pd.DataFrame({'k1': ['one', 'two'] * 3 + ['two'],
```

```
    ....:                        'k2': [1, 1, 2, 3, 3, 4, 4]})

In [46]: data
Out[46]:
     k1  k2
0   one   1
1   two   1
2   one   2
3   two   3
4   one   3
5   two   4
6   two   4
```

データフレームの duplicated メソッドは真偽値のシリーズを戻します。このシリーズは、それぞれ
の行が重複しているか否か（同じ値を持つ行が前にもあるか否か）を示しています。

```
In [47]: data.duplicated()
Out[47]:
0    False
1    False
2    False
3    False
4    False
5    False
6     True
dtype: bool
```

関連するメソッドに drop_duplicates があります。このメソッドは重複を削除し、先ほどの
duplicated の結果が False の要素のみを持つデータフレームを戻します。

```
In [48]: data.drop_duplicates()
Out[48]:
     k1  k2
0   one   1
1   two   1
2   one   2
3   two   3
4   one   3
5   two   4
```

これらのメソッドは、デフォルトではすべての列が同じ値の場合に重複と判定しますが、重複の検出
対象を一部の列に限定するよう指定することも可能です。例えば、先ほどのデータに列を追加した上
で、'k1' 列のみに基づいて重複を判定し、削除するようにしてみましょう。

```
In [49]: data['v1'] = range(7)

In [50]: data.drop_duplicates(['k1'])
Out[50]:
     k1  k2  v1
```

```
0  one  1  0
1  two  1  1
```

duplicated メソッドも drop_duplicates メソッドも、デフォルトでは、重複が見つかった場合に最初の値を残します（最初の値以外を重複と判定します）。keep='last' と指定すると、最後の値を残すよう処理を変更できます[1]。

```
In [51]: data.drop_duplicates(['k1', 'k2'], keep='last')
Out[51]:
    k1  k2  v1
0  one  1  0
1  two  1  1
2  one  2  2
3  two  3  3
4  one  3  4
6  two  4  6
```

7.2.2　関数やマッピングを用いたデータの変換

さまざまなデータセットを扱っていると、配列やシリーズ、データフレーム内の列の値に基づいて変換を行いたいことがあります。例えば、さまざまな種類の肉に関する情報をまとめた、次のような仮想のデータを考えてみましょう。

```
In [52]: data = pd.DataFrame({'food': ['bacon', 'pulled pork', 'bacon',
   ....:                               'Pastrami', 'corned beef', 'Bacon',
   ....:                               'pastrami', 'honey ham', 'nova lox'],
   ....:                       'ounces': [4, 3, 12, 6, 7.5, 8, 3, 5, 6]})

In [53]: data
Out[53]:
          food  ounces
0        bacon     4.0
1  pulled pork     3.0
2        bacon    12.0
3     Pastrami     6.0
4  corned beef     7.5
5        Bacon     8.0
6     pastrami     3.0
7    honey ham     5.0
8     nova lox     6.0
```

ここで、それぞれの食材が取られた動物の種類を示す列を追加したい場合を考えます。そのために、それぞれの肉の種類から動物の種類にマッピングするデータをディクショナリとして書き出してみましょう。

---

[1]　訳注：ここでは、インデックスが5の要素と6の要素においてk1列とk2列の値が同じため、この2つの要素が重複判定されますが、keep='last' が指定されているため、5ではなく6の方が残っています。

```
meat_to_animal = {
  'bacon': 'pig',
  'pulled pork': 'pig',
  'pastrami': 'cow',
  'corned beef': 'cow',
  'honey ham': 'pig',
  'nova lox': 'salmon'
}
```

シリーズのmapメソッドには、マッピングを定義した関数オブジェクトかディクショナリ系オブジェクトを渡すことができます。しかし、ここで小さな問題が1つあります。肉の種類（food列）として、先頭が大文字の値とそうでない値が混在しているという問題です。そこで、シリーズのstr.lowerメソッドを用いて、元データのfood列の値の文字をすべて小文字にした上で、マッピングを適用することにします。

```
In [55]: lowercased = data['food'].str.lower()

In [56]: lowercased
Out[56]:
0         bacon
1   pulled pork
2         bacon
3      pastrami
4   corned beef
5         bacon
6      pastrami
7     honey ham
8      nova lox
Name: food, dtype: object

In [57]: data['animal'] = lowercased.map(meat_to_animal)

In [58]: data
Out[58]:
          food  ounces  animal
0        bacon     4.0     pig
1  pulled pork     3.0     pig
2        bacon    12.0     pig
3     Pastrami     6.0     cow
4  corned beef     7.5     cow
5        Bacon     8.0     pig
6     pastrami     3.0     cow
7    honey ham     5.0     pig
8     nova lox     6.0  salmon
```

これと同じことを、シリーズのmapメソッドに関数を渡して行う場合は、次のようにします。

```
In [59]: data['food'].map(lambda x: meat_to_animal[x.lower()])
Out[59]:
```

```
0       pig
1       pig
2       pig
3       cow
4       cow
5       pig
6       cow
7       pig
8    salmon
Name: food, dtype: object
```

　mapメソッドは、要素ごとの変換や、その他のデータクリーニング操作を行うのに便利な方法です。

7.2.3　値の置き換え

　fillnaメソッドを用いた欠損値の穴埋めは、一般的な値の置き換え操作の特殊な例と考えることができます。また、先ほど紹介したように、mapメソッドを用いると、オブジェクト内の一部の値を修正できます。しかし、もっとシンプルで柔軟性が高いのは、replaceを使う方法です。例えば次のようなシリーズについて考えてみましょう。

```
In [60]: data = pd.Series([1., -999., 2., -999., -1000., 3.])

In [61]: data
Out[61]:
0       1.0
1    -999.0
2       2.0
3    -999.0
4   -1000.0
5       3.0
dtype: float64
```

　-999という値はおそらく欠損値を示す標識でしょう。これらの値を、pandasが欠損値と理解できるNAに置き換えます。replaceメソッドを用いると、（inplace=Trueを渡さない限りは）置き換えた新しいシリーズが戻されます。

```
In [62]: data.replace(-999, np.nan)
Out[62]:
0       1.0
1       NaN
2       2.0
3       NaN
4   -1000.0
5       3.0
dtype: float64
```

　複数の値を同時に置き換えたい場合は、第1引数にリストを渡した上で、代わりに入れる値を第2引数で指定します。

```
In [63]: data.replace([-999, -1000], np.nan)
Out[63]:
0    1.0
1    NaN
2    2.0
3    NaN
4    NaN
5    3.0
dtype: float64
```

　置き換えたい値ごとに代わりに入れる値が異なる場合は、第2引数の置き換え後の値もリストで指定します。

```
In [64]: data.replace([-999, -1000], [np.nan, 0])
Out[64]:
0    1.0
1    NaN
2    2.0
3    NaN
4    0.0
5    3.0
dtype: float64
```

　もっとわかりやすくするため、置き換え前後の値をディクショナリで指定することも可能です。

```
In [65]: data.replace({-999: np.nan, -1000: 0})
Out[65]:
0    1.0
1    NaN
2    2.0
3    NaN
4    0.0
5    3.0
dtype: float64
```

 `data.replace`メソッドは`data.str.replace`メソッドとは異なります。`data.str.replace`は要素ごとに文字列の置き換えを行うメソッドで、この章の後の節で、シリーズ（Series）オブジェクトが持つ他の文字列処理メソッドと一緒に紹介します。

7.2.4　軸のインデックスの名前を変更する

　シリーズ内の各値だけでなく、軸のラベルも同様に変換できます。軸のラベルの変換にも、異なるラベルを持った新たなオブジェクトを生成するための、ある種の関数やマッピングを使用します。また、新たなデータ構造を作成することなく、軸を直接変更することも可能です。次の簡単なデータフレームを例として用いましょう。

```
In [66]: data = pd.DataFrame(np.arange(12).reshape((3, 4)),
   ....:                      index=['Ohio', 'Colorado', 'New York'],
   ....:                      columns=['one', 'two', 'three', 'four'])
```

シリーズと同様に、軸のインデックスにも map メソッドがあり、新たな軸のオブジェクトを生成できます。

```
In [67]: transform = lambda x: x[:4].upper()
```

```
In [68]: data.index.map(transform)
Out[68]: Index(['OHIO', 'COLO', 'NEW '], dtype='object')
```

この変換結果を index 属性に代入すれば、元のデータフレームオブジェクトのインデックスを直接変更できます。

```
In [69]: data.index = data.index.map(transform)
```

```
In [70]: data
Out[70]:
      one  two  three  four
OHIO    0    1      2     3
COLO    4    5      6     7
NEW     8    9     10    11
```

元のデータセットを変更せずに、変換後の軸を持つデータセットを別に作成したい場合には、rename メソッドが便利です。

```
In [71]: data.rename(index=str.title, columns=str.upper)
Out[71]:
      ONE  TWO  THREE  FOUR
Ohio    0    1      2     3
Colo    4    5      6     7
New     8    9     10    11
```

この rename メソッドは、ディクショナリ系オブジェクトと一緒に用いると、一部の軸のラベルのみに新たな値を設定するという使い方もできます。

```
In [72]: data.rename(index={'OHIO': 'INDIANA'},
   ....:             columns={'three': 'peekaboo'})
Out[72]:
         one  two  peekaboo  four
INDIANA    0    1         2     3
COLO       4    5         6     7
NEW        8    9        10    11
```

このように、rename メソッドは、データフレームを手動でコピーし、インデックスや列の属性（それぞれ index と columns）に新たな値を代入するという手間を省いてくれます。もし、新たなデータセットを作るのではなく元のデータセットを直接変更したいのであれば、次のように inplace=True を引数に

渡してください。

```
In [73]: data.rename(index={'OHIO': 'INDIANA'}, inplace=True)

In [74]: data
Out[74]:
         one  two  three  four
INDIANA    0    1      2     3
COLO       4    5      6     7
NEW        8    9     10    11
```

7.2.5　離散化とビニング

　連続したデータを離散化したり、分析のために「ビン」に分割したいときがあります。ここでは、調査対象の人々に関するデータを持っていて、その人々を年齢に応じて離散的な箱に分類することで、グループ化したいとします。

```
In [75]: ages = [20, 22, 25, 27, 21, 23, 37, 31, 61, 45, 41, 32]
```

　このデータを、18歳から25歳、26歳から35歳、36歳から60歳、61歳以上の4つのビンに分割してみましょう。そのためには、pandasのcut関数を使用します。

```
In [76]: bins = [18, 25, 35, 60, 100]

In [77]: cats = pd.cut(ages, bins)

In [78]: cats
Out[78]:
[(18, 25], (18, 25], (18, 25], (25, 35], (18, 25], ..., (25, 35], (60, 100], (35,
 60], (35, 60], (25, 35]]
Length: 12
Categories (4, interval[int64]): [(18, 25] < (25, 35] < (35, 60] < (60, 100]]
```

　ここで戻されたオブジェクトは、特殊なカテゴリ型（Categorical）オブジェクトです。出力を見ると、pandas.cutの計算で得られたビンに関する情報が記載されているのがわかります。このオブジェクトは、ビンの名前を示す文字列の配列と同じように扱うことができます。オブジェクト内には、各カテゴリの名前を指定するcategoriesという名前の配列と、agesデータのラベル情報を含むcodes属性が含まれています。

```
In [79]: cats.codes
Out[79]: array([0, 0, 0, 1, 0, 0, 2, 1, 3, 2, 2, 1], dtype=int8)

In [80]: cats.categories
Out[80]:
IntervalIndex([(18, 25], (25, 35], (35, 60], (60, 100]]
              closed='right',
              dtype='interval[int64]')
```

```
In [81]: pd.value_counts(cats)
Out[81]:
(18, 25]     5
(35, 60]     3
(25, 35]     3
(60, 100]    1
dtype: int64
```

　上のコードにおいて、`pd.value_counts(cats)`では、`pandas.cut`の結果の各ビンに含まれるデータ数を数えています。

　カテゴリ名として使われている区間の表記は数学での表記法と同じで、小括弧 (がある側は**開区間**(境界を含まない) であることを意味し、大括弧 [がある側は**閉区間** (境界を含む) であることを意味します。`right=False`を引数として渡すと、反対に左側を閉区間にすることができます。

```
In [82]: pd.cut(ages, [18, 26, 36, 61, 100], right=False)
Out[82]:
[[18, 26), [18, 26), [18, 26), [26, 36), [18, 26), ..., [26, 36), [61, 100), [36,
 61), [36, 61), [26, 36)]
Length: 12
Categories (4, interval[int64]): [[18, 26) < [26, 36) < [36, 61) < [61, 100)]
```

　また、`labels`オプションにビンの名前をリストか配列として渡せば、好みのビンの名前を設定できます。

```
In [83]: group_names = ['Youth', 'YoungAdult', 'MiddleAged', 'Senior']
```

```
In [84]: pd.cut(ages, bins, labels=group_names)
Out[84]:
[Youth, Youth, Youth, YoungAdult, Youth, ..., YoungAdult, Senior, MiddleAged, Mid
dleAged, YoungAdult]
Length: 12
Categories (4, object): [Youth < YoungAdult < MiddleAged < Senior]
```

　ビンの境界をリストや配列で明示的に指定する代わりに、ビンの数を整数値でcutに渡すこともできます。その場合、データの最小値と最大値を基にして、その間を等間隔に区切ったビンが設定されます。次のような、一様に分布するデータを4つのビンに分割する例を考えてみましょう。

```
In [85]: data = np.random.rand(20)
```

```
In [86]: pd.cut(data, 4, precision=2)
Out[86]:
[(0.34, 0.55], (0.34, 0.55], (0.76, 0.97], (0.76, 0.97], (0.34, 0.55], ..., (0.34
, 0.55], (0.34, 0.55], (0.55, 0.76], (0.34, 0.55], (0.12, 0.34]]
Length: 20
Categories (4, interval[float64]): [(0.12, 0.34] < (0.34, 0.55] < (0.55, 0.76] <
(0.76, 0.97]]
```

　上のコードにおいて、cutに渡したprecision=2というオプションは、ビンを設定する際に境界値を小数点以下2桁の精度に設定するためのものです[*1]。

　cutとよく似たqcutという関数もあり、こちらはサンプルの分位点に基づいてビンを設定します。データの分布によっては、cut関数を使うとそれぞれのビンのデータ数が同じにならないため不便なことがありますが、qcutはサンプルの分位点を基にビンを設定するため、当然ながらほぼ同じデータサイズのビンが得られます。

```
In [87]: data = np.random.randn(1000)  # 正規分布のデータ

In [88]: cats = pd.qcut(data, 4)   # 4つの四分位範囲のビンに分割

In [89]: cats
Out[89]:
[(-0.0265, 0.62], (0.62, 3.928], (-0.68, -0.0265], (0.62, 3.928], (-0.0265, 0.62]
, ..., (-0.68, -0.0265], (-0.68, -0.0265], (-2.95, -0.68], (0.62, 3.928], (-0.68,
 -0.0265]]
Length: 1000
Categories (4, interval[float64]): [(-2.95, -0.68] < (-0.68, -0.0265] < (-0.0265,
 0.62] < (0.62, 3.928]]

In [90]: pd.value_counts(cats)
Out[90]:
(0.62, 3.928]      250
(-0.0265, 0.62]    250
(-0.68, -0.0265]   250
(-2.95, -0.68]     250
dtype: int64
```

　cut関数と同じように、任意の分位点をビンの境界として設定することもできます（0から1の間で、各ビンの右側の境界は閉区間となります）。

```
In [91]: pd.qcut(data, [0, 0.1, 0.5, 0.9, 1.])
Out[91]:
[(-0.0265, 1.286], (-0.0265, 1.286], (-1.187, -0.0265], (-0.0265, 1.286], (-0.026
5, 1.286], ..., (-1.187, -0.0265], (-1.187, -0.0265], (-2.95, -1.187], (-0.0265,
1.286], (-1.187, -0.0265]]
Length: 1000
Categories (4, interval[float64]): [(-2.95, -1.187] < (-1.187, -0.0265] < (-0.026
5, 1.286] < (1.286, 3.928]]
```

　cutとqcutは、「**10章　データの集約とグループ演算**」でも登場します。これらの離散化関数は、分位点やグループ化を用いた分析をする際にとても便利なためです。

[*1]　訳注：例えば、precision=2, right=Trueを指定した場合に最小値が0.12582431、最大値が0.96352024であったとすると、最も小さな値を入れるビンの左側の境界は(0.12となり、最も大きな値を入れるビンの右側の境界は0.97]と設定されます。

7.2.6 外れ値の検出と除去

外れ値の除去や変換は、ほとんどが配列に対する操作で対応できる問題です。ここでは、いくつかの正規分布をするデータの入ったデータフレームを使って考えてみましょう。

```
In [92]: data = pd.DataFrame(np.random.randn(1000, 4))
```

```
In [93]: data.describe()
Out[93]:
                 0            1            2            3
count  1000.000000  1000.000000  1000.000000  1000.000000
mean      0.049091     0.026112    -0.002544    -0.051827
std       0.996947     1.007458     0.995232     0.998311
min      -3.645860    -3.184377    -3.745356    -3.428254
25%      -0.599807    -0.612162    -0.687373    -0.747478
50%       0.047101    -0.013609    -0.022158    -0.088274
75%       0.756646     0.695298     0.699046     0.623331
max       2.653656     3.525865     2.735527     3.366626
```

まず、4つの列のうち1つで外れ値を見つけたいとします。外れ値としては絶対値が3より大きなものを考えましょう。

```
In [94]: col = data[2]
```

```
In [95]: col[np.abs(col) > 3]
Out[95]:
41    -3.399312
136   -3.745356
Name: 2, dtype: float64
```

次に、3を上回るか−3を下回る値を1つ以上持つすべての行を選択しましょう。そのためには、真偽値のデータフレームに対してanyメソッドを使用します。

```
In [96]: data[(np.abs(data) > 3).any(1)]
Out[96]:
            0         1         2         3
41   0.457246 -0.025907 -3.399312 -0.974657
60   1.951312  3.260383  0.963301  1.201206
136  0.508391 -0.196713 -3.745356 -1.520113
235 -0.242459 -3.056990  1.918403 -0.578828
258  0.682841  0.326045  0.425384 -3.428254
322  1.179227 -3.184377  1.369891 -1.074833
544 -3.548824  1.553205 -2.186301  1.277104
635 -0.578093  0.193299  1.397822  3.366626
782 -0.207434  3.525865  0.283070  0.544635
803 -3.645860  0.255475 -0.549574 -1.907459
```

これらの3や−3という基準値を超えた場合に、値を設定することもできます。次のコードでは、−3から3までの範囲に収まらない数値に対して上限を定め、範囲に収まるようにしています。

```
In [97]: data[np.abs(data) > 3] = np.sign(data) * 3

In [98]: data.describe()
Out[98]:
                  0            1            2            3
count  1000.000000  1000.000000  1000.000000  1000.000000
mean      0.050286     0.025567    -0.001399    -0.051765
std       0.992920     1.004214     0.991414     0.995761
min      -3.000000    -3.000000    -3.000000    -3.000000
25%      -0.599807    -0.612162    -0.687373    -0.747478
50%       0.047101    -0.013609    -0.022158    -0.088274
75%       0.756646     0.695298     0.699046     0.623331
max       2.653656     3.000000     2.735527     3.000000
```

上のコードにおいて、np.sign(data)という文は、dataのそれぞれの値の正負に応じて1か−1を戻します。次の例を見ればわかるでしょう。

```
In [99]: np.sign(data).head()
Out[99]:
     0    1    2    3
0 -1.0  1.0 -1.0  1.0
1  1.0 -1.0  1.0 -1.0
2  1.0  1.0  1.0 -1.0
3 -1.0 -1.0  1.0 -1.0
4 -1.0  1.0 -1.0 -1.0
```

7.2.7　順列（ランダムな並べ替え）やランダムサンプリング

シリーズやデータフレームの行の順列を得る（ランダムに並べ替える）ことは、関数numpy.random.permutationを用いれば簡単にできます。permutationを呼び出す際に、並べ替えたい軸の長さを引数として与えれば、新しい順序のインデックスを表す整数の配列が得られます。

```
In [100]: df = pd.DataFrame(np.arange(5 * 4).reshape((5, 4)))

In [101]: sampler = np.random.permutation(5)

In [102]: sampler
Out[102]: array([3, 1, 4, 2, 0])
```

得られた配列は、ilocを用いたインデックス参照や、それと同等のことを行うtake関数に渡すことで使用できます。

```
In [103]: df
Out[103]:
   0  1   2   3
0  0  1   2   3
1  4  5   6   7
2  8  9  10  11
```

```
3  12  13  14  15
4  16  17  18  19

In [104]: df.take(sampler)
Out[104]:
    0   1   2   3
3  12  13  14  15
1   4   5   6   7
4  16  17  18  19
2   8   9  10  11
0   0   1   2   3
```

ランダムに一部分だけ**非復元抽出**[*1]で選択するには、シリーズやデータフレームに対してsampleメソッドを使用するとよいでしょう。

```
In [105]: df.sample(n=3)
Out[105]:
    0   1   2   3
3  12  13  14  15
4  16  17  18  19
2   8   9  10  11
```

一方で、**復元抽出**によりサンプルを生成する（つまり、同じデータが何度も選択されることを許す）場合は、sampleメソッドにreplace=Trueを引数として渡してください。

```
In [106]: choices = pd.Series([5, 7, -1, 6, 4])

In [107]: draws = choices.sample(n=10, replace=True)

In [108]: draws
Out[108]:
4   4
1   7
4   4
2  -1
0   5
3   6
1   7
4   4
0   5
4   4
dtype: int64
```

[*1] 訳注：非復元抽出とは、一度抽出したサンプルはその後の抽出の対象とならない抽出方法のこと。当然ながら、サンプルサイズより多くの回数の抽出はできない。逆に、復元抽出とは、一度抽出したサンプルが再び抽出されうる抽出方法のこと。

7.2.8　標識変数やダミー変数の計算

　統計モデリングや機械学習アプリケーションでよく用いる変換方法の1つに、カテゴリ変数から「ダミー変数」や「標識変数」の行列への変換があります。例えば、データフレーム内の特定の列にk個の独立な値がある場合は、0か1の値を持つk個の列を持った行列やデータフレームへと変換することになるでしょう。自前で実装することも難しくはありませんが、このような変換のために、pandasにはget_dummiesという関数が用意されています。次のような単純な例を考えてみましょう。

```
In [109]: df = pd.DataFrame({'key': ['b', 'b', 'a', 'c', 'a', 'b'],
   .....:                     'data1': range(6)})

In [110]: pd.get_dummies(df['key'])
Out[110]:
   a  b  c
0  0  1  0
1  0  1  0
2  1  0  0
3  0  0  1
4  1  0  0
5  0  1  0
```

　場合によっては、標識変数のデータフレームのそれぞれの列にプレフィックスを付けた上で、他のデータと結合するとよいことがあります。get_dummies メソッドには、プレフィックスを指定するprefixという引数を渡せます。

```
In [111]: dummies = pd.get_dummies(df['key'], prefix='key')

In [112]: df_with_dummy = df[['data1']].join(dummies)

In [113]: df_with_dummy
Out[113]:
   data1  key_a  key_b  key_c
0      0      0      1      0
1      1      0      1      0
2      2      1      0      0
3      3      0      0      1
4      4      1      0      0
5      5      0      1      0
```

　データフレーム内の特定の行に複数のカテゴリにまたがる情報が含まれている場合は、もう少し複雑なことになります。MovieLensの100万件の映画評価データに含まれている映画データを用いて考えてみましょう。なお、このデータセットについては、「**14章　データ分析の実例**」で詳しく調べていきます。

```
In [114]: mnames = ['movie_id', 'title', 'genres']

In [115]: movies = pd.read_table('datasets/movielens/movies.dat', sep='::',
```

```
    .....:                            header=None, names=mnames)

In [116]: movies[:10]
Out[116]:
   movie_id                               title                           genres
0         1                    Toy Story (1995)      Animation|Children's|Comedy
1         2                      Jumanji (1995)     Adventure|Children's|Fantasy
2         3             Grumpier Old Men (1995)                   Comedy|Romance
3         4            Waiting to Exhale (1995)                     Comedy|Drama
4         5  Father of the Bride Part II (1995)                           Comedy
5         6                         Heat (1995)            Action|Crime|Thriller
6         7                      Sabrina (1995)                   Comedy|Romance
7         8                 Tom and Huck (1995)              Adventure|Children's
8         9                 Sudden Death (1995)                           Action
9        10                    GoldenEye (1995)         Action|Adventure|Thriller
```

genres行を基にして各ジャンルの標識変数の行を追加するには、データを少し改変する必要があります。まず、このデータセットからユニークなジャンルの一覧を取り出してみましょう。

```
In [117]: all_genres = []
```

```
In [118]: for x in movies.genres:
    .....:     all_genres.extend(x.split('|'))
```

```
In [119]: genres = pd.unique(all_genres)
```

次のような一覧が得られました。

```
In [120]: genres
Out[120]:
array(['Animation', "Children's", 'Comedy', 'Adventure', 'Fantasy',
       'Romance', 'Drama', 'Action', 'Crime', 'Thriller', 'Horror',
       'Sci-Fi', 'Documentary', 'War', 'Musical', 'Mystery', 'Film-Noir',
       'Western'], dtype=object)
```

標識変数のデータフレームを作成する1つの方法として、すべてのセルをゼロで埋めたデータフレームから作成し始めるというやり方があります。ここではそれでやってみます。

```
In [121]: zero_matrix = np.zeros((len(movies), len(genres)))
```

```
In [122]: dummies = pd.DataFrame(zero_matrix, columns=genres)
```

dummiesという、すべてのセルがゼロのデータフレームができました。映画データのそれぞれの映画のジャンル情報を抽出し、dummiesの対応する行およびジャンルの値を1に設定していきましょう。その上で、各ジャンルに対応するdummiesの列のインデックスを得るために、dummies.columnsを使用します。まずは0行目のデータを用いてこの一連の操作を試してみます。

```
In [123]: gen = movies.genres[0]
```

```
In [124]: gen.split('|')
Out[124]: ['Animation', "Children's", 'Comedy']

In [125]: dummies.columns.get_indexer(gen.split('|'))
Out[125]: array([0, 1, 2])
```

うまくいきそうなので、ループさせましょう。これらのインデックスに基づいて値を設定するには、.ilocを使います。

```
In [126]: for i, gen in enumerate(movies.genres):
   .....:     indices = dummies.columns.get_indexer(gen.split('|'))
   .....:     dummies.iloc[i, indices] = 1
   .....:
```

そうすると、先ほどと同じようにデータフレームの結合ができる状態になりました。dummiesをmoviesと結合しましょう。

```
In [127]: movies_windic = movies.join(dummies.add_prefix('Genre_'))

In [128]: movies_windic.iloc[0]
Out[128]:
movie_id                                       1
title                           Toy Story (1995)
genres                Animation|Children's|Comedy
Genre_Animation                                1
Genre_Children's                               1
Genre_Comedy                                   1
Genre_Adventure                                0
Genre_Fantasy                                  0
Genre_Romance                                  0
Genre_Drama                                    0
                              ...
Genre_Crime                                    0
Genre_Thriller                                 0
Genre_Horror                                   0
Genre_Sci-Fi                                   0
Genre_Documentary                              0
Genre_War                                      0
Genre_Musical                                  0
Genre_Mystery                                  0
Genre_Film-Noir                                0
Genre_Western                                  0
Name: 0, Length: 21, dtype: object
```

 はるかに大きなデータの場合、このような、所属する複数のカテゴリの標識変数に1つずつ値を設定していく形でデータフレームを作成する方法は、あまり高速ではありません。NumPyの配列に直接書き込む低レベルの関数を作成して、その処理結果をデータフレームとしてラップするのがよいでしょう。

　最後に、統計処理において実用的で役に立つレシピとして、cutなどの離散化関数とget_dummiesを組み合わせる方法を紹介します。

```
In [129]: np.random.seed(12345)

In [130]: values = np.random.rand(10)

In [131]: values
Out[131]:
array([ 0.9296,  0.3164,  0.1839,  0.2046,  0.5677,  0.5955,  0.9645,
        0.6532,  0.7489,  0.6536])

In [132]: bins = [0, 0.2, 0.4, 0.6, 0.8, 1]

In [133]: pd.get_dummies(pd.cut(values, bins))
Out[133]:
   (0.0, 0.2]  (0.2, 0.4]  (0.4, 0.6]  (0.6, 0.8]  (0.8, 1.0]
0           0           0           0           0           1
1           0           1           0           0           0
2           1           0           0           0           0
3           0           1           0           0           0
4           0           0           1           0           0
5           0           0           1           0           0
6           0           0           0           0           1
7           0           0           0           1           0
8           0           0           0           1           0
9           0           0           0           1           0
```

　上の例では、乱数生成の結果が決定論的になるように（つまり読者のみなさんが実行したときに同じ結果が得られるように）、numpy.random.seedを用いて乱数のシードを設定しています。また、pandas.get_dummies関数については、この本の後の方でも使っていきます。

7.3　文字列操作

　Pythonは昔から、生データ操作用の言語として人気があります。その理由の1つは、文字列やテキストデータを処理しやすい点にあります。ほとんどの文字列操作は、文字列（string）オブジェクト組み込みのメソッドで簡単に行えます。もっと複雑なパターンマッチングやテキスト操作には、正規表現が必要となることもあります。Python組み込みの文字列操作メソッドや正規表現の機能にpandasが加わると、配列のすべてのデータに対して文字列操作や正規表現を簡単に適用できるようになり、さらに欠損値という悩みの種を取り扱うことも可能になります。

7.3.1　文字列オブジェクトのメソッド

　文字列操作をしたり、その処理をスクリプト化したりする場合、大抵は、組み込みの文字列処理メソッドだけで十分です。例えば、コンマ区切りの文字列はsplitメソッドで簡単に分割できます。

```
In [134]: val = 'a,b,  guido'
```

```
In [135]: val.split(',')
Out[135]: ['a', 'b', '  guido']
```

splitで分割する際には、文字列の前後の空白文字 (改行文字を含む) を取り除くstripメソッドも一緒によく用いられます。

```
In [136]: pieces = [x.strip() for x in val.split(',')]
```

```
In [137]: pieces
Out[137]: ['a', 'b', 'guido']
```

文字列を+で連結することも可能です。分割によって得られた先ほどの文字列のリストを、2個のコロンで区切られた1つの文字列として連結してみましょう。

```
In [138]: first, second, third = pieces
```

```
In [139]: first + '::' + second + '::' + third
Out[139]: 'a::b::guido'
```

しかし、このやり方は実用面では汎用性がありません。特定の区切り文字でリストやタプルを連結する、もっと高速でPython的な方法は、その区切り文字のjoinメソッドにリストやタプルを渡すというやり方です。先ほどの'::'で連結する場合は次のようになります。

```
In [140]: '::'.join(pieces)
Out[140]: 'a::b::guido'
```

分割や連結のためのメソッド以外は、部分文字列[*1]の検索に関連したメソッドばかりです。文字列内で部分文字列を見つけるには、Pythonのキーワードinを用いるのが最もよい方法です。indexメソッドやfindメソッドを使っても同じようなことができます。

```
In [141]: 'guido' in val
Out[141]: True
```

```
In [142]: val.index(',')
Out[142]: 1
```

```
In [143]: val.find(':')
Out[143]: -1
```

上記のfindとindexの違いは文字列が見つからなかったときの挙動で、findは−1を戻すのに対し、indexは例外を発生させます。

---

*1　訳注：ある文字列内に別の文字列が含まれている場合に、これら2つの文字列を区別するため、含まれている方を部分文字列と呼ぶことがあります。部分文字列もデータ上は文字列です。

```
In [144]: val.index(':')
---------------------------------------------------------------------------
ValueError                                Traceback (most recent call last)
<ipython-input-144-280f8b2856ce> in <module>()
----> 1 val.index(':')
ValueError: substring not found
```

関連するメソッドとしては、countもあります。countメソッドは、指定した部分文字列が見つかった回数を戻します。

```
In [145]: val.count(',')
Out[145]: 2
```

replaceは、あるパターンが見つかったときに他の文字列に置き換えるメソッドです。置き換え後の文字列として空文字列を渡せば特定のパターンを削除できるため、パターンを削除する目的でもよく用いられます。

```
In [146]: val.replace(',', '::')
Out[146]: 'a::b::  guido'

In [147]: val.replace(',', '')
Out[147]: 'ab  guido'
```

Pythonの文字列操作メソッドのうち一部を、**表7-3**にまとめています[*1]。

次の節で見ていきますが、これらの操作の多くでは正規表現も利用できます。

表7-3　Python組み込みの文字列メソッド

メソッド	説明
count	指定した部分文字列が文字列内に重複せずに見つかった回数を戻す。
endswith	文字列が、指定したサフィックスで終わっている場合にTrueを返す。
startswith	文字列が、指定したプレフィックスで始まっている場合にTrueを返す。
join	文字列を区切り文字として、指定したリストやタプルに含まれる文字列を連結する。
index	文字列内で、指定した部分文字列が見つかったときの、部分文字列の先頭の文字の位置を戻す。見つからなかった場合は例外ValueErrorを発生させる。
find	文字列内で、指定した部分文字列が**最初**に見つかったときの、部分文字列の先頭の文字の位置を戻す。indexと似ているが、見つからなかった場合は−1を戻す。
rfind	文字列内で、指定した部分文字列が**最後**に見つかったときの、部分文字列の先頭の文字の位置を戻す。見つからなかった場合は−1を戻す。
replace	指定した部分文字列が文字列内に見つかった場合に、他の文字列に置き換える。
strip, rstrip, lstrip	空白文字（改行文字を含む）を取り除く。stripは両端、rstripは右端のみ、lstripは左端のみから取り除く。
split	指定した区切り文字によって文字列を複数に分割し、リストにして戻す。
lower	文字列内のアルファベット文字を小文字に変換する。
upper	文字列内のアルファベット文字を大文字に変換する。

[*1]　訳注：スペースが限られているため、説明は機能の概要のみとなっています。詳しくはPythonのオンラインドキュメントを参照したり、実際に手を動かして動作を確認してみてください。

メソッド	説明
casefold	文字列内のアルファベット文字を小文字に変換する。その際に、地域固有の変種文字（ダイアクリティカルマーク付きの文字やエスツェットなど）は、同等の標準アルファベット文字での表現に置き換える。
ljust, rjust	文字列が指定した幅以上になるように空白を詰める。その際に、文字列をそれぞれ左揃えと右揃えにする。反対側の余ったスペースは空白文字（またはそれ以外の穴埋め文字）で埋める。

7.3.2　正規表現

正規表現を用いると、（場合によってはかなり複雑な）文字列パターンを用いた、テキスト内での柔軟な文字列検索やパターンマッチが可能になります。個々の正規表現（**regex**とも呼ばれます）は、正規表現言語の文法に従って書かれた文字列です。正規表現を文字列に適用する役割を担っているのが、Python組み込みの**re**モジュールです。ここではその使い方の例をいくつか紹介しましょう。

 正規表現を書くコツはそれだけでも1つの章になるようなテーマですので、この本の範疇を超えています。インターネット上や他の書籍には素晴らしいチュートリアルやリファレンスがたくさんありますので、それらを参照してください。

reモジュールの関数は、パターンマッチング、文字列置換、文字列分割の3つのカテゴリに分類できます。当然ながら、これら3つはすべてつながっています。正規表現で文字列パターンを記述すると、その文字列パターンに沿ってテキスト内で文字列の検索が行われ、見つかった文字列がさらにさまざまな用途に使われる、という関係です。簡単な例を見てみましょう。例えば、さまざまな数の空白文字（タブ、スペース、改行文字）で、ある文字列を分割したいとします。この場合、1文字以上の空白文字は\s+という正規表現で表せるので、分割するコードは次のようになります。

```
In [148]: import re

In [149]: text = "foo    bar\t baz  \tqux"

In [150]: re.split('\s+', text)
Out[150]: ['foo', 'bar', 'baz', 'qux']
```

re.split('\s+', text)を呼び出すと、まずはじめに'\s+'という正規表現が**コンパイル**されます。その上で、コンパイルされた正規表現のsplitメソッドが、引数として渡されたテキスト（変数text）に対して呼び出されます。正規表現のコンパイルは、re.compileを用いて自分で明示的に実行することもでき、その場合は再利用可能な正規表現オブジェクトが得られます。

```
In [151]: regex = re.compile('\s+')

In [152]: regex.split(text)
```

```
Out[152]: ['foo', 'bar', 'baz', 'qux']
```

正規表現にマッチした文字列を区切り文字とするのではなく、正規表現にマッチした文字列のリストを得たい場合は、findall メソッドを用いるとよいでしょう。

```
In [153]: regex.findall(text)
Out[153]: ['    ', '\t ', '  \t']
```

 正規表現内で必要以上に\を用いてエスケープしたくない場合は、Pythonの**raw**文字列リテラルを用いるのがよいでしょう。例えば、r'C:\x' と書けば、'C:\\x' と書くのと同等の意味になります。

もし同じ正規表現をたくさんの文字列に対して適用するつもりであれば、先ほど紹介したように、最初に re.compile で正規表現オブジェクトを生成しておくことを強くお勧めします。そうすることで、CPUサイクルを減らせるためです。

match と search は、findall メソッドと大きな関わりがあるメソッドです。文字列内でパターンにマッチする部分文字列を探すのは同じですが、findall メソッドがマッチしたすべての部分文字列を戻すのに対し、search メソッドは最初にマッチした1つだけを戻します。さらに厳格なのが match で、文字列の先頭でマッチするか*のみ*調べます。少し実用的な例として、数行のテキストデータに、大半のメールアドレスを認識できる正規表現を適用することを考えてみましょう。

```
text = """Dave dave@google.com
Steve steve@gmail.com
Rob rob@gmail.com
Ryan ryan@yahoo.com
"""
pattern = r'[A-Z0-9._%+-]+@[A-Z0-9.-]+\.[A-Z]{2,4}'

# re.IGNORECASE フラグにより、正規表現で大文字と小文字を区別しないようにする
regex = re.compile(pattern, flags=re.IGNORECASE)
```

findall メソッドをこのテキストに適用すれば、メールアドレスのリストが得られます。

```
In [155]: regex.findall(text)
Out[155]:
['dave@google.com',
 'steve@gmail.com',
 'rob@gmail.com',
 'ryan@yahoo.com']
```

search メソッドを適用すると、テキスト内の最初のメールアドレスに関する情報を含む、特殊なマッチオブジェクトが戻されます。先ほどの正規表現について、このマッチオブジェクトに含まれている情報は、文字列内でパターンにマッチする領域の最初と最後の位置だけです。

```
In [156]: m = regex.search(text)

In [157]: m
Out[157]: <_sre.SRE_Match object; span=(5, 20), match='dave@google.com'>

In [158]: text[m.start():m.end()]
Out[158]: 'dave@google.com'
```

regex.match メソッドで先ほどの正規表現をテキストに適用すると、None が戻ります。なぜなら match では、文字列の先頭にそのパターンが見つかった場合のみ、マッチしたとみなされるからです。

```
In [159]: print(regex.match(text))
None
```

関連するメソッドとして、sub は、文字列内にパターンが見つかった際に、その部分を、指定した別の文字列に置き換えて返します。例えば、先ほどのテキスト内のメールアドレスをすべて 'REDACTED' という文字列に置き換えてみましょう。

```
In [160]: print(regex.sub('REDACTED', text))
Dave REDACTED
Steve REDACTED
Rob REDACTED
Ryan REDACTED
```

メールアドレスを見つけたときに、そのアドレスを3つの部分（ユーザ名、ドメイン名、ドメイン名の接尾辞[*1]）に分割したいとしましょう。その場合は、抽出したいそれぞれの部分について、正規表現内の対応する表現を丸括弧でくくります。このような丸括弧でくくられたそれぞれの部分をグループと呼びます。

```
In [161]: pattern = r'([A-Z0-9._%+-]+)@([A-Z0-9.-]+)\.([A-Z]{2,4})'

In [162]: regex = re.compile(pattern, flags=re.IGNORECASE)
```

この、丸括弧が挿入された正規表現によるパターンマッチングでは、それぞれのグループのパターンにマッチした部分の情報を含むマッチオブジェクトが得られます。マッチオブジェクトの groups メソッドを用いると、それらの部分をタプルとして取り出せます。

```
In [163]: m = regex.match('wesm@bright.net')

In [164]: m.groups()
Out[164]: ('wesm', 'bright', 'net')
```

このような、パターンにグループが含まれる正規表現の場合、findall ではタプルのリストが戻され

[*1]　訳注：ここでの「ドメイン名」とはドメイン名のうちトップレベルドメイン以外の部分、「ドメイン名の接尾辞」とはトップレベルドメインのことを指しています。

ます。

```
In [165]: regex.findall(text)
Out[165]:
[('dave', 'google', 'com'),
 ('steve', 'gmail', 'com'),
 ('rob', 'gmail', 'com'),
 ('ryan', 'yahoo', 'com')]
```

subメソッドでも、正規表現全体にマッチしたそれぞれの文字列内のそれぞれのグループにアクセスできます。アクセスには、\1や\2などの特殊な表記を用います。\1という表記はマッチした最初のグループに対応、\2は2番目のグループに対応、といった感じです。説明を読むより例を見た方が早いでしょう。

```
In [166]: print(regex.sub(r'Username: \1, Domain: \2, Suffix: \3', text))
Dave Username: dave, Domain: google, Suffix: com
Steve Username: steve, Domain: gmail, Suffix: com
Rob Username: rob, Domain: gmail, Suffix: com
Ryan Username: ryan, Domain: yahoo, Suffix: com
```

Pythonの正規表現についてはまだまだ書けますが、そのほとんどがこの本の範疇を超えてしまいます。**表7-4**に各メソッドの概要をまとめています。

表7-4　正規表現のメソッド

メソッド	説明
findall	指定した文字列に対してパターンマッチングを行い、見つかったパターンから位置がオーバーラップしないものすべてをリストにして戻す。
finditer	findallと同様だが、イテレータを戻す。
match	指定した文字列の先頭でパターンマッチングを行い、パターンにマッチした部分を、必要に応じてグループに分割する。パターンにマッチしている場合はマッチオブジェクトを戻し、マッチしていない場合はNoneを戻す。
search	指定した文字列がパターンにマッチしているか、文字列全体を調べ、マッチしている場合はマッチオブジェクトを戻す。matchメソッドとは異なり、マッチしている場所は文字列の先頭のみに限らず、文字列内のどこでもよい。
split	パターンにマッチした文字列で、指定した文字列を複数に分割し、リストにして戻す。
sub, subn	指定した文字列に対してパターンマッチングを行い、見つかったパターンすべて（sub）、もしくは最初のn個だけ（subn）を、指定した置換文字列で置き換える。置換文字列内では、\1、\2、……などの表記を使用すれば、各グループにマッチした部分文字列を含めることができる。

7.3.3　pandasにおける文字列関数のベクトル化

　乱雑なデータセットを分析できるようにクリーニングする際には、しばしば、大量の文字列処理と正則化が必要になります。厄介なことに、文字列を含む列のデータが欠損しているために場合分けが必要になることもあります。例を見てみましょう。

```
In [167]: data = {'Dave': 'dave@google.com', 'Steve': 'steve@gmail.com',
    .....:         'Rob': 'rob@gmail.com', 'Wes': np.nan}
```

```
In [168]: data = pd.Series(data)

In [169]: data
Out[169]:
Dave     dave@google.com
Steve    steve@gmail.com
Rob        rob@gmail.com
Wes                  NaN
dtype: object

In [170]: data.isnull()
Out[170]:
Dave     False
Steve    False
Rob      False
Wes       True
dtype: bool
```

　文字列操作メソッドや正規表現メソッドをデータ内のそれぞれの値に適用したい場合、data.mapを使って（lambda関数などの関数をdata.mapに渡すことで）実現できます。しかしその場合、欠損値（null）に当たると失敗してしまうという問題があります。この問題にうまく対処できるよう、シリーズには、欠損値を飛ばして処理してくれる配列指向の文字列操作メソッドがあります。これらのメソッドには、シリーズのstr属性からアクセスできます。例えば、str.containsメソッドを用いて、それぞれのメールアドレスに'gmail'という文字列が含まれているかチェックしてみましょう。

```
In [171]: data.str.contains('gmail')
Out[171]:
Dave     False
Steve     True
Rob       True
Wes        NaN
dtype: object
```

　Python標準の文字列メソッドを使う場合と同じように、正規表現を利用することもできます。その場合、前述のIGNORECASEなどの正規表現オプションを指定することも可能です。

```
In [172]: pattern = r'([A-Z0-9._%+-]+)@([A-Z0-9.-]+)\.([A-Z]{2,4})'

In [173]: data.str.findall(pattern, flags=re.IGNORECASE)
Out[173]:
Dave       [(dave, google, com)]
Steve      [(steve, gmail, com)]
Rob          [(rob, gmail, com)]
Wes                          NaN
dtype: object
```

　ベクトル化された要素を得る方法はいくつかあります。str.getを使う方法と、str属性内のインデックスを指定する方法です。次のようなパターンマッチの結果を考えてみましょう。

```
In [174]: matches = data.str.findall(pattern, flags=re.IGNORECASE).str[0]

In [175]: matches
Out[175]:
Dave      (dave, google, com)
Steve    (steve, gmail, com)
Rob        (rob, gmail, com)
Wes                      NaN
dtype: object

In [176]: matches.str.get(1)
Out[176]:
Dave      google
Steve      gmail
Rob        gmail
Wes          NaN
dtype: object
```

同様に、次のようなスライス記法を用いれば、文字列を切り出すことができます。

```
In [177]: data.str[:5]
Out[177]:
Dave      dave@
Steve     steve
Rob       rob@g
Wes         NaN
dtype: object
```

　extractメソッドを用いると、正規表現の各グループにマッチした文字列をデータフレームとして得ることが可能です。

```
In [178]: data.str.extract(pattern, flags=re.IGNORECASE)
Out[178]:
            0       1    2
Dave     dave  google  com
Steve   steve   gmail  com
Rob       rob   gmail  com
Wes       NaN     NaN  NaN
```

　pandasの文字列メソッドについてさらに詳しく知りたい場合は、**表7-5**を参照してください。

表7-5　ベクトル化された文字列メソッドの一部

メソッド	説明
cat	文字列要素ごとに、(区切り文字を指定した場合はその文字を挟んで)連結する[1]。
contains	それぞれの文字列要素にパターンや正規表現にマッチする部分が含まれるかどうかを表す、真偽値の配列を戻す。
count	パターンにマッチした回数を戻す。
endswith	それぞれの要素に対してx.endswith(pattern)を実行するのと等価。
startswith	それぞれの要素に対してx.startswith(pattern)を実行するのと等価。
findall	それぞれの文字列において、指定したパターンや正規表現にマッチしたものすべてのリストを戻す。
get	それぞれの要素をインデックスで取得する(i番目の要素を戻す)。
isalnum	組み込みのstr.alnumと等価。
isalpha	組み込みのstr.isalphaと等価。
isdecimal	組み込みのstr.isdecimalと等価。
isdigit	組み込みのstr.isdigitと等価。
islower	組み込みのstr.islowerと等価。
isnumeric	組み込みのstr.isnumericと等価。
isupper	組み込みのstr.isupperと等価。
join	シリーズ内のそれぞれの文字列要素を、渡された区切り文字で結合して戻す。
len	それぞれの文字列の長さを戻す。
lower, upper	アルファベットの大文字・小文字の変換を行う。それぞれの要素に対してx.lower()やx.upper()を実行するのと等価。
match	渡された正規表現をそれぞれの要素に対して用いてre.matchによるマッチングを行い、マッチしたかどうかをTrueかFalseかで返す。
extract	パターンにグループを含む正規表現を用いて、それぞれの文字列から、各グループにマッチした部分文字列を(マッチした場合は)抽出し、そのグループのインデックスに紐付けて返す。結果は1つのグループを1つの列とするデータフレームとなる。
pad	文字列の左端や右端、両端に空白文字を追加する。
center	pad(side='both')と同じ動作をする。
repeat	文字列を複数回繰り返した文字列を戻す(例えば、s.str.repeat(3)は、それぞれの文字列に対してx * 3を行うのと等価である)。
replace	パターンや正規表現にマッチした部分が文字列内に見つかった場合に、他の文字列に置き換える。
slice	シリーズ内のそれぞれの文字列の一部を切り出す。
split	区切り文字や正規表現で文字列を分割する。
strip	文字列の両端から空白文字(改行文字を含む)を取り除く。
rstrip	文字列の右端から空白文字を取り除く。
lstrip	文字列の左端から空白文字を取り除く。

---

[1]　訳注：pd.Series(['a', 'b']).str.cat(['A', 'B'], sep=',')のように、他の配列の対応する要素と連結するのにも、pd.Series(['a', 'b']).str.cat(sep=',')のように、配列内の要素同士を連結するのにも使えます。

7.4　まとめ

　データの前処理を効率良く行えるようになると、分析の準備にかける時間を減らし、その時間をデータの分析に費やせるようになるため、かなり生産性が上がります。この章ではたくさんのツールを使ってみましたが、幅広い内容を網羅できたというわけでは、決してありません。次の章では、データの結合やグループ化といったpandasの機能を見ていきましょう。

8章
データラングリング：
連結、結合、変形

多くの場合、データは複数のファイルやデータベースに分かれて保存されていたり、簡単には分析できない形式になっていたりします。この章では、データの結合や連結、変形などといった操作に役立つツールに焦点を当てます。

はじめに、pandasの**階層型インデックス**という概念を紹介します。これは、先に述べたデータ操作のいくつかで広く使われる概念です。階層型インデックスの後は、データの結合や変形に関するデータ操作を掘り下げていきます。この章で紹介するツールを用いた応用例は、「**14章　データ分析の実例**」で紹介します。

8.1　階層型インデックス

階層型インデックスとは、複数（2つ以上）のインデックスの**階層**を軸に持たせることができる機能で、pandasの重要な機能の1つです。やや抽象的な言い方をすると、階層型インデックスは、高次元のデータをより低次元の形で扱う方法を提供します。簡単な例を見ていきましょう。まずは、リスト（または配列）のリストをインデックスとして指定してシリーズを作ります。

```
In [9]: data = pd.Series(np.random.randn(9),
   ...:                   index=[['a', 'a', 'a', 'b', 'b', 'c', 'c', 'd', 'd'],
   ...:                          [1, 2, 3, 1, 3, 1, 2, 2, 3]])

In [10]: data
Out[10]:
a  1   -0.204708
   2    0.478943
   3   -0.519439
b  1   -0.555730
   3    1.965781
c  1    1.393406
   2    0.092908
d  2    0.281746
   3    0.769023
```

```
dtype: float64
```

この出力は、階層型インデックスの実装である MultiIndex オブジェクトを持ったシリーズを見やすく表示したものです。この表示形式の1列目のインデックスの「隙間」は、「直前（つまり直上の行）のラベルをインデックスとして使う」という意味です。

```
In [11]: data.index
Out[11]:
MultiIndex(levels=[['a', 'b', 'c', 'd'], [1, 2, 3]],
          labels=[[0, 0, 0, 1, 1, 2, 2, 3, 3], [0, 1, 2, 0, 2, 0, 1, 1, 2]])
```

階層型インデックスを持つオブジェクトを使うと、データの部分集合を簡潔に抽出できます。このような参照を、俗に**部分インデックス参照**などと言うこともあります。例えば次の例を見てください。

```
In [12]: data['b']
Out[12]:
1   -0.555730
3    1.965781
dtype: float64

In [13]: data['b':'c']
Out[13]:
b  1   -0.555730
   3    1.965781
c  1    1.393406
   2    0.092908
dtype: float64

In [14]: data.loc[['b', 'd']]
Out[14]:
b  1   -0.555730
   3    1.965781
d  2    0.281746
   3    0.769023
dtype: float64
```

「内側」の階層を指定して抽出することもできます。

```
In [15]: data.loc[:, 2]
Out[15]:
a    0.478943
c    0.092908
d    0.281746
dtype: float64
```

階層型インデックスは、データの変形や、ピボットテーブル作成のようなグループベースの操作を行うときに重要な役割を果たします。例えば、次のように unstack メソッドを使えば、先ほどのデータをデータフレームに変形することが可能です。

```
In [16]: data.unstack()
Out[16]:
          1         2         3
a -0.204708  0.478943 -0.519439
b -0.555730       NaN  1.965781
c  1.393406  0.092908       NaN
d       NaN  0.281746  0.769023
```

unstackの逆の操作を行うには、stackメソッドを使います。

```
In [17]: data.unstack().stack()
Out[17]:
a 1   -0.204708
  2    0.478943
  3   -0.519439
b 1   -0.555730
  3    1.965781
c 1    1.393406
  2    0.092908
d 2    0.281746
  3    0.769023
dtype: float64
```

stackメソッドとunstackメソッドは、この章の後半でもう少し詳しく見ていきます。

ここまではシリーズの例でしたが、データフレームの場合は、どちらの軸にも階層型インデックスを持たせることができます。

```
In [18]: frame = pd.DataFrame(np.arange(12).reshape((4, 3)),
   ....:                      index=[['a', 'a', 'b', 'b'], [1, 2, 1, 2]],
   ....:                      columns=[['Ohio', 'Ohio', 'Colorado'],
   ....:                               ['Green', 'Red', 'Green']])

In [19]: frame
Out[19]:
     Ohio      Colorado
    Green Red    Green
a 1     0   1        2
  2     3   4        5
b 1     6   7        8
  2     9  10       11
```

階層型インデックスのそれぞれの階層には名前を付ける（文字列またはPythonオブジェクトを名前として設定する）ことができます。名前を付けた場合は、コンソールの出力にインデックスの名前が表示されるようになります。

```
In [20]: frame.index.names = ['key1', 'key2']

In [21]: frame.columns.names = ['state', 'color']
```

```
In [22]: frame
Out[22]:
state      Ohio    Colorado
color    Green Red    Green
key1 key2
a    1       0   1        2
     2       3   4        5
b    1       6   7        8
     2       9  10       11
```

 この例の 'state' と 'color' は列のそれぞれの階層の名前です。'a' や 'b' のような行のラベルではありませんので、区別するよう注意してください。

列の部分インデックス参照を用いると、行の場合と同じように列のグループを抽出できます。

```
In [23]: frame['Ohio']
Out[23]:
color    Green  Red
key1 key2
a    1       0    1
     2       3    4
b    1       6    7
     2       9   10
```

これまでの例ではシリーズやデータフレームを作成するときに階層型インデックスを作るよう引数で指定しましたが、MultiIndex オブジェクトだけを作成して、再利用することもできます。先ほどのデータフレームの列に設定されていた、各階層に名前が付いているインデックスの場合、次のようにして作成できます。

```
pd.MultiIndex.from_arrays([['Ohio', 'Ohio', 'Colorado'], ['Green', 'Red', 'Green']],
                          names=['state', 'color'])
```

8.1.1　階層の順序変更やソート

特定の軸のインデックス階層の順序を変更したり、特定の階層の値によってデータをソートしたりする操作は、ときどき必要になります。インデックス階層の順序を変更するには、swaplevel というメソッドを使います。このメソッドに、2つの階層を表す数値か名前を渡して実行すると、それらの階層を入れ替えた新しいオブジェクトが戻されます（ただしこのとき、データの他の部分は変更されません）。

```
In [24]: frame.swaplevel('key1', 'key2')
Out[24]:
state      Ohio    Colorado
color    Green Red    Green
key2 key1
```

```
1    a     0    1      2
2    a     3    4      5
1    b     6    7      8
2    b     9   10     11
```

　一方、sort_indexメソッドは、特定の1つの階層の値だけを用いてデータをソートします。swaplevelで階層を入れ替えるときにsort_indexも使って、新たな第1階層が辞書順に並ぶように結果を並べ替えることは、よくあります。

```
In [25]: frame.sort_index(level=1)
Out[25]:
state      Ohio      Colorado
color     Green Red    Green
key1 key2
a    1       0    1      2
b    1       6    7      8
a    2       3    4      5
b    2       9   10     11

In [26]: frame.swaplevel(0, 1).sort_index(level=0)
Out[26]:
state      Ohio      Colorado
color     Green Red    Green
key2 key1
1    a       0    1      2
     b       6    7      8
2    a       3    4      5
     b       9   10     11
```

　階層型インデックスを使用しているオブジェクトの場合、最も外側の階層から順番に、インデックスが辞書順にソートされていると（つまり、sort_index(level=0)かsort_index()でソートされていると）、データ抽出のパフォーマンスが大きく改善します。

8.1.2　階層ごとの要約統計量

　データフレームやシリーズの多くの要約統計量（記述統計量）には、levelオプションを与えることができます。levelオプションを使うと、その軸での集計対象としたい階層を指定できます。先ほどのデータフレームで、行と列のどちらかの階層を指定して集計してみましょう。

```
In [27]: frame.sum(level='key2')
Out[27]:
state  Ohio      Colorado
color Green Red    Green
key2
1       6    8     10
```

```
2        12  14      16

In [28]: frame.sum(level='color', axis=1)
Out[28]:
color      Green  Red
key1 key2
a    1         2    1
     2         8    4
b    1        14    7
     2        20   10
```

　この処理の内部では、pandasのgroupby機構が活用されています。groupby機構についてはこの本の後の章で詳しく解説します。

8.1.3　データフレームの列をインデックスに使う

　データフレームの特定の（1つ以上の）列の値を行インデックスとして使いたいことはよくあります。逆に、行インデックスをデータフレームの列に変換したい場合もあるでしょう。次のデータフレームを例として考えてみましょう。

```
In [29]: frame = pd.DataFrame({'a': range(7), 'b': range(7, 0, -1),
   ....:                       'c': ['one', 'one', 'one', 'two', 'two',
   ....:                             'two', 'two'],
   ....:                       'd': [0, 1, 2, 0, 1, 2, 3]})

In [30]: frame
Out[30]:
   a  b    c  d
0  0  7  one  0
1  1  6  one  1
2  2  5  one  2
3  3  4  two  0
4  4  3  two  1
5  5  2  two  2
6  6  1  two  3
```

　データフレームのset_indexメソッドは、指定した1つ以上の列をインデックスとして持った新しいデータフレームオブジェクトを生成します。

```
In [31]: frame2 = frame.set_index(['c', 'd'])

In [32]: frame2
Out[32]:
       a  b
c   d
one 0  0  7
    1  1  6
    2  2  5
two 0  3  4
```

```
            1  4  3
            2  5  2
            3  6  1
```

　デフォルトでは、インデックスに使用された列はデータフレームから削除されます。しかし、残しておくこともできます。

```
In [33]: frame.set_index(['c', 'd'], drop=False)
Out[33]:
             a  b   c    d
c     d
one   0  0  0  7  one  0
      1  1  1  6  one  1
      2  2  2  5  one  2
two   0  3  3  4  two  0
      1  4  4  3  two  1
      2  5  5  2  two  2
      3  6  6  1  two  3
```

　一方、reset_indexはset_indexの逆の動作をします。reset_indexでは、階層型インデックスのそれぞれの階層が列に変換されます。

```
In [34]: frame2.reset_index()
Out[34]:
     c  d  a  b
0  one  0  0  7
1  one  1  1  6
2  one  2  2  5
3  two  0  3  4
4  two  1  4  3
5  two  2  5  2
6  two  3  6  1
```

8.2　データセットの結合とマージ

pandasオブジェクトに含まれるデータは、いくつもの方法で結合できます。

- pandas.mergeという関数は、複数のデータフレームの行同士を1つ以上のキーに基づいて連結します。このような操作は、SQLなどのリレーショナルデータベースのユーザにとってはなじみ深いでしょう。SQLでは、データベースのjoinという操作として実装されているのがこれに当たります。

- pandas.concatという関数は、特定の軸に沿ってデータフレームをつなげたり「積み上げ」たり（つまり縦や横に連結）します。

- combine_firstというインスタンスメソッドを用いると、重複するデータを持つ複数のオブジェクトをつなぎ合わせて、オブジェクトの欠損値を別のオブジェクトの値で穴埋めできます。

これから、たくさんの例をお見せしながらこれらを1つずつ説明していきます。また、これらの関数やメソッドは、この本の残りの章の例においても活用していきます。

8.2.1　データフレームをデータベース風に結合する

マージや**結合**と呼ばれる操作は、複数のデータセットに含まれる行同士を、1つ以上の**キー**を使ってリンクさせることで、複数のデータセットを結び付ける操作です。このような操作は、（例えばSQLベースの）リレーショナルデータベースの中核をなす重要な操作です。pandasのmerge関数は、このようなアルゴリズムを自分のデータに適用する上で、入門としてふさわしい機能です。

簡単な例から始めてみましょう。

```
In [35]: df1 = pd.DataFrame({'key': ['b', 'b', 'a', 'c', 'a', 'a', 'b'],
   ....:                      'data1': range(7)})

In [36]: df2 = pd.DataFrame({'key': ['a', 'b', 'd'],
   ....:                      'data2': range(3)})

In [37]: df1
Out[37]:
   data1 key
0      0   b
1      1   b
2      2   a
3      3   c
4      4   a
5      5   a
6      6   b

In [38]: df2
Out[38]:
   data2 key
0      0   a
1      1   b
2      2   d
```

これは**多対一**の結合の例です。df1に含まれるデータには、aやbというラベルの付いた行が複数存在します。一方、df2には、key列のそれぞれの値に対応する行は1つしかありません。これらのオブジェクトに対してmerge関数を呼び出すと、次のような結果が得られます。

```
In [39]: pd.merge(df1, df2)
Out[39]:
   data1 key  data2
0      0   b      1
1      1   b      1
2      6   b      1
3      2   a      0
4      4   a      0
5      5   a      0
```

　ここでは、どの列をキーとして結合するのかを指定していないことに注意してください。このように
キーとする列を指定しなかった場合、merge関数は、どちらのデータフレームにも同じ名前で含まれる
列をキーとして用います。しかし、次のような形でキーを明示する癖を付けた方がよいでしょう。

```
In [40]: pd.merge(df1, df2, on='key')
Out[40]:
   data1 key  data2
0      0   b      1
1      1   b      1
2      6   b      1
3      2   a      0
4      4   a      0
5      5   a      0
```

　キーとしたい列の名前が2つのデータフレームで異なっている場合、それぞれを個別に指定すること
ができます。

```
In [41]: df3 = pd.DataFrame({'lkey': ['b', 'b', 'a', 'c', 'a', 'a', 'b'],
   ....:                     'data1': range(7)})

In [42]: df4 = pd.DataFrame({'rkey': ['a', 'b', 'd'],
   ....:                     'data2': range(3)})

In [43]: pd.merge(df3, df4, left_on='lkey', right_on='rkey')
Out[43]:
   data1 lkey  data2 rkey
0      0    b      1    b
1      1    b      1    b
2      6    b      1    b
3      2    a      0    a
4      4    a      0    a
5      5    a      0    a
```

　これまでの例で、'c'や'd'というキーの値やそのようなキーに紐付いたデータ（行）が、merge関
数の結果からなくなっていることに気付いたでしょうか。デフォルトではmergeが行うのは'inner'な
join（内部結合）です。内部結合とは、両者のテーブルに共通して含まれるキーのみを結果に含めるよ
うな結合方法です。'inner'以外には、'left'や'right'、'outer'というオプションも結合方法とし
て指定できます。'outer'なjoin（外部結合）では、結果として両者のテーブルのキーの和集合を取り、
'left'（左外部結合）と'right'（右外部結合）の両方を適用したときと同じ効果が得られます。これら
の結合方法は、次のようにhowオプションで指定します。

```
In [44]: pd.merge(df1, df2, how='outer')
Out[44]:
   data1 key  data2
0    0.0   b    1.0
1    1.0   b    1.0
```

```
2   6.0   b   1.0
3   2.0   a   0.0
4   4.0   a   0.0
5   5.0   a   0.0
6   3.0   c   NaN
7   NaN   d   2.0
```

表8-1に、howオプションとして指定できる値をまとめています。

表8-1　howオプションで指定できるさまざまな結合方法

値	挙動
'inner'	2つのテーブルの両方に含まれるキーのみを用いて結合を行う。
'left'	左側のテーブルに含まれるキーをすべて用いて結合を行う。
'right'	右側のテーブルに含まれるキーをすべて用いて結合を行う。
'outer'	2つのテーブルの一方にでも含まれるキーをすべて用いて結合を行う。

多対多のマージがどのような挙動をするのかは、明確に定義されていますが、直観的でわかりやす
いわけではありません。次がその例です。

```
In [45]: df1 = pd.DataFrame({'key': ['b', 'b', 'a', 'c', 'a', 'b'],
   ....:                      'data1': range(6)})

In [46]: df2 = pd.DataFrame({'key': ['a', 'b', 'a', 'b', 'd'],
   ....:                      'data2': range(5)})

In [47]: df1
Out[47]:
   data1 key
0      0   b
1      1   b
2      2   a
3      3   c
4      4   a
5      5   b

In [48]: df2
Out[48]:
   data2 key
0      0   a
1      1   b
2      2   a
3      3   b
4      4   d

In [49]: pd.merge(df1, df2, on='key', how='left')
Out[49]:
   data1 key  data2
0      0   b    1.0
1      0   b    3.0
```

```
2    1   b   1.0
3    1   b   3.0
4    2   a   0.0
5    2   a   2.0
6    3   c   NaN
7    4   a   0.0
8    4   a   2.0
9    5   b   1.0
10   5   b   3.0
```

多対多の結合は行の直積の形を取ります。この例では、'b' というキーを持つ行が左のデータフレームに3個、右に2個存在するため、マージの結果、それらの組み合わせである6個の 'b' の列ができています。この結合方法は、結果に現れる一意なキーの値のみに影響します。

```
In [50]: pd.merge(df1, df2, how='inner')
Out[50]:
   data1 key data2
0    0   b    1
1    0   b    3
2    1   b    1
3    1   b    3
4    5   b    1
5    5   b    3
6    2   a    0
7    2   a    2
8    4   a    0
9    4   a    2
```

複数のキーでマージを行いたい場合は、列名のリストを渡します。

```
In [51]: left = pd.DataFrame({'key1': ['foo', 'foo', 'bar'],
   ....:                      'key2': ['one', 'two', 'one'],
   ....:                      'lval': [1, 2, 3]})

In [52]: right = pd.DataFrame({'key1': ['foo', 'foo', 'bar', 'bar'],
   ....:                       'key2': ['one', 'one', 'one', 'two'],
   ....:                       'rval': [4, 5, 6, 7]})

In [53]: pd.merge(left, right, on=['key1', 'key2'], how='outer')
Out[53]:
  key1 key2  lval  rval
0  foo  one   1.0   4.0
1  foo  one   1.0   5.0
2  foo  two   2.0   NaN
3  bar  one   3.0   6.0
4  bar  two   NaN   7.0
```

どのキーの組み合わせが結果に現れるかは、どのマージ方法を選ぶかによって決まります。複数のキーを指定すると、それらの複数のキーで構成されるタプルを考え、そのタプルの1組を1つのキーの

ように扱います（実際にはそのように実装されたものでなかったとしてもです）。

 列同士の結合をする場合、mergeに渡された2つのデータフレームオブジェクトのインデックスは無視されます。

　マージ操作において考慮しなければいけない最後の課題は、重複する列名の取り扱い方法です。マージ後に手動で重複に対応することもできますが（少し前の節で説明した、軸のラベル名の変更方法を思い出してください）、merge関数にはsuffixesというオプションがあります。このオプションを使うと、列名が重複した場合に、左のデータフレームオブジェクト由来の列と右のデータフレームオブジェクト由来の列それぞれの名前の末尾に加える文字列を指定できます。

```
In [54]: pd.merge(left, right, on='key1')
Out[54]:
  key1 key2_x  lval key2_y  rval
0  foo    one     1    one     4
1  foo    one     1    one     5
2  foo    two     2    one     4
3  foo    two     2    one     5
4  bar    one     3    one     6
5  bar    one     3    two     7

In [55]: pd.merge(left, right, on='key1', suffixes=('_left', '_right'))
Out[55]:
  key1 key2_left  lval key2_right  rval
0  foo       one     1        one     4
1  foo       one     1        one     5
2  foo       two     2        one     4
3  foo       two     2        one     5
4  bar       one     3        one     6
5  bar       one     3        two     7
```

　表8-2は、merge関数の引数の一覧です。データフレームの行のインデックスを用いた結合操作は、次の節で見ていきます。

表8-2　merge関数の引数

引数	説明
left	マージ対象となる左側のデータフレーム。
right	マージ対象となる右側のデータフレーム。
how	'inner'、'outer'、'left'、'right'のいずれかを指定。デフォルトは'inner'。
on	結合に使う列名。結合対象のデータフレームオブジェクトの両方に存在する列名でなければならない。この引数が指定されず、left_onなど他の引数でも結合キーが指定されなかった場合は、左右（leftとright）で共通する列名を結合キーとする。
left_on	左（left）のデータフレームで結合キーとして用いる列名。
right_on	右（right）のデータフレームに対する、left_onと同様の指定。

引数	説明
left_index	左 (left) のデータフレームについては、行のインデックスを結合キーとして用いる (MultiIndex の場合は結合キーが複数となる)。
right_index	右 (right) のデータフレームに対する、left_index と同様の指定。
sort	マージ後のデータを結合キーで辞書順にソートする。デフォルトでは True (巨大なデータセットの場合、このオプションを無効にする方がよいパフォーマンスが得られる場合がある)。
suffixes	重複する列名がある場合に、列名の末尾に付加する文字列のタプル。デフォルトでは ('_x', '_y') (つまり、例えば 'data' という列名が両方のデータフレームオブジェクトに含まれている場合、マージ後のオブジェクトではそれぞれ 'data_x'、'data_y' という列名になる)。
copy	False の場合は、いくつかの例外を除き、マージにより新たなデータ構造を作るときにデータのコピーを行わないようにする。デフォルトでは、常にコピーを行う。
indicator	マージ後のデータフレームに _merge という特殊な列を追加する。この列には、各行に含まれる結合されたデータがどちらのデータフレームに由来するかの情報が入れられる (値は 'left_only' (左のみ)、'right_only' (右のみ)、'both' (両方) のいずれか)。

8.2.2 インデックスによるマージ

マージに用いるキーが、マージ対象のデータフレームの列ではなくインデックスに含まれている場合があります。そのような場合は、left_index=True または right_index=True (あるいはこれら2つのオプション両方) を渡せば、インデックスをマージキーとして用いることが可能です。

```
In [56]: left1 = pd.DataFrame({'key': ['a', 'b', 'a', 'a', 'b', 'c'],
   ....:                        'value': range(6)})

In [57]: right1 = pd.DataFrame({'group_val': [3.5, 7]}, index=['a', 'b'])

In [58]: left1
Out[58]:
  key  value
0   a      0
1   b      1
2   a      2
3   a      3
4   b      4
5   c      5

In [59]: right1
Out[59]:
   group_val
a        3.5
b        7.0

In [60]: pd.merge(left1, right1, left_on='key', right_index=True)
Out[60]:
  key  value  group_val
0   a      0        3.5
2   a      2        3.5
3   a      3        3.5
```

```
1  b    1    7.0
4  b    4    7.0
```

　前に説明したように、デフォルトのマージ方法は内部結合で、2つのデータフレームに共通で含まれる結合キーのみを結果に含めます。2つのデータフレームの結合キーの和集合を結果に含めるには、内部結合ではなく次のように外部結合を指定してください。

```
In [61]: pd.merge(left1, right1, left_on='key', right_index=True, how='outer')
Out[61]:
  key  value  group_val
0  a      0    3.5
2  a      2    3.5
3  a      3    3.5
1  b      1    7.0
4  b      4    7.0
5  c      5    NaN
```

　階層型インデックスを持ったデータのマージはもう少し複雑です。階層型インデックスを持ったデータの場合、インデックスによる結合は必然的に、複数のキーを用いたマージとなるからです。

```
In [62]: lefth = pd.DataFrame({'key1': ['Ohio', 'Ohio', 'Ohio',
   ....:                                 'Nevada', 'Nevada'],
   ....:                        'key2': [2000, 2001, 2002, 2001, 2002],
   ....:                        'data': np.arange(5.)})

In [63]: righth = pd.DataFrame(np.arange(12).reshape((6, 2)),
   ....:                        index=[['Nevada', 'Nevada', 'Ohio', 'Ohio',
   ....:                                'Ohio', 'Ohio'],
   ....:                               [2001, 2000, 2000, 2000, 2001, 2002]],
   ....:                        columns=['event1', 'event2'])

In [64]: lefth
Out[64]:
   data     key1  key2
0   0.0     Ohio  2000
1   1.0     Ohio  2001
2   2.0     Ohio  2002
3   3.0   Nevada  2001
4   4.0   Nevada  2002

In [65]: righth
Out[65]:
             event1  event2
Nevada 2001       0       1
       2000       2       3
Ohio   2000       4       5
       2000       6       7
       2001       8       9
       2002      10      11
```

このように、マージ対象とするデータフレームのうち一方のみが階層型インデックスを持っている場合は、もう一方のデータフレームのマージに用いる複数の列を、リストとして指定する必要があります。次の例を見てください（注目すべきは、how='outer' を指定した場合の、重複したインデックスの値の取り扱い方法です）。

```
In [66]: pd.merge(lefth, righth, left_on=['key1', 'key2'], right_index=True)
Out[66]:
   data    key1  key2  event1  event2
0   0.0    Ohio  2000       4       5
0   0.0    Ohio  2000       6       7
1   1.0    Ohio  2001       8       9
2   2.0    Ohio  2002      10      11
3   3.0  Nevada  2001       0       1

In [67]: pd.merge(lefth, righth, left_on=['key1', 'key2'],
   ....:          right_index=True, how='outer')
Out[67]:
   data    key1  key2  event1  event2
0   0.0    Ohio  2000     4.0     5.0
0   0.0    Ohio  2000     6.0     7.0
1   1.0    Ohio  2001     8.0     9.0
2   2.0    Ohio  2002    10.0    11.0
3   3.0  Nevada  2001     0.0     1.0
4   4.0  Nevada  2002     NaN     NaN
4   NaN  Nevada  2000     2.0     3.0
```

2つのデータフレームの結合キーをどちらもインデックスにすることもできます。

```
In [68]: left2 = pd.DataFrame([[1., 2.], [3., 4.], [5., 6.]],
   ....:                      index=['a', 'c', 'e'],
   ....:                      columns=['Ohio', 'Nevada'])

In [69]: right2 = pd.DataFrame([[7., 8.], [9., 10.], [11., 12.], [13, 14]],
   ....:                       index=['b', 'c', 'd', 'e'],
   ....:                       columns=['Missouri', 'Alabama'])

In [70]: left2
Out[70]:
   Ohio  Nevada
a   1.0     2.0
c   3.0     4.0
e   5.0     6.0

In [71]: right2
Out[71]:
   Missouri  Alabama
b      7.0      8.0
c      9.0     10.0
d     11.0     12.0
```

```
e       13.0    14.0

In [72]: pd.merge(left2, right2, how='outer', left_index=True, right_index=True)
Out[72]:
   Ohio  Nevada  Missouri  Alabama
a   1.0    2.0      NaN      NaN
b   NaN    NaN      7.0      8.0
c   3.0    4.0      9.0     10.0
d   NaN    NaN     11.0     12.0
e   5.0    6.0     13.0     14.0
```

　インデックスによるマージを簡単にできるよう、データフレームのインスタンスにはjoinという便利なメソッドが用意されています。このメソッドを用いると、インデックスを用いた2つのデータフレームオブジェクトの結合だけでなく、同一のインデックスや類似したインデックスを持ったたくさんのデータフレームオブジェクトを結合できます。その場合、それらのデータフレームオブジェクトには重複した名前の列があってはいけません。先ほどの例は、joinを用いて次のように記述することもできます。

```
In [73]: left2.join(right2, how='outer')
Out[73]:
   Ohio  Nevada  Missouri  Alabama
a   1.0    2.0      NaN      NaN
b   NaN    NaN      7.0      8.0
c   3.0    4.0      9.0     10.0
d   NaN    NaN     11.0     12.0
e   5.0    6.0     13.0     14.0
```

　かなり初期のバージョンのpandasとの互換性も理由の1つですが、データフレームのjoinメソッドが行うのは結合キーを用いた左結合（left join）です。つまり、呼び出し元データフレームオブジェクトの行のインデックスが完全に保存されます。joinメソッドでは、引数に渡されたデータフレームのインデックスを、呼び出し元のデータフレームの列に対して結合することもサポートされています。

```
In [74]: left1.join(right1, on='key')
Out[74]:
  key  value  group_val
0   a      0        3.5
1   b      1        7.0
2   a      2        3.5
3   a      3        3.5
4   b      4        7.0
5   c      5        NaN
```

　最後に、シンプルなインデックス対インデックスのマージをお見せします。この例では、データフレームのリストを引数としてjoinに渡すことで、次の節で説明する汎用的なconcat関数を用いるのと同様の効果をもたらします。

```
In [75]: another = pd.DataFrame([[7., 8.], [9., 10.], [11., 12.], [16., 17.]],
   ....:                         index=['a', 'c', 'e', 'f'],
   ....:                         columns=['New York', 'Oregon'])

In [76]: another
Out[76]:
   New York  Oregon
a       7.0     8.0
c       9.0    10.0
e      11.0    12.0
f      16.0    17.0

In [77]: left2.join([right2, another])
Out[77]:
   Ohio  Nevada  Missouri  Alabama  New York  Oregon
a   1.0     2.0       NaN      NaN       7.0     8.0
c   3.0     4.0       9.0     10.0       9.0    10.0
e   5.0     6.0      13.0     14.0      11.0    12.0

In [78]: left2.join([right2, another], how='outer')
Out[78]:
   Ohio  Nevada  Missouri  Alabama  New York  Oregon
a   1.0     2.0       NaN      NaN       7.0     8.0
b   NaN     NaN       7.0      8.0       NaN     NaN
c   3.0     4.0       9.0     10.0       9.0    10.0
d   NaN     NaN      11.0     12.0       NaN     NaN
e   5.0     6.0      13.0     14.0      11.0    12.0
f   NaN     NaN       NaN      NaN      16.0    17.0
```

8.2.3 軸に沿った連結

もう1つのデータ結合操作は、連結、バインド、あるいは積み重ねと呼ばれるものです。NumPyには、NumPy配列を連結するconcatenate関数があります。例えば次の例では、同じ配列を2つ、第1軸方向に連結しています。

```
In [79]: arr = np.arange(12).reshape((3, 4))

In [80]: arr
Out[80]:
array([[ 0,  1,  2,  3],
       [ 4,  5,  6,  7],
       [ 8,  9, 10, 11]])

In [81]: np.concatenate([arr, arr], axis=1)
Out[81]:
array([[ 0,  1,  2,  3,  0,  1,  2,  3],
       [ 4,  5,  6,  7,  4,  5,  6,  7],
       [ 8,  9, 10, 11,  8,  9, 10, 11]])
```

pandasオブジェクト（シリーズやデータフレーム）という観点で見ると、どれにもラベルが付いた軸があるため、配列の連結操作をさらに一般化できます。したがって、特に、次のような事項を考慮する必要が出てくるでしょう。

- 連結に使用しない軸のインデックスがオブジェクト間で異なる場合に、軸間でのインデックスの差異を無視して要素を結合するか、それともインデックスが同じ要素のみを結合する（すなわち内部結合する）か。
- 連結によって得られたオブジェクトにおいて、連結前の各要素が識別できる必要はあるか。
- 「連結対象の軸」に含まれている情報は残しておく必要があるか。多くの場合、データフレームにデフォルトで設定されていた数値ラベルは、連結操作を通じて捨て去ってしまう（新たに採番し直す）のがよい。

pandasのconcat関数を用いると、これらの懸念点それぞれに一貫した方法で対処できます。ここでは、多くの例を見ながらconcat関数の動作を説明していきます。インデックスに重複がない次の3つのシリーズを使って考えていきましょう。

```
In [82]: s1 = pd.Series([0, 1], index=['a', 'b'])

In [83]: s2 = pd.Series([2, 3, 4], index=['c', 'd', 'e'])

In [84]: s3 = pd.Series([5, 6], index=['f', 'g'])
```

これらのオブジェクトを入れたリストを引数としてconcat関数を呼び出すと、シリーズ内の値やインデックスが連結されます。

```
In [85]: pd.concat([s1, s2, s3])
Out[85]:
a    0
b    1
c    2
d    3
e    4
f    5
g    6
dtype: int64
```

デフォルトでは、concat関数はaxis=0方向に連結し、結果を新たなシリーズとして生成して返します。axis=1を指定した場合は、次のように、結果はシリーズではなくデータフレームとなります（axis=1とは列方向を意味します）。

```
In [86]: pd.concat([s1, s2, s3], axis=1)
Out[86]:
     0    1    2
a  0.0  NaN  NaN
```

```
b  1.0  NaN  NaN
c  NaN  2.0  NaN
d  NaN  3.0  NaN
e  NaN  4.0  NaN
f  NaN  NaN  5.0
g  NaN  NaN  6.0
```

この場合、連結に用いない方の軸（第0軸）には、ラベルの重複はありませんでした。その場合、ご覧の通り、連結に用いない軸は、もともとの軸のインデックスの集合（'outer' なjoin、つまり外部結合）をソートしたものとなります[*1]。代わりに、次の例のようにjoin='inner' を指定すると、共通したインデックスのみの集合（内部結合）が得られます。

```
In [87]: s4 = pd.concat([s1, s3])

In [88]: s4
Out[88]:
a  0
b  1
f  5
g  6
dtype: int64

In [89]: pd.concat([s1, s4], axis=1)
Out[89]:
     0  1
a  0.0  0
b  1.0  1
f  NaN  5
g  NaN  6

In [90]: pd.concat([s1, s4], axis=1, join='inner')
Out[90]:
   0  1
a  0  0
b  1  1
```

最後の例では、join='inner'（内部結合）を指定したために 'f' と 'g' の2つのラベルが結合結果から除外されています。

join_axes というオプションを用いると、連結に使わない軸のインデックスを指定することも可能です。

```
In [91]: pd.concat([s1, s4], axis=1, join_axes=[['a', 'c', 'b', 'e']])
```

[*1]　訳注：この例では、s1、s2、s3の第0軸のインデックスがアルファベット順になっているため、そのまま並べたのか、ソートしたのかわかりにくいと思います。pd.concat([s3, s2, s1], axis=1) というように並べ替えて実行してみれば、もともとの例と同様、結果の第0軸はaからgまでアルファベット順に並べたものとなるので、インデックスがソートされていることがわかります。

```
Out[91]:
     0    1
a  0.0  0.0
c  NaN  NaN
b  1.0  1.0
e  NaN  NaN
```

　このような連結操作においては、連結によって得られたオブジェクトにおいて、どの要素が連結前の要素と対応するのか識別できない、という問題が浮上することがあります。そのような場合は、連結対象の軸に、単純に連結したインデックスではなく階層型インデックスを設定するとよいでしょう。階層型インデックスを作成して設定するにはkeysという引数を用います。例えば次の例では、連結対象のシリーズの中にs1が2つ含まれていますが、最初のs1のインデックス第1階層には'one'を、次のs1のインデックス第1階層には'two'を指定しているため、識別できます。

```
In [92]: result = pd.concat([s1, s1, s3], keys=['one', 'two', 'three'])

In [93]: result
Out[93]:
one    a    0
       b    1
two    a    0
       b    1
three  f    5
       g    6
dtype: int64

In [94]: result.unstack() # unstackメソッドについては後述
Out[94]:
         a    b    f    g
one    0.0  1.0  NaN  NaN
two    0.0  1.0  NaN  NaN
three  NaN  NaN  5.0  6.0
```

　axis=1を指定してシリーズを列方向に結合する場合は、keysに与えた値はデータフレームの行のヘッダになります。

```
In [95]: pd.concat([s1, s2, s3], axis=1, keys=['one', 'two', 'three'])
Out[95]:
   one  two  three
a  0.0  NaN    NaN
b  1.0  NaN    NaN
c  NaN  2.0    NaN
d  NaN  3.0    NaN
e  NaN  4.0    NaN
f  NaN  NaN    5.0
g  NaN  NaN    6.0
```

　データフレームオブジェクトを結合する場合も同様です。

```
In [96]: df1 = pd.DataFrame(np.arange(6).reshape(3, 2), index=['a', 'b', 'c'],
   ....:                     columns=['one', 'two'])

In [97]: df2 = pd.DataFrame(5 + np.arange(4).reshape(2, 2), index=['a', 'c'],
   ....:                     columns=['three', 'four'])

In [98]: df1
Out[98]:
   one  two
a    0    1
b    2    3
c    4    5

In [99]: df2
Out[99]:
   three  four
a      5     6
c      7     8

In [100]: pd.concat([df1, df2], axis=1, keys=['level1', 'level2'])
Out[100]:
  level1     level2
     one two  three four
a      0   1    5.0  6.0
b      2   3    NaN  NaN
c      4   5    7.0  8.0
```

オブジェクトのリストではなくディクショナリをconcatに渡した場合、ディクショナリのキーをkeysオプションで渡したのと同じ効果となり、階層型インデックスが作成されます。

```
In [101]: pd.concat({'level1': df1, 'level2': df2}, axis=1)
Out[101]:
  level1     level2
     one two  three four
a      0   1    5.0  6.0
b      2   3    NaN  NaN
c      4   5    7.0  8.0
```

階層型インデックスの作成に関するパラメータを追加の引数で設定できます（**表8-3**を参照）。例えば、namesという引数で、作成された軸の各階層に名前を付けることが可能です。

```
In [102]: pd.concat([df1, df2], axis=1, keys=['level1', 'level2'],
   .....:           names=['upper', 'lower'])
Out[102]:
upper level1     level2
lower    one two  three four
a          0   1    5.0  6.0
b          2   3    NaN  NaN
c          4   5    7.0  8.0
```

　最後に取り上げるのは、データフレームの行のインデックスに、特に重要な情報が含まれていない場合の処理です。

```
In [103]: df1 = pd.DataFrame(np.random.randn(3, 4), columns=['a', 'b', 'c', 'd'])

In [104]: df2 = pd.DataFrame(np.random.randn(2, 3), columns=['b', 'd', 'a'])

In [105]: df1
Out[105]:
          a         b         c         d
0  1.246435  1.007189 -1.296221  0.274992
1  0.228913  1.352917  0.886429 -2.001637
2 -0.371843  1.669025 -0.438570 -0.539741

In [106]: df2
Out[106]:
          b         d         a
0  0.476985  3.248944 -1.021228
1 -0.577087  0.124121  0.302614
```

　この場合には、ignore_index=Trueと指定すればインデックスが振り直されます。

```
In [107]: pd.concat([df1, df2], ignore_index=True)
Out[107]:
          a         b         c         d
0  1.246435  1.007189 -1.296221  0.274992
1  0.228913  1.352917  0.886429 -2.001637
2 -0.371843  1.669025 -0.438570 -0.539741
3 -1.021228  0.476985       NaN  3.248944
4  0.302614 -0.577087       NaN  0.124121
```

表8-3　concat関数の引数

引数	説明
objs	連結対象とするpandasオブジェクトのリストまたはディクショナリ。唯一の必須の引数。
axis	連結する方向を表す軸。デフォルトは0（行方向）。
join	'inner'か'outer'のどちらかを指定（デフォルトは'outer'）。連結に用いない軸のインデックスとして、'inner'の場合は共通したインデックスのみを、'outer'の場合はインデックスの和集合を用いる。
join_axes	連結に用いない$n-1$個の軸の連結後のインデックスとして、連結前のインデックスの和集合（外部結合）や積集合（内部結合）ではなく、指定したものを使う。
keys	オブジェクトを連結する際、連結対象の軸の方向に階層型インデックスを作成する場合に、各オブジェクトと紐付ける値。任意の値のリストや配列や、タプルの配列、配列のリスト（複数階層の配列がlevelsに指定されている場合）を指定できる。
levels	階層型インデックスの階層（複数のキーが指定されている場合は複数の階層）として使用するインデックスの指定。
names	keysやlevelsを指定して階層型インデックスを作成した場合の、各階層の名前。
verify_integrity	連結後のオブジェクトの新しい軸に重複があるかどうかをチェックし、重複がある場合は例外を発生させる。デフォルトではFalseとなっており、重複を許す。
ignore_index	連結する軸のインデックスを保存せず、range(total_length)によって新たなインデックスを生成して設定する。

8.2.4 重複のあるデータの結合

　データのマージ操作とも連結操作とも言いがたいような状況もあります。2つのデータセットのインデックスの一部が重複しているか、完全に重複しているような場合です。具体的な例として、NumPyのwhere関数を使って、インデックスが重複したデータの一部だけを結合する例を見てみましょう。where関数は行列指向のif-else文[*1]で、if-elseの処理をベクトル化できます。

```
In [108]: a = pd.Series([np.nan, 2.5, 0.0, 3.5, 4.5, np.nan],
   .....:               index=['f', 'e', 'd', 'c', 'b', 'a'])

In [109]: b = pd.Series([0., np.nan, 2., np.nan, np.nan, 5.],
   .....:               index=['a', 'b', 'c', 'd', 'e', 'f'])

In [110]: a
Out[110]:
f    NaN
e    2.5
d    0.0
c    3.5
b    4.5
a    NaN
dtype: float64

In [111]: b
Out[111]:
a    0.0
b    NaN
c    2.0
d    NaN
e    NaN
f    5.0
dtype: float64

In [112]: np.where(pd.isnull(a), b, a) # aが欠損値の要素にはbから値を補う
Out[112]: array([ 0. ,  2.5,  0. ,  3.5,  4.5,  5. ])
```

　シリーズにはcombine_firstというメソッドがあります。このメソッドを使うと先ほどと同等の操作を行えますが、それに加えて、pandasの他の機能と同じようにインデックス順に整列されたデータが得られます。以下の例では、先ほどの例と異なり、aのインデックスを持つ要素が最初にきています。

```
In [113]: b.combine_first(a)
Out[113]:
a    0.0
b    4.5
c    2.0
```

[*1] 訳注：CやJavaなどの言語に慣れている方は、複数の文を書かずに1つの式の中で条件に基づいて値を設定できる三項演算子を使ったことがあるかと思います。NumPyのwhere関数は、その役割を果たします。

```
d    0.0
e    2.5
f    5.0
dtype: float64
```

　データフレームに対しては、combine_firstは対応する列同士で同様の操作を行います。呼び出し元のオブジェクトに含まれる欠損値を、引数に与えたオブジェクトから「補完」していると考えるのがよいでしょう。

```
In [114]: df1 = pd.DataFrame({'a': [1., np.nan, 5., np.nan],
   .....:                     'b': [np.nan, 2., np.nan, 6.],
   .....:                     'c': range(2, 18, 4)})

In [115]: df2 = pd.DataFrame({'a': [5., 4., np.nan, 3., 7.],
   .....:                     'b': [np.nan, 3., 4., 6., 8.]})

In [116]: df1
Out[116]:
     a    b   c
0  1.0  NaN   2
1  NaN  2.0   6
2  5.0  NaN  10
3  NaN  6.0  14

In [117]: df2
Out[117]:
     a    b
0  5.0  NaN
1  4.0  3.0
2  NaN  4.0
3  3.0  6.0
4  7.0  8.0

In [118]: df1.combine_first(df2)
Out[118]:
     a    b     c
0  1.0  NaN   2.0
1  4.0  2.0   6.0
2  5.0  4.0  10.0
3  3.0  6.0  14.0
4  7.0  8.0   NaN
```

8.3　変形とピボット操作

　テーブル形式のデータを整形し直すための基本操作はいくつかありますので、ここで説明しましょう。これらは**変形**や**ピボット操作**とも呼ばれます。

8.3.1 階層型インデックスによる変形

　階層型インデックスを用いると、データフレームに含まれるデータの形状を一貫した方法で変更できます。基本となるアクションは次の2つです。

stack

　　　データ内の各列を行へとピボット（「回転」）させる。

unstack

　　　各行を列へと回転させる。

　いくつかの例を用いてこれらの操作を説明していきましょう。行と列のインデックスとして文字列の配列を持った、小さなデータフレームを考えてみましょう。

```
In [119]: data = pd.DataFrame(np.arange(6).reshape((2, 3)),
     .....:                    index=pd.Index(['Ohio', 'Colorado'], name='state'),
     .....:                    columns=pd.Index(['one', 'two', 'three'],
     .....:                    name='number'))

In [120]: data
Out[120]:
number    one  two  three
state
Ohio        0    1      2
Colorado    3    4      5
```

　このデータに対してstackメソッドを使うと、列が行にピボットされ、次のようなシリーズが生成されます。

```
In [121]: result = data.stack()

In [122]: result
Out[122]:
state     number
Ohio      one       0
          two       1
          three     2
Colorado  one       3
          two       4
          three     5
dtype: int64
```

　ここで生成された階層型インデックスを持つシリーズをデータフレームの形状に戻すには、unstackを使います。

```
In [123]: result.unstack()
Out[123]:
```

```
number    one  two  three
state
Ohio       0    1     2
Colorado   3    4     5
```

デフォルトでは、最も内側の階層[*1]がunstackの対象となります（stackの場合も同様です）。番号やラベル名を引数に渡して対象となる階層を指定すると、unstackする階層を変更できます。

```
In [124]: result.unstack(0)
Out[124]:
state   Ohio  Colorado
number
one       0      3
two       1      4
three     2      5

In [125]: result.unstack('state')
Out[125]:
state   Ohio  Colorado
number
one       0      3
two       1      4
three     2      5
```

unstackする際に、対象となる階層の値のうち一部が含まれていないサブグループがある場合は、その「含まれていない値」として欠損値を埋め込みます。説明よりも例を見る方がわかりやすいでしょう。

```
In [126]: s1 = pd.Series([0, 1, 2, 3], index=['a', 'b', 'c', 'd'])

In [127]: s2 = pd.Series([4, 5, 6], index=['c', 'd', 'e'])

In [128]: data2 = pd.concat([s1, s2], keys=['one', 'two'])

In [129]: data2 # oneにはeがなく、twoにはaとbがない
Out[129]:
one  a    0
     b    1
     c    2
     d    3
two  c    4
     d    5
     e    6
dtype: int64

In [130]: data2.unstack()
Out[130]:
```

[*1] 訳注：今回の場合、階層型インデックスは、'state'、'number'という2つの階層からなっています。'state'が最も外側の階層、または最も高い階層、'number'が最も内側の階層、または最も低い階層です。

```
        a    b    c    d    e
one   0.0  1.0  2.0  3.0  NaN
two   NaN  NaN  4.0  5.0  6.0
```

デフォルトではstackメソッドは欠損値を除去しますが、除去しないようにすることも簡単にできます。

```
In [131]: data2.unstack()
Out[131]:
        a    b    c    d    e
one   0.0  1.0  2.0  3.0  NaN
two   NaN  NaN  4.0  5.0  6.0

In [132]: data2.unstack().stack()
Out[132]:
one  a    0.0
     b    1.0
     c    2.0
     d    3.0
two  c    4.0
     d    5.0
     e    6.0
dtype: float64

In [133]: data2.unstack().stack(dropna=False)
Out[133]:
one  a    0.0
     b    1.0
     c    2.0
     d    3.0
     e    NaN
two  a    NaN
     b    NaN
     c    4.0
     d    5.0
     e    6.0
dtype: float64
```

データフレームをunstackすると、unstack対象となった階層が、生成されたデータフレームの列の最も低い階層に入ります。

```
In [134]: df = pd.DataFrame({'left': result, 'right': result + 5},
   .....:                    columns=pd.Index(['left', 'right'], name='side'))

In [135]: df
Out[135]:
side          left  right
state  number
Ohio   one       0      5
```

```
            two       1     6
            three     2     7
Colorado one       3     8
            two       4     9
            three     5    10

In [136]: df.unstack('state')
Out[136]:
side    left          right
state   Ohio Colorado  Ohio Colorado
number
one       0        3     5        8
two       1        4     6        9
three     2        5     7       10
```

stackを呼び出す際には、stackの対象となる軸をラベル名で指定することも可能です。次の例では、'side'、'state'という2つの列の階層のうち'side'をstackの対象としています。

```
In [137]: df.unstack('state').stack('side')
Out[137]:
state         Colorado  Ohio
number side
one    left          3     0
       right         8     5
two    left          4     1
       right         9     6
three  left          5     2
       right        10     7
```

8.3.2　「縦持ち」フォーマットから「横持ち」フォーマットへのピボット

複数の時系列データをデータベースやCSVファイルに保存する方法としては、いわゆるlong（縦持ち）フォーマットや積み上げ型フォーマットがよく使われます。あるサンプルデータをロードして、ちょっとした時系列データのラングリングやクリーニングを行ってみましょう。

```
In [138]: data = pd.read_csv('examples/macrodata.csv')

In [139]: data.head()
Out[139]:
     year  quarter   realgdp  realcons  realinv  realgovt  realdpi    cpi  \
0  1959.0      1.0  2710.349    1707.4  286.898   470.045   1886.9  28.98
1  1959.0      2.0  2778.801    1733.7  310.859   481.301   1919.7  29.15
2  1959.0      3.0  2775.488    1751.8  289.226   491.260   1916.4  29.35
3  1959.0      4.0  2785.204    1753.7  299.356   484.052   1931.3  29.37
4  1960.0      1.0  2847.699    1770.5  331.722   462.199   1955.5  29.54
      m1  tbilrate  unemp      pop  infl  realint
0  139.7      2.82    5.8  177.146  0.00     0.00
1  141.7      3.08    5.1  177.830  2.34     0.74
2  140.5      3.82    5.3  178.657  2.74     1.09
```

```
3  140.0    4.33   5.6  179.386  0.27   4.06
4  139.6    3.50   5.2  180.007  2.31   1.19

In [140]: periods = pd.PeriodIndex(year=data.year, quarter=data.quarter,
   .....:                          name='date')

In [141]: columns = pd.Index(['realgdp', 'infl', 'unemp'], name='item')

In [142]: data = data.reindex(columns=columns)

In [143]: data.index = periods.to_timestamp('D', 'end')

In [144]: ldata = data.stack().reset_index().rename(columns={0: 'value'})
```

ここで使用したPeriodIndexについては、「**11章　時系列データ**」でもう少し詳しく見ていきます。簡単に言うと、上の例ではデータフレームのyearとquarterという2つの列を組み合わせて、期間を表す1つの型を作成しています。

上の一連のデータの変形によって、もともとのdataから次のようなldataが得られました。

```
In [145]: ldata[:10]
Out[145]:
        date     item    value
0 1959-03-31  realgdp  2710.349
1 1959-03-31     infl     0.000
2 1959-03-31    unemp     5.800
3 1959-06-30  realgdp  2778.801
4 1959-06-30     infl     2.340
5 1959-06-30    unemp     5.100
6 1959-09-30  realgdp  2775.488
7 1959-09-30     infl     2.740
8 1959-09-30    unemp     5.300
9 1959-12-31  realgdp  2785.204
```

これが、2つ以上のキーを持つ複数の時系列データや他のデータをいわゆる**long（縦持ち）フォーマット**で収めた例です（この例では、キーは日付（date）と項目（item）です）。テーブルの各行が1回の観測を表します。

MySQLのようなリレーショナルデータベースでは、よくこの例のように、固定のスキーマを持った（つまり列名とデータ型が固定された）形式でデータが格納されます。このような形式でデータベースに格納することで、テーブルにデータを追加していく際にitem列の値の種類に変化が生じても、データベースの構造を変える必要がなくなります。先ほどの例では、通常、dateとitemが（リレーショナルデータベース特有の用語で）主キー[1]になります。主キーによって関係の完全性が担保され、簡単に結合できるようになります。しかし場合によっては、この縦持ちフォーマットでデータを取り扱うのが困

---

[1]　訳注：主キーは、行を一意に識別するのに使われるもので、pandasの配列のインデックスに相当します。

難なこともあります。縦持ちフォーマットよりも、date列に含まれるタイムスタンプがインデックスとなっており、個々のitemの値（realgdpなど）ごとに1つの列が作られているデータフレームの方が望ましいでしょう。データフレームのpivotメソッドは、まさにこのような変換を行ってくれます。

```
In [146]: pivoted = ldata.pivot('date', 'item', 'value')

In [147]: pivoted
Out[147]:
item         infl    realgdp  unemp
date
1959-03-31   0.00   2710.349    5.8
1959-06-30   2.34   2778.801    5.1
1959-09-30   2.74   2775.488    5.3
1959-12-31   0.27   2785.204    5.6
1960-03-31   2.31   2847.699    5.2
1960-06-30   0.14   2834.390    5.2
1960-09-30   2.70   2839.022    5.6
1960-12-31   1.21   2802.616    6.3
1961-03-31  -0.40   2819.264    6.8
1961-06-30   1.47   2872.005    7.0
...           ...        ...    ...
2007-06-30   2.75  13203.977    4.5
2007-09-30   3.45  13321.109    4.7
2007-12-31   6.38  13391.249    4.8
2008-03-31   2.82  13366.865    4.9
2008-06-30   8.53  13415.266    5.4
2008-09-30  -3.16  13324.600    6.0
2008-12-31  -8.79  13141.920    6.9
2009-03-31   0.94  12925.410    8.1
2009-06-30   3.37  12901.504    9.2
2009-09-30   3.56  12990.341    9.6
[203 rows x 3 columns]
```

pivotメソッドに渡した最初の2つの引数は、生成するデータフレームの行と列のインデックスに用いる、呼び出し元のデータフレームの列名を指定するものです。最後の引数は任意で指定するもので、生成するデータフレームの値として埋め込む、呼び出し元のデータフレームの列を指定します。値を示す列が2つあるデータフレームを同時に変形したい場合を考えてみましょう。

```
In [148]: ldata['value2'] = np.random.randn(len(ldata))

In [149]: ldata[:10]
Out[149]:
        date      item     value     value2
0 1959-03-31   realgdp  2710.349   0.523772
1 1959-03-31      infl     0.000   0.000940
2 1959-03-31     unemp     5.800   1.343810
3 1959-06-30   realgdp  2778.801  -0.713544
4 1959-06-30      infl     2.340  -0.831154
```

```
5 1959-06-30    unemp     5.100 -2.370232
6 1959-09-30  realgdp  2775.488 -1.860761
7 1959-09-30     infl     2.740 -0.860757
8 1959-09-30    unemp     5.300  0.560145
9 1959-12-31  realgdp  2785.204 -1.265934
```

最後の引数を省略すると、階層構造のある列を持ったデータフレームが得られます。

```
In [150]: pivoted = ldata.pivot('date', 'item')
```

```
In [151]: pivoted[:5]
Out[151]:
           value                      value2
item        infl   realgdp unemp       infl   realgdp      unemp
date
1959-03-31  0.00 2710.349   5.8   0.000940  0.523772   1.343810
1959-06-30  2.34 2778.801   5.1  -0.831154 -0.713544  -2.370232
1959-09-30  2.74 2775.488   5.3  -0.860757 -1.860761   0.560145
1959-12-31  0.27 2785.204   5.6   0.119827 -1.265934  -1.063512
1960-03-31  2.31 2847.699   5.2  -2.359419  0.332883  -0.199543
```

```
In [152]: pivoted['value'][:5]
Out[152]:
item        infl   realgdp unemp
date
1959-03-31  0.00 2710.349   5.8
1959-06-30  2.34 2778.801   5.1
1959-09-30  2.74 2775.488   5.3
1959-12-31  0.27 2785.204   5.6
1960-03-31  2.31 2847.699   5.2
```

実は、pivotを呼び出すのは、set_indexを呼び出した後にunstackを呼び出して階層型インデックスを作成するのと同じです。次の例を見れば、先ほどと同じ結果が得られていることに気付くでしょう。

```
In [153]: unstacked = ldata.set_index(['date', 'item']).unstack('item')
```

```
In [154]: unstacked[:7]
Out[154]:
           value                      value2
item        infl   realgdp unemp       infl   realgdp      unemp
date
1959-03-31  0.00 2710.349   5.8   0.000940  0.523772   1.343810
1959-06-30  2.34 2778.801   5.1  -0.831154 -0.713544  -2.370232
1959-09-30  2.74 2775.488   5.3  -0.860757 -1.860761   0.560145
1959-12-31  0.27 2785.204   5.6   0.119827 -1.265934  -1.063512
1960-03-31  2.31 2847.699   5.2  -2.359419  0.332883  -0.199543
1960-06-30  0.14 2834.390   5.2  -0.970736 -1.541996  -1.307030
1960-09-30  2.70 2839.022   5.6   0.377984  0.286350  -0.753887
```

8.3.3 「横持ち」フォーマットから「縦持ち」フォーマットへのピボット

データフレームのpivotメソッドの逆を行う操作はpandas.melt関数です。pivotが1つの列を新たな データフレームの複数の列へと分解するのに対し、pandas.meltは複数の列を1つの列へとマージし、 入力よりも長い（縦持ちの）データフレームを生成します。例を見てみましょう。

```
In [156]: df = pd.DataFrame({'key': ['foo', 'bar', 'baz'],
   ....:                     'A': [1, 2, 3],
   ....:                     'B': [4, 5, 6],
   ....:                     'C': [7, 8, 9]})

In [157]: df
Out[157]:
   A  B  C  key
0  1  4  7  foo
1  2  5  8  bar
2  3  6  9  baz
```

このデータフレームでは、グループを識別する情報が'key'という列に含まれており、他の列にデー タの値が含まれています。pandas.meltを用いる際には、（もし識別情報を含む列があるのであれば）ど の列にグループの識別情報が含まれているか、明示する必要があります。ここでは、グループの識別 情報が'key'列のみに含まれているとしましょう。その場合、次のようになります。

```
In [158]: melted = pd.melt(df, ['key'])

In [159]: melted
Out[159]:
   key variable  value
0  foo        A      1
1  bar        A      2
2  baz        A      3
3  foo        B      4
4  bar        B      5
5  baz        B      6
6  foo        C      7
7  bar        C      8
8  baz        C      9
```

pivotを用いれば、次のようにもともとの形状に戻せます。

```
In [160]: reshaped = melted.pivot('key', 'variable', 'value')

In [161]: reshaped
Out[161]:
variable  A  B  C
key
bar       2  5  8
baz       3  6  9
```

```
foo     1  4  7
```

pivotでは、もともとの識別情報の列（上の例では'key'）の値を行のラベルとするインデックスが生成され、変換結果のデータフレームに設定されます。インデックスのデータを行に戻して使いたい場合は、reset_indexメソッドを用いるとよいでしょう。

```
In [162]: reshaped.reset_index()
Out[162]:
variable  key  A  B  C
0         bar  2  5  8
1         baz  3  6  9
2         foo  1  4  7
```

pandas.meltでマージする際には、デフォルトではキーとする列以外のすべての列が値の列として用いられますが、一部の列のみを用いるよう指定することもできます。次の例では、'C'列は無視して'A'列と'B'列のみを値として用いています。

```
In [163]: pd.melt(df, id_vars=['key'], value_vars=['A', 'B'])
Out[163]:
   key variable  value
0  foo        A      1
1  bar        A      2
2  baz        A      3
3  foo        B      4
4  bar        B      5
5  baz        B      6
```

pandas.meltは、次のように、グループの識別情報を含む列を指定せずに使うことも可能です。

```
In [164]: pd.melt(df, value_vars=['A', 'B', 'C'])
Out[164]:
  variable  value
0        A      1
1        A      2
2        A      3
3        B      4
4        B      5
5        B      6
6        C      7
7        C      8
8        C      9

In [165]: pd.melt(df, value_vars=['key', 'A', 'B'])
Out[165]:
  variable value
0      key   foo
1      key   bar
2      key   baz
3        A     1
```

```
4       A       2
5       A       3
6       B       4
7       B       5
8       B       6
```

8.4　まとめ

　ここまでで、データの読み込み、クリーニング、構成変更といったpandasの基本操作がある程度身に付きました。これで準備が整ったので、Matplotlibを用いたデータの可視化へと進みましょう。pandasについては、この本の後の方で、さらに高度な分析を扱う際に再び取り上げます。

9章
プロットと可視化

　的確な情報を与えてくれる、有益な可視化（**プロット**とも言います）をすることは、データ分析において最も重要な作業の1つです。可視化はデータ探索プロセスの一部であり、可視化を行うことで、例えば異常値やデータ変形の必要性が認識しやすくなることもあれば、可視化がモデルのアイデアを作り上げるための1つの手段として使えることもあります。あるいは、ウェブ用の対話的な可視化システムの構築が最終目標という人もいるかもしれません。Pythonには、静的な可視化や動的な可視化を行えるアドオンライブラリがたくさんありますが、ここでは主にMatplotlib（http://matplotlib.sourceforge.net）やその上に構築されたライブラリを取り上げます。

　Matplotlibは、出版用にも使える品質のプロット（主に2次元）を作成するための、デスクトッププロットパッケージです。プロジェクトは、MATLABに似たプロットインタフェースをPythonで実現するのを目的として、2002年にJohn Hunterによって開始されました。その後、MatplotlibとIPythonのコミュニティは協力しあって、IPythonシェル（さらに今ではJupyter Notebook）から簡単に対話的なプロットをできるようにしました。MatplotlibはすべてのOSでさまざまなGUIバックエンドをサポートしており、さらに可視化したものを、一般的なベクタ画像形式やラスタ画像形式すべて（PDF、SVG、JPG、PNG、BMP、GIFなど）でエクスポートできます。この本でも、一部の模式図を除けば、ほぼすべての画像をMatplotlibを使って作成しています。

　現在にいたるまでに、内部のプロットにMatplotlibを用いるデータ可視化用のツールがたくさん生まれています。そのうちの1つであるseaborn（http://seaborn.pydata.org）に関しては、この章の後半で使うことにします。

　この章を読みながら同じようにサンプルコードを動かしてみる最も簡単な方法は、Jupyter Notebookの対話的なプロット機能を使うことです。この機能をセットアップするには、次の文をJupyter Notebookで実行してください。

```
%matplotlib notebook
```

9.1　Matplotlib APIの概要

Matplotlibを使う際には、慣例的に次のような import 文を書くことになっています。

```
In [11]: import matplotlib.pyplot as plt
```

Jupyterで %matplotlib notebook（IPython なら単に %matplotlib）を実行したら、簡単なプロットをしてみましょう。もしすべてのセットアップが正しく行われていれば、**図9-1**のような直線のプロットが現れるはずです。

```
In [12]: import numpy as np

In [13]: data = np.arange(10)

In [14]: data
Out[14]: array([0, 1, 2, 3, 4, 5, 6, 7, 8, 9])

In [15]: plt.plot(data)
```

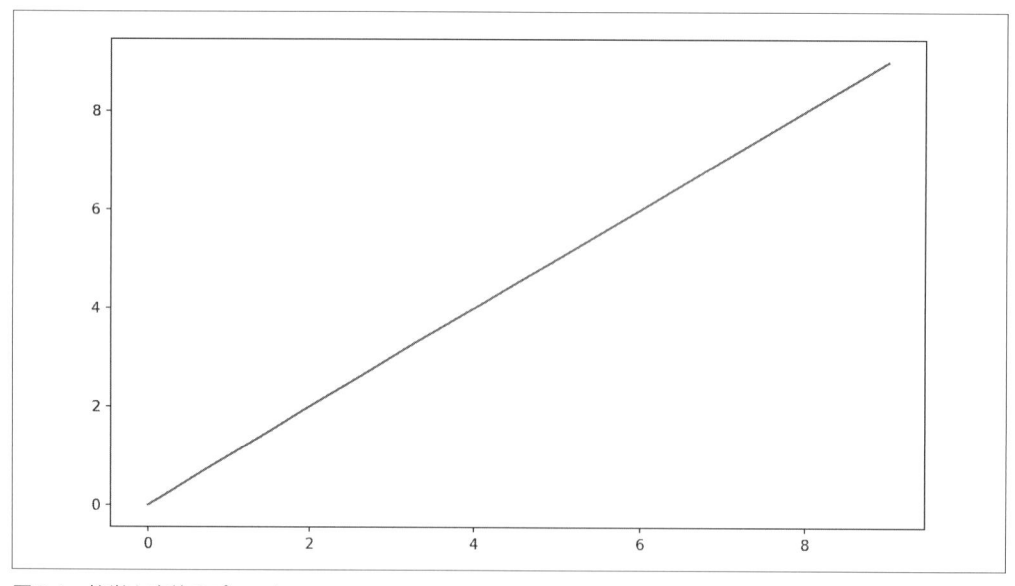

図9-1　簡単な直線のプロット

　seabornなどのライブラリやpandas組み込みのプロット関数は、プロットする際のちょっとした要望の多くを叶えてくれます。しかし関数が提供しているオプション以上のカスタマイズをしたい場合は、Matplotlib APIについて少し学ぶ必要があるでしょう。

 この本には、Matplotlibの幅広く奥深い機能を包括的に取り扱えるほどのスペースはありません。ここでは、助走して走り出すための足がかりを伝えれば十分でしょう。高度な機能を学ぶための参考書としては、Matplotlibのギャラリーやドキュメントが最も優れています。

9.1.1 図とサブプロット

Matplotlibのプロット機能はFigureオブジェクトに含まれています。新たな図を作成するにはplt.figureを使います。

```
In [16]: fig = plt.figure()
```

なお、これを実行すると、IPythonでは空のプロットウィンドウが開きます。しかしJupyterでは、さらにコマンドをいくつか実行するまでは、何も現れません。また、plt.figureにはたくさんのオプションがありますが、その中の1つであるfigsizeを使うと、図をディスクに保存した際に、図のサイズや縦横比が指定された通りになっていることが保証されます。

空の図にはプロットできません。add_subplotを使って、サブプロット[*1]を1つ以上作る必要があります。

```
In [17]: ax1 = fig.add_subplot(2, 2, 1)
```

これは、図のレイアウトを2×2（すなわち最大で合計4つの図を含めることができます）にして、4つのサブプロットのうち最初のもの（番号は1から振られます）を選択する、という意味です。この後に2つのサブプロットを追加すると、**図9-2**のような可視化結果ができ上がります。

```
In [18]: ax2 = fig.add_subplot(2, 2, 2)
```

```
In [19]: ax3 = fig.add_subplot(2, 2, 3)
```

[*1] 訳注：サブプロットとは1つのグラフを描く領域のことです。1つの図に複数のサブプロットを含める例が、この後いくつか紹介されます。

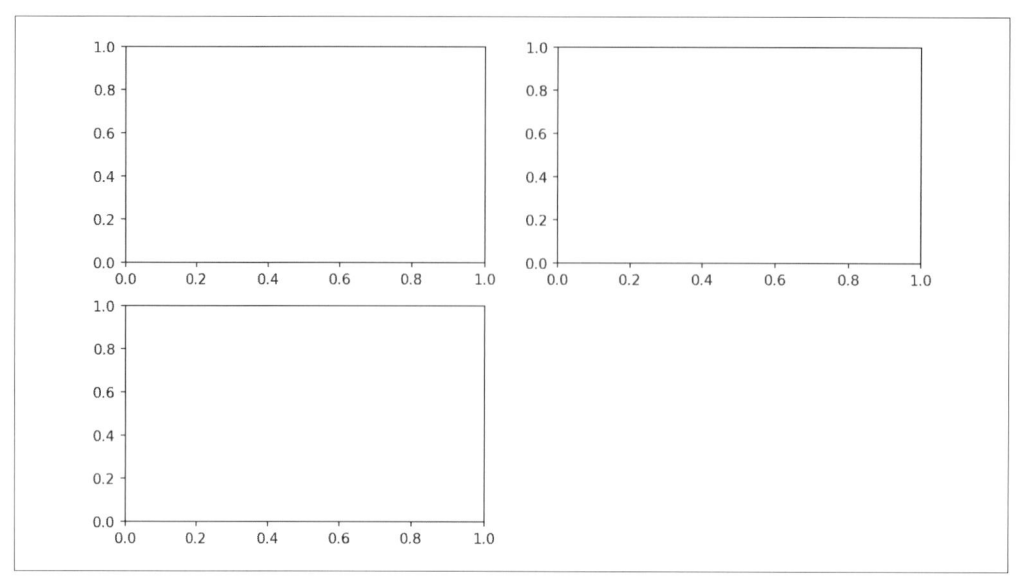

図9-2　3つのサブプロットを持った空のMatplotlibの図

 Jupyter Notebookを使う場合に1つ気に留めておかなければいけない点は、各セルが評価された後にプロットがリセットされることです。そのため、もっと複雑なプロットをする場合でも、Notebook内の1つのセルに、すべてのプロットコマンドを入れる必要があります。

ここで、上記のコマンドすべてを1つのセル内で実行しましょう。

```
fig = plt.figure()
ax1 = fig.add_subplot(2, 2, 1)
ax2 = fig.add_subplot(2, 2, 2)
ax3 = fig.add_subplot(2, 2, 3)
```

plt.plot([1.5, 3.5, -2, 1.6])のようなプロットコマンドを発行すると、Matplotlibは、使用した図やサブプロットの中で最後のもの（必要に応じて新規に作成します）に描画します。つまり、前に作成した図やサブプロットを隠してしまいます。したがって、次のようなコマンドを追加した場合、得られるのは**図9-3**のような図です[*1]。

```
In [20]: plt.plot(np.random.randn(50).cumsum(), 'k--')
```

[*1]　訳注：最後に使用した（add_subplotで作られた）「3番」のサブプロットに折れ線グラフが描かれています。

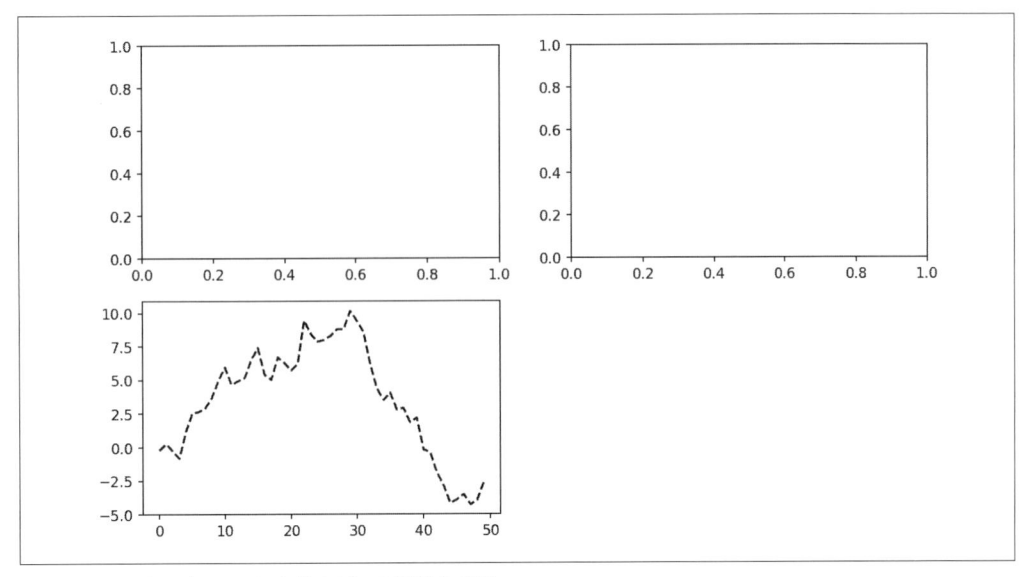

図9-3 1つだけプロットした後のデータ可視化結果

　'k--' は**線種**指定オプションで、Matplotlibに黒色の破線でプロットさせています。先ほどの fig.add_subplot から戻された ax3 などは AxesSubplot オブジェクトで、空のサブプロットそれぞれに対応する AxesSubplot オブジェクト（ax1 と ax2）のインスタンスメソッドを呼び出せば、それらのサブプロットに直接プロットできます（**図9-4**を参照のこと）。

```
In [21]: _ = ax1.hist(np.random.randn(100), bins=20, color='k', alpha=0.3)
```

```
In [22]: ax2.scatter(np.arange(30), np.arange(30) + 3 * np.random.randn(30))
```

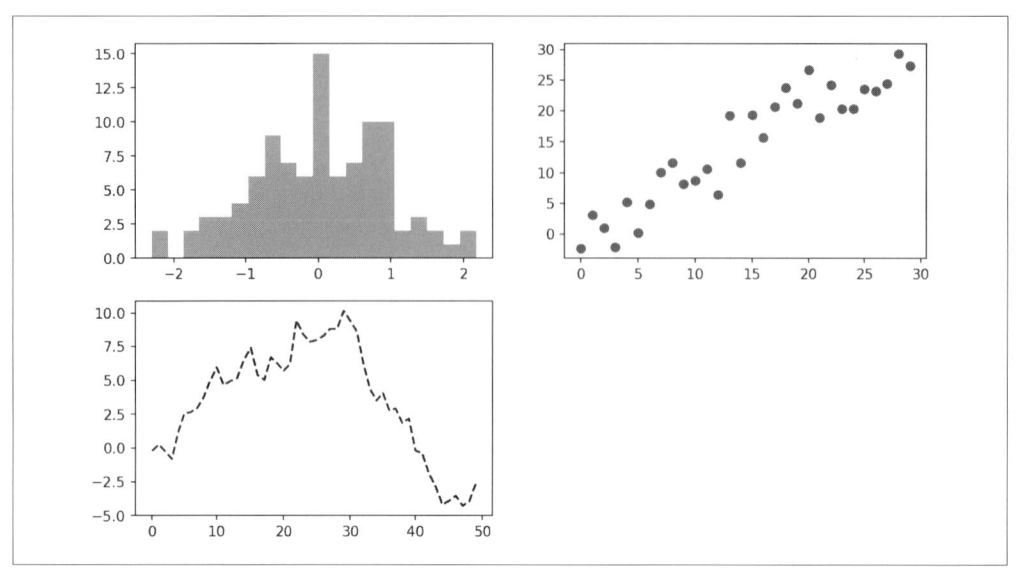

図9-4　プロットを追加した後のデータ可視化結果

Matplotlibのドキュメント（http://matplotlib.sourceforge.net）に、プロットの種類の完全な一覧があります。

このようにサブプロットを格子状に配置した図を作成するのは非常によくあることなので、Matplotlibには、それをするための便利なメソッド`plt.subplots`があります。このメソッドは新たな図を作成し、その中にサブプロットオブジェクトを作成した上で、それらのサブプロットオブジェクトを要素に持つNumPyの配列を戻します。

```
In [24]: fig, axes = plt.subplots(2, 3)

In [25]: axes
Out[25]:
array([[<matplotlib.axes._subplots.AxesSubplot object at 0x7fb626374048>,
        <matplotlib.axes._subplots.AxesSubplot object at 0x7fb62625db00>,
        <matplotlib.axes._subplots.AxesSubplot object at 0x7fb6262f6c88>],
       [<matplotlib.axes._subplots.AxesSubplot object at 0x7fb6261a36a0>,
        <matplotlib.axes._subplots.AxesSubplot object at 0x7fb626181860>,
        <matplotlib.axes._subplots.AxesSubplot object at 0x7fb6260fd4e0>]], dtype
=object)
```

この方法が便利な点は、軸の配列axesに対して、2次元配列のようなインデックスを簡単に付けられるところにあります（例えばaxes[0, 1]のように指定できます）。また、sharexとshareyを用いて、すべてのサブプロットに同じX軸とY軸を設定することも可能です。このオプションは、同じスケールでデータを比較するときに特に有用です。指定しない場合、Matplotlibは、各サブプロットの値の範囲に応じて表示範囲を個々に自動スケールします。`plt.subplots`についてさらに詳しく知りたい場合は、

表9-1を参照してください。

表9-1　pyplot.subplotsのオプション

引数	説明
nrows	サブプロットの行の数。
ncols	サブプロットの列の数。
sharex	すべてのサブプロットで同じX軸の目盛りを使うよう指定（xlimの変更がすべてのサブプロットに影響）。
sharey	すべてのサブプロットで同じY軸の目盛りを使うよう指定（ylimの変更がすべてのサブプロットに影響）。
subplot_kw	各サブプロットを作成するために呼び出されるadd_subplotに渡されるキーワード引数のディクショナリ。
**fig_kw	subplotsに与える、作図の際に用いる追加のキーワード引数（plt.subplots(2, 2, figsize=(8, 6))など）。

9.1.1.1　サブプロットのまわりの空白を調整する

　Matplotlibを使うと、デフォルトではサブプロットのまわりにかなりの余白ができ、サブプロットの間にもかなりのスペースが空きます。スペースはすべて、プロットの高さや幅に対する相対的な比率での指定となっているため、プロットのサイズをプログラムで変えても、GUIウィンドウの手動リサイズで変えても、スペースは動的に調節されます。スペースの調節は、Figureオブジェクトのsubplots_adjustメソッドを使います。このメソッドはトップレベルの関数としても使えます。

```
subplots_adjust(left=None, bottom=None, right=None, top=None,
                wspace=None, hspace=None)
```

　wspaceとhspaceはそれぞれ、図の幅と高さのうちサブプロット間のスペースとして使う領域の割合（パーセンテージ）の指定です。簡単な例で、すべてのスペースをゼロにしてみましょう（**図9-5**を参照のこと）。

```
fig, axes = plt.subplots(2, 2, sharex=True, sharey=True)
for i in range(2):
    for j in range(2):
        axes[i, j].hist(np.random.randn(500), bins=50, color='k', alpha=0.5)
plt.subplots_adjust(wspace=0, hspace=0)
```

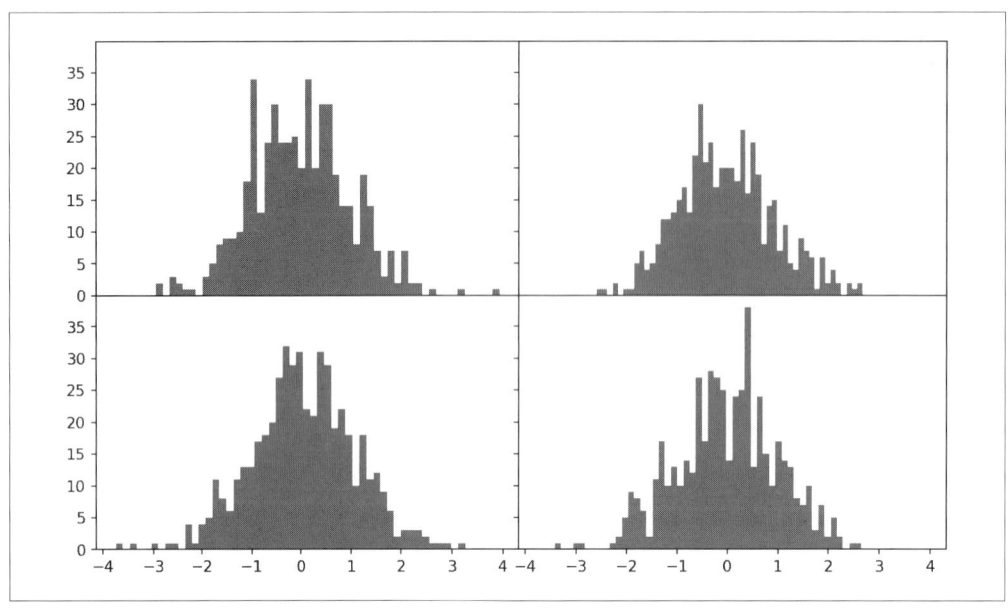

図9-5 サブプロット間にスペースを入れないデータ可視化結果

　軸のラベルが重なっているのに気付くでしょう。Matplotlibはラベルが重なっているかどうかを
チェックしないので、このようなケースでは、自分で目盛りの位置とラベルを明示的に指定して修正す
る必要があります（指定方法はこの後の節で取り上げます）。

9.1.2　色、マーカー、線種

　Matplotlibの主要なplot関数にはX座標とY座標の配列を引数として渡しますが、さらにオプション
で、色や線種を指定する、文字列を用いた簡略表記も指定できます。例えば、緑色の破線でxとyをプ
ロットするには、次のように実行します。

```
ax.plot(x, y, 'g--')
```

　このような、文字列で色や線種を指定する方法は、利便性のために与えられているものです。実際
問題として、プログラムでプロットを作成する場合であれば、望みの線種でプロットを作成するために、
文字列を結合処理しなければいけないのは嬉しくありません。先ほどのプロットは、もっと明示的に、
次のように書けます。

```
ax.plot(x, y, linestyle='--', color='g')
```

　たくさんのよく使われる色に簡略表記が用意されていますが、16進数カラーコード（例えば
'#CECECE'）を指定すれば、スペクトル上のどんな色も使えます。線種の完全な一覧については、plot

のdocstringで参照できます（IPythonやJupyterで plot? と実行してください）[1]。

　折れ線グラフには、実際のデータポイントを目立たせるために**マーカー**を付けられます。Matplotlib
は、データポイントを結んで連続した折れ線グラフを描くため、実際のデータポイントがどこにあるの
かわかりにくくなってしまう場合があります。マーカーの指定は線種指定文字列に含めることができ、
その場合は線とマーカーの色の後にマーカーの種類と線種を続けて書きます（**図9-6**を参照）。

```
In [30]: from numpy.random import randn
```

```
In [31]: plt.plot(randn(30).cumsum(), 'ko--')
```

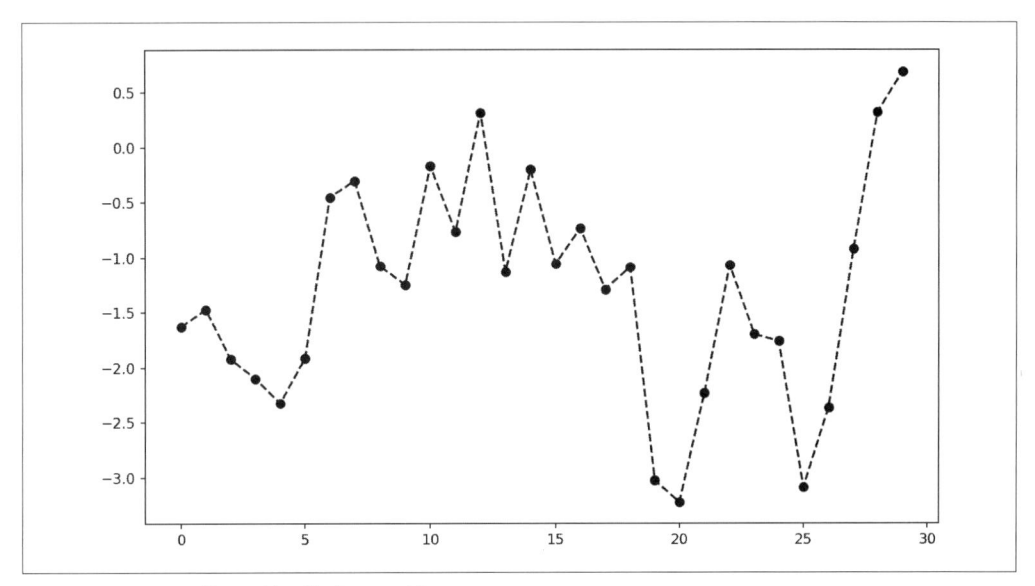

図9-6　マーカーを付けた折れ線グラフの例

　この例は、もっと明示的に次のように書けます。

```
plot(randn(30).cumsum(), color='k', linestyle='dashed', marker='o')
```

　デフォルトでは折れ線グラフの点は直線で結ばれるのに気付くでしょう。これは、drawstyleオプショ
ンを使って変更できます（**図9-7**）。

```
In [33]: data = np.random.randn(30).cumsum()
```

```
In [34]: plt.plot(data, 'k--', label='Default')
Out[34]: [<matplotlib.lines.Line2D at 0x7fb624d86160>]
```

```
In [35]: plt.plot(data, 'k-', drawstyle='steps-post', label='steps-post')
```

---

[1]　訳注：import matplotlib.pyplot as plt とインポートしているのであれば、plt.plot? です。

```
Out[35]: [<matplotlib.lines.Line2D at 0x7fb624d869e8>]

In [36]: plt.legend(loc='best')
```

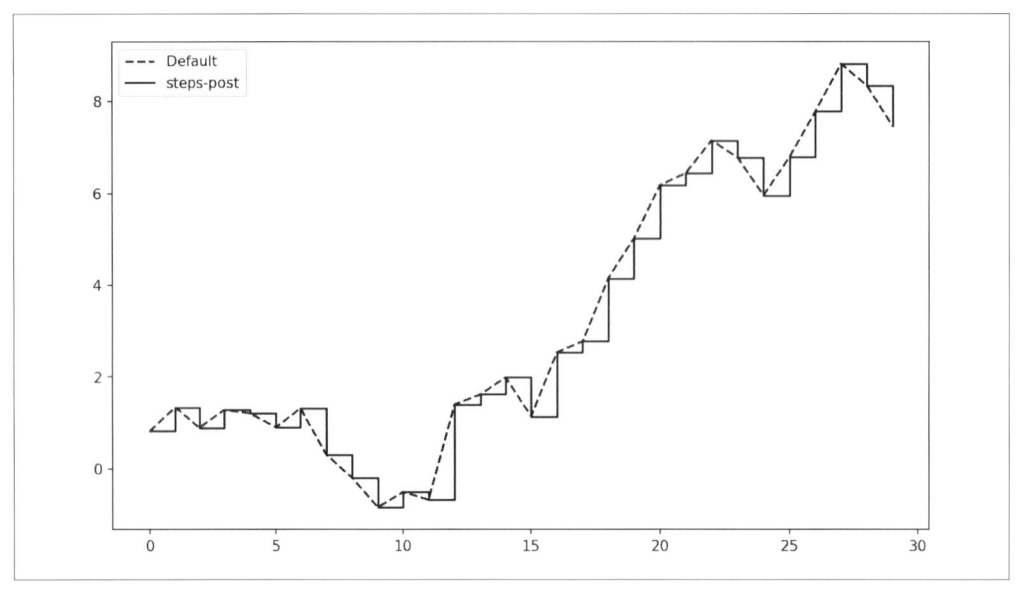

図9-7　異なるdrawstyleオプションを指定した折れ線グラフ

　この一連のコマンドを実行した際に、`<matplotlib.lines.Line2D at ...>`というような出力が表示されたのに気付いたと思います。Matplotlibのプロットコマンドでは、そのコマンドで追加されたプロットの構成要素を参照するオブジェクトが戻されます。この出力は常に無視して問題ありません。また、この実行例では`plot`に`label`引数を渡しているため、`plt.legend`を用いて、プロットの各線を識別するための凡例を作成できます。

> データをプロットする際に`label`オプションを与えた場合でも与えていない場合でも、凡例を作成するには`plt.legend`（軸を参照するオブジェクトがあるのであれば`ax.legend`）を呼び出さなければいけません。

9.1.3　目盛り、ラベル、凡例

　大抵のプロットの装飾には、実現する方法が主に2通りあります。手続き的な`pyplot`インタフェース（つまり`matplotlib.pyplot`）を使う方法と、もっとオブジェクト指向なMatplotlibネイティブのAPIを使う方法です。

　`pyplot`インタフェースは対話的な用途に向いており、`xlim`、`xticks`、`xticklabels`などのメソッドからなっています。これらのメソッドはそれぞれ、プロットする範囲、目盛りの位置、目盛りのラベルを

調節するもので、使い方は2通りあります。

- 引数を与えずに呼び出すと、パラメータの現在の値が戻ってくる（例えば`plt.xlim()`は、現在のX軸のプロット範囲を戻す）。
- 値を引数として与えて呼び出すと、パラメータに値を設定する（例えば`plt.xlim([0, 10])`とすれば、X軸の範囲を0から10に設定できる）。

このようなメソッドはすべて、アクティブな`AxesSubplot`か、一番最後に作られた`AxesSubplot`に対して作用します。各メソッドが対応するサブプロットオブジェクト本体のメソッドは2つあり、例えば`xlim`の場合、対応するメソッドは`ax.get_xlim`と`ax.set_xlim`になります。コードが明確になる（そして、特に複数のサブプロットを扱う際に対象を明示できる）というメリットがあるため、著者はサブプロットのインスタンスメソッドを使うのが好みですが、もちろんみなさんは、どちらでも便利だと思う方を使って問題ありません。

9.1.3.1　タイトル、軸のラベル、目盛り、目盛りのラベルを設定する

軸のカスタマイズ方法を説明するために、ランダムウォークをプロットしたシンプルな図を作成してみます（**図9-8**を参照）。

```
In [37]: fig = plt.figure()

In [38]: ax = fig.add_subplot(1, 1, 1)

In [39]: ax.plot(np.random.randn(1000).cumsum())
```

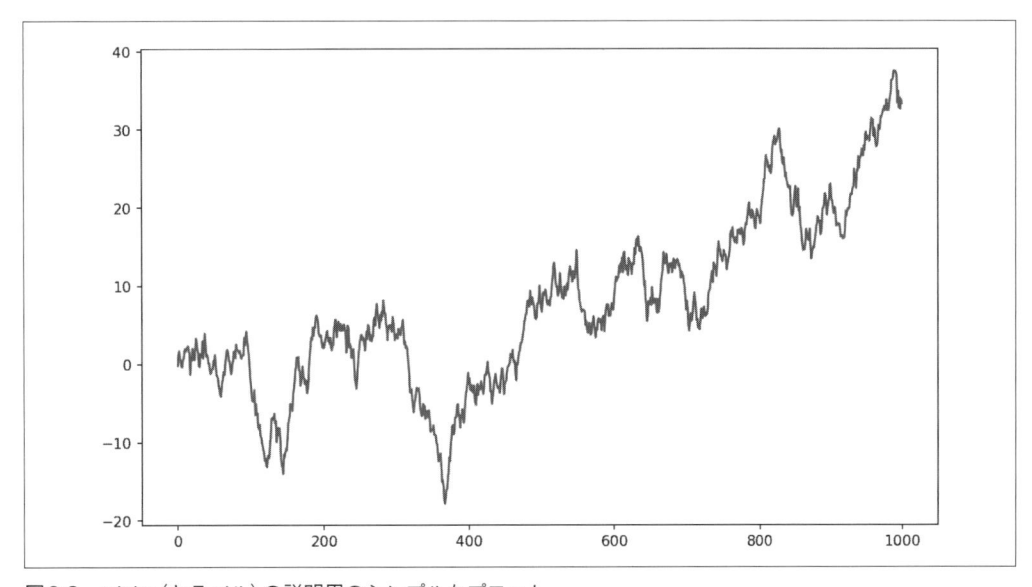

図9-8　xticks（とラベル）の説明用のシンプルなプロット

　X軸の目盛りを変更するには、set_xticksとset_xticklabelsを使うのが最も簡単です。前者は
Matplotlibに、データ範囲のどこに目盛りを入れるかを指示します。デフォルトでは、目盛りと同じ値
にラベルも表示されるように設定されますが、set_xticklabelsを用いればどんな値でもラベルとして
設定できます。

```
In [40]: ticks = ax.set_xticks([0, 250, 500, 750, 1000])

In [41]: labels = ax.set_xticklabels(['one', 'two', 'three', 'four', 'five'],
   ....:                             rotation=30, fontsize='small')
```

　ここでは、rotationオプションを用いて、X軸の目盛りに付けるラベルを30度回転させています[1]。

　最後に、set_xlabelでX軸に付ける名前を指定し、set_titleでサブプロットのタイトルを指定しま
す（最終的な図は**図9-9**を参照してください）。

```
In [42]: ax.set_title('My first matplotlib plot')
Out[42]: <matplotlib.text.Text at 0x7fb624d055f8>

In [43]: ax.set_xlabel('Stages')
```

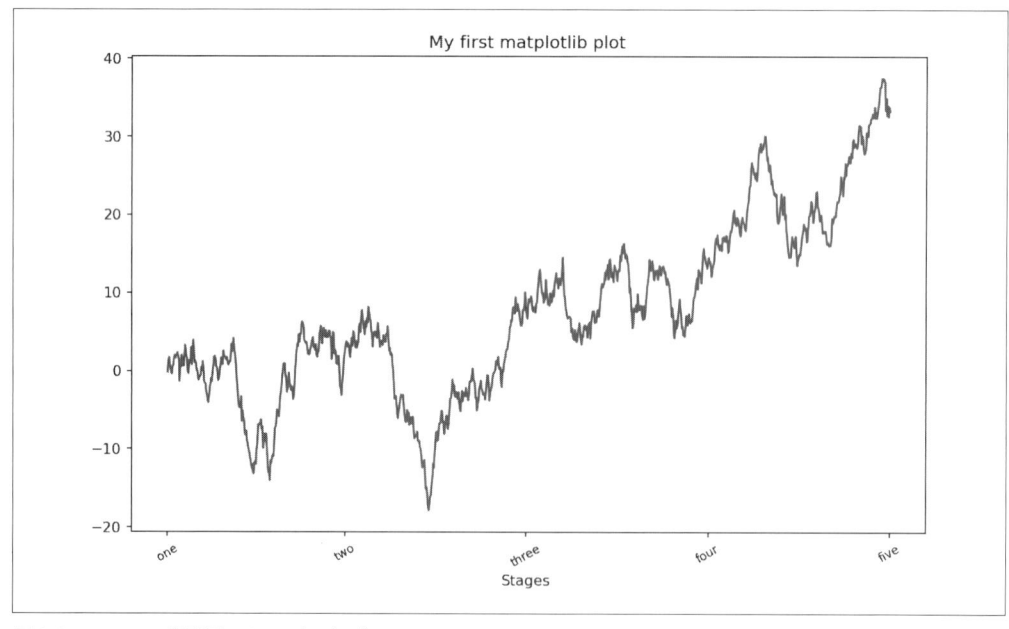

図9-9　xticksの説明用のシンプルなプロット

　Y軸の目盛りなどの調節は、これまでの説明でxと書いていたところをyにして同じプロセスを踏め

---

[1]　訳注：見ればわかる通り、反時計回りに回転します。

ばできます。軸のクラス（AxesSubplot）にはsetメソッドがあり、プロットの属性を一括設定できます。例えば前の例と同じことをする場合は、次のようにも書けます。

```
props = {
    'title': 'My first matplotlib plot',
    'xlabel': 'Stages'
}
ax.set(**props)
```

9.1.3.2 凡例の追加

　凡例も、プロットされたデータを識別するのに役立つ重要な要素です。凡例を追加する方法はいくつかありますが、最も簡単なのは、各データのプロットを追加する際に、label引数を指定する方法です。

```
In [44]: from numpy.random import randn
```

```
In [45]: fig = plt.figure(); ax = fig.add_subplot(1, 1, 1)
```

```
In [46]: ax.plot(randn(1000).cumsum(), 'k', label='one')
Out[46]: [<matplotlib.lines.Line2D at 0x7fb624bdf860>]
```

```
In [47]: ax.plot(randn(1000).cumsum(), 'k--', label='two')
Out[47]: [<matplotlib.lines.Line2D at 0x7fb624be90f0>]
```

```
In [48]: ax.plot(randn(1000).cumsum(), 'k.', label='three')
Out[48]: [<matplotlib.lines.Line2D at 0x7fb624be9160>]
```

　加えたい説明テキストをlabelで指定したら、ax.legend()かplt.legend()のどちらかを呼び出せば、凡例を自動生成できます。作成されるプロットは、**図9-10**のようになります。

```
In [49]: ax.legend(loc='best')
```

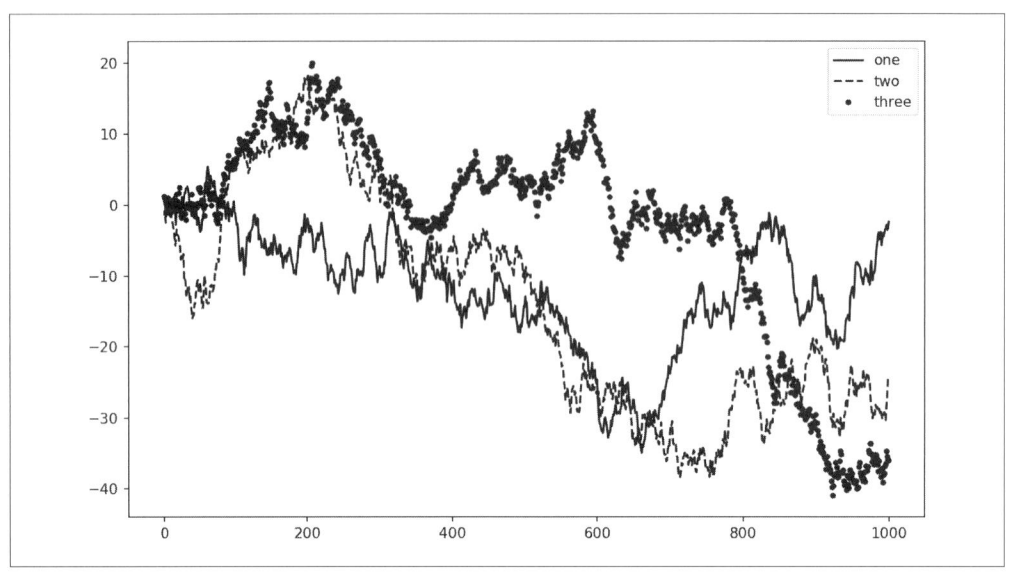

図9-10　3本の折れ線と凡例で構成されるシンプルなプロット

legendメソッドのloc引数に設定できる位置の値は、'best'以外にもいくつかあります。さらに詳しく知りたい場合は、docstringを参照してください（ax.legend?で参照できます）。

loc引数は、Matplotlibに、凡例をどこに入れるかを指定するためのオプションです。細かいことにこだわらないのであれば、'best'を指定するのがよいでしょう。'best'は、最も邪魔にならない場所を選んでくれます。なお、凡例から一部のデータを除くには、ラベルを指定しないか、明示的にlabel='_nolegend_'と指定するか、どちらかです。

9.1.4　サブプロットへの注釈や描画

標準的な形でのプロットに加えて、テキストや矢印、その他さまざまな形状の独自の注釈をプロットに付けたいことがあるでしょう。注釈やテキストは、textやarrow、annotateといった関数を用いてプロットに追加できます。textは、プロット上の指定した座標(x, y)に、オプションで指定されたスタイルで、テキストを描画します。

```
ax.text(x, y, 'Hello world!',
        family='monospace', fontsize=10)
```

注釈（annotate）を使うと、テキストと矢印をうまく調節して描画できます。例として、2007年以降のS&P 500インデックスの終値（Yahoo! Financeから取得したもの）をプロットし、2008年から2009年にかけての金融危機における重要な日付のうちいくつかに、注釈を入れてみましょう。少々長いですが、このサンプルコードをJupyter Notebookの1つのセル内で実行すれば、最も簡単に再現できます。可視化結果は**図9-11**の通りです。

```python
import matplotlib.dates as dates
from datetime import datetime

# 日本語フォントの設定
font_options = {'family': 'TakaoGothic'}
plt.rc('font', **font_options)

fig = plt.figure()
ax = fig.add_subplot(1, 1, 1)

data = pd.read_csv('examples/spx.csv', index_col=0, parse_dates=True)
spx = data['SPX']

spx.plot(ax=ax, style='k-')

crisis_data = [
    (datetime(2007, 10, 11), '上昇相場のピーク'),
    (datetime(2008, 3, 12), 'ベア・スターンズ危機'),
    (datetime(2008, 9, 15), 'リーマン破綻')
]

for date, label in crisis_data:
    ax.annotate(label, xy=(date, spx.asof(date) + 75),
                xytext=(date, spx.asof(date) + 225),
                arrowprops=dict(facecolor='black', headwidth=4, width=2,
                                headlength=4),
                horizontalalignment='left', verticalalignment='top')

# X軸のラベルの日付表記を日本語に
datefmt = dates.DateFormatter('%Y年%m月')
ax.xaxis.set_major_formatter(datefmt)

# 2007〜2010年をズーム
ax.set_xlim(['1/1/2007', '1/1/2011'])
ax.set_ylim([600, 1800])

ax.set_title('2008〜2009年の金融危機の重要な日付')
```

日本語へのローカライズに伴い、注釈テキスト以外にもソースコードに変更を加えています。具体的には、まずデフォルトの欧文フォントでは日本語文字が表示できず文字化けするため、フォントの設定を日本語フォントに変更しています（設定については、「**9.1.6 Matplotlibの設定**」で紹介しているのでそちらも参照してください）。また、日付もデフォルトでは「2017-01」のような表記ですが、あえて「2017年01月」のように表記するよう指定しています。

フォントの話が出たのでこの場を借りて補足しておくと、次のようにMatplotlibのfont_managerを使うと利用可能なフォントのリストが得られますので、参考にしてください。

```python
import matplotlib.font_manager as fm
fm.findSystemFonts()
```

また、Matplotlibでは.ttf（TrueTypeフォント）、.otf（OpenTypeフォント）、.afm（Adobe Font Metrics）といった拡張子を持つフォントファイルのみを認識します。日本語に多い.ttc（TrueType Collection）は、この本の執筆時点ではそのままでは扱えませんので、ご注意ください。

図9-11　2008年から2009年にかけての金融危機の重要な日付

　このプロットには重要な点がいくつかありますので、説明しましょう。まず、ax.annotateメソッドを使って、X座標とY座標で指定した位置にラベルを描いています[*1]。また、プロットの縦軸、横軸の開始点および終了点をMatplotlibのデフォルトに任せるのではなく、set_xlimやset_ylimといったメソッドを用いて、明示的に手で設定しています。最後に、ax.set_titleを用いてプロットにメインタイトルを加えています。

　もっと詳しく学びたい場合は、Matplotlibのオンラインギャラリーにあるさまざまな注釈の例を参照してください。

　図形を描く場合は、もう少し注意が必要です。Matplotlibには、よく使われるたくさんの図形を表すオブジェクトがあり、**パッチ**と呼ばれています。これらの一部、例えばRectangle（長方形）やCircle（円）はmatplotlib.pyplotに含まれていますが、それ以外も含めた完全なセットはmatplotlib.patchesにあります。

　プロットに図形を配置するには、パッチオブジェクトを作成（例えばshpという変数に収めるとします）したら、ax.add_patch(shp)を呼び出してそのshpをサブプロットに加えます（**図9-12**を参照）。

---

*1　訳注：ax.annotateのxytextでラベルの位置を、xy引数でラベルから伸びる矢印の終点を、それぞれ指定しています。

```
fig = plt.figure()
ax = fig.add_subplot(1, 1, 1)

rect = plt.Rectangle((0.2, 0.75), 0.4, 0.15, color='k', alpha=0.3)
circ = plt.Circle((0.7, 0.2), 0.15, color='b', alpha=0.3)
pgon = plt.Polygon([[0.15, 0.15], [0.35, 0.4], [0.2, 0.6]],
                    color='g', alpha=0.5)

ax.add_patch(rect)
ax.add_patch(circ)
ax.add_patch(pgon)
```

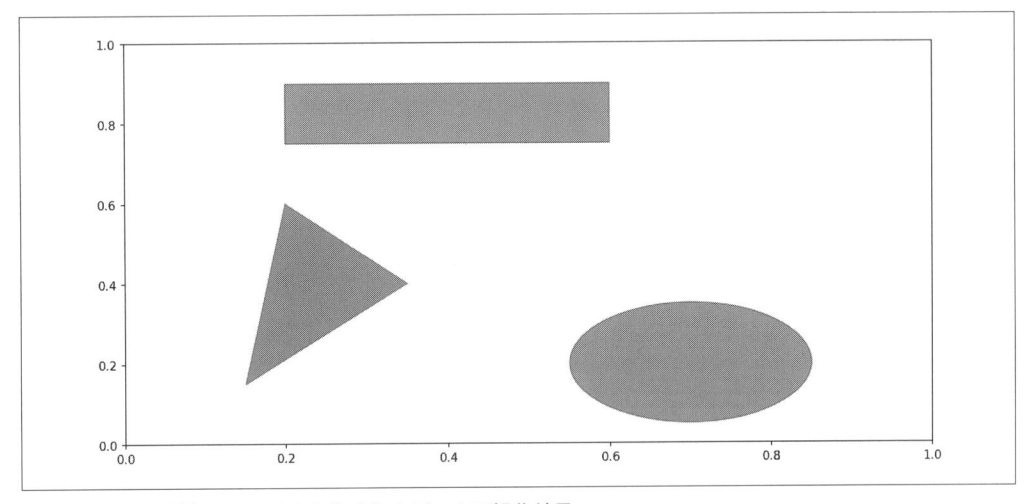

図9-12　3つの異なるパッチから作成したデータ可視化結果

　これまでに登場したようなさまざまな種類のプロットの実装を覗いてみれば、それらもパッチを組み合わせて作られているのがわかるでしょう。

9.1.5　プロットのファイルへの保存

　アクティブな図[*1]はplt.savefigを使ってファイルに保存できます。このメソッドは、Figureオブジェクトのインスタンスメソッドsavefigと等価です。例えば、図をSVGで保存する場合は次のように入力するだけです。

```
plt.savefig('figpath.svg')
```

　ファイル形式はファイルの拡張子から推測されます。したがって、.svgでなく.pdfとした場合は、PDFが出力されるでしょう。出版用に画像を出力するときに著者がよく使うオプションが2つあります。1つ目はdpiで、1インチ当たりのドット数（dots per inch）で解像度を指定するオプションです。もう1

---

*1　訳注：アクティブな図とは、最後に作成された、プロットコマンドが作用する図のことです。

つはbbox_inchesで、これを指定すると、図の本体のまわりの空白を取り除けます。先ほどの図の保存をPNGで、まわりの空白を最小にして、400 dpiで行いたい場合は、コードは次のようになるでしょう。

```
plt.savefig('figpath.png', dpi=400, bbox_inches='tight')
```

savefigを使うのは、ディスクに書き出したい場合だけではありません。BytesIOなど、ファイル系のオブジェクトであればどんなものにでも書き出せます。

```
from io import BytesIO
buffer = BytesIO()
plt.savefig(buffer)
plot_data = buffer.getvalue()
```

savefigのオプションについては、いくつかを**表9-2**にまとめていますので、参照してください。

表9-2　Figure.savefigのオプション

引数	説明
fname	ファイルのパスを含む文字列か、Pythonのファイル系オブジェクト。ファイル形式はファイルの拡張子から推測される（例えば.pdfならPDF、.pngならPNG）。
dpi	1インチ当たりのドット数（dots per inch）での、図の解像度。デフォルトは100だが、設定によりデフォルト値を変えられる。
facecolor, edgecolor	図のサブプロット外側の背景色。デフォルトは'w'（白）。
format	使用するファイル形式の明示的な指定（'png'、'pdf'、'svg'、'ps'、'eps'、……）。
bbox_inches	図の中の保存する部分の指定。'tight'を指定した場合は、図のまわりの空白領域を取り除く。

9.1.6　Matplotlibの設定

Matplotlibのカラースキームやデフォルト値の設定は、主に、図の出版に適した形になるよう調整されています。幸いなことに、図の大きさやサブプロットのスペース、色、フォントサイズ、グリッドスタイルなど、ほとんどすべてのデフォルトの振る舞いは、それらを制御するたくさんのグローバルパラメータでカスタマイズ可能です。Pythonのプログラム内から設定を変更する方法の1つとして、rcメソッドを用いる方法があります。例えば、図の大きさのグローバルなデフォルト値を10×10に設定するには、次のように入力します。

```
plt.rc('figure', figsize=(10, 10))
```

rcの1つ目の引数はカスタマイズしたいコンポーネントで、'figure'（図）、'axes'（軸）、'xtick'（X軸の目盛り）、'ytick'（Y軸の目盛り）、'grid'（グリッド）、'legend'（凡例）などが指定できます。その後に、キーワード引数でパラメータの新しい値の指定を追加していきます。プログラム内でオプションを書き出すときは、ディクショナリとして書き出すのが簡単です。

```
font_options = {'family' : 'monospace',
                'weight' : 'bold',
                'size'   : 'small'}
```

```
plt.rc('font', **font_options)
```

もっと大規模にカスタマイズしたい場合や、すべてのオプションの一覧を見たい場合、Matplotlib には、matplotlib/mpl-data ディレクトリに matplotlibrc という設定ファイルがあります[1]。このファイルをカスタマイズして .matplotlibrc という名前でホームディレクトリに置けば、Matplotlib を使う際に毎回このファイルをロードしてくれます。

次節で取り上げるように、seaborn パッケージには、プロットのテーマや**スタイル**がいくつか組み込みで用意されています。これらは、Matplotlib の設定システムを内部で用いています。

9.2 pandas と seaborn のプロット関数

Matplotlib はかなり低レベルのツールで、データの表示（プロットの種類としては、折れ線グラフ、棒グラフ、箱ひげ図、散布図、等高線図など）、凡例、タイトル、目盛りのラベル、注釈といった、基本コンポーネントからプロットを組み立てています。

一方で pandas では、複数行のデータに、行のラベルや列のラベルが付いています。pandas では、本体に、データフレームやシリーズのオブジェクトから簡単に可視化できるようにする標準メソッドがあります。そのようなもう1つのライブラリとして、Michael Waskom が作成した統計用グラフィックライブラリ、seaborn (https://seaborn.pydata.org/) があります。seaborn を使うと、よく使われる可視化を簡単に行うことができます。

seaborn をインポートすると、Matplotlib のデフォルトのカラースキームやプロットスタイルが変わり、プロットがより見やすく、より美しくなります。seaborn の API を使わない場合でも、Matplotlib のプロットの見た目の美しさを全体的に改善する簡単な方法として、seaborn をインポートしたがる人もいるかもしれません。

9.2.1 折れ線グラフ

シリーズやデータフレームにはそれぞれ、いくつかの基本的な形式のプロットをするための plot 属性があります。デフォルトでは、plot() は折れ線グラフでプロットします（**図9-13**を参照）。

```
In [60]: s = pd.Series(np.random.randn(10).cumsum(), index=np.arange(0, 100, 10))

In [61]: s.plot()
```

---

[1] 訳注：自分でセットアップした環境であっても、ライブラリのインストール先に詳しくないと、matplotlib/mpl-data ディレクトリがどこにあるかわからないかもしれません。そのようなときは import matplotlib; matplotlib.matplotlib_fname() で、matplotlibrc ファイルの場所が得られます。

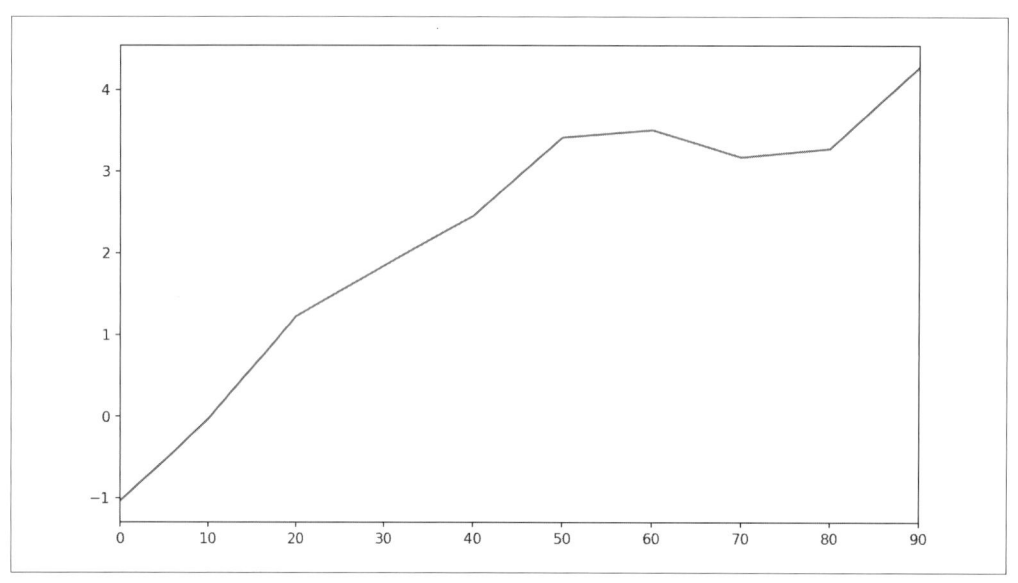

図9-13　シリーズのシンプルなプロット

　シリーズ（Series）オブジェクトのインデックスがMatplotlibに渡されてX軸にプロットされますが、これはuse_index=Falseを渡すことで無効化できます。X軸の目盛りと範囲はxticksオプションとxlimオプションで調節でき、Y軸についてもyticksオプションとylimオプションで調節できます。plotに指定できるオプションの完全な一覧については、**表9-3**を参照してください。この節では、今取り上げた以外のいくつかのオプションについても触れますが、残りのオプションはみなさんが実際に使って確認してみてください。

　pandasのプロット用メソッドの大半には、オプションでaxパラメータにMatplotlibのサブプロットオブジェクトを指定できます。このパラメータを使えば、サブプロットを格子状にもっと自由にレイアウトできます。

　データフレームのplotメソッドは、1つのサブプロット上に各列を異なる折れ線でプロットし、凡例を自動生成します（**図9-14**を参照）。

```
In [62]: df = pd.DataFrame(np.random.randn(10, 4).cumsum(0),
   ....:                    columns=['A', 'B', 'C', 'D'],
   ....:                    index=np.arange(0, 100, 10))

In [63]: df.plot()
```

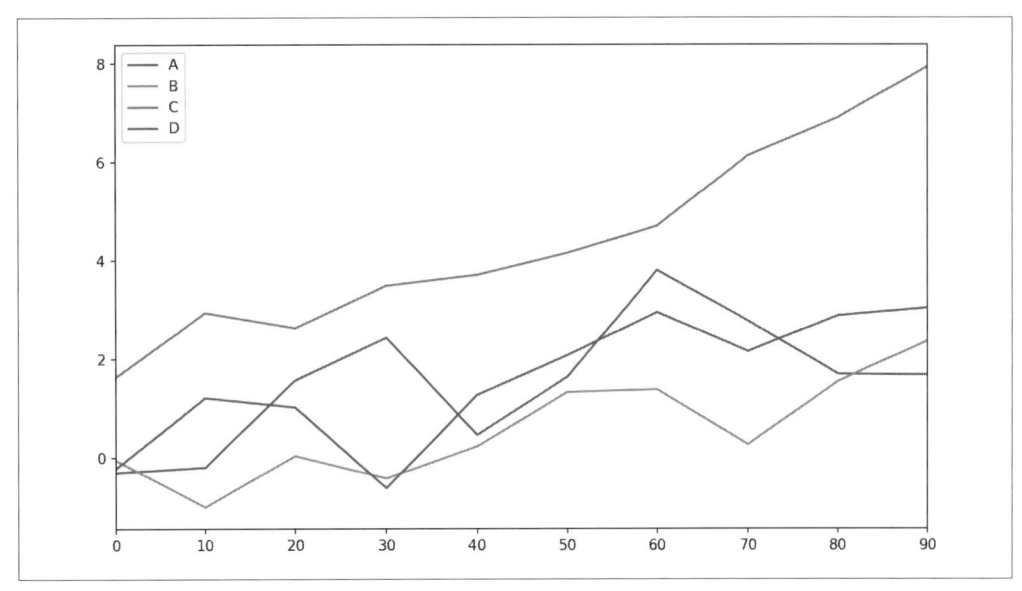

図9-14　データフレームのシンプルなプロット

　plot属性には、さまざまなプロット形式用のメソッドの「ファミリー」が含まれています。例えば、df.plot()はdf.plot.line()と等価です。この後で、これらのメソッドのうちいくつかを使ってみます。

plotに追加でキーワード引数を与えると、そのままMatplotlibの個々のプロット用関数に渡されます。したがって、Matplotlib APIについてもっと詳しく学べば、これらのプロットをもっとカスタマイズできます。

表9-3　Series.plotメソッドの引数

引数	説明
label	プロットの凡例に表示するラベル。
ax	プロットするMatplotlibのサブプロットオブジェクト。何も指定しなければ、アクティブなサブプロットを使う。
style	Matplotlibに渡される、'ko--'などの線種指定文字列。
alpha	プロットの不透明度（0から1までの値を指定）[*1]。
kind	'area'、'bar'、'barh'、'density'、'hist'、'kde'、'line'、'pie'のいずれかを指定できる。
logy	Y軸にログスケールを使う。
use_index	目盛りのラベルにオブジェクトのインデックスを使う。
rot	目盛りのラベルの回転角（0から360までの値を指定）。
xticks	X軸の目盛りに使う値。
yticks	Y軸の目盛りに使う値。

---

*1　訳注：0が完全に透明、1が完全に不透明です。

引数	説明
xlim	X軸の範囲（例えば[0, 10]）。
ylim	Y軸の範囲。
grid	軸のグリッドを表示する（デフォルトで有効）。

データフレームには、すべての列を1つのサブプロットにプロットするか、別々のサブプロットを作成するかなど、列の取り扱い方に自由度を与えるオプションが多数あります。詳しくは**表9-4**を参照してください。

表9-4　データフレームのplotのみに指定できる引数

引数	説明
subplots	データフレームの各列を別々のサブプロットにプロットする。
sharex	subplots=Trueの場合、サブプロット間でX軸を共有し、X軸の目盛りや範囲を関連付ける。
sharey	subplots=Trueの場合、サブプロット間でY軸を共有する。
figsize	作成するFigureのサイズ。2つの数値からなるタプルで指定する[*1]。
title	プロットのタイトル。文字列で指定する。
legend	サブプロットに凡例を付ける（デフォルトではTrue）。
sort_columns	列をアルファベット順でプロットする。デフォルトではデータフレームの列と同じ順でプロットする。

時系列プロットについては、「**11章　時系列データ**」を参照してください。

9.2.2　棒グラフ

plot.bar()とplot.barh()を使うと、それぞれ縦棒と横棒の棒グラフを描けます。この場合、シリーズやデータフレームのインデックスは、X軸（bar）やY軸（barh）の目盛りとして使われます（**図9-15**を参照）。

```
In [64]: fig, axes = plt.subplots(2, 1)

In [65]: data = pd.Series(np.random.rand(16), index=list('abcdefghijklmnop'))

In [66]: data.plot.bar(ax=axes[0], color='k', alpha=0.7)
Out[66]: <matplotlib.axes._subplots.AxesSubplot at 0x7fb62493d470>

In [67]: data.plot.barh(ax=axes[1], color='k', alpha=0.7)
```

---

*1　訳注：figsizeの数値の単位は「インチ」です。

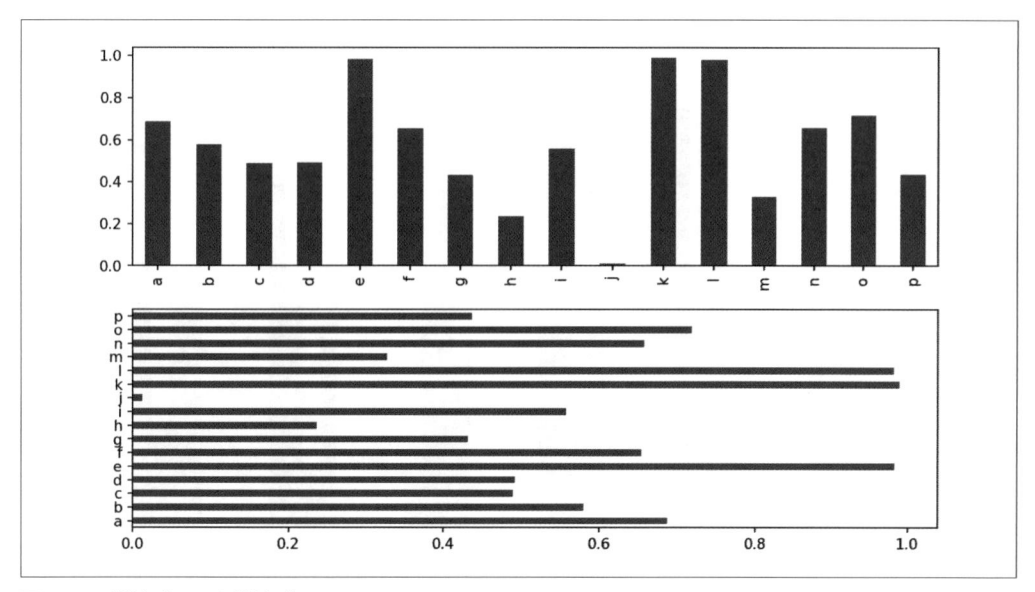

図9-15 縦棒グラフと横棒グラフ

color='k'とalpha=0.7というオプションで、プロットの色を黒に指定し、塗りつぶし部分を半透明にしています。

データフレームから棒グラフを描いた場合、各行の値は棒のグループとしてまとめて並べられます。**図9-16**を参照してください。

```
In [69]: df = pd.DataFrame(np.random.rand(6, 4),
   ....:                   index=['one', 'two', 'three', 'four', 'five', 'six'],
   ....:                   columns=pd.Index(['A', 'B', 'C', 'D'], name='Genus'))

In [70]: df
Out[70]:
Genus         A         B         C         D
one    0.370670  0.602792  0.229159  0.486744
two    0.420082  0.571653  0.049024  0.880592
three  0.814568  0.277160  0.880316  0.431326
four   0.374020  0.899420  0.460304  0.100843
five   0.433270  0.125107  0.494675  0.961825
six    0.601648  0.478576  0.205690  0.560547

In [71]: df.plot.bar()
```

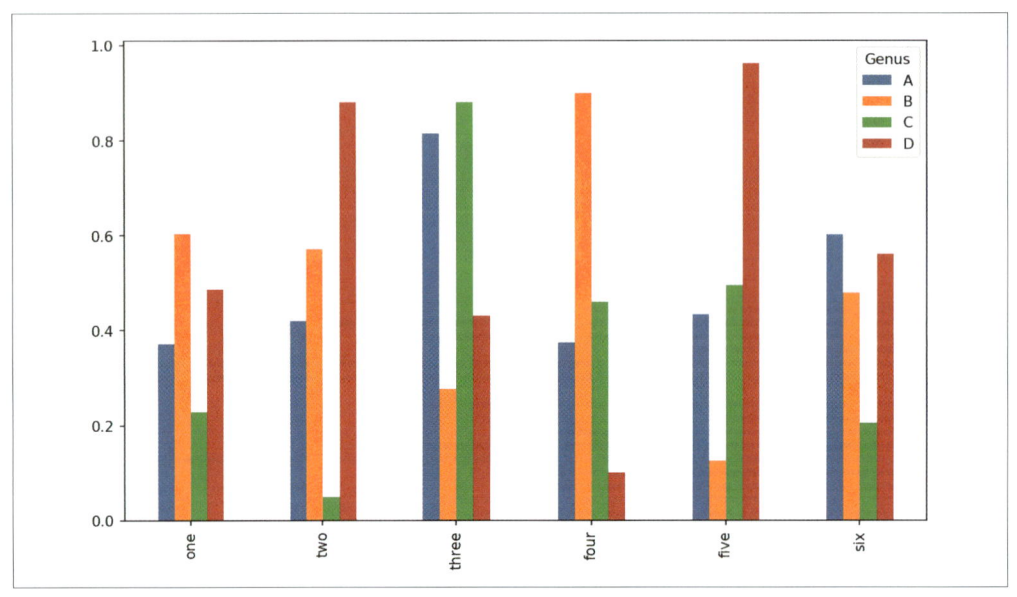

図9-16　データフレームの棒グラフ

データフレームの「Genus」という列の名前が、凡例のタイトルに使われているのに注意してください。

積み上げ棒グラフは、データフレームに対してstacked=Trueを与えてプロットすれば作れます。プロットすると、各行の値がまとめて積み上げられます（**図9-17**を参照）。

```
In [73]: df.plot.barh(stacked=True, alpha=0.5)
```

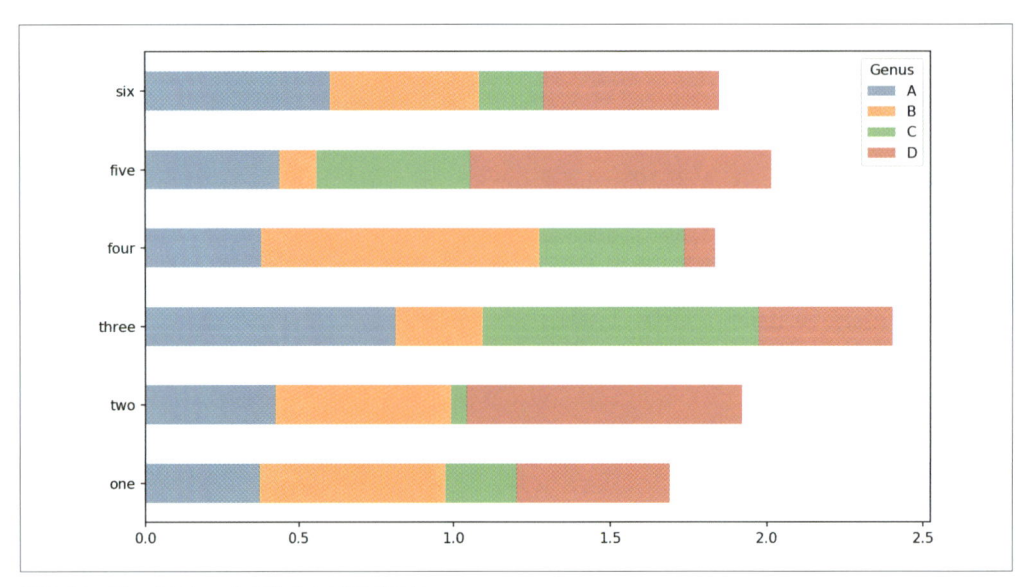

図9-17　データフレームの積み上げ棒グラフ

 棒グラフの便利な使い道としては、value_countsを用いて集計した、シリーズの値の頻度の可視化が挙げられます。すなわち、s.value_counts().plot.bar()のようにします。

この本の後の方で登場するチップのデータセットを使ってみましょう。各曜日の各団体の人数について、データポイントのパーセンテージを表示する積み上げ棒グラフを作りたいとします。read_csvを使ってデータを読み込み、曜日と団体の人数でクロス集計します。

```
In [75]: tips = pd.read_csv('examples/tips.csv')

In [76]: party_counts = pd.crosstab(tips['day'], tips['size'])

In [77]: party_counts
Out[77]:
size  1   2   3   4  5  6
day
Fri   1  16   1   1  0  0
Sat   2  53  18  13  1  0
Sun   0  39  15  18  3  1
Thur  1  48   4   5  1  3

# 1人と6人の団体は多くはない
In [78]: party_counts = party_counts.loc[:, 2:5]
```

クロス集計したら、各行の合計が1になるように正規化し、プロットします（**図9-18**を参照）。

```
# 合計が1になるよう正規化
In [79]: party_pcts = party_counts.div(party_counts.sum(1), axis=0)

In [80]: party_pcts
Out[80]:
size        2         3         4         5
day
Fri   0.888889  0.055556  0.055556  0.000000
Sat   0.623529  0.211765  0.152941  0.011765
Sun   0.520000  0.200000  0.240000  0.040000
Thur  0.827586  0.068966  0.086207  0.017241

In [81]: party_pcts.plot.bar()
```

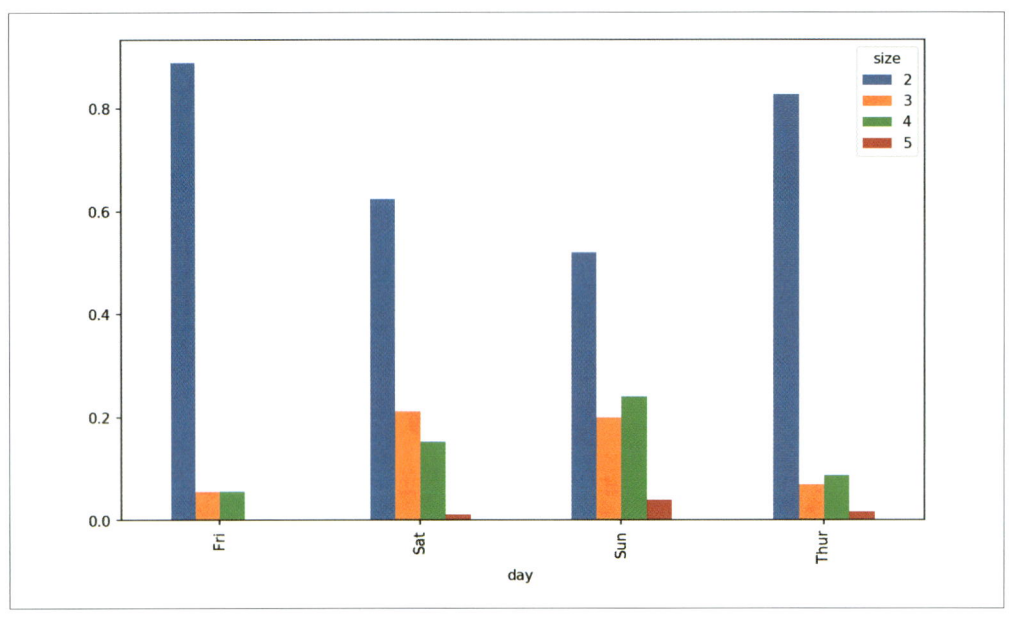

図9-18　各曜日において人数で分類したときの団体の割合

　グラフを見ると、このデータセットでは団体の人数は週末に増えているようだとわかります。

　プロットの前に集計や要約を必要とするデータについては、seabornパッケージを使用すると非常にシンプルに可視化できます。seabornを用いて、曜日ごとのチップの割合[*1]を見てみましょう（可視化結果は**図9-19**を参照してください）。

```
In [83]: import seaborn as sns

In [84]: tips['tip_pct'] = tips['tip'] / (tips['total_bill'] - tips['tip'])

In [85]: tips.head()
Out[85]:
   total_bill   tip smoker  day    time  size   tip_pct
0       16.99  1.01     No  Sun  Dinner     2  0.063204
1       10.34  1.66     No  Sun  Dinner     3  0.191244
2       21.01  3.50     No  Sun  Dinner     3  0.199886
3       23.68  3.31     No  Sun  Dinner     2  0.162494
4       24.59  3.61     No  Sun  Dinner     4  0.172069

In [86]: sns.barplot(x='tip_pct', y='day', data=tips, orient='h')
```

---

*1　訳注：支払金額からチップ分を除外した金額（tips['total_bill'] - tips['tip']）を分母にしています。

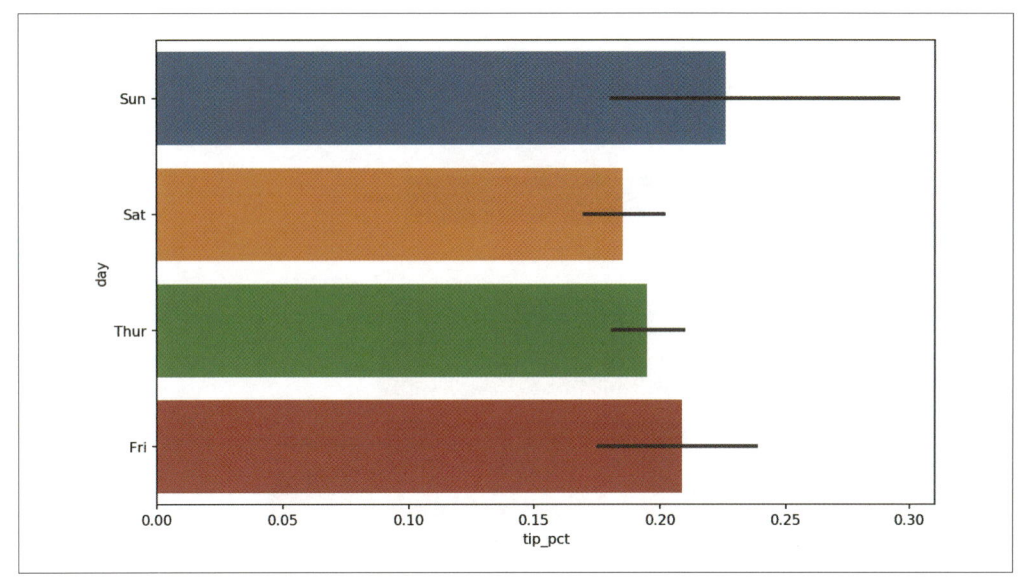

図9-19　曜日ごとのチップのパーセンテージ（エラーバー付き）

　seabornのプロット関数にはdataという引数があり、そこにpandasのデータフレームを指定できます。それ以外のxやyという引数には、データフレームの列の名前を指定します。各曜日（day列のそれぞれの値）には複数の支払いデータが含まれているため、それぞれの棒はtip_pctの平均値となっています。棒の上に描かれた黒い線は、95%信頼区間を表します（オプションで引数を追加すると、この振る舞いは設定できます）。

　seaborn.barplotにはhueというオプションがあります。このオプションにカテゴリ型データを指定すると、カテゴリごとに分けて集計できます（**図9-20**）。

```
In [88]: sns.barplot(x='tip_pct', y='day', hue='time', data=tips, orient='h')
```

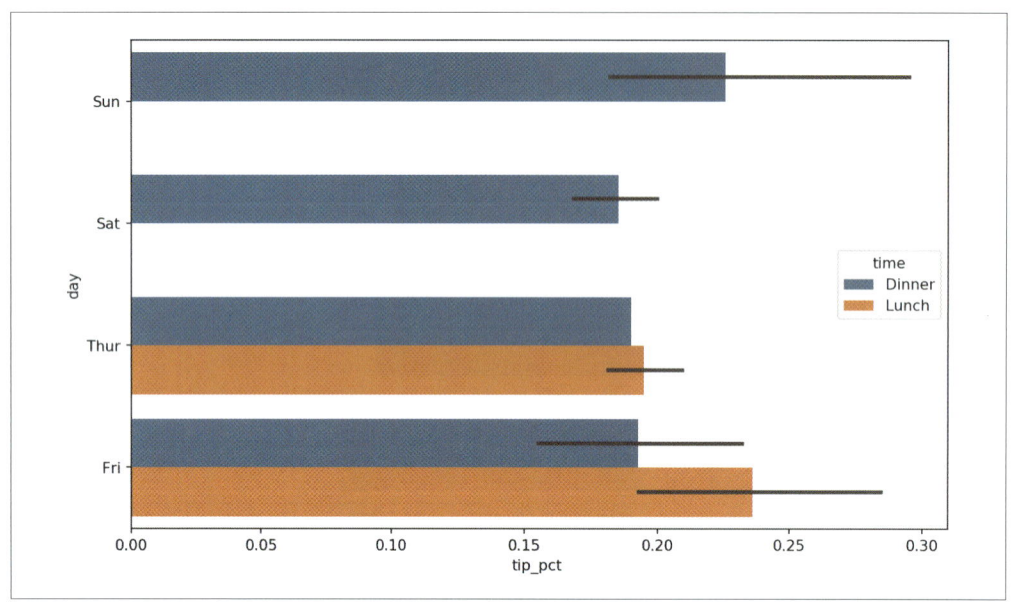

図9-20　曜日と時間帯ごとのチップのパーセンテージ

　デフォルトのカラーパレットやプロットの背景色、グリッド線の色など、seabornはプロットの見た目の美しさを自動的に変更することに気付いたでしょうか。seaborn.setを用いると、プロットの見た目を別のものに変えることができます。

```
In [90]: sns.set(style="whitegrid")
```

9.2.3　ヒストグラムと密度プロット

　ヒストグラムは棒グラフの一種で、値の頻度を離散データとして表示します。各データポイントは等間隔に置かれた個々のビンに分けて入れられ、各ビンの中のデータポイントの数がプロットされます。先ほどのチップのデータを用いて、シリーズのplot.histメソッドで、先ほど計算した請求額に対するチップの割合のヒストグラムを作りましょう（**図9-21**を参照）。

```
In [92]: tips['tip_pct'].plot.hist(bins=50)
```

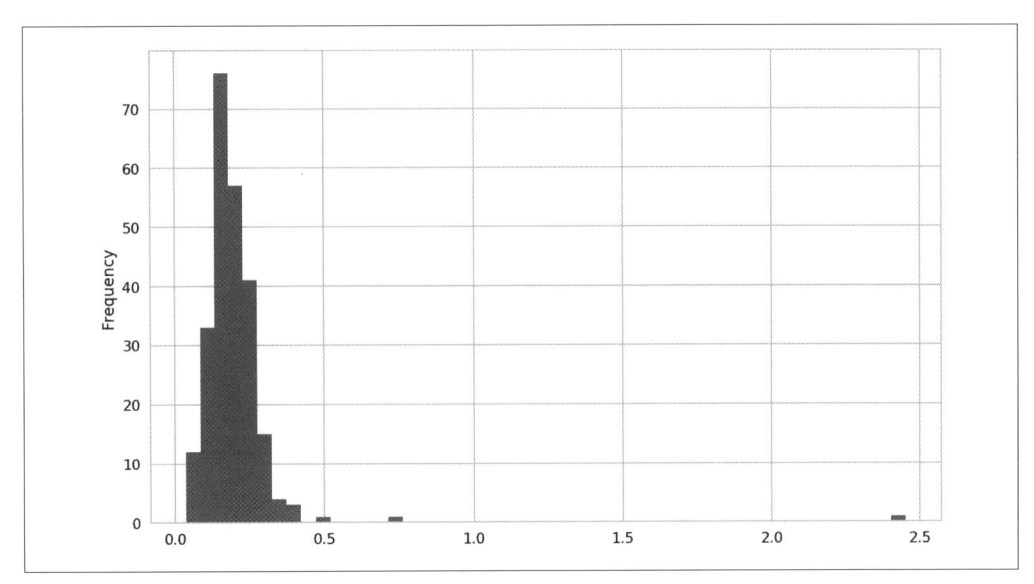

図9-21　チップの割合のヒストグラム

　関連するプロット形式として**密度プロット**があります。これは、実際に観測されたデータを生み出したと推定される連続確率分布の計算から作られます。通常はこの連続確率分布を、「カーネル」という正規分布などのシンプルな分布の和として近似するという方法を取ります。そのため、密度プロットはカーネル密度推定 (KDE) プロットとも呼ばれます。plot.kdeを使うと、一般的な混合正規分布カーネル密度推定を用いた密度プロットを作成できます (**図9-22**を参照)。

```
In [94]: tips['tip_pct'].plot.density()
```

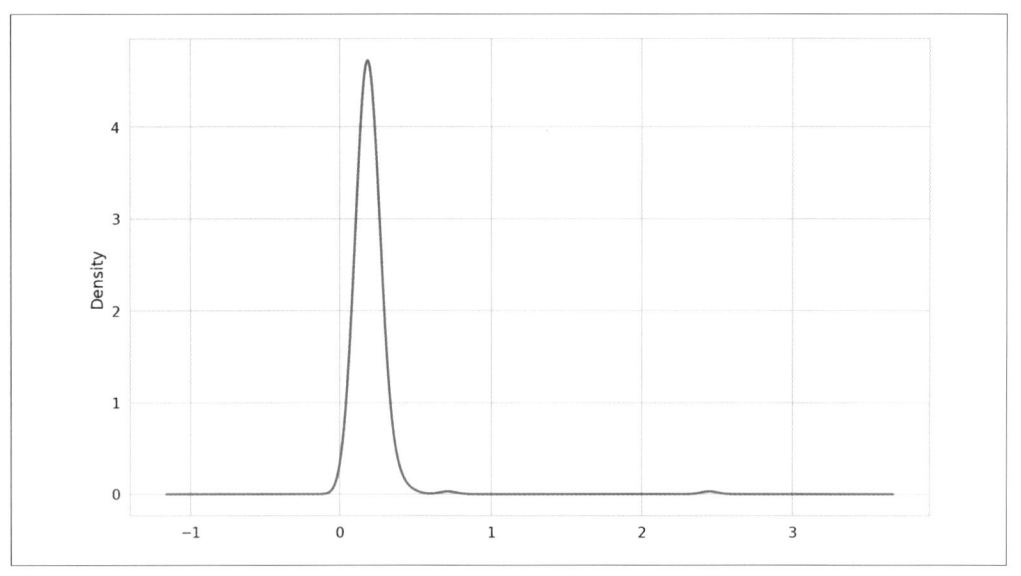

図9-22　チップの割合の密度プロット

　seabornには、ヒストグラムや密度プロットをもっと簡単に作れるdistplotメソッドがあります。distplotメソッドでは、ヒストグラムと連続型の密度推定の両方のプロットを同時に作成できます。例として、2つの異なる標準正規分布を基に作られた二峰性の分布を考えてみましょう（**図9-23**を参照）[1]。

```
In [96]: comp1 = np.random.normal(0, 1, size=200)

In [97]: comp2 = np.random.normal(10, 2, size=200)

In [98]: values = pd.Series(np.concatenate([comp1, comp2]))

In [99]: sns.distplot(values, bins=100, color='k')
```

---

[1]　訳注：2つの正規分布に従う乱数を作成した上で、それらの分布を結合して、二峰性の分布を持つ1つのデータセットのシリーズにしています。その上でのヒストグラムと、そこから得られる連続型の密度推定を描いています。

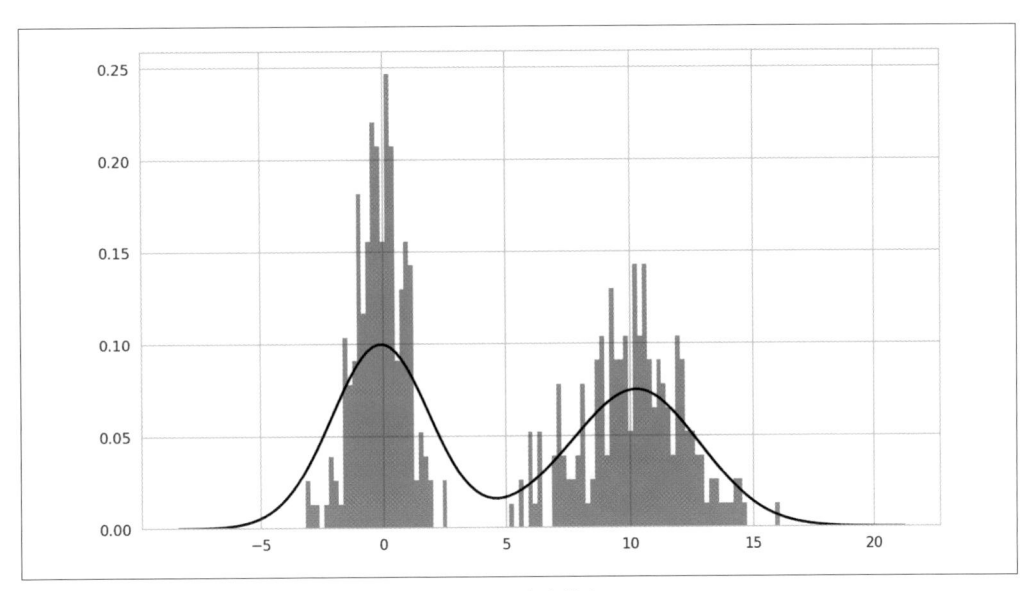

図9-23　混合正規分布の正規化されたヒストグラムと密度推定

9.2.4　散布図

散布図（点でのプロット）は、2つの1次元データ（シリーズ）の間の相関を調べるのに有効な場合があります。ここでは例としてstatsmodelsプロジェクトのmacrodataデータセットを読み込み、いくつかの変数を選択してそれらの対数の差分を計算します。

```
In [100]: macro = pd.read_csv('examples/macrodata.csv')

In [101]: data = macro[['cpi', 'm1', 'tbilrate', 'unemp']]

In [102]: trans_data = np.log(data).diff().dropna()

In [103]: trans_data[-5:]
Out[103]:
          cpi        m1  tbilrate     unemp
198 -0.007904  0.045361 -0.396881  0.105361
199 -0.021979  0.066753 -2.277267  0.139762
200  0.002340  0.010286  0.606136  0.160343
201  0.008419  0.037461 -0.200671  0.127339
202  0.008894  0.012202 -0.405465  0.042560
```

読み込んだら、seabornのregplotメソッドを使いましょう。regplotメソッドは、散布図を作成し、線形回帰により回帰直線をあてはめます（**図9-24**を参照）。

```
In [105]: sns.regplot('m1', 'unemp', data=trans_data)
Out[105]: <matplotlib.axes._subplots.AxesSubplot at 0x7fb613720be0>
```

In [106]: plt.title('Changes in log %s versus log %s' % ('m1', 'unemp'))

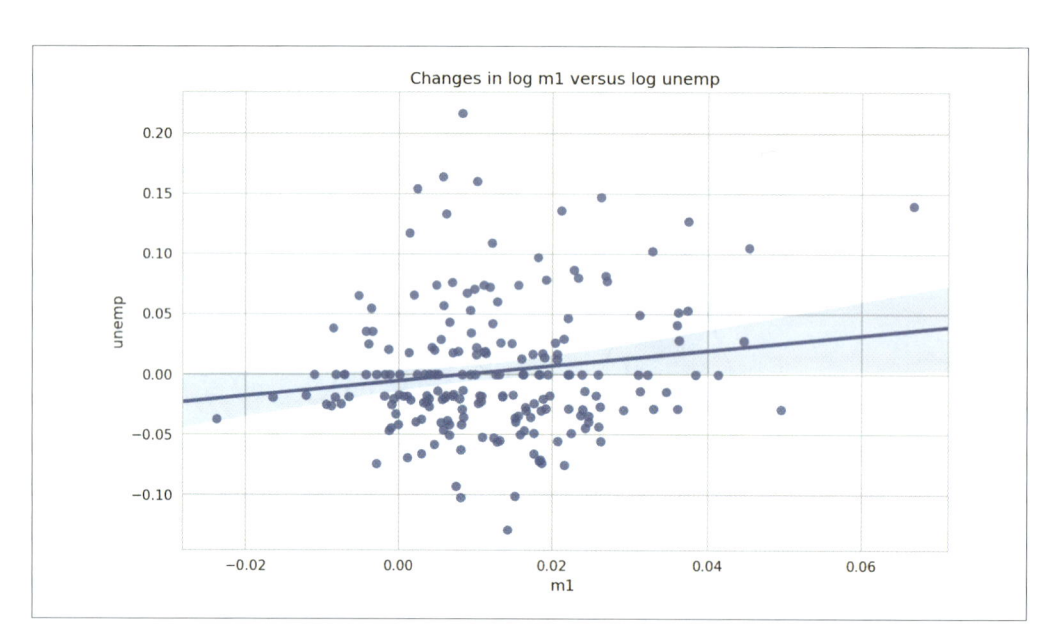

図9-24 seabornを用いた散布図と回帰直線のプロット

　探索的データ分析では、一連の変数のすべてのペアについて散布図を眺められると便利です。このような図は、**ペアプロット**や**散布図行列**と呼ばれます。ゼロからこのような図を作るのは少し骨の折れる作業なので、seabornには pairplot という便利な関数が用意されています。pairplot 関数は、散布図行列の対角線上に各変数のヒストグラムや密度推定を描くのもサポートしています（可視化結果は**図9-25を参照してください**）[*1]。

In [107]: sns.pairplot(trans_data, diag_kind='kde', plot_kws={'alpha': 0.2})

---

*1　訳注：同じ変数同士の相関には意味がないため、散布図行列の対角線上には変数名か、その変数のばらつきを表すヒストグラムまたは密度推定を描くのが一般的です。

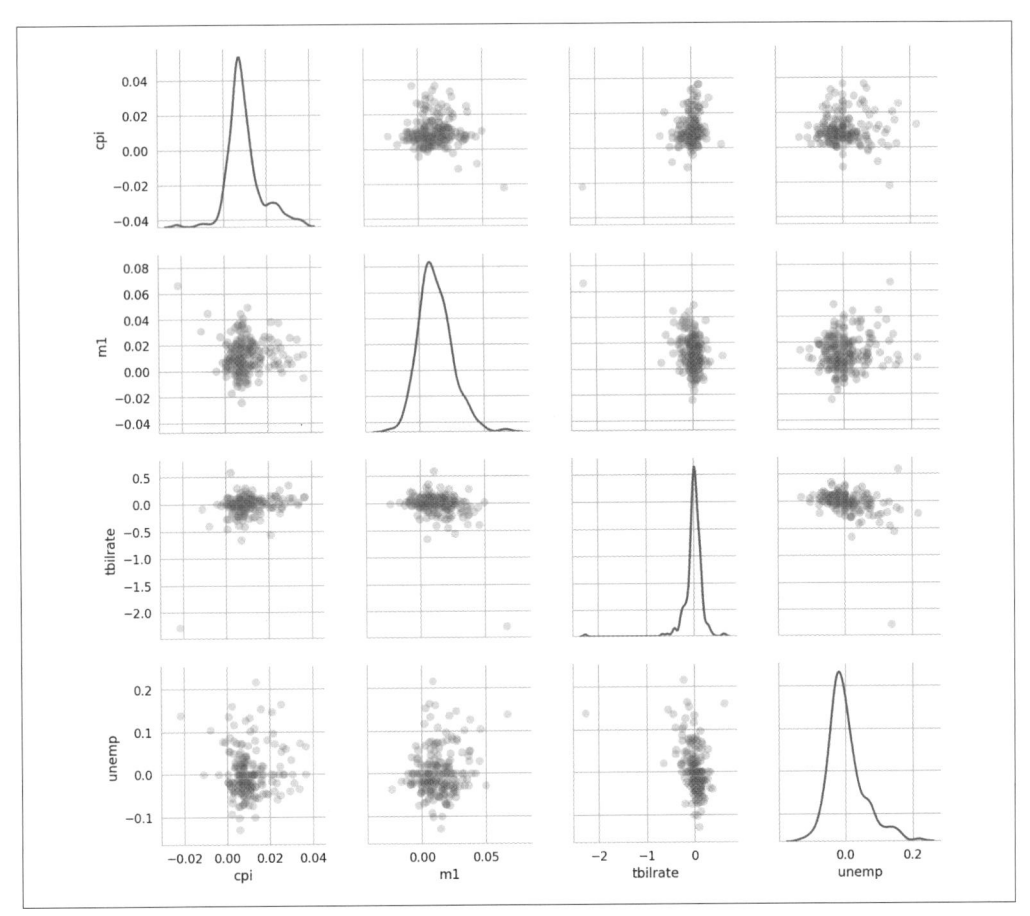

図9-25 statsmodelsのマクロ経済学データ（macrodata）の散布図行列

　plot_kwsというキーワード引数を使っていることに気付いたかもしれません。このplot_kws引数を使うと、対角線上以外の要素について、個々のプロット機能を呼び出す際に設定オプションを渡すことが可能です[1]。さらに細かい設定オプションについては、seaborn.pairplotのdocstringで調べてください。

9.2.5　ファセットグリッドとカテゴリ型データ

　他にもグループ化のための次元があるようなデータの場合は、どうなるでしょうか。多くのカテゴリ変数を含んだデータを可視化する1つの方法は、特定の属性値でデータをまとめ、並べて表示できる（特定の切り口でデータを見ることができる）ファセットグリッドを使うことです。seabornには、さまざまなファセットプロットを簡単に作ることができるfactorplotという便利な組み込みの関数がありま

---

[1]　訳注：対角線要素については、diag_kwsというキーワード引数で設定できます。

す（可視化結果は**図9-26**を参照してください）。

```
In [108]: sns.factorplot(x='day', y='tip_pct', hue='time', col='smoker',
     .....:                 kind='bar', data=tips[tips.tip_pct < 1])
```

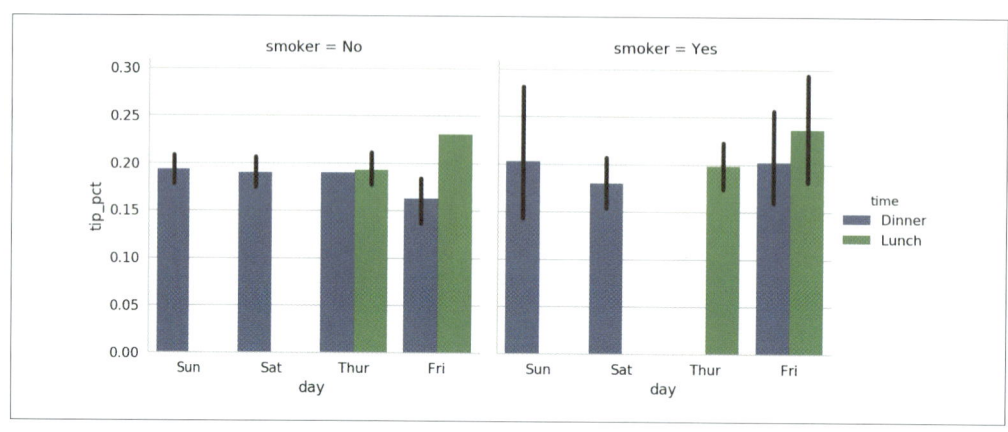

図9-26　曜日、時間帯、喫煙／非喫煙ごとのチップの割合

　ここでは2つのファセット（「smoker = No」と「smoker = Yes」）を表示し、それぞれのファセット内で棒の色を変えることで時間帯（'time'）をまとめていますが、代わりに、'time'の値ごとに行を追加する形でファセットグリッドを拡張することも可能です（**図9-27**を参照）。

```
In [109]: sns.factorplot(x='day', y='tip_pct', row='time',
     .....:                 col='smoker',
     .....:                 kind='bar', data=tips[tips.tip_pct < 1])
```

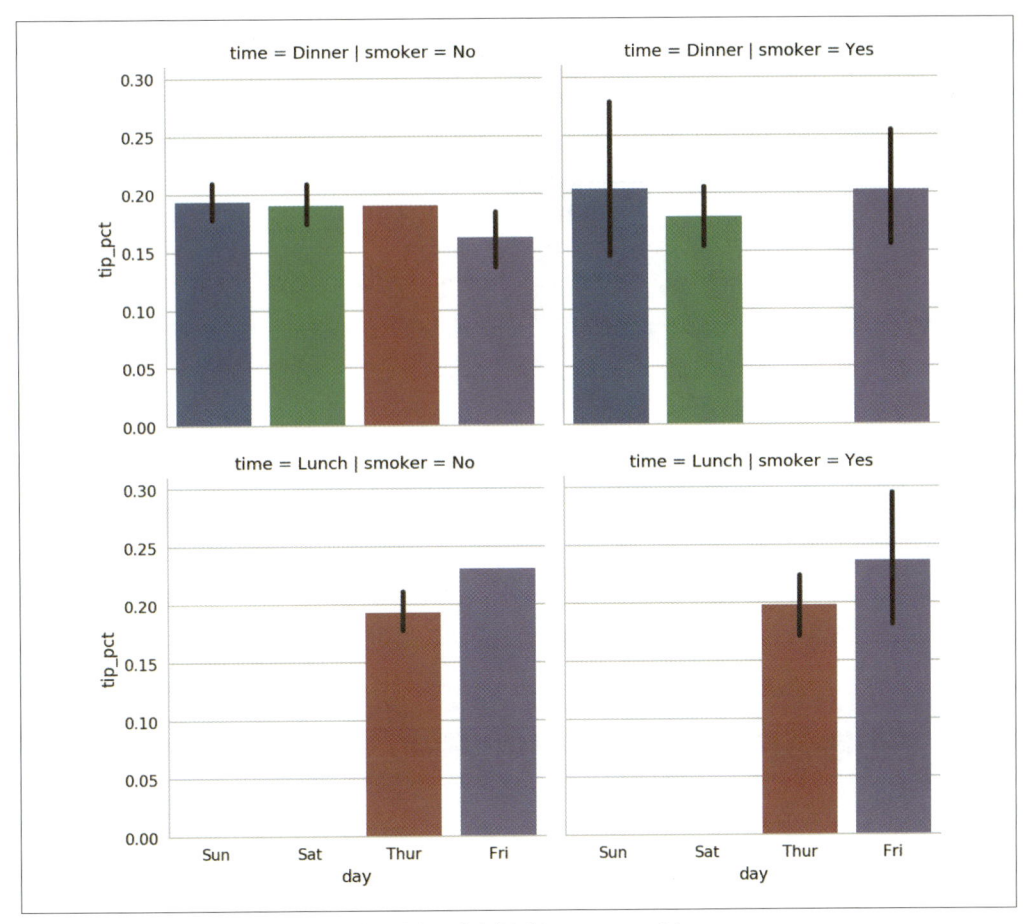

図9-27　曜日ごとのtip_pct（各時間帯、喫煙 / 非喫煙ごとのファセット）

　表示しようとしている対象データによっては、棒グラフ以外のプロット形式の方が便利なこともあるでしょう。factorplotは、他のプロット形式もサポートしています。例えば、中央値や四分位点、外れ値を表示する箱ひげ図が、可視化方法として効果的な場合があります（**図9-28**を参照）。

```
In [110]: sns.factorplot(x='tip_pct', y='day', kind='box',
   .....:                 data=tips[tips.tip_pct < 0.5])
```

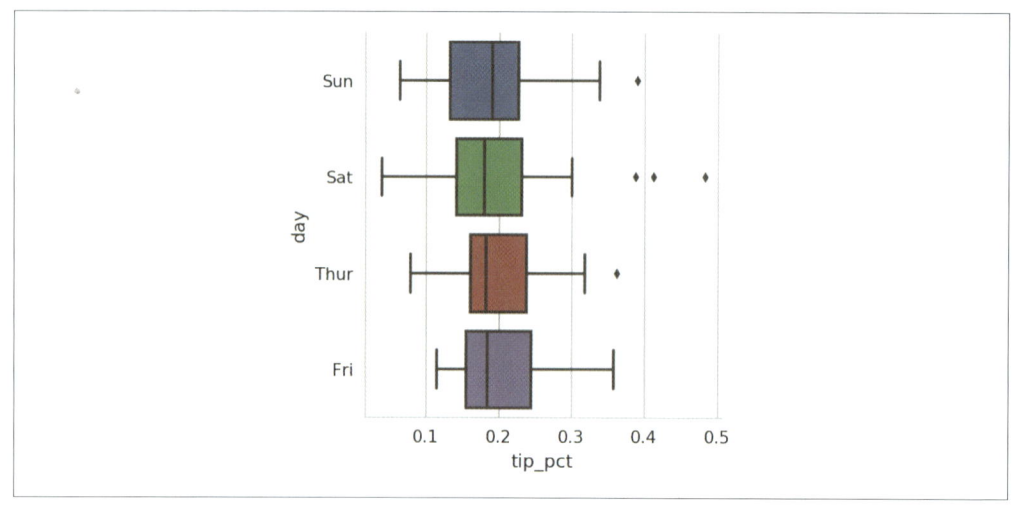

図9-28　曜日ごとのtip_pctの箱ひげ図

　さらに汎用的なseaborn.FacetGridクラスを使うと、カスタマイズしたファセットグリッドプロットを作成することもできます。詳しくは、seabornのドキュメント（https://seaborn.pydata.org/）を参照してください。

9.3　その他のPython用可視化ツール

　オープンソースの世界ではよくあることですが、Pythonで画像を作成する場合、選択肢が多すぎます（多すぎてリストアップしきれません）。2010年以降、ウェブ公開用の対話的なグラフィック作成環境に焦点を当てて、多くの開発がなされてきました。Bokeh（http://bokeh.pydata.org/）やPlotly（https://github.com/plotly/plotly.py）などのツールを用いて、Pythonでウェブブラウザ向けに動的、対話的に操作できる画像を作成することが可能になっています。

　印刷用やウェブ用の静的な画像を作成する場合は、まずデフォルトとしてMatplotlibを使い、必要に応じてpandasやseabornのようなアドオンライブラリを使うようにすることをお勧めします。それ以外の要件でデータの可視化が必要になった場合は、世の中にある、他の可視化ツールのどれかを使えるようになるのがよいでしょう。Pythonの可視化ツールのエコシステムは、今も、そして将来も拡大しながら、新しいものを生み出していくと思われますので、ぜひこのエコシステムを探検して味わってみてください。

9.4　まとめ

　この章の目的は、読者のみなさんに、Matplotlibやseabornといったpandasを使用する基本的なデータ可視化ツールを使ってみてもらうことでした。データ分析の結果について視覚的にやり取りすることが、あなたの仕事にとって重要な点である場合には、効果的なデータの可視化方法について詳しく学

べる教材を探すとよいでしょう。データの可視化は活発に研究がなされている分野で、オンラインドキュメントや書籍など、たくさんの素晴らしい教材を使って学習していけるでしょう。

次の章では、データの集計やグループ化といった操作をpandasを用いてすることに、着目していきます。

10章
データの集約とグループ演算

　データをカテゴライズして、それぞれのグループに関数を適用することは、集約や変換と呼ばれ、データ分析のワークフローの中で最も重要な部分です。データを読み込み、マージし、データセットを準備した後に行う類似のタスクには、グループごとの統計計算を行うことや、（可能な場合には）レポーティングや可視化のために**ピボットテーブル**を使うこともあります。pandasは柔軟なgroupbyインタフェースを持っており、これを利用することで、データセットを自然な方法でスライスし、ダイシングし集計することができます。

　リレーショナルデータベースとSQL（「構造化問い合わせ言語」(Structured Query Language)の略）が一般的なのは、データの連結やフィルタリング、変換、集約が容易であるからです。しかし、SQLのようなクエリ言語はグループ演算で実現できることに、ある程度の制約があります。この後見ていくようにPythonとpandasの表現力を使えば、より複雑なグループ演算を行うことができます。そして、その操作にはpandasのオブジェクトやNumPyの配列を用いることができます。この章では、次に挙げることを実現する方法を学びます。

- pandasのオブジェクトを1つあるいは複数のキー（関数や配列、データフレームの列名の形式で指定）を使って分割する方法。
- グループの要約統計量の計算方法。具体的には、個数のカウント、平均値、標準偏差や、ユーザが定義した関数などの計算方法。
- グループ内の変換やその他のデータ操作（正規化、線形回帰、順位、部分集合の選択）。
- ピボットテーブルとクロス集計の計算。
- 分位点分析やその他のデータから生成されたグループに関する分析。

 時系列データの集約は、groupbyの特殊な利用ケースの1つですが、この本では**再サンプリング**に関する部分として別に扱い、**「11章 時系列データ」**で説明します。

10.1　GroupByの仕組み

　R言語で多くの有名なパッケージを作っているHadley Wickhamによって、グループ演算のプロセスを説明するために作られた言葉が**分離−適用−結合**（split-apply-combine）です。プロセスの最初の段階では、pandasのオブジェクト（シリーズやデータフレームなど）に格納されているデータが、指定した1つ以上の**キー**によって**分離**されます。分離はオブジェクトの特定の軸を使って行われます。例えば、データフレームはその行（axis=0）でも列（axis=1）でもグループ処理をすることができます。分離が終わったら、それぞれのグループに関数が**適用**され、新しい値が生成されます。最後に、これらの関数を適用した結果が**結合**されて結果を戻すオブジェクトに格納されます。戻るオブジェクトの形式は、大抵はデータに行った処理の内容に依存します。**図10-1**はシンプルなグループ集約操作のモデルです。

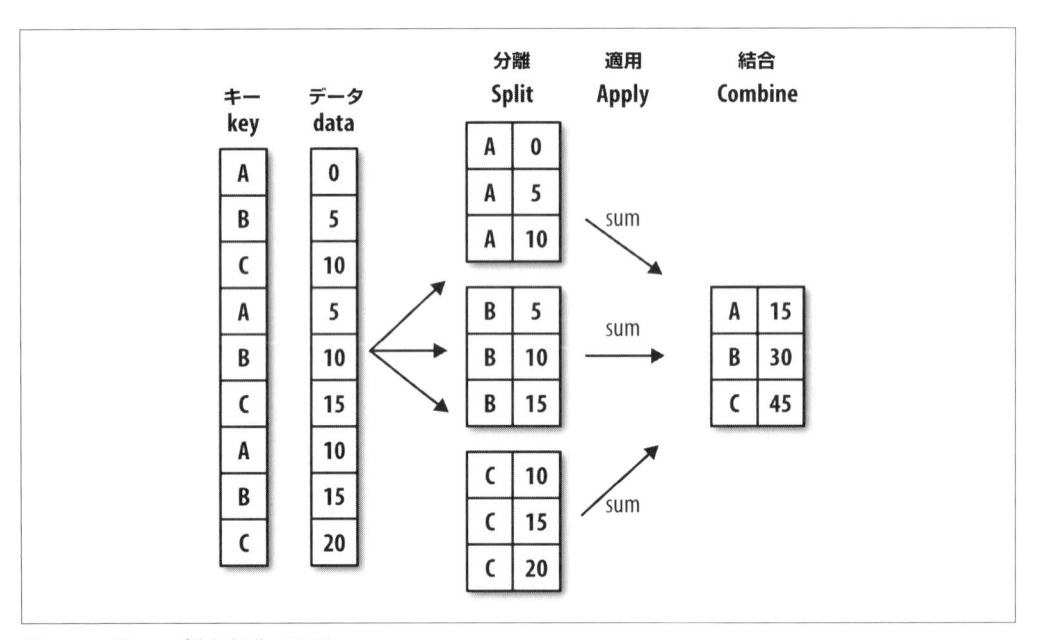

図10-1　グループ集約操作の図解

　グループ化に使用するキーはさまざまな形式を取ることができ、また、すべて同じ型である必要もありません。

- 値のリストや配列（グループされる軸と同じ長さのもの）。
- データフレームの列名を示す値。
- ディクショナリ形式あるいはシリーズ形式（グループされる軸の値とグループ名の間の対応を取れるもの）。
- 軸のインデックス、あるいは、各インデックスのラベルに対して呼び出される関数。

　この手法のうち後者3つは、オブジェクトを分離するために使う値の配列を簡単に生成する手段です。これらの説明が抽象的でわかりにくいと感じたとしても心配する必要はありません。この章を通じて、これらすべての手法のさまざまな例を紹介します。まずはじめに、小さなテーブル形式のデータを持つデータフレームを用意します。

```
In [10]: df = pd.DataFrame({'key1' : ['a', 'a', 'b', 'b', 'a'],
   ....:                     'key2' : ['one', 'two', 'one', 'two', 'one'],
   ....:                     'data1' : np.random.randn(5),
   ....:                     'data2' : np.random.randn(5)})

In [11]: df
Out[11]:
      data1     data2 key1 key2
0 -0.204708  1.393406    a  one
1  0.478943  0.092908    a  two
2 -0.519439  0.281746    b  one
3 -0.555730  0.769023    b  two
4  1.965781  1.246435    a  one
```

　key1のラベルでグループ化して、data1列の平均値を計算するには、さまざまな方法がありますが、その1つがdata1にアクセスして、groupbyにグループする列としてkey1を指定して呼び出す方法です。

```
In [12]: grouped = df['data1'].groupby(df['key1'])

In [13]: grouped
Out[13]: <pandas.core.groupby.SeriesGroupBy object at 0x7faa31537390>
```

　グループ化された変数は、この時点では**GroupBy**オブジェクトになっています。このオブジェクトには実際に計算した結果は含まれておらず、グループキー df['key1'] に関する中間データが含まれている状態です。GroupBy オブジェクトは、各グループに後々操作を適用するために必要なすべての情報を持つものだと考えましょう。例えば、それぞれのグループの平均値を計算するために、GroupByのmean メソッドを呼ぶことができます。

```
In [14]: grouped.mean()
Out[14]:
key1
a    0.746672
b   -0.537585
Name: data1, dtype: float64
```

　後ほど、.mean()を呼んだときに何が起こっているのかは説明します。ここで重要なことは、結果のデータ（シリーズ型のデータ）はグループキーに従って集約されており、key1列に含まれる独立した値でインデックスされている新しいシリーズ変数が生成されている、ということです。結果に含まれるインデックスの名前は'key1'になっていますが、これは、データフレームの列df['key1']に対して操作を行ったためです。

　グループキーにkey1だけを指定する代わりに、複数の配列をリストとして渡すと、少し異なる結果が得られます。

```
In [15]: means = df['data1'].groupby([df['key1'], df['key2']]).mean()

In [16]: means
Out[16]:
key1  key2
a     one      0.880536
      two      0.478943
b     one     -0.519439
      two     -0.555730
Name: data1, dtype: float64
```

　この例では、データを2つのキーを使ってグループ化しています。その結果のシリーズは、キーで観測された独立な組み合わせが含まれる階層的なインデックスを持っています。

```
In [17]: means.unstack()
Out[17]:
key2         one       two
key1
a       0.880536  0.478943
b      -0.519439 -0.555730
```

　この例では、グループキーはすべてシリーズ型でした。しかし、次のように正しい長さの配列をグループキーに使うこともできます。

```
In [18]: states = np.array(['Ohio', 'California', 'California', 'Ohio', 'Ohio'])

In [19]: years = np.array([2005, 2005, 2006, 2005, 2006])

In [20]: df['data1'].groupby([states, years]).mean()
Out[20]:
California  2005     0.478943
           2006    -0.519439
Ohio       2005    -0.380219
           2006     1.965781
Name: data1, dtype: float64
```

　ほとんどの場合、グループ化に使いたい情報は、データフレームの中のデータとして存在します。そういう場合には、グループキーとして、そのデータが含まれる列名を渡すことができます（その列が文字列、数値、その他のPythonオブジェクトであっても可能です）。

```
In [21]: df.groupby('key1').mean()
Out[21]:
          data1     data2
key1
a      0.746672  0.910916
```

```
b    -0.537585  0.525384

In [22]: df.groupby(['key1', 'key2']).mean()
Out[22]:
              data1      data2
key1 key2
a    one   0.880536   1.319920
     two   0.478943   0.092908
b    one  -0.519439   0.281746
     two  -0.555730   0.769023
```

最初のdf.groupby('key1').mean()のケースでは、結果にkey2列が含まれていないのに気付いたでしょうか。これは、df['key2']が数値ではない列（これは**邪魔な列**と呼ばれています）であるために、結果から除かれているのです。デフォルトでは、すべての数値列が集約されますが、この後紹介するような形で列をフィルタリングすることもできます。

groupbyの使用目的によらず、便利なGroupByオブジェクトのメソッドにsizeメソッドがあります。これは、各グループのサイズ情報を持つシリーズを戻します。

```
In [23]: df.groupby(['key1', 'key2']).size()
Out[23]:
key1 key2
a    one    2
     two    1
b    one    1
     two    1
dtype: int64
```

グループキーに含まれる欠損値は結果から除外されているのに注意しましょう。

10.1.1　グループをまたいだ繰り返し

GroupByオブジェクトは繰り返しをサポートし、繰り返しの中では、グループの名前（name）と、その名前に対応するデータ（group）、の2つを含むタプルで構成されるシーケンスを生成します。次に示す、小さなデータセットについて考えてみましょう[1]。

```
In [24]: for name, group in df.groupby('key1'):
   ....:     print(name)
   ....:     print(group)
   ....:
a
      data1     data2 key1 key2
0 -0.204708  1.393406    a  one
1  0.478943  0.092908    a  two
4  1.965781  1.246435    a  one
b
```

---

[1]　訳注：ここで出力されている内容のうち、a、bの部分がnameで、その後に続くデータフレームがgroupの内容です。

```
          data1      data2 key1 key2
2 -0.519439  0.281746     b  one
3 -0.555730  0.769023     b  two
```

複数キーを扱うケースでは、繰り返しの中で使用されるタプルに含まれる最初の要素は、キーの値のタプルになっています。

```
In [25]: for (k1, k2), group in df.groupby(['key1', 'key2']):
   ....:     print((k1, k2))
   ....:     print(group)
   ....:
('a', 'one')
          data1      data2 key1 key2
0 -0.204708  1.393406     a  one
4  1.965781  1.246435     a  one
('a', 'two')
          data1      data2 key1 key2
1  0.478943  0.092908     a  two
('b', 'one')
          data1      data2 key1 key2
2 -0.519439  0.281746     b  one
('b', 'two')
         data1      data2 key1 key2
3 -0.55573  0.769023     b  two
```

取り出したいデータはどのようなものであっても選択することができます。便利な方法の1つに、データをディクショナリ形式に変換する処理を1行で書くやり方があります。

```
In [26]: pieces = dict(list(df.groupby('key1')))

In [27]: pieces['b']
Out[27]:
          data1      data2 key1 key2
2 -0.519439  0.281746     b  one
3 -0.555730  0.769023     b  two
```

デフォルトのgroupbyのグループはaxis=0に設定されますが、グループは別の軸（axis）に設定することができます。例に使っているdfでは、dtypeを使って次のようにグループ化することができます。

```
In [28]: df.dtypes
Out[28]:
data1    float64
data2    float64
key1      object
key2      object
dtype: object

In [29]: grouped = df.groupby(df.dtypes, axis=1)
```

こうすると、次のようにグループの内容を出力することができます。

```
In [30]: for dtype, group in grouped:
   ....:         print(dtype)
   ....:         print(group)
   ....:
float64
      data1     data2
0 -0.204708  1.393406
1  0.478943  0.092908
2 -0.519439  0.281746
3 -0.555730  0.769023
4  1.965781  1.246435
object
  key1 key2
0    a  one
1    a  two
2    b  one
3    b  two
4    a  one
```

10.1.2　列や列の集合の選択

　1つの列や複数の列を持つデータフレームから作成されたGroupByオブジェクトに対して、インデックス参照するということは、集約する列を選択するのと同じ効果があります。これは次のような意味です。

```
df.groupby('key1')['data1']
df.groupby('key1')[['data2']]
```

　これは、次のコードのシンタックスシュガーです。

```
df['data1'].groupby(df['key1'])
df[['data2']].groupby(df['key1'])
```

　特に大きなデータセットの場合、わずかな列だけで集約する方が望ましい場合があります。例えば、先ほどのデータセットに対して、data2列だけの平均値を計算して結果をデータフレームで得たければ、次のように書けます。

```
In [31]: df.groupby(['key1', 'key2'])[['data2']].mean()
Out[31]:
            data2
key1 key2
a    one   1.319920
     two   0.092908
b    one   0.281746
     two   0.769023
```

　このインデックス参照で戻されるオブジェクトは、リストや配列を与えたときにはグループ化された
データフレームになり、スカラーとして単独の列名を与えた場合には、グループ化されたシリーズにな
ります。

```
In [32]: s_grouped = df.groupby(['key1', 'key2'])['data2']

In [33]: s_grouped
Out[33]: <pandas.core.groupby.SeriesGroupBy object at 0x7faa30c78da0>

In [34]: s_grouped.mean()
Out[34]:
key1  key2
a     one     1.319920
      two     0.092908
b     one     0.281746
      two     0.769023
Name: data2, dtype: float64
```

10.1.3　ディクショナリやシリーズのグループ化

　グループ化の情報は、配列以外の形式の場合もあります。先ほどとは別のデータフレームの例を見
てみましょう。

```
In [35]: people = pd.DataFrame(np.random.randn(5, 5),
   ....:                       columns=['a', 'b', 'c', 'd', 'e'],
   ....:                       index=['Joe', 'Steve', 'Wes', 'Jim', 'Travis'])

In [36]: people.iloc[2:3, [1, 2]] = np.nan # NA値をいくつか追加

In [37]: people
Out[37]:
               a         b         c         d         e
Joe     1.007189 -1.296221  0.274992  0.228913  1.352917
Steve   0.886429 -2.001637 -0.371843  1.669025 -0.438570
Wes    -0.539741       NaN       NaN -1.021228 -0.577087
Jim     0.124121  0.302614  0.523772  0.000940  1.343810
Travis -0.713544 -0.831154 -2.370232 -1.860761 -0.860757
```

　ここでは、どの列をグループ化したいのかを示したマッピング情報があり、そして、複数の列をまと
めたグループごとに、合計を算出したいとします。そのマッピング情報は次の通りです。

```
In [38]: mapping = {'a': 'red', 'b': 'red', 'c': 'blue',
   ....:            'd': 'blue', 'e': 'red', 'f' : 'orange'}
```

　このディクショナリから配列を作ってgroupbyに渡すこともできますが、代わりに直接ディクショナ
リをgroupbyに渡すことができます（使用しないグループ化のキーがあってもOKなのがわかるように、
'f'もキーに入れています）。

```
In [39]: by_column = people.groupby(mapping, axis=1)

In [40]: by_column.sum()
Out[40]:
          blue       red
Joe    0.503905  1.063885
Steve  1.297183 -1.553778
Wes   -1.021228 -1.116829
Jim    0.524712  1.770545
Travis -4.230992 -2.405455
```

シリーズも固定サイズのマッピングとみなせるため、groupbyに渡して使うことができます。

```
In [41]: map_series = pd.Series(mapping)

In [42]: map_series
Out[42]:
a       red
b       red
c      blue
d      blue
e       red
f    orange
dtype: object

In [43]: people.groupby(map_series, axis=1).count()
Out[43]:
       blue  red
Joe       2    3
Steve     2    3
Wes       1    2
Jim       2    3
Travis    2    3
```

10.1.4　関数を使ったグループ化

　ディクショナリやシリーズを使ったグループ化方式と比べて、Pythonの関数を使う方法は、より汎用的です。グループキーとして渡される関数は、インデックスの値ごとに呼び出され、戻り値がグループ名として用いられます。より具体的に説明するために、先ほど例として使ったデータフレームについて考えましょう。このデータフレームはファーストネームをインデックスとして持っていました。もし名前の文字数を基にグループ化したいのであれば、文字列の長さを計算することもできますが、代わりにlen関数を渡した方がシンプルでしょう。

```
In [44]: people.groupby(len).sum()
Out[44]:
          a         b         c         d         e
3  0.591569 -0.993608  0.798764 -0.791374  2.119639
5  0.886429 -2.001637 -0.371843  1.669025 -0.438570
```

```
6 -0.713544 -0.831154 -2.370232 -1.860761 -0.860757
```

配列、ディクショナリ、シリーズと関数が混在していても、すべてが内部的に配列に変換されるので問題ありません。

```
In [45]: key_list = ['one', 'one', 'one', 'two', 'two']

In [46]: people.groupby([len, key_list]).min()
Out[46]:
              a         b         c         d         e
3 one -0.539741 -1.296221  0.274992 -1.021228 -0.577087
  two  0.124121  0.302614  0.523772  0.000940  1.343810
5 one  0.886429 -2.001637 -0.371843  1.669025 -0.438570
6 two -0.713544 -0.831154 -2.370232 -1.860761 -0.860757
```

10.1.5　インデックス階層によるグループ化

階層を持つインデックスを使う際に決定的に便利なのは、軸のインデックスの階層を使って集約ができる機能です。1つ例を見てみましょう。

```
In [47]: columns = pd.MultiIndex.from_arrays([['US', 'US', 'US', 'JP', 'JP'],
   ....:                                      [1, 3, 5, 1, 3]],
   ....:                                      names=['cty', 'tenor'])

In [48]: hier_df = pd.DataFrame(np.random.randn(4, 5), columns=columns)

In [49]: hier_df
Out[49]:
cty          US                              JP
tenor         1         3         5           1         3
0      0.560145 -1.265934  0.119827 -1.063512  0.332883
1     -2.359419 -0.199543 -1.541996 -0.970736 -1.307030
2      0.286350  0.377984 -0.753887  0.331286  1.349742
3      0.069877  0.246674 -0.011862  1.004812  1.327195
```

このデータフレームを階層ごとに集約するには、階層の番号やlevelキーワードを使って階層を指定します。

```
In [50]: hier_df.groupby(level='cty', axis=1).count()
Out[50]:
cty JP  US
0    2   3
1    2   3
2    2   3
3    2   3
```

10.2 データの集約

　集約とは、何らかのデータ変形を行って配列からスカラー値を生成することを指します。先ほどの例では、平均、個数のカウント、最小値、最大値などの集約を使いました。GroupByオブジェクトに対してmean()を呼び出すことで何が起こっているのか、もしかしたら不思議に思ったかもしれません。**表10-1**に見られるような多くの一般的な集約については、既に最適化された実装が存在します。しかし、これらのメソッドに限定されているわけではありません。

表10-1　最適化済みのGroupByメソッド

関数名	説明
count	グループ内の欠損値以外の値の数。
sum	欠損値以外の合計。
mean	欠損値以外の平均。
median	欠損値以外の算術中央値。
std, var	バイアスの掛かっていない（$n-1$を分母とした）標準偏差と分散。
min, max	欠損値以外の最小値と最大値。
prod	欠損値以外の積。
first, last	欠損値以外の最初と最後の値。

　自分自身で考えた集約処理を使うこともできますし、グループ化されたオブジェクトに定義されているメソッドを追加で呼ぶこともできます。例えば、グループ化されたオブジェクトに対してquantileメソッドを呼ぶことができます。quantileメソッドは、シリーズやデータフレームの列の分位点を計算します。

　quantileメソッドはGroupByオブジェクトで実装されたものではありませんが、シリーズのメソッドであるため、ここで使うことができます。内部的には、GroupByはシリーズをうまくスライスし、スライスしたそれぞれのピースに対してpiece.quantile(0.9)を呼び出しているのです。そして、それらの結果を組み立てて、結果のオブジェクトを戻しています。

```
In [51]: df
Out[51]:
      data1     data2 key1 key2
0 -0.204708  1.393406    a  one
1  0.478943  0.092908    a  two
2 -0.519439  0.281746    b  one
3 -0.555730  0.769023    b  two
4  1.965781  1.246435    a  one

In [52]: grouped = df.groupby('key1')

In [53]: grouped['data1'].quantile(0.9)
Out[53]:
key1
a    1.668413
b   -0.523068
```

```
Name: data1, dtype: float64
```

　自分自身で定義した集約関数を使うには、配列を集約する関数を aggregate あるいは agg メソッドに
渡します。

```
In [54]: def peak_to_peak(arr):
   ....:     return arr.max() - arr.min()

In [55]: grouped.agg(peak_to_peak)
Out[55]:
         data1     data2
key1
a     2.170488  1.300498
b     0.036292  0.487276
```

　describe のようなメソッドも同様に機能することに気付くかもしれません。ただし、これらのメソッ
ドは厳密には集約ではありません。

```
In [56]: grouped.describe()
Out[56]:
     data1                                                            \
     count      mean       std       min       25%       50%       75%
key1
a      3.0  0.746672  1.109736 -0.204708  0.137118  0.478943  1.222362
b      2.0 -0.537585  0.025662 -0.555730 -0.546657 -0.537585 -0.528512
                data2                                                  \
          max count      mean       std       min       25%       50%
key1
a    1.965781   3.0  0.910916  0.712217  0.092908  0.669671  1.246435
b   -0.519439   2.0  0.525384  0.344556  0.281746  0.403565  0.525384

           75%       max
key1
a     1.319920  1.393406
b     0.647203  0.769023
```

　ここで起こっていることのより詳細な内容は、「10.3　apply メソッド：一般的な分離 − 適用 − 結合の
方法」で説明します。

 独自に作成した集約関数は、**表10-1**の最適化済みの関数と比べて、一般的に遅いです。こ
れは、処理の中間でグループ化したデータの断片を生成するときに、関数の呼び出しやデー
タの整形に追加でオーバーヘッドがかかってしまうためです。

10.2.1　列に複数の関数を適用する

　ここで、前に説明に使ったチップ情報のデータに戻りましょう。このデータをread_csvで読み込んだ後、チップの割合を示す列tip_pctを追加します。

```
In [57]: tips = pd.read_csv('examples/tips.csv')

# 総支払額に占めるチップの割合を追加
In [58]: tips['tip_pct'] = tips['tip'] / tips['total_bill']

In [59]: tips[:6]
Out[59]:
   total_bill  tip smoker  day    time  size   tip_pct
0       16.99 1.01     No  Sun  Dinner     2  0.059447
1       10.34 1.66     No  Sun  Dinner     3  0.160542
2       21.01 3.50     No  Sun  Dinner     3  0.166587
3       23.68 3.31     No  Sun  Dinner     2  0.139780
4       24.59 3.61     No  Sun  Dinner     4  0.146808
5       25.29 4.71     No  Sun  Dinner     4  0.186240
```

　これまで見てきたように、シリーズやデータフレームのすべての列を集約するということは、つまり、適用したい関数をaggregateメソッドに渡したり、meanやstdなどのメソッドを呼んだりすることです。しかし、列ごとに異なる関数を使って集約したい場合や、複数の関数を同時に使って集約したい場合もあるでしょう。幸いなことに、これは可能です。それをいくつかの例を通じて説明します。はじめに、日付（day）と喫煙の有無（smoker）でチップの情報（tips）をグループ化してみます。

```
In [60]: grouped = tips.groupby(['day', 'smoker'])
```

　表10-1に挙げたような記述統計値は、関数の名前を文字列として渡すことができます。

```
In [61]: grouped_pct = grouped['tip_pct']

In [62]: grouped_pct.agg('mean')
Out[62]:
day   smoker
Fri   No        0.151650
      Yes       0.174783
Sat   No        0.158048
      Yes       0.147906
Sun   No        0.160113
      Yes       0.187250
Thur  No        0.160298
      Yes       0.163863
Name: tip_pct, dtype: float64
```

　1つの関数を指定するのではなく、関数や関数の名前のリストを指定した場合、戻り値として関数名と同じ列名を持つデータフレームを得ることができます。

```
In [63]: grouped_pct.agg(['mean', 'std', peak_to_peak])
Out[63]:
                   mean       std  peak_to_peak
day  smoker
Fri  No        0.151650  0.028123      0.067349
     Yes       0.174783  0.051293      0.159925
Sat  No        0.158048  0.039767      0.235193
     Yes       0.147906  0.061375      0.290095
Sun  No        0.160113  0.042347      0.193226
     Yes       0.187250  0.154134      0.644685
Thur No        0.160298  0.038774      0.193350
     Yes       0.163863  0.039389      0.151240
```

ここでは、集約するための関数のリストをaggに渡して、各グループを独立して評価しています。

　GroupByが列に付けた名前を納得して受け入れる必要はありません。特にlambda関数を使用したときに列に付けられる名前は'<lambda>'ですが、この名前から内容を知ることは困難です（ちなみに、関数の__name__属性を見ると、どのような名前が列名に使われるのか自分で確認することができます）。このような場合、（名前，関数）という形式のタプルをリストで渡せば、各タプルの最初の要素がデータフレームの列名として使われます（2要素のタプルのリストが、順番に並べられた関数と列名のマッピングになっています）。

```
In [64]: grouped_pct.agg([('foo', 'mean'), ('bar', np.std)])
Out[64]:
                  foo       bar
day  smoker
Fri  No      0.151650  0.028123
     Yes     0.174783  0.051293
Sat  No      0.158048  0.039767
     Yes     0.147906  0.061375
Sun  No      0.160113  0.042347
     Yes     0.187250  0.154134
Thur No      0.160298  0.038774
     Yes     0.163863  0.039389
```

　データフレームに対しては、さらに別のオプションも使えます。関数のリストを指定すれば、すべての列に関数を適用したり、列ごとに異なる関数を適用したりすることができます。例えば、同じ3つの統計値の計算をtip_pctとtotal_bill列に適用したい場合は次のようになります。

```
In [65]: functions = ['count', 'mean', 'max']

In [66]: result = grouped['tip_pct', 'total_bill'].agg(functions)

In [67]: result
Out[67]:
            tip_pct                    total_bill
              count      mean    max        count      mean    max
day  smoker
```

```
Fri   No       4   0.151650  0.187735        4   18.420000  22.75
      Yes     15   0.174783  0.263480       15   16.813333  40.17
Sat   No      45   0.158048  0.291990       45   19.661778  48.33
      Yes     42   0.147906  0.325733       42   21.276667  50.81
Sun   No      57   0.160113  0.252672       57   20.506667  48.17
      Yes     19   0.187250  0.710345       19   24.120000  45.35
Thur  No      45   0.160298  0.266312       45   17.113111  41.19
      Yes     17   0.163863  0.241255       17   19.190588  43.11
```

結果を見るとわかる通り、結果として得られるデータフレームは階層的な列を持ちます。これは、グループに指定した各列を別々に集約して、その後、結果をひとまとめにして結合するために、concat関数の keys 引数として列名を指定するのと同じ結果になります。

```
In [68]: result['tip_pct']
Out[68]:
             count      mean       max
day  smoker
Fri  No          4  0.151650  0.187735
     Yes        15  0.174783  0.263480
Sat  No         45  0.158048  0.291990
     Yes        42  0.147906  0.325733
Sun  No         57  0.160113  0.252672
     Yes        19  0.187250  0.710345
Thur No         45  0.160298  0.266312
     Yes        17  0.163863  0.241255
```

先ほどと同じように、名前を指定したタプルのリストを渡すこともできます。

```
In [69]: ftuples = [('Durchschnitt', 'mean'), ('Abweichung', np.var)]

In [70]: grouped['tip_pct', 'total_bill'].agg(ftuples)
Out[70]:
                      tip_pct              total_bill
             Durchschnitt Abweichung Durchschnitt  Abweichung
day  smoker
Fri  No          0.151650   0.000791    18.420000   25.596333
     Yes         0.174783   0.002631    16.813333   82.562438
Sat  No          0.158048   0.001581    19.661778   79.908965
     Yes         0.147906   0.003767    21.276667  101.387535
Sun  No          0.160113   0.001793    20.506667   66.099980
     Yes         0.187250   0.023757    24.120000  109.046044
Thur No          0.160298   0.001503    17.113111   59.625081
     Yes         0.163863   0.001551    19.190588   69.808518
```

さらに、複数の列に対して、それぞれ異なる関数を適用したい場合を考えます。この場合は、列名と適用したい関数名をマッピングしたディクショナリを agg に渡します。

```
In [71]: grouped.agg({'tip' : np.max, 'size' : 'sum'})
Out[71]:
```

```
                tip  size
day  smoker
Fri  No        3.50     9
     Yes       4.73    31
Sat  No        9.00   115
     Yes      10.00   104
Sun  No        6.00   167
     Yes       6.50    49
Thur No        6.70   112
     Yes       5.00    40

In [72]: grouped.agg({'tip_pct' : ['min', 'max', 'mean', 'std'],
   ....:              'size' : 'sum'})
Out[72]:
                tip_pct                                    size
                    min       max      mean       std      sum
day  smoker
Fri  No        0.120385  0.187735  0.151650  0.028123        9
     Yes       0.103555  0.263480  0.174783  0.051293       31
Sat  No        0.056797  0.291990  0.158048  0.039767      115
     Yes       0.035638  0.325733  0.147906  0.061375      104
Sun  No        0.059447  0.252672  0.160113  0.042347      167
     Yes       0.065660  0.710345  0.187250  0.154134       49
Thur No        0.072961  0.266312  0.160298  0.038774      112
     Yes       0.090014  0.241255  0.163863  0.039389       40
```

　少なくとも1つの列に対して複数の関数を適用した場合、データフレームは階層的な列を持つことになります。

10.2.2　集約されたデータを行インデックスなしで戻す

　ここまでに紹介した例では、集約されたデータはインデックス付けされていて、場合によっては階層的インデックスを持ち、一意なグループキーを基に構成されたものでした。しかし、これは常に望まれる動作というわけではありません。as_index_=Falseをgroupbyに渡すことで、ほとんどの場合この動作を無効化することができます。

```
In [73]: tips.groupby(['day', 'smoker'], as_index=False).mean()
Out[73]:
    day smoker  total_bill       tip      size   tip_pct
0   Fri     No   18.420000  2.812500  2.250000  0.151650
1   Fri    Yes   16.813333  2.714000  2.066667  0.174783
2   Sat     No   19.661778  3.102889  2.555556  0.158048
3   Sat    Yes   21.276667  2.875476  2.476190  0.147906
4   Sun     No   20.506667  3.167895  2.929825  0.160113
5   Sun    Yes   24.120000  3.516842  2.578947  0.187250
6  Thur     No   17.113111  2.673778  2.488889  0.160298
7  Thur    Yes   19.190588  3.030000  2.352941  0.163863
```

　もちろん、インデックス付けされた結果に対してreset_indexメソッドを呼ぶことで、いつでもこの形式にすることは可能です。しかし、as_index=Falseを使った場合は、不必要な計算が回避されています。

10.3　applyメソッド：一般的な分離−適用−結合の方法

　最も一般的な目的を持つGroupByのメソッドはapplyで、この節の残りの部分の主なテーマです。図10-2にあるように、applyはオブジェクトを操作するためのピースに分離し、それぞれのピースに対して渡された関数を適用し、その後それらのピースを結合します。

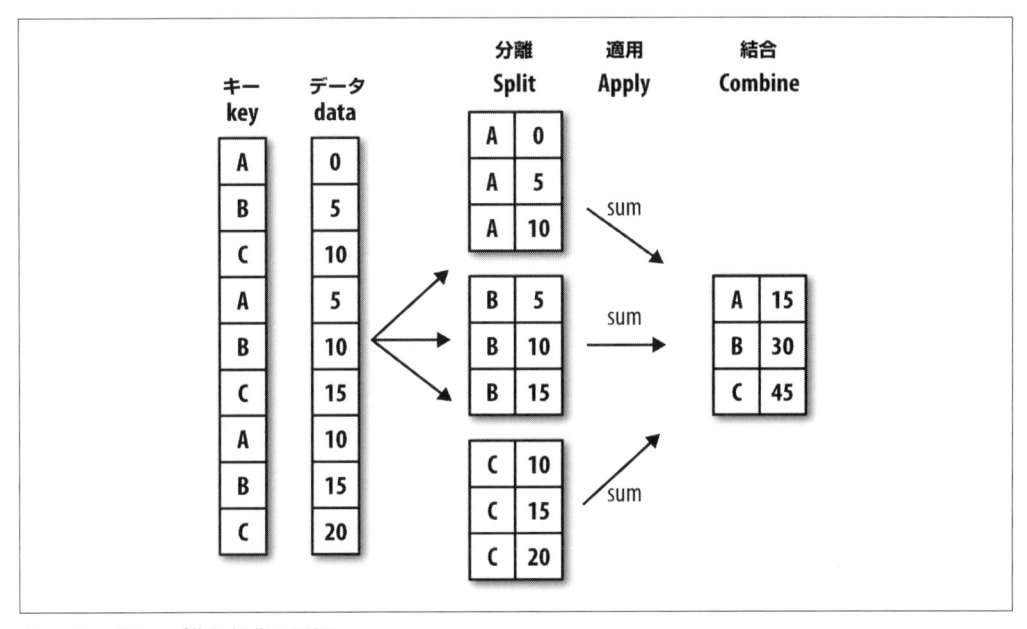

図10-2　グループ集約操作の図解

　先ほどのチップのデータセットに話を戻して、tip_pct値のグループ別上位5件を選択したい場合を考えます。まずは、特定の列の上位の値を持つ行を選択する関数を書きます。

```
In [74]: def top(df, n=5, column='tip_pct'):
   ....:     return df.sort_values(by=column)[-n:]

In [75]: top(tips, n=6)
Out[75]:
     total_bill   tip smoker  day    time  size   tip_pct
109       14.31  4.00    Yes  Sat  Dinner     2  0.279525
183       23.17  6.50    Yes  Sun  Dinner     4  0.280535
232       11.61  3.39     No  Sat  Dinner     2  0.291990
67         3.07  1.00    Yes  Sat  Dinner     1  0.325733
178        9.60  4.00    Yes  Sun  Dinner     2  0.416667
```

```
172       7.25 5.15    Yes Sun Dinner    2 0.710345
```

ここで、smoker列でグループ分けし、applyを使ってこのtop関数を適用すると、次のような結果になります。

```
In [76]: tips.groupby('smoker').apply(top)
Out[76]:
            total_bill  tip smoker  day    time  size  tip_pct
smoker
No      88       24.71 5.85    No  Thur   Lunch    2 0.236746
        185      20.69 5.00    No   Sun  Dinner    5 0.241663
        51       10.29 2.60    No   Sun  Dinner    2 0.252672
        149       7.51 2.00    No  Thur   Lunch    2 0.266312
        232      11.61 3.39    No   Sat  Dinner    2 0.291990
Yes     109      14.31 4.00   Yes   Sat  Dinner    2 0.279525
        183      23.17 6.50   Yes   Sun  Dinner    4 0.280535
        67        3.07 1.00   Yes   Sat  Dinner    1 0.325733
        178       9.60 4.00   Yes   Sun  Dinner    2 0.416667
        172       7.25 5.15   Yes   Sun  Dinner    2 0.710345
```

ここでは何が起こったのでしょうか。top関数はデータフレームの各行グループに対して呼ばれ、結果がpandas.concatで結合され、それぞれのグループに名前が付きました。したがって、その結果は階層的なインデックスを持ち、内側の階層にもともとのデータフレームのインデックス値を持っています。

引数やキーワードが必要な関数をapplyに渡す場合でも、その関数の後にそれらの引数を指定することができます。

```
In [77]: tips.groupby(['smoker', 'day']).apply(top, n=1, column='total_bill')
Out[77]:
                total_bill  tip smoker  day    time  size  tip_pct
smoker day
No      Fri  94     22.75 3.25    No   Fri  Dinner    2 0.142857
        Sat  212    48.33 9.00    No   Sat  Dinner    4 0.186220
        Sun  156    48.17 5.00    No   Sun  Dinner    6 0.103799
        Thur 142    41.19 5.00    No  Thur   Lunch    5 0.121389
Yes     Fri  95     40.17 4.73   Yes   Fri  Dinner    4 0.117750
        Sat  170    50.81 10.00  Yes   Sat  Dinner    3 0.196812
        Sun  182    45.35 3.50   Yes   Sun  Dinner    3 0.077178
        Thur 197    43.11 5.00   Yes  Thur   Lunch    4 0.115982
```

 これらの基本的な仕組みを超えて、applyから最大限の力を引き出したい場合、想像力が必要になってきます。なぜなら、applyに渡す関数の中の処理はpandasが提供するものではなく、プログラマが自分で実装する必要があるからです。作る関数に必要な仕様でpandasが定義しているのは、その関数がpandasオブジェクトかスカラー値を戻さなければならない、ということだけです。この章の残りの部分では、groupbyメソッドを使って解決するさまざまな問題の例を紹介します。

以前、GroupByオブジェクトに対して、describeメソッドを呼び出したことを覚えているでしょうか。

```
In [78]: result = tips.groupby('smoker')['tip_pct'].describe()

In [79]: result
Out[79]:
        count      mean       std       min       25%       50%       75%  \
smoker
No      151.0  0.159328  0.039910  0.056797  0.136906  0.155625  0.185014
Yes      93.0  0.163196  0.085119  0.035638  0.106771  0.153846  0.195059
             max
smoker
No      0.291990
Yes     0.710345

In [80]: result.unstack('smoker')
Out[80]:
       smoker
count  No       151.000000
       Yes       93.000000
mean   No         0.159328
       Yes        0.163196
std    No         0.039910
       Yes        0.085119
min    No         0.056797
       Yes        0.035638
25%    No         0.136906
       Yes        0.106771
50%    No         0.155625
       Yes        0.153846
75%    No         0.185014
       Yes        0.195059
max    No         0.291990
       Yes        0.710345
dtype: float64
```

GroupByオブジェクトの内部では、describeのような関数を呼び出したときには、実際には、次のようなコードのショートカットとして機能します。

```
f = lambda x: x.describe()
grouped.apply(f)
```

10.3.1　グループキーの抑制

先ほどの例では、結果のオブジェクトは階層的なインデックスを持ち、グループキーごとに、もともとのオブジェクトのインデックスを持つような形式になっていました。この仕様はgroup_keys=Falseをgroupbyに渡すことによって無効にすることができます。

```
In [81]: tips.groupby('smoker', group_keys=False).apply(top)
```

```
Out[81]:
     total_bill   tip smoker   day    time  size   tip_pct
88        24.71  5.85     No  Thur   Lunch     2  0.236746
185       20.69  5.00     No   Sun  Dinner     5  0.241663
51        10.29  2.60     No   Sun  Dinner     2  0.252672
149        7.51  2.00     No  Thur   Lunch     2  0.266312
232       11.61  3.39     No   Sat  Dinner     2  0.291990
109       14.31  4.00    Yes   Sat  Dinner     2  0.279525
183       23.17  6.50    Yes   Sun  Dinner     4  0.280535
67         3.07  1.00    Yes   Sat  Dinner     1  0.325733
178        9.60  4.00    Yes   Sun  Dinner     2  0.416667
172        7.25  5.15    Yes   Sun  Dinner     2  0.710345
```

10.3.2　分位点とビン分析

「8章　データラングリング：連結、結合、変形」で触れた通り、pandasはいくつかのツールを持っています。例として、cutやqcutが挙げられます。cutはデータを同じ長さのビンに分割して入れる動作をし、qcutはサンプルデータの分位点でデータを分割します。これらの関数をgroupbyと組み合わせて使うとデータセットのビン分析や分位点分析が行いやすくなります。ここでは、シンプルでランダムな数値を持つデータセットを用意して、cutを使って同じ長さのビンに分割してみます。

```
In [82]: frame = pd.DataFrame({'data1': np.random.randn(1000),
   ....:                       'data2': np.random.randn(1000)})

In [83]: quartiles = pd.cut(frame.data1, 4)

In [84]: quartiles[:10]
Out[84]:
0     (-1.23, 0.489]
1    (-2.956, -1.23]
2     (-1.23, 0.489]
3     (0.489, 2.208]
4     (-1.23, 0.489]
5     (0.489, 2.208]
6     (-1.23, 0.489]
7     (-1.23, 0.489]
8     (0.489, 2.208]
9     (0.489, 2.208]
Name: data1, dtype: category
Categories (4, interval[float64]): [(-2.956, -1.23] < (-1.23, 0.489] < (0.489, 2.
208] < (2.208, 3.928]]
```

cutメソッドで戻されるCategoricalオブジェクトは、そのままgroupbyに渡すことができます。そのため、data2列の統計値を次のようにして計算することができます。

```
In [85]: def get_stats(group):
   ....:     return {'min': group.min(), 'max': group.max(),
   ....:             'count': group.count(), 'mean': group.mean()}
```

```
In [86]: grouped = frame.data2.groupby(quartiles)

In [87]: grouped.apply(get_stats).unstack()
Out[87]:
                  count      max      mean       min
data1
(-2.956, -1.23]    95.0  1.670835 -0.039521 -3.399312
(-1.23, 0.489]    598.0  3.260383 -0.002051 -2.989741
(0.489, 2.208]    297.0  2.954439  0.081822 -3.745356
(2.208, 3.928]     10.0  1.765640  0.024750 -1.929776
```

これらは同じ長さのビンになっていました。そうではなく、サンプルデータの分位点に基づいて同じ個数のデータが入ったビンにするには、qcutを使います。labels=Falseを渡すと、分位点の数値を得ることができます。

```
# 分位点の数値を戻す
In [88]: grouping = pd.qcut(frame.data1, 10, labels=False)

In [89]: grouped = frame.data2.groupby(grouping)

In [90]: grouped.apply(get_stats).unstack()
Out[90]:
       count      max      mean       min
data1
0      100.0  1.670835 -0.049902 -3.399312
1      100.0  2.628441  0.030989 -1.950098
2      100.0  2.527939 -0.067179 -2.925113
3      100.0  3.260383  0.065713 -2.315555
4      100.0  2.074345 -0.111653 -2.047939
5      100.0  2.184810  0.052130 -2.989741
6      100.0  2.458842 -0.021489 -2.223506
7      100.0  2.954439 -0.026459 -3.056990
8      100.0  2.735527  0.103406 -3.745356
9      100.0  2.377020  0.220122 -2.064111
```

pandasのCategorical型については、「12章　pandas：応用編」でより詳細を確認します。

10.3.3　例：グループ固有の値で欠損値を埋める

欠損値をクリーニングする際には、dropnaを使って欠損値を置き換える場合もありますが、固定値やデータから導出した値でnull値（欠損値）を穴埋めしたい場合もあるかもしれません。fillnaはこれを実現するのに適切なツールで、次に挙げる例では、欠損値を平均値で埋めています。

```
In [91]: s = pd.Series(np.random.randn(6))

In [92]: s[::2] = np.nan

In [93]: s
```

```
Out[93]:
0        NaN
1   -0.125921
2        NaN
3   -0.884475
4        NaN
5    0.227290
dtype: float64

In [94]: s.fillna(s.mean())
Out[94]:
0   -0.261035
1   -0.125921
2   -0.261035
3   -0.884475
4   -0.261035
5    0.227290
dtype: float64
```

欠損値を埋める値をグループによって変えたい場合を考えます。これを行うためには、データをグループ分けして、それぞれのグループに対してfillnaを使う関数をapplyに渡すことです。アメリカの州を東西で分割したサンプルデータの例でこれを試してみましょう。

```
In [95]: states = ['Ohio', 'New York', 'Vermont', 'Florida',
    ....:           'Oregon', 'Nevada', 'California', 'Idaho']

In [96]: group_key = ['East'] * 4 + ['West'] * 4

In [97]: data = pd.Series(np.random.randn(8), index=states)

In [98]: data
Out[98]:
Ohio          0.922264
New York     -2.153545
Vermont      -0.365757
Florida      -0.375842
Oregon        0.329939
Nevada        0.981994
California    1.105913
Idaho        -1.613716
dtype: float64
```

['East'] * 4という記法で生成されるのは、['East']に含まれる要素が4回コピーされたリストです。その後、リストを足している部分では、それらのリストが結合されています。

それでは、欠損値になっているデータを、何らかの値に設定してみましょう。

```
In [99]: data[['Vermont', 'Nevada', 'Idaho']] = np.nan

In [100]: data
```

```
Out[100]:
Ohio          0.922264
New York     -2.153545
Vermont            NaN
Florida      -0.375842
Oregon        0.329939
Nevada             NaN
California    1.105913
Idaho              NaN
dtype: float64

In [101]: data.groupby(group_key).mean()
Out[101]:
East    -0.535707
West     0.717926
dtype: float64
```

欠損値をグループの平均値で埋めるには、次のようにします。

```
In [102]: fill_mean = lambda g: g.fillna(g.mean())

In [103]: data.groupby(group_key).apply(fill_mean)
Out[103]:
Ohio          0.922264
New York     -2.153545
Vermont      -0.535707
Florida      -0.375842
Oregon        0.329939
Nevada        0.717926
California    1.105913
Idaho         0.717926
dtype: float64
```

　場合によっては、グループによって変化する、あらかじめコードの中に定義された値を使いたいかもしれません。グループは内部的にname属性を持っているので、それを使います。

```
In [104]: fill_values = {'East': 0.5, 'West': -1}

In [105]: fill_func = lambda g: g.fillna(fill_values[g.name])

In [106]: data.groupby(group_key).apply(fill_func)
Out[106]:
Ohio          0.922264
New York     -2.153545
Vermont       0.500000
Florida      -0.375842
Oregon        0.329939
Nevada       -1.000000
California    1.105913
Idaho        -1.000000
dtype: float64
```

10.3.4　例：ランダムサンプリングと順列

　モンテカルロシミュレーションをする場合や、その他の応用において、巨大なデータセットからランダムにサンプルデータを（置換を伴う、伴わないにかかわらず）抽出したいことがあるかと思います。この「抽出」を行う方法は数多くありますが、ここでは、シリーズのsampleメソッドを使います。

　デモンストレーションのために、トランプのデッキを作る方法を紹介します。

```python
# ハート、スペード、クラブ、ダイヤの順で、それぞれの頭文字を取っている
suits = ['H', 'S', 'C', 'D']
card_val = (list(range(1, 11)) + [10] * 3) * 4
base_names = ['A'] + list(range(2, 11)) + ['J', 'K', 'Q']
cards = []
for suit in ['H', 'S', 'C', 'D']:
    cards.extend(str(num) + suit for num in base_names)

deck = pd.Series(card_val, index=cards)
```

　これで、長さ52のシリーズを用意できました。このシリーズのインデックスにはカード名が含まれていて、値はブラックジャックやその他のゲームで使われるいつものものです。ここでは話をシンプルにするため、トランプのエースは1とします。

```
In [108]: deck[:13]
Out[108]:
AH       1
2H       2
3H       3
4H       4
5H       5
6H       6
7H       7
8H       8
9H       9
10H     10
JH      10
KH      10
QH      10
dtype: int64
```

　次に、先ほどの内容に基づき、カードのデッキから5枚のカードを手元に引く（抽出する）には、次のようにします。

```
In [109]: def draw(deck, n=5):
   .....:     return deck.sample(n)

In [110]: draw(deck)
Out[110]:
AD       1
8C       8
```

```
5H      5
KC     10
2C      2
dtype: int64
```

2つのランダムなカードをそれぞれのスート[*1]から取り出したい場合、カード名の最後の文字がスートを表しているので、これを利用してグループ化し、applyを使います。

```
In [111]: get_suit = lambda card: card[-1] # 最後の文字がスートを表す
```

```
In [112]: deck.groupby(get_suit).apply(draw, n=2)
Out[112]:
C   2C      2
    3C      3
D   KD     10
    8D      8
H   KH     10
    3H      3
S   2S      2
    4S      4
dtype: int64
```

別の方法として、次のようにも書けます。

```
In [113]: deck.groupby(get_suit, group_keys=False).apply(draw, n=2)
Out[113]:
KC     10
JC     10
AD      1
5D      5
5H      5
6H      6
7S      7
KS     10
dtype: int64
```

10.3.5 例：グループの加重平均と相関

groupbyの分離−適用−結合パラダイムのもとでは、グループの加重平均値のような、データフレームの複数の列間の操作や2つのシリーズの操作も可能です。グループキー、値、何らかの重み（weights）を含む次のようなデータセットを例に見てみましょう。

```
In [114]: df = pd.DataFrame({'category': ['a', 'a', 'a', 'a',
   .....:                                 'b', 'b', 'b', 'b'],
   .....:                    'data': np.random.randn(8),
   .....:                    'weights': np.random.rand(8)})
```

[*1] 訳注：トランプのクラブ、ダイヤ、ハート、スペードのいずれかのこと。

```
In [115]: df
Out[115]:
  category      data   weights
0        a  1.561587  0.957515
1        a  1.219984  0.347267
2        a -0.482239  0.581362
3        a  0.315667  0.217091
4        b -0.047852  0.894406
5        b -0.454145  0.918564
6        b -0.556774  0.277825
7        b  0.253321  0.955905
```

このデータのカテゴリ（category）別のグループの加重平均は次のようになります。

```
In [116]: grouped = df.groupby('category')
```

```
In [117]: get_wavg = lambda g: np.average(g['data'], weights=g['weights'])
```

```
In [118]: grouped.apply(get_wavg)
Out[118]:
category
a    0.811643
b   -0.122262
dtype: float64
```

別の例として、Yahoo! Finance から取得した金融データを考えてみます。使ったのは、いくつかの株式とS&P 500インデックス（ティッカーはSPX）の終値のデータです。

```
In [119]: close_px = pd.read_csv('examples/stock_px_2.csv', parse_dates=True,
   .....:                        index_col=0)
```

```
In [120]: close_px.info()
<class 'pandas.core.frame.DataFrame'>
DatetimeIndex: 2214 entries, 2003-01-02 to 2011-10-14
Data columns (total 4 columns):
AAPL    2214 non-null float64
MSFT    2214 non-null float64
XOM     2214 non-null float64
SPX     2214 non-null float64
dtypes: float64(4)
memory usage: 86.5 KB
```

```
In [121]: close_px[-4:]
Out[121]:
              AAPL   MSFT    XOM      SPX
2011-10-11  400.29  27.00  76.27  1195.54
2011-10-12  402.19  26.96  77.16  1207.25
2011-10-13  408.43  27.18  76.37  1203.66
2011-10-14  422.00  27.27  78.11  1224.58
```

　ここで好奇心から調べてみたいと思うのは、日時の利益（パーセント変化から算出）とSPXとの年次の相関です。これを調べるためには、まず、特定の列と'SPX'との相関を計算する関数を作ります。

```
In [122]: spx_corr = lambda x: x.corrwith(x['SPX'])
```

　次に、pct_changeを使ってclose_pxのパーセント変化を計算します。

```
In [123]: rets = close_px.pct_change().dropna()
```

　最後に、これらの年次のパーセント変化をグループ化します。年次の「年」は、各datetimeラベルのyear属性を戻す1行のラムダ関数を使って、各行から抽出できます。

```
In [124]: get_year = lambda x: x.year

In [125]: by_year = rets.groupby(get_year)

In [126]: by_year.apply(spx_corr)
Out[126]:
          AAPL      MSFT       XOM SPX
2003  0.541124  0.745174  0.661265  1.0
2004  0.374283  0.588531  0.557742  1.0
2005  0.467540  0.562374  0.631010  1.0
2006  0.428267  0.406126  0.518514  1.0
2007  0.508118  0.658770  0.786264  1.0
2008  0.681434  0.804626  0.828303  1.0
2009  0.707103  0.654902  0.797921  1.0
2010  0.710105  0.730118  0.839057  1.0
2011  0.691931  0.800996  0.859975  1.0
```

　ちなみに、列間の相関を計算することもできます。次のようにして、AppleとMicrosoftの年次の相関を計算できます。

```
In [127]: by_year.apply(lambda g: g['AAPL'].corr(g['MSFT']))
Out[127]:
2003    0.480868
2004    0.259024
2005    0.300093
2006    0.161735
2007    0.417738
2008    0.611901
2009    0.432738
2010    0.571946
2011    0.581987
dtype: float64
```

10.3.6　例：グループ指向の線形回帰

　関数の戻り値がpandasオブジェクトやスカラー値である限りは、1つ前の例と同様に、groupbyはより複雑なグループ指向の統計分析に使うことができます。例えば、次のようなregress関数を定義することができます（計量経済学向けのライブラリstatsmodelsを使用しています）。このregress関数は、最小二乗法（OLS：Ordinary Least Squares）によるデータの線形回帰の結果を求めています。

```
import statsmodels.api as sm
def regress(data, yvar, xvars):
    Y = data[yvar]
    X = data[xvars]
    X['intercept'] = 1.
    result = sm.OLS(Y, X).fit()
    return result.params
```

　それでは、AAPLとSPXの利益のデータにおける年ごとの線形回帰の結果を求めてみましょう。

```
In [129]: by_year.apply(regress, 'AAPL', ['SPX'])
Out[129]:
           SPX   intercept
2003  1.195406   0.000710
2004  1.363463   0.004201
2005  1.766415   0.003246
2006  1.645496   0.000080
2007  1.198761   0.003438
2008  0.968016  -0.001110
2009  0.879103   0.002954
2010  1.052608   0.001261
2011  0.806605   0.001514
```

10.4　ピボットテーブルとクロス集計

　ピボットテーブルは、表計算プログラムやその他のデータ分析ソフトウェアでよく見られるデータの要約ツールです。ピボットテーブルでは、データは1つ以上のキーによってテーブル形式のデータを集約し、特定のグループキーを行に対して、また別のグループキーを列に対して整理し、全体として長方形の形にデータを整形します。pandasにおけるピボットテーブルは、この章で紹介したgroupbyの機能と階層型のインデックスを操作する再形成機能の組み合わせで実現されています。データフレームには、pivot_tableというメソッドがあります。また、トップレベルのpandas.pivot_table関数もあります。pivot_table関数は、groupby関数に便利なインタフェースを提供するのに加えて、小計を計算することもできます。これは、pivot_table関数のmarginsオプションとして知られています。

　ここでは、チップのデータセットに戻って、日付（day）と喫煙の有無（smoker）によって整理されたグループの平均値（pivot_tableの集約のデフォルトのタイプ）を計算する場合を考えます。

```
In [130]: tips.pivot_table(index=['day', 'smoker'])
Out[130]:
                size       tip    tip_pct  total_bill
day  smoker
Fri  No      2.250000  2.812500  0.151650   18.420000
     Yes     2.066667  2.714000  0.174783   16.813333
Sat  No      2.555556  3.102889  0.158048   19.661778
     Yes     2.476190  2.875476  0.147906   21.276667
Sun  No      2.929825  3.167895  0.160113   20.506667
     Yes     2.578947  3.516842  0.187250   24.120000
Thur No      2.488889  2.673778  0.160298   17.113111
     Yes     2.352941  3.030000  0.163863   19.190588
```

これはgroupbyを直接使ってもできることです。次は、tip_pctとsizeだけを集約し、timeごとにグループ化してみます。smokerをテーブルの列に配置し、dayを行に配置します。

```
In [131]: tips.pivot_table(['tip_pct', 'size'], index=['time', 'day'],
    .....:                  columns='smoker')
Out[131]:
                 size                tip_pct
smoker             No       Yes        No       Yes
time   day
Dinner Fri     2.000000  2.222222  0.139622  0.165347
       Sat     2.555556  2.476190  0.158048  0.147906
       Sun     2.929825  2.578947  0.160113  0.187250
       Thur    2.000000       NaN  0.159744       NaN
Lunch  Fri     3.000000  1.833333  0.187735  0.188937
       Thur    2.500000  2.352941  0.160311  0.163863
```

このテーブルに小計の情報を追加するには、margins=Trueを指定します。この指定をするとAllという行と列が追加され、その行や列にあるデータの集計値がAllの値として表示されます。

```
In [132]: tips.pivot_table(['tip_pct', 'size'], index=['time', 'day'],
    .....:                  columns='smoker', margins=True)
Out[132]:
                 size                          tip_pct
smoker             No       Yes       All        No       Yes       All
time   day
Dinner Fri     2.000000  2.222222  2.166667  0.139622  0.165347  0.158916
       Sat     2.555556  2.476190  2.517241  0.158048  0.147906  0.153152
       Sun     2.929825  2.578947  2.842105  0.160113  0.187250  0.166897
       Thur    2.000000       NaN  2.000000  0.159744       NaN  0.159744
Lunch  Fri     3.000000  1.833333  2.000000  0.187735  0.188937  0.188765
       Thur    2.500000  2.352941  2.459016  0.160311  0.163863  0.161301
All            2.668874  2.408602  2.569672  0.159328  0.163196  0.160803
```

この例では、All列の値は喫煙者と非喫煙者の区別なく計算された平均値になっています。All行の値は、行が持つ2つの階層のすべてを同じグループとしてまとめ、その平均値を求めています。

　異なる集約関数を使うには、aggfuncに関数を渡します。例えば、countやlen関数は、グループの
サイズをクロス集計（個数や頻度の集計）する機能を提供します。

```
In [133]: tips.pivot_table('tip_pct', index=['time', 'smoker'], columns='day',
   .....:                   aggfunc=len, margins=True)
Out[133]:
day           Fri   Sat   Sun  Thur    All
time   smoker
Dinner No     3.0  45.0  57.0   1.0  106.0
       Yes    9.0  42.0  19.0   NaN   70.0
Lunch  No     1.0   NaN   NaN  44.0   45.0
       Yes    6.0   NaN   NaN  17.0   23.0
All          19.0  87.0  76.0  62.0  244.0
```

　いくつかの組み合わせが空白（もしくは欠損値）だった場合、次のようにfill_valueを指定して穴埋
めをしたくなるかもしれません。

```
In [134]: tips.pivot_table('tip_pct', index=['time', 'size', 'smoker'],
   .....:                   columns='day', aggfunc='mean', fill_value=0)
Out[134]:
day                     Fri       Sat       Sun      Thur
time   size smoker
Dinner 1    No     0.000000  0.137931  0.000000  0.000000
            Yes    0.000000  0.325733  0.000000  0.000000
       2    No     0.139622  0.162705  0.168859  0.159744
            Yes    0.171297  0.148668  0.207893  0.000000
       3    No     0.000000  0.154661  0.152663  0.000000
            Yes    0.000000  0.144995  0.152660  0.000000
       4    No     0.000000  0.150096  0.148143  0.000000
            Yes    0.117750  0.124515  0.193370  0.000000
       5    No     0.000000  0.000000  0.206928  0.000000
            Yes    0.000000  0.106572  0.065660  0.000000
...                     ...       ...       ...       ...
Lunch  1    No     0.000000  0.000000  0.000000  0.181728
            Yes    0.223776  0.000000  0.000000  0.000000
       2    No     0.000000  0.000000  0.000000  0.166005
            Yes    0.181969  0.000000  0.000000  0.158843
       3    No     0.187735  0.000000  0.000000  0.084246
            Yes    0.000000  0.000000  0.000000  0.204952
       4    No     0.000000  0.000000  0.000000  0.138919
            Yes    0.000000  0.000000  0.000000  0.155410
       5    No     0.000000  0.000000  0.000000  0.121389
       6    No     0.000000  0.000000  0.000000  0.173706
[21 rows x 4 columns]
```

　表10-2は、pivot_tableメソッドのまとめです。

表10-2　pivot_tableのオプション

オプション	説明
values	集約する（1つかそれ以上の）列の名称。デフォルトでは、すべての数値列を集約する。
index	ピボットテーブルの行でグループ化するための（データフレームの）列名か、もしくは、その他のグループキー。
columns	ピボットテーブルの列でグループ化するための列名か、もしくは、その他のグループキー。
aggfunc	集約に用いる関数や、関数のリスト。'mean' がデフォルト。groupbyの文脈で正しい関数はどの関数でも使える。
fill_value	結果のテーブルで、欠損値を置き換えるための値。
dropna	Trueを指定すると、すべての要素がNAである列を除外する。
margins	行・列の小計や合計を追加する。デフォルトはFalse（追加しない）。

10.4.1　クロス集計：crosstabメソッド

クロス集計はピボットテーブルの特殊なケースで、グループの出現頻度を計算するものです。次の例を見てみましょう。

```
In [138]: data
Out[138]:
   Sample Nationality   Handedness
0       1         USA  Right-handed
1       2       Japan   Left-handed
2       3         USA  Right-handed
3       4       Japan  Right-handed
4       5       Japan   Left-handed
5       6       Japan  Right-handed
6       7         USA  Right-handed
7       8         USA   Left-handed
8       9       Japan  Right-handed
9      10         USA  Right-handed
```

調査分析の中で、このデータを国籍と利き手で集計したい場合、pivot_tableを使うこともできますが、pandas.crosstab関数を使うと便利です。

```
In [139]: pd.crosstab(data.Nationality, data.Handedness, margins=True)
Out[139]:
Handedness   Left-handed  Right-handed  All
Nationality
Japan                  2             3    5
USA                    1             4    5
All                    3             7   10
```

crosstabの最初の2つの引数は、配列、シリーズ、配列のリストを使うことができます。チップのデータの場合、次のようになります。

```
In [140]: pd.crosstab([tips.time, tips.day], tips.smoker, margins=True)
Out[140]:
smoker          No Yes All
```

```
time     day
Dinner Fri       3     9    12
       Sat      45    42    87
       Sun      57    19    76
       Thur      1     0     1
Lunch  Fri       1     6     7
       Thur     44    17    61
All             151    93   244
```

10.5　まとめ

　pandasのグループ化ツールを習得すると、データクリーニングやモデリング、統計分析の仕事に役立つでしょう。「**14章　データ分析の実例**」では、実際のデータを使ったgroupbyの例をさらにいくつか紹介します。

　次の章では、時系列データに着目します。

11章
時系列データ

　時系列データは、金融、経済、生態学、神経科学、物理学など、さまざまな分野において重要なデータ構造です。ある時点において観測されたデータは、どのようなものでも時系列を構成します。多くの時系列は**一定頻度**です。つまり、15秒おき、5分おき、1ヶ月に1度などの一定のルールに従った間隔でデータポイントが発生します。しかし、時系列は固定の単位時間やオフセットがないような**不規則**なものであっても構いません。時系列データをどのように特徴付けて参照するかは、何に応用したいかによります。例えば、次のような特徴付けの仕方があるでしょう。

- **タイムスタンプ**（特定の時刻）。
- 2007年1月、2010年、など、一定の**期間**。
- 開始時刻と終了時刻によって特定される、時間の**間隔**。期間は、間隔の特殊なケースと考えられる。
- 経験時間または経過時間。この時間は、特定の開始時間から相対的に計測されたもの（例えば、オーブンに置かれた後、1秒おきにクッキーが焼けた半径など）。

　この章では、最初の3つのケースの時系列に主に着目します。しかし、多くのテクニックは、開始時間からの経過時間（整数や浮動小数の値になる）をインデックスとして持つ時系列にも応用できます。最もシンプルで、最もよく使われる時系列は、タイムスタンプをインデックスとして持つ時系列です。

> pandasは、時刻の差分（タイムデルタ、timedelta）に基づいたインデックスもサポートしています。タイムデルタは、経験時間や経過時間を表現するのに便利です。しかしながら、この本では、タイムデルタを使ったインデックスに関しては紹介しません。これについての詳細は、pandasの公式ドキュメント（http://pandas.pydata.org）で学べます。

　pandasは、時系列を扱うための組み込みのツールを多数提供しています。これによって、巨大な時系列を効率的に扱うことができます。一定頻度の時系列でも不規則な時系列でも、簡単に一部を切り取ったり、集約したり、再サンプリングしたりできます。これらのツールは、金融や経済分野への応用

に特に役立つでしょう。また、サーバのログデータ分析にもきっと使えるはずです。

11.1　日付、時間のデータ型とツール

　Python標準のライブラリには、日付と時間を扱うためのデータ型が、カレンダー関連機能ととも
に用意されています。datetime、time、calendarモジュールから見ていくことにします。datetime.
datetime型、あるいは単純にdatetime型は広く使われています。

```
In [10]: from datetime import datetime

In [11]: now = datetime.now()

In [12]: now
Out[12]: datetime.datetime(2017, 9, 25, 14, 5, 52, 72973)

In [13]: now.year, now.month, now.day
Out[13]: (2017, 9, 25)
```

　datetimeは日付と時間の情報をマイクロ秒の精度で持ちます。timedeltaは、datetimeオブジェクト
やdateオブジェクト間の差を表すことができます。

```
In [14]: delta = datetime(2011, 1, 7) - datetime(2008, 6, 24, 8, 15)

In [15]: delta
Out[15]: datetime.timedelta(926, 56700)

In [16]: delta.days
Out[16]: 926

In [17]: delta.seconds
Out[17]: 56700
```

　timedeltaや、timedeltaを何倍かしたものをdatetimeオブジェクトに足したり引いたりして、時間
差のある新しいdatetimeオブジェクトを作ることができます。

```
In [18]: from datetime import timedelta

In [19]: start = datetime(2011, 1, 7)

In [20]: start + timedelta(12)
Out[20]: datetime.datetime(2011, 1, 19, 0, 0)

In [21]: start - 2 * timedelta(12)
Out[21]: datetime.datetime(2010, 12, 14, 0, 0)
```

　表11-1は、datetimeモジュールに含まれるデータ型をまとめたものです。この章では、主にpandas
のデータ型や高度な時系列の操作に着目します。しかし、Pythonの他の領域では、datetime型をベー

スとしたデータ型を扱うこともあるかもしれません。

表11-1　datetimeモジュールに含まれるデータ型

データ型	説明
date	グレゴリオ暦の日付（年、月、日）の情報を持つ。
time	1日の時間の情報（時、分、秒、マイクロ秒）を持つ。
datetime	日付と時間の両方の情報を持つ。
timedelta	2つのdatetime型の値の差を、日、秒、マイクロ秒で表す。
tzinfo	タイムゾーン情報を持つ基本の型。

11.1.1　文字列とdatetimeの変換

　datetimeオブジェクトとpandasのタイムスタンプ（Timestamp）オブジェクト（これについては後述します）は、strやstrftimeメソッドを使って書式を指定することで、文字列で表現することができます。

```
In [22]: stamp = datetime(2011, 1, 3)

In [23]: str(stamp)
Out[23]: '2011-01-03 00:00:00'

In [24]: stamp.strftime('%Y-%m-%d')
Out[24]: '2011-01-03'
```

　書式の完全なリストは、**表11-2**（「**2章　Python の基礎、IPython と Jupyter Notebook**」から再掲）を参照してください。

表11-2　Datetimeフォーマット一覧（ISO C89準拠）

型	説明
%Y	4桁の年。
%y	2桁の年。
%m	2桁の月 [01, 12]。
%d	2桁の日 [01, 31]。
%H	時間（24時間）[00, 23]。
%I	時間（12時間）[01, 12]。
%M	2桁の分 [00, 59]。
%S	秒 [00, 61]（60と61はうるう秒を考慮したもの）。
%w	曜日を表す整数 [0（日曜）, 6]。
%U	1年の週を表す整数 [00, 53]。日曜をその週の最初の日とみなし、その年の最初の日曜よりも前の日は第0週となる。
%W	1年の週を表す整数 [00, 53]。月曜をその週の最初の日とみなし、その年の最初の月曜よりも前の日は第0週となる。
%z	UTC時間からのずれを+HHMMまたは-HHMM形式で表したもの。タイムゾーンがわからない場合は空になる。
%F	%Y-%M-%dを短縮したもの。例：2012-4-18
%D	%m/%d/%yを短縮したもの。例：04/18/12

これらの書式は、`datetime.strptime`を使って文字列を`date`型に変換するときにも使用します。

```
In [25]: value = '2011-01-03'

In [26]: datetime.strptime(value, '%Y-%m-%d')
Out[26]: datetime.datetime(2011, 1, 3, 0, 0)

In [27]: datestrs = ['7/6/2011', '8/6/2011']

In [28]: [datetime.strptime(x, '%m/%d/%Y') for x in datestrs]
Out[28]:
[datetime.datetime(2011, 7, 6, 0, 0),
 datetime.datetime(2011, 8, 6, 0, 0)]
```

`datetime.strptime`は、特定の書式で日付をパースするのに最も適した方法です。しかし、一般的な書式を使う場合は、毎回各時間の書式を指定するのは億劫です。このような場合には、サードパーティー製の`dateutil`パッケージに含まれる`parser.parse`メソッドを使うことができます（このパッケージはpandasをインストールするときに自動的にインストールされます）。

```
In [29]: from dateutil.parser import parse

In [30]: parse('2011-01-03')
Out[30]: datetime.datetime(2011, 1, 3, 0, 0)
```

`dateutil`は、おおよそ人間が理解できる日付表現のほとんどをパースすることができます。

```
In [31]: parse('Jan 31, 1997 10:45 PM')
Out[31]: datetime.datetime(1997, 1, 31, 22, 45)
```

国際的なロケールでは、日が月よりも前に現れるのが一般的です。`dayfirst=True`と指定すると、これを示すことができます。

```
In [32]: parse('6/12/2011', dayfirst=True)
Out[32]: datetime.datetime(2011, 12, 6, 0, 0)
```

pandasは、データフレームのインデックスや列にある日付の配列を扱えるように作られています。`to_datetime`メソッドは多くの種類の日付表現をパースできます。ISO 8601のような標準の日付書式は、素早くパースすることができます。

```
In [33]: datestrs = ['2011-07-06 12:00:00', '2011-08-06 00:00:00']

In [34]: pd.to_datetime(datestrs)
Out[34]: DatetimeIndex(['2011-07-06 12:00:00', '2011-08-06 00:00:00'], dtype='dat
etime64[ns]', freq=None)
```

このメソッドは、欠損値（`None`や空文字など）を扱うことができます。

```
In [35]: idx = pd.to_datetime(datestrs + [None])
```

```
In [36]: idx
Out[36]: DatetimeIndex(['2011-07-06 12:00:00', '2011-08-06 00:00:00', 'NaT'], dty
pe='datetime64[ns]', freq=None)

In [37]: idx[2]
Out[37]: NaT

In [38]: pd.isnull(idx)
Out[38]: array([False, False,  True], dtype=bool)
```

NaT（Not a Time）というのは、pandasでのタイムスタンプ型のデータにおける欠損値のことです。

 dateutil.parserは便利ですが、完璧なツールではありません。というのも、一部の日付として認識して欲しくない文字列を日付と認識してしまいます。例えば、'42'は2042年の今日の日付と認識されてしまいます。

datetimeオブジェクトは、他国や多言語における特定のロケール向けの書式オプションも多く持っています（表11-3参照）。例えば、月の名前の省略形はドイツ語とフランス語では、英語と異なります。

表11-3 特定のロケール向けの日付書式

型	説明
%a	曜日の省略形。
%A	曜日を完全に表現したもの。
%b	月の省略形。
%B	月を完全に表現したもの。
%c	日付と時間を完全に表現したもの。例：「Tue 01 May 2012 04:20:57 PM」
%p	ロケールでの午前と午後を表したもの。AMやPM。
%x	ロケールに適した日付の書式。例えばアメリカでは、2012年5月1日は「05/01/2012」となる[*1]。
%X	ロケールに適した時間の書式。「04:24:12 PM」など[*2]。

11.2 時系列の基本

pandasにおける基本的な時系列オブジェクトは、タイムスタンプによってインデックス付けされたシリーズです。このタイムスタンプはpandasの機能で表現するわけではなく、Pythonの文字列やdatetimeオブジェクトを使います。

```
In [39]: from datetime import datetime

In [40]: dates = [datetime(2011, 1, 2), datetime(2011, 1, 5),
   ....:          datetime(2011, 1, 7), datetime(2011, 1, 8),
   ....:          datetime(2011, 1, 10), datetime(2011, 1, 12)]
```

---

*1 訳注：日本の場合（ja_JPロケールの場合）は、「2012/01/05」となります。
*2 訳注：日本の場合は、「16時24分12秒」となります。

```
In [41]: ts = pd.Series(np.random.randn(6), index=dates)

In [42]: ts
Out[42]:
2011-01-02   -0.204708
2011-01-05    0.478943
2011-01-07   -0.519439
2011-01-08   -0.555730
2011-01-10    1.965781
2011-01-12    1.393406
dtype: float64
```

内部では、datetimeオブジェクトはDatetimeIndexクラスに保持されます。

```
In [43]: ts.index
Out[43]:
DatetimeIndex(['2011-01-02', '2011-01-05', '2011-01-07', '2011-01-08',
               '2011-01-10', '2011-01-12'],
              dtype='datetime64[ns]', freq=None)
```

シリーズと同じように、別々にインデックス付けされた時系列での算術演算は、日付に従って自動的に整形されます。

```
In [44]: ts + ts[::2]
Out[44]:
2011-01-02   -0.409415
2011-01-05         NaN
2011-01-07   -1.038877
2011-01-08         NaN
2011-01-10    3.931561
2011-01-12         NaN
dtype: float64
```

ts[::2]は、tsの偶数番目の要素を抽出するのを思い出しましょう[1]。

pandasはNumPyのdatetime64データ型を使ってナノ秒の精度でタイムスタンプを保存しています。

```
In [45]: ts.index.dtype
Out[45]: dtype('<M8[ns]')
```

DatetimeIndexのスカラー値は、pandasのタイムスタンプオブジェクトになっています。

```
In [46]: stamp = ts.index[0]

In [47]: stamp
Out[47]: Timestamp('2011-01-02 00:00:00')
```

---

[1]　訳注：ts[::2]は、インデックスが偶数 (0、2、4、…) のものを抽出します。したがって、インデックスが奇数の要素では足し合わせる要素がなくなってしまい、ts + ts[::2]の結果では、奇数のインデックスを持つ部分は欠損値になっています。

datetimeオブジェクトを使えるところではどこでも、タイムスタンプで代用することができます。さらにタイムスタンプは頻度の情報も（もしあれば）保存でき、タイムゾーンの変換やその他の操作も可能です。これらについては、後ほど説明します。

11.2.1 インデックス参照、データの選択、サブセットの抽出

ラベルに基づいたインデックス参照やデータの選択に関して、時系列は、pandas.Seriesと同様な振る舞いをします。

```
In [48]: stamp = ts.index[2]

In [49]: ts[stamp]
Out[49]: -0.51943871505673811
```

利便性のため、日付として解釈可能な文字列を使って参照することができます。

```
In [50]: ts['1/10/2011']
Out[50]: 1.9657805725027142

In [51]: ts['20110110']
Out[51]: 1.9657805725027142
```

長い時系列の場合、ある年やある年月を指定して、簡単にデータの一部分を選択することができます。

```
In [52]: longer_ts = pd.Series(np.random.randn(1000),
   ....:                       index=pd.date_range('1/1/2000', periods=1000))

In [53]: longer_ts
Out[53]:
2000-01-01    0.092908
2000-01-02    0.281746
2000-01-03    0.769023
2000-01-04    1.246435
2000-01-05    1.007189
2000-01-06   -1.296221
2000-01-07    0.274992
2000-01-08    0.228913
2000-01-09    1.352917
2000-01-10    0.886429
                ...
2002-09-17   -0.139298
2002-09-18   -1.159926
2002-09-19    0.618965
2002-09-20    1.373890
2002-09-21   -0.983505
2002-09-22    0.930944
2002-09-23   -0.811676
2002-09-24   -1.830156
```

```
2002-09-25    -0.138730
2002-09-26     0.334088
Freq: D, Length: 1000, dtype: float64

In [54]: longer_ts['2001']
Out[54]:
2001-01-01     1.599534
2001-01-02     0.474071
2001-01-03     0.151326
2001-01-04    -0.542173
2001-01-05    -0.475496
2001-01-06     0.106403
2001-01-07    -1.308228
2001-01-08     2.173185
2001-01-09     0.564561
2001-01-10    -0.190481
                 ...
2001-12-22     0.000369
2001-12-23     0.900885
2001-12-24    -0.454869
2001-12-25    -0.864547
2001-12-26     1.129120
2001-12-27     0.057874
2001-12-28    -0.433739
2001-12-29     0.092698
2001-12-30    -1.397820
2001-12-31     1.457823
Freq: D, Length: 365, dtype: float64
```

　ここでは、'2001' が年として解釈され、その期間でデータを抽出しています。これは月を指定した
ときも同様に機能します。

```
In [55]: longer_ts['2001-05']
Out[55]:
2001-05-01    -0.622547
2001-05-02     0.936289
2001-05-03     0.750018
2001-05-04    -0.056715
2001-05-05     2.300675
2001-05-06     0.569497
2001-05-07     1.489410
2001-05-08     1.264250
2001-05-09    -0.761837
2001-05-10    -0.331617
                 ...
2001-05-22     0.503699
2001-05-23    -1.387874
2001-05-24     0.204851
2001-05-25     0.603705
2001-05-26     0.545680
```

```
2001-05-27    0.235477
2001-05-28    0.111835
2001-05-29   -1.251504
2001-05-30   -2.949343
2001-05-31    0.634634
Freq: D, Length: 31, dtype: float64
```

datetimeオブジェクトを指定した場合も同様です[*1]。

```
In [56]: ts[datetime(2011, 1, 7):]
Out[56]:
2011-01-07   -0.519439
2011-01-08   -0.555730
2011-01-10    1.965781
2011-01-12    1.393406
dtype: float64
```

　ほとんどの時系列データは年代順に並んでいるため、時系列の中に含まれないタイムスタンプを使って範囲指定をすることもできます。

```
In [57]: ts
Out[57]:
2011-01-02   -0.204708
2011-01-05    0.478943
2011-01-07   -0.519439
2011-01-08   -0.555730
2011-01-10    1.965781
2011-01-12    1.393406
dtype: float64

In [58]: ts['1/6/2011':'1/11/2011']
Out[58]:
2011-01-07   -0.519439
2011-01-08   -0.555730
2011-01-10    1.965781
dtype: float64
```

　前述のように、文字列、datetime、タイムスタンプのどれでも指定できます。この方法で取り出した一部のデータは、元の時系列の参照である点に注意してください。これはNumPyの配列と同様です。つまり、データはコピーされず、抽出したデータを修正すると、元のデータにも修正が反映されるということです。

　指定した2つの日付の間の時系列データを取り除くインスタンスメソッドであるtruncateもあります。

```
In [59]: ts.truncate(after='1/9/2011')
Out[59]:
```

[*1]　訳注：ここでは2011年1月7日「以降」を指定していることに注意してください。

```
2011-01-02   -0.204708
2011-01-05    0.478943
2011-01-07   -0.519439
2011-01-08   -0.555730
dtype: float64
```

ここまでのすべてのものはデータフレームでも同様に存在し、行をインデックス参照できます。

```
In [60]: dates = pd.date_range('1/1/2000', periods=100, freq='W-WED')

In [61]: long_df = pd.DataFrame(np.random.randn(100, 4),
   ....:                        index=dates,
   ....:                        columns=['Colorado', 'Texas',
   ....:                                 'New York', 'Ohio'])

In [62]: long_df.loc['5-2001']
Out[62]:
            Colorado    Texas  New York      Ohio
2001-05-02 -0.006045  0.490094 -0.277186 -0.707213
2001-05-09 -0.560107  2.735527  0.927335  1.513906
2001-05-16  0.538600  1.273768  0.667876 -0.969206
2001-05-23  1.676091 -0.817649  0.050188  1.951312
2001-05-30  3.260383  0.963301  1.201206 -1.852001
```

11.2.2　重複したインデックスを持つ時系列

　アプリケーションによっては、あるタイムスタンプに対して複数のデータを観測することもあるかもしれません。次の例を見てみましょう。

```
In [63]: dates = pd.DatetimeIndex(['1/1/2000', '1/2/2000', '1/2/2000',
   ....:                            '1/2/2000', '1/3/2000'])

In [64]: dup_ts = pd.Series(np.arange(5), index=dates)

In [65]: dup_ts
Out[65]:
2000-01-01    0
2000-01-02    1
2000-01-02    2
2000-01-02    3
2000-01-03    4
dtype: int64
```

インデックスが一意でないことは、is_unique属性を確認するとわかります。

```
In [66]: dup_ts.index.is_unique
Out[66]: False
```

この時系列をインデックス参照すると、タイムスタンプが重複しているかどうかによって、スカラー

値、または、データの集合が戻されます。

```
In [67]: dup_ts['1/3/2000']  # 重複していない
Out[67]: 4

In [68]: dup_ts['1/2/2000']  # 重複している
Out[68]:
2000-01-02    1
2000-01-02    2
2000-01-02    3
dtype: int64
```

　一意でないタイムスタンプを持つデータを集約したい場合を考えてみましょう。その場合、groupby
を使い、level=0を指定します。

```
In [69]: grouped = dup_ts.groupby(level=0)

In [70]: grouped.mean()
Out[70]:
2000-01-01    0
2000-01-02    2
2000-01-03    4
dtype: int64

In [71]: grouped.count()
Out[71]:
2000-01-01    1
2000-01-02    3
2000-01-03    1
dtype: int64
```

11.3　日付範囲、頻度、シフト

　pandasの時系列では基本的に不規則なデータを想定しています。つまり、一定頻度であることを想
定していません。多くのアプリケーションはこれで十分です。しかし、たとえ時系列に欠損値を追加す
ることになったとしても、日次、月次、15分おきなどの一定頻度のデータを扱える方が望ましい場合が
あります。幸いpandasは、標準的な時系列の頻度を扱う機能や、再サンプリング、頻度の推論、一定
頻度の日付範囲生成などのツールを一式持っています。例えば、先ほどの時系列データをresample メ
ソッドを呼ぶことで一定頻度の時系列データに変換することができます。

```
In [72]: ts
Out[72]:
2011-01-02   -0.204708
2011-01-05    0.478943
2011-01-07   -0.519439
2011-01-08   -0.555730
2011-01-10    1.965781
```

```
2011-01-12    1.393406
dtype: float64

In [73]: resampler = ts.resample('D')
```

ここで指定している'D'は、日次の頻度という意味です。

一定頻度を持つデータ間での変換や**再サンプリング**は大きなテーマなので、後ほど独立した節（「**11.6 再サンプリングと頻度変換**」）で説明をします。ここでは、基準頻度とその倍数の扱い方を説明します。

11.3.1　日付範囲の生成

先ほど説明なしで使いましたが、pandas.date_rangeは一定の頻度に従う指定した長さのDatetimeIndexを生成する機能があります。

```
In [74]: index = pd.date_range('2012-04-01', '2012-06-01')

In [75]: index
Out[75]:
DatetimeIndex(['2012-04-01', '2012-04-02', '2012-04-03', '2012-04-04',
               '2012-04-05', '2012-04-06', '2012-04-07', '2012-04-08',
               '2012-04-09', '2012-04-10', '2012-04-11', '2012-04-12',
               '2012-04-13', '2012-04-14', '2012-04-15', '2012-04-16',
               '2012-04-17', '2012-04-18', '2012-04-19', '2012-04-20',
               '2012-04-21', '2012-04-22', '2012-04-23', '2012-04-24',
               '2012-04-25', '2012-04-26', '2012-04-27', '2012-04-28',
               '2012-04-29', '2012-04-30', '2012-05-01', '2012-05-02',
               '2012-05-03', '2012-05-04', '2012-05-05', '2012-05-06',
               '2012-05-07', '2012-05-08', '2012-05-09', '2012-05-10',
               '2012-05-11', '2012-05-12', '2012-05-13', '2012-05-14',
               '2012-05-15', '2012-05-16', '2012-05-17', '2012-05-18',
               '2012-05-19', '2012-05-20', '2012-05-21', '2012-05-22',
               '2012-05-23', '2012-05-24', '2012-05-25', '2012-05-26',
               '2012-05-27', '2012-05-28', '2012-05-29', '2012-05-30',
               '2012-05-31', '2012-06-01'],
              dtype='datetime64[ns]', freq='D')
```

デフォルトでは、date_rangeは日次のタイムスタンプを生成します。開始日または終了日だけを指定した場合は、生成する日数も指定する必要があります。

```
In [76]: pd.date_range(start='2012-04-01', periods=20)
Out[76]:
DatetimeIndex(['2012-04-01', '2012-04-02', '2012-04-03', '2012-04-04',
               '2012-04-05', '2012-04-06', '2012-04-07', '2012-04-08',
               '2012-04-09', '2012-04-10', '2012-04-11', '2012-04-12',
               '2012-04-13', '2012-04-14', '2012-04-15', '2012-04-16',
               '2012-04-17', '2012-04-18', '2012-04-19', '2012-04-20'],
              dtype='datetime64[ns]', freq='D')

In [77]: pd.date_range(end='2012-06-01', periods=20)
```

```
Out[77]:
DatetimeIndex(['2012-05-13', '2012-05-14', '2012-05-15', '2012-05-16',
               '2012-05-17', '2012-05-18', '2012-05-19', '2012-05-20',
               '2012-05-21', '2012-05-22', '2012-05-23', '2012-05-24',
               '2012-05-25', '2012-05-26', '2012-05-27', '2012-05-28',
               '2012-05-29', '2012-05-30', '2012-05-31', '2012-06-01'],
              dtype='datetime64[ns]', freq='D')
```

　開始日と終了日は、生成された日付のインデックスにおいて厳密な境界になります。例えば、各月の最終営業日をインデックスに含ませたい場合は、'BM' (business end of month、指定可能なその他の頻度の詳細は、**表11-4**を参照) を頻度として指定しますが、このときは、指定した開始日と終了日に一致するか、範囲の内側に含まれる日付だけが結果に含まれます。

```
In [78]: pd.date_range('2000-01-01', '2000-12-01', freq='BM')
Out[78]:
DatetimeIndex(['2000-01-31', '2000-02-29', '2000-03-31', '2000-04-28',
               '2000-05-31', '2000-06-30', '2000-07-31', '2000-08-31',
               '2000-09-29', '2000-10-31', '2000-11-30'],
              dtype='datetime64[ns]', freq='BM')
```

表11-4　時系列の基準頻度

文字	オフセットクラス	説明
D	Day	暦通りの日次。
B	BusinessDay	毎営業日。
H	Hour	毎時。
Tまたはmin	Minute	毎分。
S	Second	毎秒。
Lまたはms	Milli	毎ミリ秒 (1秒の1/1000)。
U	Micro	毎マイクロ秒 (1秒の1/1000000)
M	MonthEnd	暦通りの月末ごと。
BM	BusinessMonthEnd	月の最終営業日ごと。
MS	MonthBegin	暦通りの月初ごと。
BMS	BusinessMonthBegin	月の営業開始日ごと。
W-MON, W-TUE, ...	Week	毎週指定した曜日ごと：MON (月)、TUE (火)、WED (水)、THU (木)、FRI (金)、SAT (土)、SUN (日)。
WOM-1MON, WOM-2MON, ...	WeekOfMonth	月の第1〜4週目の指定した曜日ごと。例えば、WOM-3FRIの場合は、毎月第3金曜日。
Q-JAN, Q-FEB, ...	QuarterEnd	指定した月に年度が終わる前提で、四半期の暦通りの月末ごと：JAN (1月)、FEB (2月)、MAR (3月)、APR (4月)、MAY (5月)、JUN (6月)、JUL (7月)、AUG (8月)、SEP (9月)、OCT (10月)、NOV (11月)、DEC (12月)。
BQ-JAN, BQ-FEB, ...	BusinessQuarterEnd	指定した月に年度が終わる前提で、四半期の最終営業日ごと。
QS-JAN, QS-FEB, ...	QuarterBegin	指定した月に年度が終わる前提で、四半期の暦通りの月初めごと。
BQS-JAN, BQS-FEB, ...	BusinessQuarterBegin	指定した月に年度が終わる前提で、四半期の営業開始日ごと。

文字	オフセットクラス	説明
A-JAN, A-FEB, ...	YearEnd	1年に1度、指定した月の暦通りの月末ごと：JAN（1月）、FEB（2月）、MAR（3月）、APR（4月）、MAY（5月）、JUN（6月）、JUL（7月）、AUG（8月）、SEP（9月）、OCT（10月）、NOV（11月）、DEC（12月）。
BA-JAN, BA-FEB, ...	BusinessYearEnd	1年に1度、指定した月の最終営業日ごと。
AS-JAN, AS-FEB, ...	YearBegin	1年に1度、指定した月の暦通りの月初ごと。
BAS-JAN, BAS-FEB, ...	BusinessYearBegin	1年に1度、指定した月の営業開始日ごと。

date_rangeは、デフォルトでは開始と終了のタイムスタンプを（もしあれば）保存します。

```
In [79]: pd.date_range('2012-05-02 12:56:31', periods=5)
Out[79]:
DatetimeIndex(['2012-05-02 12:56:31', '2012-05-03 12:56:31',
               '2012-05-04 12:56:31', '2012-05-05 12:56:31',
               '2012-05-06 12:56:31'],
              dtype='datetime64[ns]', freq='D')
```

開始日と終了日に時刻の情報を追加したいものの、タイムスタンプとしては午前零時に**標準化**したい場合もあるでしょう。この場合は、normalizeオプションを使います。

```
In [80]: pd.date_range('2012-05-02 12:56:31', periods=5, normalize=True)
Out[80]:
DatetimeIndex(['2012-05-02', '2012-05-03', '2012-05-04', '2012-05-05',
               '2012-05-06'],
              dtype='datetime64[ns]', freq='D')
```

11.3.2　頻度と日付オフセット

pandasにおいて、頻度は**基準頻度**と乗数の組み合わせで構成されています。普通は、毎月の場合を'M'、毎時の場合を'H'のように、文字列で基準頻度を参照します。基準頻度には、**日付オフセット**と一般的に呼ばれるオブジェクトが定義されています。例えば、毎時の頻度の場合は、Hourクラスで表現できます。

```
In [81]: from pandas.tseries.offsets import Hour, Minute
```

```
In [82]: hour = Hour()
```

```
In [83]: hour
Out[83]: <Hour>
```

整数を使って日付オフセットの倍数を定義することもできます。

```
In [84]: four_hours = Hour(4)
```

```
In [85]: four_hours
Out[85]: <4 * Hours>
```

ほとんどのアプリケーションでは、これらの日付オフセットを表現するオブジェクトを明示的に作成することはないでしょう。通常は`'H'`や`'4H'`などの文字列を使います。基準頻度の前に整数を書けば、倍数が作られます。

```
In [86]: pd.date_range('2000-01-01', '2000-01-03 23:59', freq='4h')
Out[86]:
DatetimeIndex(['2000-01-01 00:00:00', '2000-01-01 04:00:00',
               '2000-01-01 08:00:00', '2000-01-01 12:00:00',
               '2000-01-01 16:00:00', '2000-01-01 20:00:00',
               '2000-01-02 00:00:00', '2000-01-02 04:00:00',
               '2000-01-02 08:00:00', '2000-01-02 12:00:00',
               '2000-01-02 16:00:00', '2000-01-02 20:00:00',
               '2000-01-03 00:00:00', '2000-01-03 04:00:00',
               '2000-01-03 08:00:00', '2000-01-03 12:00:00',
               '2000-01-03 16:00:00', '2000-01-03 20:00:00'],
              dtype='datetime64[ns]', freq='4H')
```

多くのオフセットは加算して組み合わせることができます。

```
In [87]: Hour(2) + Minute(30)
Out[87]: <150 * Minutes>
```

同様に、頻度を表す文字列を`'1h30min'`のように指定することができます。これで先ほどの式と同じ値に解釈されます。

```
In [88]: pd.date_range('2000-01-01', periods=10, freq='1h30min')
Out[88]:
DatetimeIndex(['2000-01-01 00:00:00', '2000-01-01 01:30:00',
               '2000-01-01 03:00:00', '2000-01-01 04:30:00',
               '2000-01-01 06:00:00', '2000-01-01 07:30:00',
               '2000-01-01 09:00:00', '2000-01-01 10:30:00',
               '2000-01-01 12:00:00', '2000-01-01 13:30:00'],
              dtype='datetime64[ns]', freq='90T')
```

頻度によっては、等間隔の期間にならない場合があります。例えば、`'M'`（カレンダー上の月末）や`'BM'`（月の最後の営業日／平日）は、その月の日数になります。後者の場合は、月末が週末かどうかにもよります。私はこれらのオフセットを**アンカー型**オフセットと呼んでいます。

先ほども紹介しましたが、**表11-4**は、頻度を示す文字の一覧と、pandasにおいて日付オフセットとして利用可能なクラス一覧です。

pandasで利用できない日付ロジックを提供するために、カスタム頻度クラスを定義することもできます。しかし、これについての詳細はこの本の対象外とします。

11.3.2.1 月の第何週目の曜日

便利な頻度の指定の仕方に「week of month（第何週目の曜日）」があります。WOMで始まる文字列で指定します。これによって各月の第3金曜日のような指定が可能になります。

```
In [89]: rng = pd.date_range('2012-01-01', '2012-09-01', freq='WOM-3FRI')
```

```
In [90]: list(rng)
Out[90]:
[Timestamp('2012-01-20 00:00:00', freq='WOM-3FRI'),
 Timestamp('2012-02-17 00:00:00', freq='WOM-3FRI'),
 Timestamp('2012-03-16 00:00:00', freq='WOM-3FRI'),
 Timestamp('2012-04-20 00:00:00', freq='WOM-3FRI'),
 Timestamp('2012-05-18 00:00:00', freq='WOM-3FRI'),
 Timestamp('2012-06-15 00:00:00', freq='WOM-3FRI'),
 Timestamp('2012-07-20 00:00:00', freq='WOM-3FRI'),
 Timestamp('2012-08-17 00:00:00', freq='WOM-3FRI')]
```

11.3.3 データの前方と後方へのシフト

ここでいう「シフト」は、データを時間的に前方や後方へ移動させることを指します。シリーズもデータフレームもshiftメソッドを持っていて、単純な前方、後方へのシフトを行います。このときインデックスは変わりません。

```
In [91]: ts = pd.Series(np.random.randn(4),
   ....:                index=pd.date_range('1/1/2000', periods=4, freq='M'))
```

```
In [92]: ts
Out[92]:
2000-01-31   -0.066748
2000-02-29    0.838639
2000-03-31   -0.117388
2000-04-30   -0.517795
Freq: M, dtype: float64
```

```
In [93]: ts.shift(2)
Out[93]:
2000-01-31         NaN
2000-02-29         NaN
2000-03-31   -0.066748
2000-04-30    0.838639
Freq: M, dtype: float64
```

```
In [94]: ts.shift(-2)
Out[94]:
2000-01-31   -0.117388
2000-02-29   -0.517795
2000-03-31         NaN
2000-04-30         NaN
```

```
Freq: M, dtype: float64
```

このようにシフトを行うと、時系列の最初か最後に欠損値が生まれます。

よくシフトを使うケースには、1つの時系列やデータフレームの複数の列にある複数の時系列のパーセント変化を計算する場合があります。この計算式は次のようになります。

```
ts / ts.shift(1) - 1
```

単純なシフトはインデックスを変更しないので、いくつかのデータは切り捨てられます。したがって、もし頻度がわかっているのなら、データだけではなくタイムスタンプも前進させるために、頻度をshiftメソッドに指定することができます[*1]。

```
In [95]: ts.shift(2, freq='M')
Out[95]:
2000-03-31   -0.066748
2000-04-30    0.838639
2000-05-31   -0.117388
2000-06-30   -0.517795
Freq: M, dtype: float64
```

他の頻度も指定することができます。これによって、柔軟に前方や後方へのシフトを変化させることができます。次の例では、tsのデータの頻度がMであることがわかっているので、その前提のもとに各データに対応するタイムスタンプをシフトさせています。タイムスタンプを3日分シフトさせる場合は、1つ目の引数に3を指定した上で、2つ目の引数にfreq='D'を指定します。

```
In [96]: ts.shift(3, freq='D')
Out[96]:
2000-02-03   -0.066748
2000-03-03    0.838639
2000-04-03   -0.117388
2000-05-03   -0.517795
dtype: float64

In [97]: ts.shift(1, freq='90T')
Out[97]:
2000-01-31 01:30:00   -0.066748
2000-02-29 01:30:00    0.838639
2000-03-31 01:30:00   -0.117388
2000-04-30 01:30:00   -0.517795
Freq: M, dtype: float64
```

このTは、ここでは分を意味します。

[*1] 訳注：ここでは、頻度で'M'が指定されていて、2つシフトするため、1月のデータが3月に、2月のデータが3月に、という要領でシフトが行われています。

11.3.3.1　オフセットを指定して日付をシフトする

pandasの日付オフセットはdatetimeやタイムスタンプオブジェクトに対しても使うことができます。

```
In [98]: from pandas.tseries.offsets import Day, MonthEnd
```

```
In [99]: now = datetime(2011, 11, 17)
```

```
In [100]: now + 3 * Day()
Out[100]: Timestamp('2011-11-20 00:00:00')
```

MonthEndのようなアンカー型のオフセットを加算した場合、指定した頻度分だけ日付が前進します。

```
In [101]: now + MonthEnd()
Out[101]: Timestamp('2011-11-30 00:00:00')
```

```
In [102]: now + MonthEnd(2)
Out[102]: Timestamp('2011-12-31 00:00:00')
```

アンカー型のオフセットは、rollforwardメソッドやrollbackメソッドを使って明示的に日付の前進や後退を行うことができます。

```
In [103]: offset = MonthEnd()
```

```
In [104]: offset.rollforward(now)
Out[104]: Timestamp('2011-11-30 00:00:00')
```

```
In [105]: offset.rollback(now)
Out[105]: Timestamp('2011-10-31 00:00:00')
```

日付オフセットの良い使い方には、これらのメソッドをgroupbyと一緒に使う、というものがあります[*1]。

```
In [106]: ts = pd.Series(np.random.randn(20),
   .....:                index=pd.date_range('1/15/2000', periods=20, freq='4d'))
```

```
In [107]: ts
Out[107]:
2000-01-15   -0.116696
2000-01-19    2.389645
2000-01-23   -0.932454
2000-01-27   -0.229331
2000-01-31   -1.140330
2000-02-04    0.439920
2000-02-08   -0.823758
2000-02-12   -0.520930
2000-02-16    0.350282
2000-02-20    0.204395
2000-02-24    0.133445
```

[*1]　訳注：この例では、rollforwardを行うと同じ月末になるものをグループにまとめ、その平均値を計算しています。

```
2000-02-28    0.327905
2000-03-03    0.072153
2000-03-07    0.131678
2000-03-11   -1.297459
2000-03-15    0.997747
2000-03-19    0.870955
2000-03-23   -0.991253
2000-03-27    0.151699
2000-03-31    1.266151
Freq: 4D, dtype: float64

In [108]: ts.groupby(offset.rollforward).mean()
Out[108]:
2000-01-31   -0.005833
2000-02-29    0.015894
2000-03-31    0.150209
dtype: float64
```

この場合は、resampleメソッドを使うと簡単で早く同じことができます（これについては「**11.6　再サンプリングと頻度変換**」で詳細を説明します）。

```
In [109]: ts.resample('M').mean()
Out[109]:
2000-01-31   -0.005833
2000-02-29    0.015894
2000-03-31    0.150209
Freq: M, dtype: float64
```

11.4　タイムゾーンを扱う

　タイムゾーンの扱いは、時系列の操作でも最も楽しくないと思われている部分の1つです。その結果として、ほとんどの時系列のユーザは、時系列を**協定世界時**、つまり**UTC**で扱っています。UTCはグリニッジ標準時の後継で、現在では国際標準になっています。タイムゾーンはUTCからの時差で表現します。例えば、ニューヨークはサマータイム時はUTCから4時間遅れていて、それ以外のときは5時間遅れています。

　Pythonでは、タイムゾーン情報はサードパーティー製のpytzライブラリ（pipやcondaでインストール可能）から取得しています。pytzライブラリは**オルソンデータベース**（世界のタイムゾーン情報を集めたもの）をPythonで使用可能にします。これは歴史的なデータを扱うときにとても重要になります。なぜなら、サマータイムへの遷移や、さらには標準時からの時差は、各国政府の気まぐれによって何度も変わってきたからです。アメリカ合衆国ではサマータイムは1900年以降何度も変化しています。

　pytzライブラリに関する詳細な情報は、ライブラリのドキュメントを参照してください。この本に関係する部分としては、pandasはpytzの機能をラップしているため、タイムゾーン以外のAPIの部分は無視することができる、という点があります。タイムゾーン名に関しては、スクリプトを実行して対話的に確認でき、またドキュメントで確認することもできます。

```
In [110]: import pytz

In [111]: pytz.common_timezones[-5:]
Out[111]: ['US/Eastern', 'US/Hawaii', 'US/Mountain', 'US/Pacific', 'UTC']
```

`pytz.timezone`を使って、`pytz`からタイムゾーンオブジェクトを取得します。

```
In [112]: tz = pytz.timezone('America/New_York')

In [113]: tz
Out[113]: <DstTzInfo 'America/New_York' LMT-1 day, 19:04:00 STD>
```

pandasのメソッドでは、タイムゾーン名やタイムゾーンオブジェクトが利用可能です。

11.4.1 タイムゾーンのローカライゼーションと変換

デフォルトでは、pandasの時系列はタイムゾーンに関して曖昧な状態です。次の時系列の例を見てみましょう。

```
In [114]: rng = pd.date_range('3/9/2012 9:30', periods=6, freq='D')

In [115]: ts = pd.Series(np.random.randn(len(rng)), index=rng)

In [116]: ts
Out[116]:
2012-03-09 09:30:00   -0.202469
2012-03-10 09:30:00    0.050718
2012-03-11 09:30:00    0.639869
2012-03-12 09:30:00    0.597594
2012-03-13 09:30:00   -0.797246
2012-03-14 09:30:00    0.472879
Freq: D, dtype: float64
```

インデックスオブジェクトの`tz`は`None`になっています。

```
In [117]: print(ts.index.tz)
None
```

日付範囲は、タイムゾーンを指定して生成することができます。

```
In [118]: pd.date_range('3/9/2012 9:30', periods=10, freq='D', tz='UTC')
Out[118]:
DatetimeIndex(['2012-03-09 09:30:00+00:00', '2012-03-10 09:30:00+00:00',
               '2012-03-11 09:30:00+00:00', '2012-03-12 09:30:00+00:00',
               '2012-03-13 09:30:00+00:00', '2012-03-14 09:30:00+00:00',
               '2012-03-15 09:30:00+00:00', '2012-03-16 09:30:00+00:00',
               '2012-03-17 09:30:00+00:00', '2012-03-18 09:30:00+00:00'],
              dtype='datetime64[ns, UTC]', freq='D')
```

タイムゾーンが曖昧な状態から、ローカライズされた状態にするには、`tz_localize`メソッドを使い

ます。

```
In [119]: ts
Out[119]:
2012-03-09 09:30:00   -0.202469
2012-03-10 09:30:00    0.050718
2012-03-11 09:30:00    0.639869
2012-03-12 09:30:00    0.597594
2012-03-13 09:30:00   -0.797246
2012-03-14 09:30:00    0.472879
Freq: D, dtype: float64

In [120]: ts_utc = ts.tz_localize('UTC')

In [121]: ts_utc
Out[121]:
2012-03-09 09:30:00+00:00   -0.202469
2012-03-10 09:30:00+00:00    0.050718
2012-03-11 09:30:00+00:00    0.639869
2012-03-12 09:30:00+00:00    0.597594
2012-03-13 09:30:00+00:00   -0.797246
2012-03-14 09:30:00+00:00    0.472879
Freq: D, dtype: float64

In [122]: ts_utc.index
Out[122]:
DatetimeIndex(['2012-03-09 09:30:00+00:00', '2012-03-10 09:30:00+00:00',
               '2012-03-11 09:30:00+00:00', '2012-03-12 09:30:00+00:00',
               '2012-03-13 09:30:00+00:00', '2012-03-14 09:30:00+00:00'],
              dtype='datetime64[ns, UTC]', freq='D')
```

　時系列を特定のタイムゾーンにローカライズした後は、tz_convert メソッドを使って別のタイムゾーンに変換することができます。

```
In [123]: ts_utc.tz_convert('America/New_York')
Out[123]:
2012-03-09 04:30:00-05:00   -0.202469
2012-03-10 04:30:00-05:00    0.050718
2012-03-11 05:30:00-04:00    0.639869
2012-03-12 05:30:00-04:00    0.597594
2012-03-13 05:30:00-04:00   -0.797246
2012-03-14 05:30:00-04:00    0.472879
Freq: D, dtype: float64
```

　この時系列の例では、America/New_York タイムゾーンにおけるサマータイム遷移をまたがったデータになっていますが、このようなデータをEST[*1]にローカライズしたり、UTCやベルリン時間に変換したりすることができるのです。

---

*1　訳注：アメリカ東部標準時。

```
In [124]: ts_eastern = ts.tz_localize('America/New_York')

In [125]: ts_eastern.tz_convert('UTC')
Out[125]:
2012-03-09 14:30:00+00:00    -0.202469
2012-03-10 14:30:00+00:00     0.050718
2012-03-11 13:30:00+00:00     0.639869
2012-03-12 13:30:00+00:00     0.597594
2012-03-13 13:30:00+00:00    -0.797246
2012-03-14 13:30:00+00:00     0.472879
Freq: D, dtype: float64

In [126]: ts_eastern.tz_convert('Europe/Berlin')
Out[126]:
2012-03-09 15:30:00+01:00    -0.202469
2012-03-10 15:30:00+01:00     0.050718
2012-03-11 14:30:00+01:00     0.639869
2012-03-12 14:30:00+01:00     0.597594
2012-03-13 14:30:00+01:00    -0.797246
2012-03-14 14:30:00+01:00     0.472879
Freq: D, dtype: float64
```

tz_localizeとtz_convertメソッドは、DatetimeIndexオブジェクトのインスタンスメソッドとしても定義されています。

```
In [127]: ts.index.tz_localize('Asia/Shanghai')
Out[127]:
DatetimeIndex(['2012-03-09 09:30:00+08:00', '2012-03-10 09:30:00+08:00',
               '2012-03-11 09:30:00+08:00', '2012-03-12 09:30:00+08:00',
               '2012-03-13 09:30:00+08:00', '2012-03-14 09:30:00+08:00'],
              dtype='datetime64[ns, Asia/Shanghai]', freq='D')
```

 曖昧なタイムスタンプをローカライズするときには、サマータイム周辺の曖昧な時間や存在しない時間のチェックも行われます。

11.4.2　タイムゾーンを考慮したタイムスタンプオブジェクト

時系列や日付範囲と同じように、個別のタイムスタンプオブジェクトも、曖昧な状態からタイムゾーンを考慮した状態にローカライズしたり、あるタイムゾーンから別のタイムゾーンに変換することができます。

```
In [128]: stamp = pd.Timestamp('2011-03-12 04:00')

In [129]: stamp_utc = stamp.tz_localize('utc')

In [130]: stamp_utc.tz_convert('America/New_York')
```

```
Out[130]: Timestamp('2011-03-11 23:00:00-0500', tz='America/New_York')
```

タイムスタンプを作成するときにタイムゾーンを指定することも可能です。

```
In [131]: stamp_moscow = pd.Timestamp('2011-03-12 04:00', tz='Europe/Moscow')
```

```
In [132]: stamp_moscow
Out[132]: Timestamp('2011-03-12 04:00:00+0300', tz='Europe/Moscow')
```

タイムゾーンを考慮したタイムスタンプオブジェクトは、内部的にはUTCのタイムスタンプ値を、UNIXエポック時間（1970年1月1日）からのナノ秒単位の経過時間として保持しています。このUTC値は、タイムゾーン変換を行っても不変です。

```
In [133]: stamp_utc.value
Out[133]: 1299902400000000000
```

```
In [134]: stamp_utc.tz_convert('America/New_York').value
Out[134]: 1299902400000000000
```

pandasの日付オフセットオブジェクトを使って、時間の算術演算を行うときには、サマータイム遷移が可能な限り考慮されます[*1]。次の例では、サマータイム遷移の前後のタイムスタンプを生成しています。まずは、サマータイム開始の30分前の場合です。

```
In [135]: from pandas.tseries.offsets import Hour
```

```
In [136]: stamp = pd.Timestamp('2012-03-11 01:30', tz='US/Eastern')
```

```
In [137]: stamp
Out[137]: Timestamp('2012-03-11 01:30:00-0500', tz='US/Eastern')
```

```
In [138]: stamp + Hour()
Out[138]: Timestamp('2012-03-11 03:30:00-0400', tz='US/Eastern')
```

次に、サマータイム終了の90分前の場合です。

```
In [139]: stamp = pd.Timestamp('2012-11-04 00:30', tz='US/Eastern')
```

```
In [140]: stamp
Out[140]: Timestamp('2012-11-04 00:30:00-0400', tz='US/Eastern')
```

```
In [141]: stamp + 2 * Hour()
Out[141]: Timestamp('2012-11-04 01:30:00-0500', tz='US/Eastern')
```

＊1　訳注：2012年のUS/Easternでのサマータイムは3月11日午前2時から11月4日の午前1時まで。

11.4.3　別のタイムゾーンとの演算

　2つの別々のタイムゾーンの時系列が混在しているとき、それらの演算結果はUTCになります。タイムスタンプは内部的にはUTCで保持されているので、これは単純な演算になり、変換なども不要です。

```
In [142]: rng = pd.date_range('3/7/2012 9:30', periods=10, freq='B')

In [143]: ts = pd.Series(np.random.randn(len(rng)), index=rng)

In [144]: ts
Out[144]:
2012-03-07 09:30:00     0.522356
2012-03-08 09:30:00    -0.546348
2012-03-09 09:30:00    -0.733537
2012-03-12 09:30:00     1.302736
2012-03-13 09:30:00     0.022199
2012-03-14 09:30:00     0.364287
2012-03-15 09:30:00    -0.922839
2012-03-16 09:30:00     0.312656
2012-03-19 09:30:00    -1.128497
2012-03-20 09:30:00    -0.333488
Freq: B, dtype: float64

In [145]: ts1 = ts[:7].tz_localize('Europe/London')

In [146]: ts2 = ts1[2:].tz_convert('Europe/Moscow')

In [147]: result = ts1 + ts2

In [148]: result.index
Out[148]:
DatetimeIndex(['2012-03-07 09:30:00+00:00', '2012-03-08 09:30:00+00:00',
               '2012-03-09 09:30:00+00:00', '2012-03-12 09:30:00+00:00',
               '2012-03-13 09:30:00+00:00', '2012-03-14 09:30:00+00:00',
               '2012-03-15 09:30:00+00:00'],
              dtype='datetime64[ns, UTC]', freq='B')
```

11.5　期間を使った算術演算

　期間は、日、月、四半期、年など、一定の期間を表現します。Periodクラスはこのようなデータ型を表現しています。期間を表現するには、文字列か整数、そして、**表11-4**に記載した頻度を使います。

```
In [149]: p = pd.Period(2007, freq='A-DEC')

In [150]: p
Out[150]: Period('2007', 'A-DEC')
```

　この例では、Periodオブジェクトは2007年1月1日から2007年12月31日までを含んだ期間を表現しています。便利なことに、期間に対して整数を足したり引いたりすると、定義した頻度に従って期間をずらすことができます。

```
In [151]: p + 5
Out[151]: Period('2012', 'A-DEC')

In [152]: p - 2
Out[152]: Period('2005', 'A-DEC')
```

　2つの期間が同じ頻度を持つ場合は、差を取ると、2つの期間の間に含まれる単位期間の数になります。

```
In [153]: pd.Period('2014', freq='A-DEC') - p
Out[153]: 7
```

　定期的な範囲の期間は、period_range関数を使って作成することができます。

```
In [154]: rng = pd.period_range('2000-01-01', '2000-06-30', freq='M')

In [155]: rng
Out[155]: PeriodIndex(['2000-01', '2000-02', '2000-03', '2000-04', '2000-05', '20
00-06'], dtype='period[M]', freq='M')
```

　PeriodIndexクラスは期間のシーケンスを保持しています。また、pandasのデータ構造の中でインデックスを提供することができます。

```
In [156]: pd.Series(np.random.randn(6), index=rng)
Out[156]:
2000-01    -0.514551
2000-02    -0.559782
2000-03    -0.783408
2000-04    -1.797685
2000-05    -0.172670
2000-06     0.680215
Freq: M, dtype: float64
```

　文字列の配列がある場合は、それを使ってPeriodIndexオブジェクトを作成することができます。

```
In [157]: values = ['2001Q3', '2002Q2', '2003Q1']

In [158]: index = pd.PeriodIndex(values, freq='Q-DEC')

In [159]: index
Out[159]: PeriodIndex(['2001Q3', '2002Q2', '2003Q1'], dtype='period[Q-DEC]', freq
='Q-DEC')
```

11.5.1　期間頻度の変換

PeriodやPeriodIndexオブジェクトはasfreqメソッドを使って、別の頻度に変換することができます。例として、1年頻度の期間があることを想定します。そして、これを1年期間の最初の月か最後の月を指定して、1ヶ月の頻度の期間に変換することにします。

```
In [160]: p = pd.Period('2007', freq='A-DEC')

In [161]: p
Out[161]: Period('2007', 'A-DEC')

In [162]: p.asfreq('M', how='start')
Out[162]: Period('2007-01', 'M')

In [163]: p.asfreq('M', how='end')
Out[163]: Period('2007-12', 'M')
```

Period('2007', 'A-DEC')は、1ヶ月の期間でさらに分割されている全体の期間を指し示すカーソルと考えることもできます。このイメージを図示すると**図11-1**のようになります。12月以外で年度が終わる**営業年度**の場合は、対応する1ヶ月の期間が異なります。

```
In [164]: p = pd.Period('2007', freq='A-JUN')

In [165]: p
Out[165]: Period('2007', 'A-JUN')

In [166]: p.asfreq('M', 'start')
Out[166]: Period('2006-07', 'M')

In [167]: p.asfreq('M', 'end')
Out[167]: Period('2007-06', 'M')
```

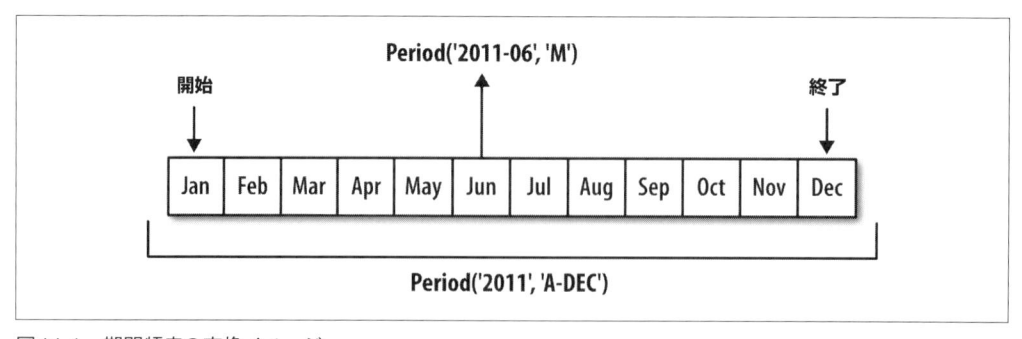

図11-1　期間頻度の変換イメージ

　高い頻度から低い頻度に変換する場合、短い方の期間がどこに含まれるかで変換後の期間が決まります。例えば、A-JUNの頻度では、2007年8月は2008年の期間に含まれます。

```
In [168]: p = pd.Period('Aug-2007', 'M')

In [169]: p.asfreq('A-JUN')
Out[169]: Period('2008', 'A-JUN')
```

すべての PeriodIndex オブジェクトや時系列は、同じ考え方で変換することができます。

```
In [170]: rng = pd.period_range('2006', '2009', freq='A-DEC')

In [171]: ts = pd.Series(np.random.randn(len(rng)), index=rng)

In [172]: ts
Out[172]:
2006     1.607578
2007     0.200381
2008    -0.834068
2009    -0.302988
Freq: A-DEC, dtype: float64

In [173]: ts.asfreq('M', how='start')
Out[173]:
2006-01     1.607578
2007-01     0.200381
2008-01    -0.834068
2009-01    -0.302988
Freq: M, dtype: float64
```

ここでは、1年の期間が、その1年の期間に含まれる最初の月に対応させながら、月の期間として置き換えられています。月の代わりに、各年の最後の営業日にしたい場合は、'B' を頻度として使い、さらにその期間の最後を使いたいということを指定します。

```
In [174]: ts.asfreq('B', how='end')
Out[174]:
2006-12-29     1.607578
2007-12-31     0.200381
2008-12-31    -0.834068
2009-12-31    -0.302988
Freq: B, dtype: float64
```

11.5.2 四半期の頻度

四半期データは会計や金融などの分野では一般的です。多くの四半期報告は、年度の最後の日、もしくは、最後の営業日である**会計年度末**と関連して報告されます。したがって、2012Q4 という期間は、会計年度の決め方によって意味が違ってきます。pandas は、Q-JAN から Q-DEC まで、取り得る12個すべての四半期の頻度をサポートします。

```
In [175]: p = pd.Period('2012Q4', freq='Q-JAN')
```

```
In [176]: p
Out[176]: Period('2012Q4', 'Q-JAN')
```

　会計年度が1月である場合は、2012Q4は11月から1月までになります。これは、四半期頻度の情報を、その開始日を指定して日に換算した期間頻度にすることで確認できます。**図11-2**のようなイメージになります。

図11-2　異なる四半期頻度

```
In [177]: p.asfreq('D', 'start')
Out[177]: Period('2011-11-01', 'D')

In [178]: p.asfreq('D', 'end')
Out[178]: Period('2012-01-31', 'D')
```

　したがって、期間に対して簡単な算術演算も行えます。例えば、四半期の最後の営業日の1日前の16時のタイムスタンプを取得したい場合は、次のようにします。

```
In [179]: p4pm = (p.asfreq('B', 'e') - 1).asfreq('T', 's') + 16 * 60

In [180]: p4pm
Out[180]: Period('2012-01-30 16:00', 'T')

In [181]: p4pm.to_timestamp()
Out[181]: Timestamp('2012-01-30 16:00:00')
```

　period_rangeメソッドを使って、四半期を使った一定の範囲の期間を生成することもできます。算術演算についても同様です。

```
In [182]: rng = pd.period_range('2011Q3', '2012Q4', freq='Q-JAN')

In [183]: ts = pd.Series(np.arange(len(rng)), index=rng)

In [184]: ts
Out[184]:
2011Q3    0
2011Q4    1
2012Q1    2
```

```
2012Q2    3
2012Q3    4
2012Q4    5
Freq: Q-JAN, dtype: int64

In [185]: new_rng = (rng.asfreq('B', 'e') - 1).asfreq('T', 's') + 16 * 60

In [186]: ts.index = new_rng.to_timestamp()

In [187]: ts
Out[187]:
2010-10-28 16:00:00    0
2011-01-28 16:00:00    1
2011-04-28 16:00:00    2
2011-07-28 16:00:00    3
2011-10-28 16:00:00    4
2012-01-30 16:00:00    5
dtype: int64
```

11.5.3　タイムスタンプから期間への変換（とその逆）

　タイムスタンプでインデックス付けされたシリーズとデータフレームは、to_periodメソッドを使ってインデックスを期間に変換することができます。

```
In [188]: rng = pd.date_range('2000-01-01', periods=3, freq='M')

In [189]: ts = pd.Series(np.random.randn(3), index=rng)

In [190]: ts
Out[190]:
2000-01-31    1.663261
2000-02-29   -0.996206
2000-03-31    1.521760
Freq: M, dtype: float64

In [191]: pts = ts.to_period()

In [192]: pts
Out[192]:
2000-01    1.663261
2000-02   -0.996206
2000-03    1.521760
Freq: M, dtype: float64
```

　期間は他の期間と時間が重複しないので、1つのタイムスタンプは1つの期間に属することしかできません。新しいPeriodIndexの頻度はタイムスタンプから推論されますが、任意の頻度を指定することもできます。結果に重複した期間が含まれていたとしても問題はありません。

```
In [193]: rng = pd.date_range('1/29/2000', periods=6, freq='D')
```

```
In [194]: ts2 = pd.Series(np.random.randn(6), index=rng)

In [195]: ts2
Out[195]:
2000-01-29     0.244175
2000-01-30     0.423331
2000-01-31    -0.654040
2000-02-01     2.089154
2000-02-02    -0.060220
2000-02-03    -0.167933
Freq: D, dtype: float64

In [196]: ts2.to_period('M')
Out[196]:
2000-01     0.244175
2000-01     0.423331
2000-01    -0.654040
2000-02     2.089154
2000-02    -0.060220
2000-02    -0.167933
Freq: M, dtype: float64
```

逆にタイムスタンプに戻したいときは、to_timestampを使います。

```
In [197]: pts = ts2.to_period()

In [198]: pts
Out[198]:
2000-01-29     0.244175
2000-01-30     0.423331
2000-01-31    -0.654040
2000-02-01     2.089154
2000-02-02    -0.060220
2000-02-03    -0.167933
Freq: D, dtype: float64

In [199]: pts.to_timestamp(how='end')
Out[199]:
2000-01-29     0.244175
2000-01-30     0.423331
2000-01-31    -0.654040
2000-02-01     2.089154
2000-02-02    -0.060220
2000-02-03    -0.167933
Freq: D, dtype: float64
```

11.5.4 配列からPeriodIndexを作成する

固定頻度のデータセットは、複数の列にわたって期間の情報を持っていることがあります。例えば、マクロ経済のデータセットでは、年と四半期の情報が別の列にあります。

```
In [200]: data = pd.read_csv('examples/macrodata.csv')
```

```
In [201]: data.head(5)
Out[201]:
     year  quarter   realgdp  realcons  realinv  realgovt  realdpi    cpi  \
0  1959.0      1.0  2710.349    1707.4  286.898   470.045   1886.9  28.98
1  1959.0      2.0  2778.801    1733.7  310.859   481.301   1919.7  29.15
2  1959.0      3.0  2775.488    1751.8  289.226   491.260   1916.4  29.35
3  1959.0      4.0  2785.204    1753.7  299.356   484.052   1931.3  29.37
4  1960.0      1.0  2847.699    1770.5  331.722   462.199   1955.5  29.54
      m1  tbilrate  unemp      pop  infl  realint
0  139.7      2.82    5.8  177.146  0.00     0.00
1  141.7      3.08    5.1  177.830  2.34     0.74
2  140.5      3.82    5.3  178.657  2.74     1.09
3  140.0      4.33    5.6  179.386  0.27     4.06
4  139.6      3.50    5.2  180.007  2.31     1.19
```

```
In [202]: data.year
Out[202]:
0        1959.0
1        1959.0
2        1959.0
3        1959.0
4        1960.0
5        1960.0
6        1960.0
7        1960.0
8        1961.0
9        1961.0
          ...
193      2007.0
194      2007.0
195      2007.0
196      2008.0
197      2008.0
198      2008.0
199      2008.0
200      2009.0
201      2009.0
202      2009.0
Name: year, Length: 203, dtype: float64
```

```
In [203]: data.quarter
Out[203]:
0        1.0
```

```
1      2.0
2      3.0
3      4.0
4      1.0
5      2.0
6      3.0
7      4.0
8      1.0
9      2.0
        ...
193    2.0
194    3.0
195    4.0
196    1.0
197    2.0
198    3.0
199    4.0
200    1.0
201    2.0
202    3.0
Name: quarter, Length: 203, dtype: float64
```

これらの配列をPeriodIndexクラスに頻度を指定して渡すことで、データフレーム用のインデックス形式に結合することができます。

```
In [204]: index = pd.PeriodIndex(year=data.year, quarter=data.quarter,
   .....:                         freq='Q-DEC')

In [205]: index
Out[205]:
PeriodIndex(['1959Q1', '1959Q2', '1959Q3', '1959Q4', '1960Q1', '1960Q2',
             '1960Q3', '1960Q4', '1961Q1', '1961Q2',
             ...
             '2007Q2', '2007Q3', '2007Q4', '2008Q1', '2008Q2', '2008Q3',
             '2008Q4', '2009Q1', '2009Q2', '2009Q3'],
            dtype='period[Q-DEC]', length=203, freq='Q-DEC')

In [206]: data.index = index

In [207]: data.infl
Out[207]:
1959Q1    0.00
1959Q2    2.34
1959Q3    2.74
1959Q4    0.27
1960Q1    2.31
1960Q2    0.14
1960Q3    2.70
1960Q4    1.21
1961Q1   -0.40
```

```
1961Q2    1.47
           ...
2007Q2    2.75
2007Q3    3.45
2007Q4    6.38
2008Q1    2.82
2008Q2    8.53
2008Q3   -3.16
2008Q4   -8.79
2009Q1    0.94
2009Q2    3.37
2009Q3    3.56
Freq: Q-DEC, Name: infl, Length: 203, dtype: float64
```

11.6　再サンプリングと頻度変換

　再サンプリングとは、時系列をある頻度から別の頻度に変換することを言います。高い頻度のデータを集約して低い頻度のデータにすることを**ダウンサンプリング**と言い、低い頻度から高い頻度の場合は、**アップサンプリング**と言います。しかし、すべての再サンプリングがこれらの種類に当てはまるわけではありません。例えば、W-WED（毎週水曜日）からW-FRI（毎週金曜日）への変換は、アップサンプリングでもダウンサンプリングでもありません。

　pandasオブジェクトはresampleメソッドを持っています。これは、すべての頻度の変換に役立つメソッドです。resampleは、groupbyと似たAPIを持っています。resampleを呼び出してグループ化した後、集約のための関数を呼ぶこともできます。

```
In [208]: rng = pd.date_range('2000-01-01', periods=100, freq='D')

In [209]: ts = pd.Series(np.random.randn(len(rng)), index=rng)

In [210]: ts
Out[210]:
2000-01-01    0.631634
2000-01-02   -1.594313
2000-01-03   -1.519937
2000-01-04    1.108752
2000-01-05    1.255853
2000-01-06   -0.024330
2000-01-07   -2.047939
2000-01-08   -0.272657
2000-01-09   -1.692615
2000-01-10    1.423830
                 ...
2000-03-31   -0.007852
2000-04-01   -1.638806
2000-04-02    1.401227
2000-04-03    1.758539
```

```
2000-04-04    0.628932
2000-04-05   -0.423776
2000-04-06    0.789740
2000-04-07    0.937568
2000-04-08   -2.253294
2000-04-09   -1.772919
Freq: D, Length: 100, dtype: float64

In [211]: ts.resample('M').mean()
Out[211]:
2000-01-31   -0.165893
2000-02-29    0.078606
2000-03-31    0.223811
2000-04-30   -0.063643
Freq: M, dtype: float64

In [212]: ts.resample('M', kind='period').mean()
Out[212]:
2000-01   -0.165893
2000-02    0.078606
2000-03    0.223811
2000-04   -0.063643
Freq: M, dtype: float64
```

　resample メソッドは柔軟でパフォーマンスも高く、非常に大きな時系列データ処理に使うこともできます。次節以降で紹介する例で、その考え方や使い方を説明していきます。**表11-5**は、resample メソッドに指定可能な引数の概要です。

表11-5　resample メソッドの引数

引数	概要
freq	再サンプリング頻度を示す文字列、または、日付オフセット。例えば、'M'、5min、Second(15) など。
axis	再サンプリング対象の軸。デフォルトはaxis=0。
fill_method	アップサンプリングのときにどのような穴埋めを行うか。'ffill'、'bfill' のように指定する。デフォルトでは穴埋めを行わない。
closed	ダウンサンプリングのときに、どちらの端のデータを含めるか。'right' または'left' を指定可能。
label	ダウンサンプリングのときに、結果に対してどのようにラベル付けをするか。'right' または'left' で端のデータを指定する。例えば、9:30から9:35の5分間は、9:30か9:35のどちらかにラベル付けされる。
loffset	ラベルに対する時間調整を行う。例えば、集約結果のラベルを1秒早める場合は、'-1s'、または、Second(-1)を指定する。
limit	前方や後方に穴埋めを行う際の、穴埋めを行う最大期間。
kind	期間に集約するときは'period'、タイムスタンプに集約するときは'timestamp'を指定する。デフォルトでは、その時系列が持つインデックスの種類と同じになる。
convention	期間を再サンプリングする場合に、低い頻度から高い頻度に変換するときの開始と終了の扱いを'start' と'end' で指定する。デフォルトは'start'。

11.6.1 ダウンサンプリング

データを一定周期のより低い頻度のデータに集約するのは、時系列解析においてよくある作業です。集約するデータは固定周期である必要はありません。集約する頻度を指定すると**ビン境界**[*1]が決まり、このビン境界によって時系列データが分断されて集約されます。例えば、'M'や'BM'を使って毎月の頻度に変換する場合、データを1ヶ月に入るように切り刻みます。分断された区間はいわゆる**半開区間**[*2]になっていて、あるデータポイントは必ずある1つの区間にしか属しません。また、すべての区間の集合は必ず全期間を構成することになります。ダウンサンプリングをするためにresampleを使う場合には、いくつか考慮すべきことがあります。

- 区間のどちら側を**閉区間**にするか。
- データが集約されたビンのラベルを区間の始めの位置で付けるか、終わりの位置で付けるか。

説明のために、1分頻度のデータを見てみましょう。

```
In [213]: rng = pd.date_range('2000-01-01', periods=12, freq='T')

In [214]: ts = pd.Series(np.arange(12), index=rng)

In [215]: ts
Out[215]:
2000-01-01 00:00:00     0
2000-01-01 00:01:00     1
2000-01-01 00:02:00     2
2000-01-01 00:03:00     3
2000-01-01 00:04:00     4
2000-01-01 00:05:00     5
2000-01-01 00:06:00     6
2000-01-01 00:07:00     7
2000-01-01 00:08:00     8
2000-01-01 00:09:00     9
2000-01-01 00:10:00    10
2000-01-01 00:11:00    11
Freq: T, dtype: int64
```

このデータを各区間の和を取りながら、5分頻度のデータに集約することを考えます。

```
In [216]: ts.resample('5min').sum()
Out[216]:
2000-01-01 00:00:00    10
2000-01-01 00:05:00    35
2000-01-01 00:10:00    21
Freq: 5T, dtype: int64
```

---

*1 訳注：ビン（bin）は日本語でも「瓶」であり、意味も「瓶」から想像できますが、ここでは、時系列の特定の区間を示します。ヒストグラムのデータ幅のこともビンと呼びます。

*2 訳注：$a \leqq x < b$ や、$a < x \leqq b$ などの片方の境界値が含まれない区間のこと。

　指定した頻度はビン境界を5分おきに定義しています。デフォルトでは左のビン境界が閉区間になっていて、00:00という値は、00:00から00:05の区間に含まれます[*1]。closed='right'を指定すると、右側が閉区間になります。

```
In [217]: ts.resample('5min', closed='right').sum()
Out[217]:
1999-12-31 23:55:00     0
2000-01-01 00:00:00    15
2000-01-01 00:05:00    40
2000-01-01 00:10:00    11
Freq: 5T, dtype: int64
```

　出力されている時系列は、各ビンの左側の時刻がラベルに使われています。label='right'を指定することで右側のビン境界をラベルに使うことができます。

```
In [218]: ts.resample('5min', closed='right', label='right').sum()
Out[218]:
2000-01-01 00:00:00     0
2000-01-01 00:05:00    15
2000-01-01 00:10:00    40
2000-01-01 00:15:00    11
Freq: 5T, dtype: int64
```

　1分頻度のデータが5分頻度に再サンプリングされるイメージについては、**図11-3**を参照してください。

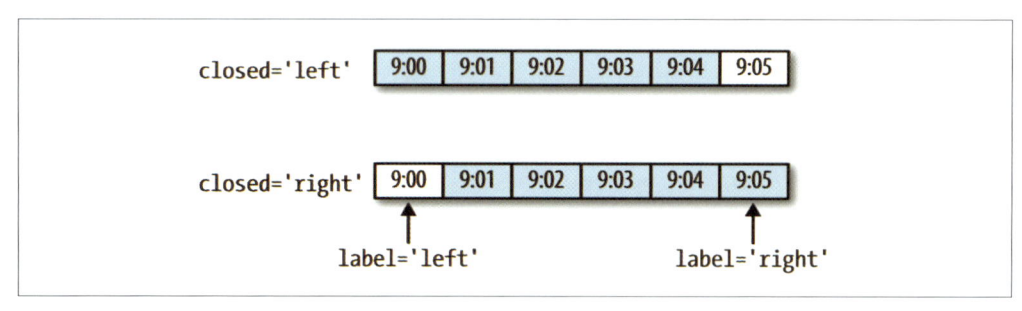

図11-3　5分のデータにおける閉区間とラベルの指定イメージ

　最後に、結果のインデックスを一定量シフトさせたい場合を考えます。例えば、右側の境界を1分ずつ減らして、よりはっきりと時刻がどの区間に含まれるのかがわかるようにします。この場合、

---

loffsetに文字列か日付オフセットを指定します。

```
In [219]: ts.resample('5min', closed='right',
   .....:             label='right', loffset='-1s').sum()
Out[219]:
1999-12-31 23:59:59     0
2000-01-01 00:04:59    15
2000-01-01 00:09:59    40
2000-01-01 00:14:59    11
Freq: 5T, dtype: int64
```

shiftメソッドを使うことでも、loffsetを使わずにloffsetと同じ結果を得ることはできます。

11.6.1.1 Open-High-Low-Close (OHLC) 再サンプリング

金融の分野で時系列データを集約するためのよくある方法に、各集約の単位ごとに4つの値を計算する、というものがあります。最初の値 (open)、最後の値 (close)、最大値 (high)、最小値 (low) のそれぞれ4つです。ohlc集約関数を使うことで、これらの4つの列を持つデータフレームを得ることができます。この計算はデータを一度だけ集約しながら効率的に行われます。

```
In [220]: ts.resample('5min').ohlc()
Out[220]:
                     open  high  low  close
2000-01-01 00:00:00     0     4    0      4
2000-01-01 00:05:00     5     9    5      9
2000-01-01 00:10:00    10    11   10     11
```

11.6.2 アップサンプリングと穴埋め

低い頻度から高い頻度へ変換するときには、集約する必要はありません。週ごとのデータを持つデータフレームの例を考えてみましょう。

```
In [221]: frame = pd.DataFrame(np.random.randn(2, 4),
   .....:                      index=pd.date_range('1/1/2000', periods=2,
   .....:                                           freq='W-WED'),
   .....:                      columns=['Colorado', 'Texas', 'New York', 'Ohio'])

In [222]: frame
Out[222]:
            Colorado     Texas  New York      Ohio
2000-01-05 -0.896431  0.677263  0.036503  0.087102
2000-01-12 -0.046662  0.927238  0.482284 -0.867130
```

このデータで集約関数を使うと、グループごとに1つの値だけが存在し、グループのすき間に存在するそれ以外の日付は欠損値になります。特に集約をせずに、asfreqメソッドで高い頻度へ変換すると次のようになります。

```
In [223]: df_daily = frame.resample('D').asfreq()
```

```
In [224]: df_daily
Out[224]:
            Colorado     Texas  New York      Ohio
2000-01-05 -0.896431  0.677263  0.036503  0.087102
2000-01-06       NaN       NaN       NaN       NaN
2000-01-07       NaN       NaN       NaN       NaN
2000-01-08       NaN       NaN       NaN       NaN
2000-01-09       NaN       NaN       NaN       NaN
2000-01-10       NaN       NaN       NaN       NaN
2000-01-11       NaN       NaN       NaN       NaN
2000-01-12 -0.046662  0.927238  0.482284 -0.867130
```

　水曜日以外の曜日に、データを前方に穴埋めしたい場合には、fillna メソッドや reindex メソッドと同様な穴埋め方法を使うことができます。

```
In [225]: frame.resample('D').ffill()
Out[225]:
            Colorado     Texas  New York      Ohio
2000-01-05 -0.896431  0.677263  0.036503  0.087102
2000-01-06 -0.896431  0.677263  0.036503  0.087102
2000-01-07 -0.896431  0.677263  0.036503  0.087102
2000-01-08 -0.896431  0.677263  0.036503  0.087102
2000-01-09 -0.896431  0.677263  0.036503  0.087102
2000-01-10 -0.896431  0.677263  0.036503  0.087102
2000-01-11 -0.896431  0.677263  0.036503  0.087102
2000-01-12 -0.046662  0.927238  0.482284 -0.867130
```

　具体的な数値で上限を指定して、前方に一定の数だけ穴埋めをすることもできます。

```
In [226]: frame.resample('D').ffill(limit=2)
Out[226]:
            Colorado     Texas  New York      Ohio
2000-01-05 -0.896431  0.677263  0.036503  0.087102
2000-01-06 -0.896431  0.677263  0.036503  0.087102
2000-01-07 -0.896431  0.677263  0.036503  0.087102
2000-01-08       NaN       NaN       NaN       NaN
2000-01-09       NaN       NaN       NaN       NaN
2000-01-10       NaN       NaN       NaN       NaN
2000-01-11       NaN       NaN       NaN       NaN
2000-01-12 -0.046662  0.927238  0.482284 -0.867130
```

　新しい日付インデックスは、再サンプリング前の日付と重なっている必要はありません。

```
In [227]: frame.resample('W-THU').ffill()
Out[227]:
            Colorado     Texas  New York      Ohio
2000-01-06 -0.896431  0.677263  0.036503  0.087102
2000-01-13 -0.046662  0.927238  0.482284 -0.867130
```

11.6.3 期間で再サンプリングする

期間でインデックス付けされたデータの再サンプリングは、タイムスタンプの場合と似ています。

```
In [228]: frame = pd.DataFrame(np.random.randn(24, 4),
   .....:                       index=pd.period_range('1-2000', '12-2001',
   .....:                                             freq='M'),
   .....:                       columns=['Colorado', 'Texas', 'New York', 'Ohio'])

In [229]: frame[:5]
Out[229]:
          Colorado     Texas  New York      Ohio
2000-01   0.493841 -0.155434  1.397286  1.507055
2000-02  -1.179442  0.443171  1.395676 -0.529658
2000-03   0.787358  0.248845  0.743239  1.267746
2000-04   1.302395 -0.272154 -0.051532 -0.467740
2000-05  -1.040816  0.426419  0.312945 -1.115689

In [230]: annual_frame = frame.resample('A-DEC').mean()

In [231]: annual_frame
Out[231]:
       Colorado     Texas  New York      Ohio
2000   0.556703  0.016631  0.111873 -0.027445
2001   0.046303  0.163344  0.251503 -0.157276
```

この場合のアップサンプリングは少し繊細で、新しい頻度での期間において、どちらの境界に値を配置するかを再サンプリングする前に決めなければいけません。asfreqメソッドと同じようなやり方です。引数conventionのデフォルトは'start'になっていますが、'end'にすることもできます。

```
# Q-DEC: 12月が年度末で、四半期ごとの場合。
In [232]: annual_frame.resample('Q-DEC').ffill()
Out[232]:
        Colorado     Texas  New York      Ohio
2000Q1  0.556703  0.016631  0.111873 -0.027445
2000Q2  0.556703  0.016631  0.111873 -0.027445
2000Q3  0.556703  0.016631  0.111873 -0.027445
2000Q4  0.556703  0.016631  0.111873 -0.027445
2001Q1  0.046303  0.163344  0.251503 -0.157276
2001Q2  0.046303  0.163344  0.251503 -0.157276
2001Q3  0.046303  0.163344  0.251503 -0.157276
2001Q4  0.046303  0.163344  0.251503 -0.157276

In [233]: annual_frame.resample('Q-DEC', convention='end').ffill()
Out[233]:
        Colorado     Texas  New York      Ohio
2000Q4  0.556703  0.016631  0.111873 -0.027445
2001Q1  0.556703  0.016631  0.111873 -0.027445
2001Q2  0.556703  0.016631  0.111873 -0.027445
2001Q3  0.556703  0.016631  0.111873 -0.027445
```

```
2001Q4  0.046303  0.163344  0.251503 -0.157276
```

　期間は一定の間隔を表すものなので、アップサンプリングとダウンサンプリングのルールはより厳格になります。

- ● ダウンサンプリングにおいて、変換後の頻度は、変換前の頻度に基づいた**長い期間**でなければならない。

- ● アップサンプリングにおいて、変換後の頻度は、変換前の頻度に基づいた**短い期間**でなければならない。

　これらのルールが満たされない場合は、例外が発生します。これは主に、四半期、年次、週次の頻度において影響があります。例えば、変換後をQ-MARの頻度にする場合は、変換前の頻度がA-MAR、A-JUN、A-SEP、A-DECである必要があります[*1]。

```
In [234]: annual_frame.resample('Q-MAR').ffill()
Out[234]:
        Colorado   Texas  New York    Ohio
2000Q4  0.556703  0.016631  0.111873 -0.027445
2001Q1  0.556703  0.016631  0.111873 -0.027445
2001Q2  0.556703  0.016631  0.111873 -0.027445
2001Q3  0.556703  0.016631  0.111873 -0.027445
2001Q4  0.046303  0.163344  0.251503 -0.157276
2002Q1  0.046303  0.163344  0.251503 -0.157276
2002Q2  0.046303  0.163344  0.251503 -0.157276
2002Q3  0.046303  0.163344  0.251503 -0.157276
```

11.7　移動する窓関数

　時系列データの操作に使う重要なデータ変換の手法には、統計学的な集計を行うものや、窓関数[*2]を移動させながらデータの評価を行うもの、また、指数関数的に減少する重み付けをデータに行うものがあります。これは、ノイズやすき間の多いデータで起こる問題を軽減するのに便利です。これらを私は**移動する窓関数**と呼んでいます。これには、指数加重移動平均（exponentially weighted moving average）のような固定長ではない関数も含みます。他の統計的な関数のように、これらの関数は自動的に欠損値を除外します。

　詳細を説明する前に、ある時系列データを読み込み、それを営業日の頻度で再サンプリングします。

```
In [235]: close_px_all = pd.read_csv('examples/stock_px_2.csv',
    .....:                           parse_dates=True, index_col=0)
```

[*1]　訳注：変換後が3月を区切りとした四半期（Q-MAR）であるため、元のデータを1-3月、4-6月、7-9月、10-12月で区切る必要があるからです。

[*2]　訳注：窓関数は、ある有限区間以外では0となる関数です。データに窓関数を掛け合わせることで、有限区間以外のデータを0とすることができ、解析が行いやすくなります。窓関数で指定される区間のことを窓と呼びます。

```
In [236]: close_px = close_px_all[['AAPL', 'MSFT', 'XOM']]
```

```
In [237]: close_px = close_px.resample('B').ffill()
```

そして、rolling演算を紹介します。これは、resampleやgroupbyと似た振る舞いをするものです。rollingは、シリーズやデータフレームに対して、窓（期間数を指定する。生成されるグラフは**図11-4**を参照）を指定して使います。

```
In [238]: close_px.AAPL.plot()
Out[238]: <matplotlib.axes._subplots.AxesSubplot at 0x7f2f2570cf98>
```

```
In [239]: close_px.AAPL.rolling(250).mean().plot()
```

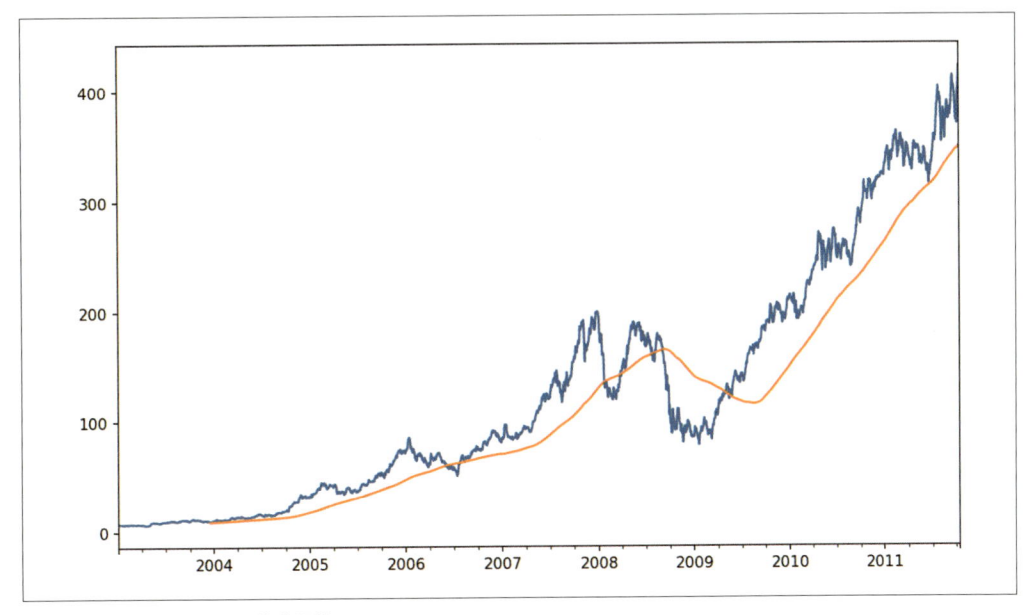

図11-4　Appleの250日移動平均

rolling(250)という表現は、groupbyと似ていますが、groupbyのようなグループ化をするのではなく、250日分移動する窓を使ってグループ化を行います。したがって、ここでは250日間移動した窓によって、Appleの株価の250日移動平均を得ています。

デフォルトでは、rolling関数は、窓内のすべての値が欠損値でないことを要求します。しかし、この動作は欠損値を考慮に入れるように変更でき、特に、時系列データの初期部分では窓関数の期間よりデータ数が少ないことを考慮に入れることができます（**図11-5**を参照）。

```
In [241]: appl_std250 = close_px.AAPL.rolling(250, min_periods=10).std()
```

```
In [242]: appl_std250[5:12]
Out[242]:
```

```
2003-01-09         NaN
2003-01-10         NaN
2003-01-13         NaN
2003-01-14         NaN
2003-01-15    0.077496
2003-01-16    0.074760
2003-01-17    0.112368
Freq: B, Name: AAPL, dtype: float64

In [243]: appl_std250.plot()
```

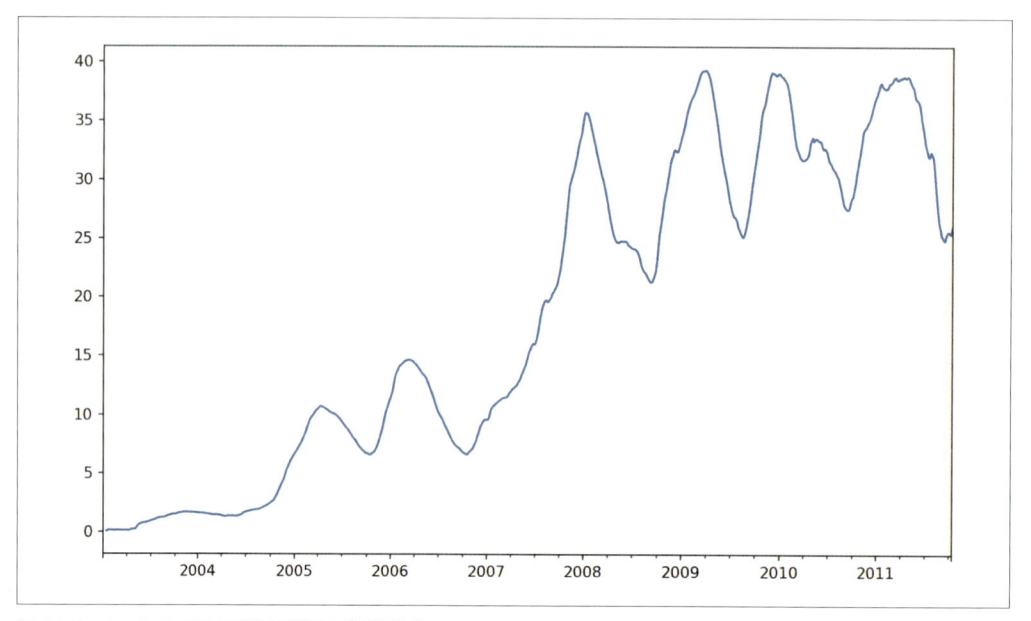

図11-5　Appleの250日間の利益の標準偏差

　拡大する窓関数での平均を計算するためには、rollingの代わりにexpandingを使います。拡大する平均は、時系列データの初期部分から始まり、徐々に窓のサイズが大きくなっていき、全体の時系列が含まれるまで大きくなります。apple_std250での拡大する窓関数での平均は、次のようになります。

```
In [244]: expanding_mean = appl_std250.expanding().mean()
```

　データフレームで移動する窓関数を使うと、各列に変形処理が適用されます（**図11-6**参照）。

```
In [246]: close_px.rolling(60).mean().plot(logy=True)
```

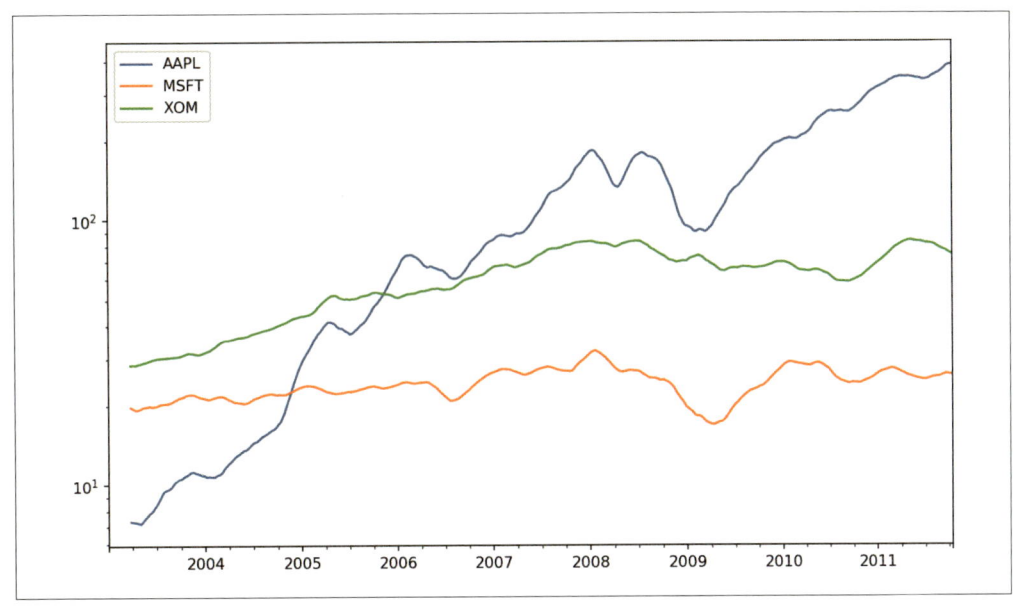

図11-6　株価の60日移動平均（Y軸は対数）

　rolling関数は、期間数だけでなく、固定期間を指すオフセット文字列も受け付けます。この記法は、イレギュラーな時系列を扱うときに便利です。使える文字列は、resampleに指定できるものと同じです。例えば、20日の移動平均は、次のようにして計算することができます。

```
In [247]: close_px.rolling('20D').mean()
Out[247]:
                 AAPL        MSFT       XOM
2003-01-02      7.400000   21.110000  29.220000
2003-01-03      7.425000   21.125000  29.230000
2003-01-06      7.433333   21.256667  29.473333
2003-01-07      7.432500   21.425000  29.342500
2003-01-08      7.402000   21.402000  29.240000
2003-01-09      7.391667   21.490000  29.273333
2003-01-10      7.387143   21.558571  29.238571
2003-01-13      7.378750   21.633750  29.197500
2003-01-14      7.370000   21.717778  29.194444
2003-01-15      7.355000   21.757000  29.152000
...                 ...         ...        ...
2011-10-03    398.002143   25.890714  72.413571
2011-10-04    396.802143   25.807857  72.427143
2011-10-05    395.751429   25.729286  72.422857
2011-10-06    394.099286   25.673571  72.375714
2011-10-07    392.479333   25.712000  72.454667
2011-10-10    389.351429   25.602143  72.527857
2011-10-11    388.505000   25.674286  72.835000
2011-10-12    388.531429   25.810000  73.400714
```

```
2011-10-13  388.826429  25.961429  73.905000
2011-10-14  391.038000  26.048667  74.185333
[2292 rows x 3 columns]
```

11.7.1　指数加重関数

　等しく重み付けされた観測値に対して静的な窓のサイズを使う方法の代替手段には、一定の**減衰因子**を使ってより最近の観測値を強く重み付けする、というやり方があります。減衰因子を指定する方法はいろいろありますが、一般的なのは、spanを使うものです。spanを使うと、移動する窓関数のサイズをspanと同じ値にした場合の結果と比較できます。

　指数関数的に重み付けされた統計値は、より最近の観測値を重み付けするので、観測値が均等に重み付けされている場合よりも変化に**適応する**のが早くなります。

　pandasはrollingやexpandingと同様に、ewmも持っています。次の例は、Appleの株価でspan=60で指数加重を取ったものと60日移動平均を比較したものです（**図11-7**）。

```
In [249]: aapl_px = close_px.AAPL['2006':'2007']

In [250]: ma60 = aapl_px.rolling(30, min_periods=20).mean()

In [251]: ewma60 = aapl_px.ewm(span=30).mean()

In [252]: ma60.plot(style='k--', label='Simple MA')
Out[252]: <matplotlib.axes._subplots.AxesSubplot at 0x7f2f252161d0>

In [253]: ewma60.plot(style='k-', label='EW MA')
Out[253]: <matplotlib.axes._subplots.AxesSubplot at 0x7f2f252161d0>

In [254]: plt.legend()
```

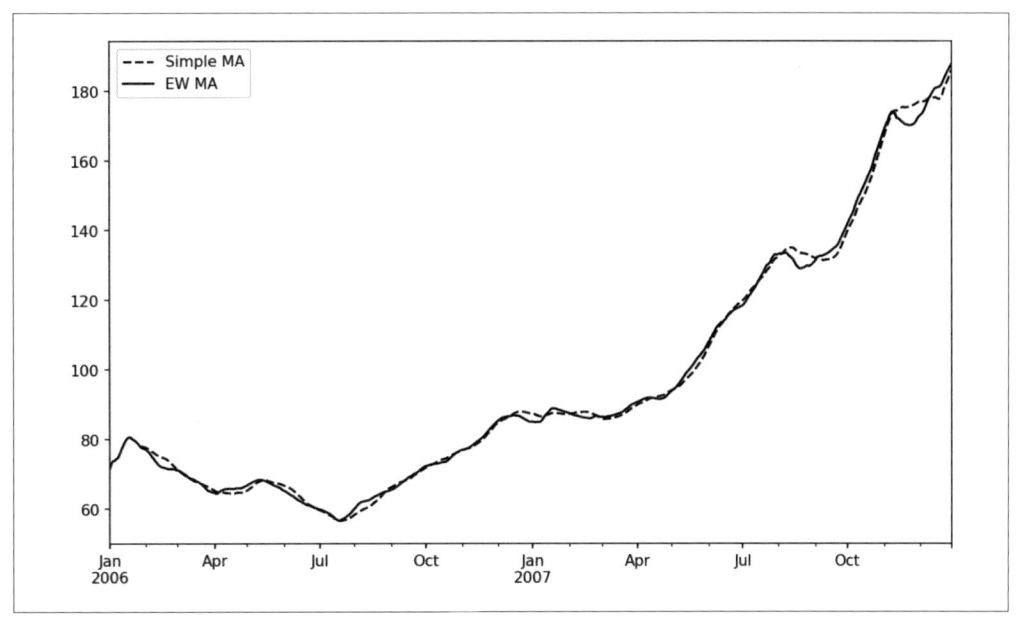

図11-7　シンプルな移動平均と指数加重の比較

11.7.2　2つ値がある場合の移動する窓関数

相関や共分散などのような統計演算では、2つの時系列データを操作する必要があります。その例として、株価とS&P 500などのベンチマーク指標との相関に興味を持つ金融アナリストもいるでしょう。こういう場合、まず対象の時系列すべてのパーセント変化を計算します。

```
In [256]: spx_px = close_px_all['SPX']
```

```
In [257]: spx_rets = spx_px.pct_change()
```

```
In [258]: returns = close_px.pct_change()
```

rollingを呼び出した後の集約関数corrは、spx_retsに対する相関の変化を計算することができます（結果のプロットは**図11-8**を参照）。

```
In [259]: corr = returns.AAPL.rolling(125, min_periods=100).corr(spx_rets)
```

```
In [260]: corr.plot()
```

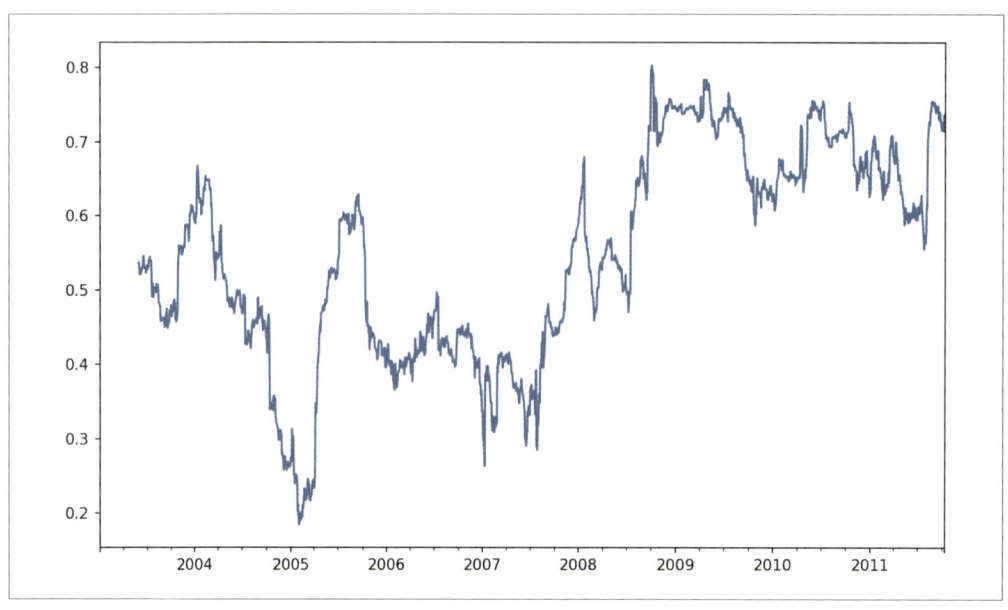

図11-8　Appleの6ヶ月利益とS&P 500との相関

　S&P 500と他の多くの株価との相関を同時に計算したい場合は、ループを作り、データフレームを生成するのが簡単ですが、何度も同じことを繰り返すことになります。そこで、シリーズやデータフレームをrolling_corrなどの関数に指定すると、シリーズ（この例ではspx_rets）とデータフレームの各列との相関を計算できます（結果のプロットは**図11-9**を参照）。

```
In [262]: corr = returns.rolling(125, min_periods=100).corr(spx_rets)
```

```
In [263]: corr.plot()
```

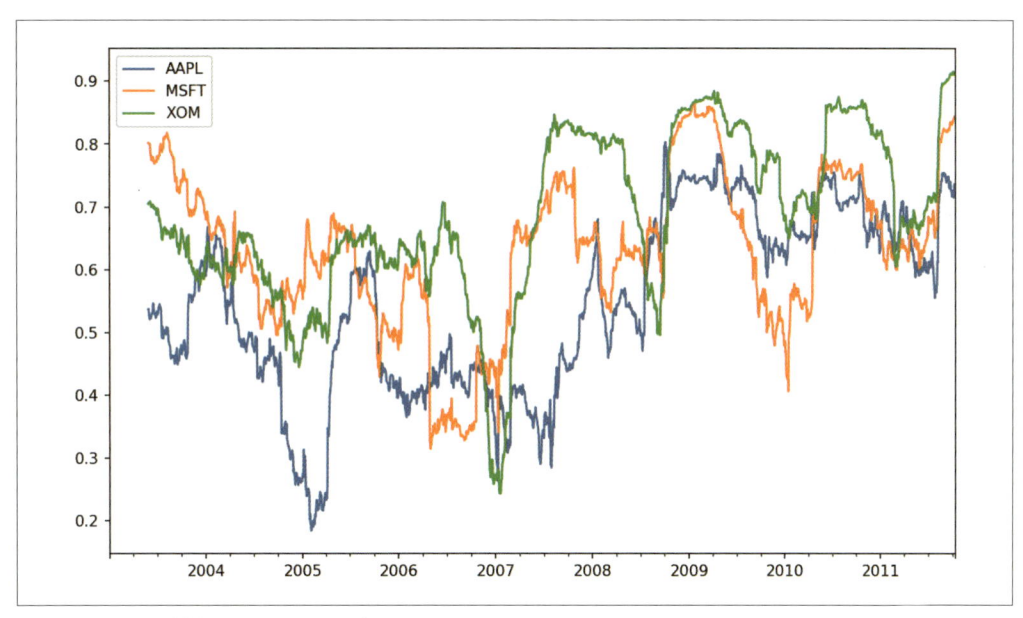

図11-9 6ヶ月利益とS&P 500との相関

11.7.3 ユーザ定義の移動する窓関数

rollingのapplyメソッドと関連するメソッドは、移動する窓関数に対して独自の配列関数を適用する方法を提供します。独自の関数に必要な条件は、その関数が各配列から1つの値だけを生成する、というものです。例えば、rolling(...).quantile(q)を使ってデータの分位点を計算する際に、ある値が何パーセント点に位置するのかに興味がある場合があります。scipy.stats.percentileofscore関数を使えば、その位置がわかります（**図11-10**）。

```
In [265]: from scipy.stats import percentileofscore

In [266]: score_at_2percent = lambda x: percentileofscore(x, 0.02)

In [267]: result = returns.AAPL.rolling(250).apply(score_at_2percent)

In [268]: result.plot()
```

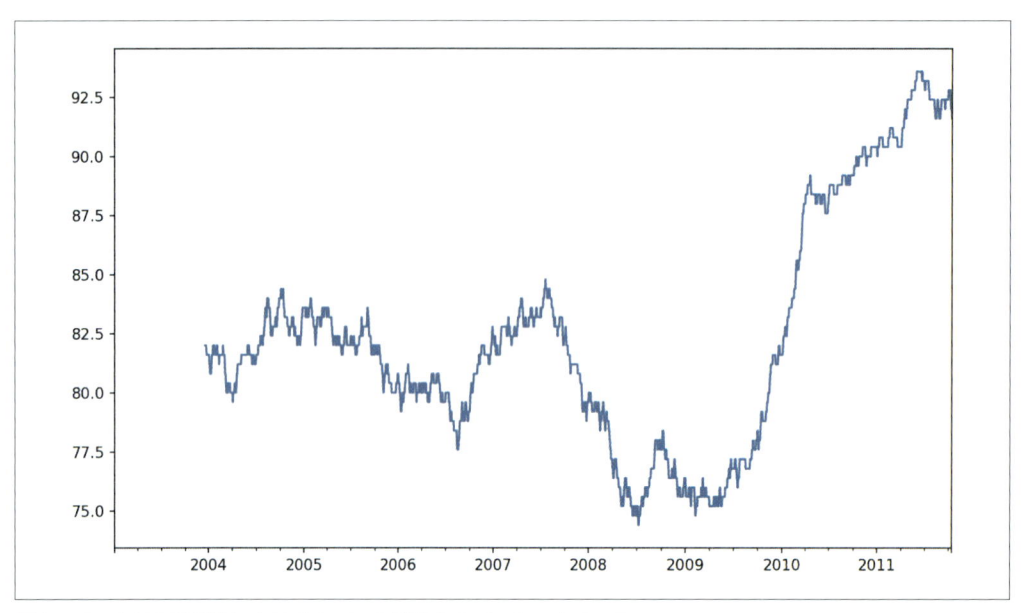

図11-10　1年の窓関数におけるAppleの利益の2パーセンタイル点

　まだSciPyをインストールしていない場合は、condaやpipを使ってインストールしてください。

11.8　まとめ

　これまでの章で確認してきた他のデータの場合と比べて、時系列データは、異なる分析や変形ツールを使う必要があります。

　次の章以降では、pandasの応用的な内容や、statsmodels、scikit-learnなどのモデリングライブラリの使い方を見ていきます。

12章
pandas：応用編

これまでの章では、さまざまな種類のデータ改変のワークフローや、NumPyやpandas、その他のライブラリが持っているさまざまな機能を紹介することに重点を置いてきました。pandasには、長い期間をかけて発展してきた、パワーユーザ向けの深い機能があります。この章では、みなさんがさらに深い知識を持ったpandasユーザになれるよう、これまでの章よりも高度な機能領域をいくつか掘り下げていきます。

12.1　カテゴリ型データ

この節では、pandasのCategorical型（カテゴリ型）を紹介しましょう。pandasを用いたいくつかの演算において、この型を使うことで、どのように処理速度やメモリ使用量を改善できるかを見ていきます。さらに、統計や機械学習の事例にカテゴリ型データを使うためのツールもいくつか紹介します。

12.1.1　開発の背景と動機

しばしば、数種類の値だけのインスタンスが何度も繰り返しテーブルの列に含まれていることがあります。そのようなデータを扱う手段として、これまでの章で、uniqueやvalue_countsといった関数を見てきました。この2つの関数を使うと、配列に含まれるユニークな値を取り出したり、それらの値の頻度を数えたりできます。

```
In [10]: import numpy as np; import pandas as pd

In [11]: values = pd.Series(['apple', 'orange', 'apple',
   ....:                      'apple'] * 2)

In [12]: values
Out[12]:
0     apple
1    orange
2     apple
3     apple
```

```
4     apple
5     orange
6     apple
7     apple
dtype: object

In [13]: pd.unique(values)
Out[13]: array(['apple', 'orange'], dtype=object)

In [14]: pd.value_counts(values)
Out[14]:
apple     6
orange    2
dtype: int64
```

　多くのデータシステムでは（データウェアハウス用、統計計算用など、目的はさまざまでしょうが）、ストレージの使用効率や計算効率を上げられるよう、同じ値が繰り返し含まれるデータの表現に特殊なアプローチを用いています。特にデータウェアハウスにおいては、**ディメンジョンテーブル**と呼ばれているものを用いるのがベストプラクティスとなっています。ユニークな値の情報はディメンションテーブルに収め、観察された一次データは、そのディメンジョンテーブルを参照する整数値のキーとして格納します。例えば次のコードのdimがディメンジョンテーブルをイメージしたもので、valuesが観察されたデータをイメージしています。

```
In [15]: values = pd.Series([0, 1, 0, 0] * 2)

In [16]: dim = pd.Series(['apple', 'orange'])

In [17]: values
Out[17]:
0    0
1    1
2    0
3    0
4    0
5    1
6    0
7    0
dtype: int64

In [18]: dim
Out[18]:
0    apple
1    orange
dtype: object
```

　takeメソッドを使えば、整数値のキーのシリーズで表現されたデータをもともとの文字列のシリーズに戻せます。

```
In [19]: dim.take(values)
```

```
Out[19]:
0     apple
1    orange
0     apple
0     apple
0     apple
1    orange
0     apple
0     apple
dtype: object
```

　このような整数表現を、**カテゴリ表現**や**ディクショナリ形式にエンコードされた表現**と呼びます。また、もともとのユニークな値を並べた配列を、データの**カテゴリ**や**ディクショナリ**、**レベル**と呼びます。この本では**カテゴリ**という用語を使っていきます。各カテゴリを参照している整数値は、**カテゴリコード**もしくは単に**コード**と呼びます。

　カテゴリ表現にすることで、分析を行う場合は処理速度をかなり改善できます。さらに、コードを変更せずにカテゴリ情報だけを変更することも可能になります。比較的低コストで行えるカテゴリ情報の変更としては、例えば次のようなものがあります。

- カテゴリ名を変更すること
- 既にあるカテゴリの順序や位置を変えずに、新たなカテゴリを追加すること

12.1.2　pandasにおけるカテゴリ型

　pandasには、データの保持に整数ベースのカテゴリ表現（**エンコーディング**とも言います）を用いる、Categoricalという特殊な型があります。先ほどのシリーズの例を引き続き用いて考えていきましょう。

```
In [20]: fruits = ['apple', 'orange', 'apple', 'apple'] * 2

In [21]: N = len(fruits)

In [22]: df = pd.DataFrame({'fruit': fruits,
   ....:                    'basket_id': np.arange(N),
   ....:                    'count': np.random.randint(3, 15, size=N),
   ....:                    'weight': np.random.uniform(0, 4, size=N)},
   ....:                   columns=['basket_id', 'fruit', 'count', 'weight'])

In [23]: df
Out[23]:
   basket_id   fruit  count    weight
0          0   apple      5  3.858058
1          1  orange      8  2.612708
2          2   apple      4  2.995627
3          3   apple      7  2.614279
4          4   apple     12  2.990859
5          5  orange      8  3.845227
6          6   apple      5  0.033553
7          7   apple      4  0.425778
```

この df['fruit'] は、Python の文字列オブジェクトの配列です。次のように astype メソッドを呼び出すことで、これをカテゴリ型へと変換できます。

```
In [24]: fruit_cat = df['fruit'].astype('category')

In [25]: fruit_cat
Out[25]:
0      apple
1     orange
2      apple
3      apple
4      apple
5     orange
6      apple
7      apple
Name: fruit, dtype: category
Categories (2, object): [apple, orange]
```

fruit_cat に含まれている値は NumPy の配列ではなく、pandas.Categorical のインスタンスです。

```
In [26]: c = fruit_cat.values

In [27]: type(c)
Out[27]: pandas.core.categorical.Categorical
```

Categorical オブジェクトは、categories と codes という2つの属性を持っています。categories はカテゴリの情報を保持しており、codes はデータのコードによる表現を保持しています。

```
In [28]: c.categories
Out[28]: Index(['apple', 'orange'], dtype='object')

In [29]: c.codes
Out[29]: array([0, 1, 0, 0, 0, 1, 0, 0], dtype=int8)
```

変換結果をデータフレームの列に代入し直せば、データフレームの列をカテゴリ型に変換できます。

```
In [30]: df['fruit'] = df['fruit'].astype('category')

In [31]: df.fruit
Out[31]:
0      apple
1     orange
2      apple
3      apple
4      apple
5     orange
6      apple
7      apple
```

```
Name: fruit, dtype: category
Categories (2, object): [apple, orange]
```

他の型のPythonシーケンスから`pandas.Categorical`を直接作成することも可能です。

```
In [32]: my_categories = pd.Categorical(['foo', 'bar', 'baz', 'foo', 'bar'])
```

```
In [33]: my_categories
Out[33]:
[foo, bar, baz, foo, bar]
Categories (3, object): [bar, baz, foo]
```

既にカテゴリ型にエンコードされたデータを他のデータソースから読み込んで使う場合は、これらの方法ではなく`from_codes`コンストラクタを使って`pandas.Categorical`を作成することもできます。

```
In [34]: categories = ['foo', 'bar', 'baz']
```

```
In [35]: codes = [0, 1, 2, 0, 0, 1]
```

```
In [36]: my_cats_2 = pd.Categorical.from_codes(codes, categories)
```

```
In [37]: my_cats_2
Out[37]:
[foo, bar, baz, foo, foo, bar]
Categories (3, object): [foo, bar, baz]
```

特に明示されなければ、カテゴリ変数への変換ではカテゴリ間に特に大小関係はないとみなされます。したがって、この例の入力に使ったデータの大小関係は、先ほどの`categories`という配列の順序とは異なっているかもしれません。`from_codes`などのコンストラクタを用いてインスタンスを作る場合には、引数のカテゴリ配列の順序には、大小関係の意味があるという指定をすることができます。

```
In [38]: ordered_cat = pd.Categorical.from_codes(codes, categories,
   ....:                                          ordered=True)
```

```
In [39]: ordered_cat
Out[39]:
[foo, bar, baz, foo, foo, bar]
Categories (3, object): [foo < bar < baz]
```

出力に含まれている`[foo < bar < baz]`という文字列は、`'foo'`は`'bar'`よりも順序が前、などといった意味です。大小関係が設定されていないカテゴリ型のインスタンスに対しても、`as_ordered`というメソッドを呼び出すと、大小関係が設定されたものとして扱うことができます[1]。

---

[1]　訳注：foo、bar、bazでは大小関係の有無のメリットについてピンと来ないかもしれません。しかし、20代、30代、40代といったカテゴリ型データを扱うことがあれば、大小関係を使いたくなるかもしれません。また、大小関係を設定しておくと、カテゴリ間の差異を見るためにヒストグラムなどを作成する際に、順序が自動的にカテゴリ順となります。

```
In [40]: my_cats_2.as_ordered()
Out[40]:
[foo, bar, baz, foo, foo, bar]
Categories (3, object): [foo < bar < baz]
```

最後に加えておくと、上の例では文字列データを例とした説明しかしていませんが、カテゴリ型データは文字列である必要はありません。カテゴリ型の配列には、不変（immutable）な型であればどのような値も含めることができます。

12.1.3　カテゴリを用いた計算

pandasのCategoricalを使ってデータを処理する場合、通常は、エンコードされていない場合（例えば文字列の配列の場合）と同様の動作になります。しかし、pandasの一部の機能（例えばgroupbyメソッド）では、カテゴリ型を用いた方が処理速度が上がります。また、orderedフラグを活用できる関数もいくつかあります。

乱数データを作成し、pandas.qcut関数を使ってビンに分割することを考えてみましょう。この分割結果はpandas.Categoricalインスタンスとして戻されます。この本では前に「**7章　データのクリーニングと前処理**」でもpandas.cutを使っていますが、そのときはカテゴリ変数がどのようなものなのかの詳細はごまかしていました。

```
In [41]: np.random.seed(12345)

In [42]: draws = np.random.randn(1000)

In [43]: draws[:5]
Out[43]: array([-0.2047,  0.4789, -0.5194, -0.5557,  1.9658])
```

作成した乱数データを四分位範囲のビンに分け、それらのビンの統計情報を取り出してみましょう。

```
In [44]: bins = pd.qcut(draws, 4)

In [45]: bins
Out[45]:
[(-0.684, -0.0101], (-0.0101, 0.63], (-0.684, -0.0101], (-0.684, -0.0101], (0.63,
 3.928], ..., (-0.0101, 0.63], (-0.684, -0.0101], (-2.95, -0.684], (-0.0101, 0.63
], (0.63, 3.928]]
Length: 1000
Categories (4, interval[float64]): [(-2.95, -0.684] < (-0.684, -0.0101] < (-0.010
1, 0.63] <
                                    (0.63, 3.928]]
```

この分割結果も有用ではあるのですが、サンプルの四分位範囲の正確な境界がビンの名前（カテゴリ名）の表記に含まれていると、後でまとめるときに使いにくい可能性があります。四分位範囲のシンプルな表記をビンの名前にした方がよいでしょう。ビンの名前は、qcut関数にlabels引数を与えれば指定できます。

```
In [46]: bins = pd.qcut(draws, 4, labels=['Q1', 'Q2', 'Q3', 'Q4'])

In [47]: bins
Out[47]:
[Q2, Q3, Q2, Q2, Q4, ..., Q3, Q2, Q1, Q3, Q4]
Length: 1000
Categories (4, object): [Q1 < Q2 < Q3 < Q4]

In [48]: bins.codes[:10]
Out[48]: array([1, 2, 1, 1, 3, 3, 2, 2, 3, 3], dtype=int8)
```

qcut がラベルも自動的に生成した場合とは異なり、今回の場合、bins カテゴリ変数のラベルには、データに含まれるビンの境界についての情報が含まれていません。そこで、代わりに groupby を用いて要約統計量を取り出してみましょう。

```
In [49]: bins = pd.Series(bins, name='quartile')

In [50]: results = (pd.Series(draws)
    ....:            .groupby(bins)
    ....:            .agg(['count', 'min', 'max'])
    ....:            .reset_index())

In [51]: results
Out[51]:
  quartile  count       min       max
0       Q1    250 -2.949343 -0.685484
1       Q2    250 -0.683066 -0.010115
2       Q3    250 -0.010032  0.628894
3       Q4    250  0.634238  3.927528
```

結果の 'quartile' 列には、カテゴリの名前だけでなく大小関係など、もともと bins に設定されていたカテゴリ情報が保持されています。

```
In [52]: results['quartile']
Out[52]:
0    Q1
1    Q2
2    Q3
3    Q4
Name: quartile, dtype: category
Categories (4, object): [Q1 < Q2 < Q3 < Q4]
```

12.1.3.1　カテゴリ変数を用いた処理性能の改善

特定のデータセットを用いて大量の分析をする場合、カテゴリ変数に変換することで全体的にかなりの性能向上が得られます。同様に、データフレームの列をカテゴリ表現に置き換えると、使用するメモリを非常に少量に抑えることができます。例として、1,000万もの要素を持ちながら、含まれている値は少数のカテゴリから構成されているようなシリーズを考えてみましょう。

```
In [53]: N = 10000000
```

```
In [54]: draws = pd.Series(np.random.randn(N))
```

```
In [55]: labels = pd.Series(['foo', 'bar', 'baz', 'qux'] * (N // 4))
```

ここで、labelsをカテゴリ変数に変換しましょう。

```
In [56]: categories = labels.astype('category')
```

文字列の配列labelsはカテゴリ変数categoriesに比べて非常に多くのメモリを使用していることがわかります。

```
In [57]: labels.memory_usage()
Out[57]: 80000080
```

```
In [58]: categories.memory_usage()
Out[58]: 10000272
```

もちろん、カテゴリ変数への変換にもコストがかかります。しかし、それは1回限りのものです。

```
In [59]: %time _ = labels.astype('category')
CPU times: user 490 ms, sys: 240 ms, total: 730 ms
Wall time: 726 ms
```

カテゴリ変数にすると、GroupByの演算は非常に高速にできます。GroupBy内部のアルゴリズムでは、文字列の配列ではなく整数ベースのコードの配列を用いているためです。

12.1.4　カテゴリメソッド

文字列データを含んでいるシリーズでSeries.strという文字列用の特殊メソッドが使えるように、カテゴリ型データを含んでいるシリーズにも、特殊メソッドがいくつかあります。これらのメソッドを使うと、カテゴリやコードに簡単にアクセスできます。次のようなシリーズを考えてみましょう。

```
In [60]: s = pd.Series(['a', 'b', 'c', 'd'] * 2)
```

```
In [61]: cat_s = s.astype('category')
```

```
In [62]: cat_s
Out[62]:
0    a
1    b
2    c
3    d
4    a
5    b
6    c
7    d
dtype: category
```

```
Categories (4, object): [a, b, c, d]
```

カテゴリメソッドには、catという特殊属性を用いてアクセスできます。

```
In [63]: cat_s.cat.codes
Out[63]:
0    0
1    1
2    2
3    3
4    0
5    1
6    2
7    3
dtype: int8

In [64]: cat_s.cat.categories
Out[64]: Index(['a', 'b', 'c', 'd'], dtype='object')
```

このデータのカテゴリには、実際には、データに含まれている4つの値以外にも値が含まれている、とわかっているとしましょう。このような場合、set_categoriesというメソッドを用いてカテゴリのセットを変更できます。

```
In [65]: actual_categories = ['a', 'b', 'c', 'd', 'e']

In [66]: cat_s2 = cat_s.cat.set_categories(actual_categories)

In [67]: cat_s2
Out[67]:
0    a
1    b
2    c
3    d
4    a
5    b
6    c
7    d
dtype: category
Categories (5, object): [a, b, c, d, e]
```

新たなカテゴリを追加してもデータそのものには変化がないように見えますが、演算を行うと、処理や結果には新たなカテゴリが反映されます。例えばvalue_countsは、カテゴリ情報が存在している場合はその情報を重要視するため、データに含まれていないカテゴリの要素数も0として結果に含めます。

```
In [68]: cat_s.value_counts()
Out[68]:
d    2
```

```
c    2
b    2
a    2
dtype: int64

In [69]: cat_s2.value_counts()
Out[69]:
d    2
c    2
b    2
a    2
e    0
dtype: int64
```

　巨大なデータセットでは、メモリを節約し、計算効率を改善するための便利なツールとしてカテゴリ変数を用いることがよくあります。そのような巨大なデータフレームやシリーズからフィルタリングで一部のデータだけ取り出した場合、取り出されたデータには、元データに含まれていたカテゴリの多くが見当たらないことがあります。そのような場合、次のようにremove_unused_categoriesというメソッドを用いると、データに見当たらないカテゴリを取り除くことが可能です。

```
In [70]: cat_s3 = cat_s[cat_s.isin(['a', 'b'])]

In [71]: cat_s3
Out[71]:
0    a
1    b
4    a
5    b
dtype: category
Categories (4, object): [a, b, c, d]

In [72]: cat_s3.cat.remove_unused_categories()
Out[72]:
0    a
1    b
4    a
5    b
dtype: category
Categories (2, object): [a, b]
```

　利用可能なカテゴリ型のメソッド一覧については、**表12-1**を参照してください。

表12-1　pandasのシリーズで利用可能なカテゴリメソッド

メソッド	説明
add_categories	既存のカテゴリの後ろに新たな（まだ使われていない）カテゴリを追加する。
as_ordered	カテゴリ間に大小関係が設定されたものとして扱う。
as_unordered	カテゴリ間に大小関係が設定されていないものとして扱う。
remove_categories	指定されたカテゴリを取り除き、その値が設定されていた要素には欠損値を設定する。

メソッド	説明
remove_unused_categories	データに含まれていないカテゴリを削除する。
rename_categories	カテゴリ名のセットを、指定された新たなセットに入れ替える。その際にカテゴリの数を変えることはできない。
reorder_categories	動作はrename_categoriesと似ているが、戻すカテゴリの間に大小関係を設定することもできる。
set_categories	カテゴリ名のセットを、指定された新たなセットに入れ替える。その際にカテゴリの追加や削除を行ってもよい。

12.1.4.1　モデリング用のダミー変数の作成

統計や機械学習用のツールを使用する際には、カテゴリ型データを**ダミー変数**の形式（one-hotエンコーディングとも言います）に変換しなければならないことがよくあります。具体的には、個々のカテゴリがそれぞれ1つの列となっているデータフレームを作成し、それらの列それぞれに、値がその列のカテゴリとなっている要素では1、なっていない要素では0を設定する、という変換です。

先ほどの例でもう一度考えてみましょう。

```
In [73]: cat_s = pd.Series(['a', 'b', 'c', 'd'] * 2, dtype='category')
```

前に「**7章　データのクリーニングと前処理**」で説明したように、このような1次元のカテゴリ型データは、pandas.get_dummiesという関数を用いて、ダミー変数を含むデータフレームへと変換できます。

```
In [74]: pd.get_dummies(cat_s)
Out[74]:
   a  b  c  d
0  1  0  0  0
1  0  1  0  0
2  0  0  1  0
3  0  0  0  1
4  1  0  0  0
5  0  1  0  0
6  0  0  1  0
7  0  0  0  1
```

12.2　グループ演算の使い方：応用編

シリーズやデータフレームのgroupbyメソッドの使い方については、「**10章　データの集約とグループ演算**」で詳しく見ました。しかし、知っていると役に立つかもしれないテクニックがさらにいくつかあります。

12.2.1　グループの変換とGroupByの「分解」

「**10章　データの集約とグループ演算**」では、グループ演算において変換を行うためにapplyメソッドの使い方を見ました。pandasのGroupByオブジェクトには、もう1つ、transformという組み込みのメソッドがあります。このメソッドはapplyに似ていますが、適用できる関数の種類に、さらに以下の

制約がかかります。

- グループの形状にブロードキャスト可能なスカラー値を生成できる必要がある。
- 入力グループと同じ形状を持つオブジェクトを生成できる必要がある。
- 入力オブジェクトを改変する操作であってはいけない。

説明のために、シンプルな例を考えてみましょう。

```
In [75]: df = pd.DataFrame({'key': ['a', 'b', 'c'] * 4,
   ....:                     'value': np.arange(12.)}) 

In [76]: df
Out[76]:
   key  value
0    a    0.0
1    b    1.0
2    c    2.0
3    a    3.0
4    b    4.0
5    c    5.0
6    a    6.0
7    b    7.0
8    c    8.0
9    a    9.0
10   b   10.0
11   c   11.0
```

key列をキーとしてグループ化し、各グループの平均値（算術平均）を算出すると以下のようになります。

```
In [77]: g = df.groupby('key').value

In [78]: g.mean()
Out[78]:
key
a    4.5
b    5.5
c    6.5
Name: value, dtype: float64
```

df['value']と同じ形状のシリーズを生成し、その中に元データの値ではなく、今算出したように'key'ごとにグループ化して平均を取った結果を含めたいとします。次のようにlambda x: x.mean()という関数（lambda式）をtransformに渡すと、そのような演算が実現できます。

```
In [79]: g.transform(lambda x: x.mean())
Out[79]:
0    4.5
1    5.5
2    6.5
```

```
3    4.5
4    5.5
5    6.5
6    4.5
7    5.5
8    6.5
9    4.5
10   5.5
11   6.5
Name: value, dtype: float64
```

　GroupByのaggメソッドの場合と同じように、各グループに対して適用したい関数が組み込みの集約関数である場合は、関数名を文字列として引数に渡すことも可能です。

```
In [80]: g.transform('mean')
Out[80]:
0    4.5
1    5.5
2    6.5
3    4.5
4    5.5
5    6.5
6    4.5
7    5.5
8    6.5
9    4.5
10   5.5
11   6.5
Name: value, dtype: float64
```

　applyと同じように、transformもシリーズを戻す関数を引数に取ることができます。しかしapplyと異なり、冒頭で説明したように、結果が入力と同じ形状でなければならないという制約があります。例えば、次のようにlambda式を用いてそれぞれのグループの値を2倍にすることができます。

前の例で、lambda x: x.mean()はグループごとに1つのスカラー値を戻す関数でした。この場合、スカラー値はグループ内の要素にブロードキャストされ、例えば'a'グループの0.0という値も3.0という値も、結果では平均値の4.5という値に変換されています。これに対して、今回の例では、lambda x: x * 2という、グループごとに入力と同じ要素数の配列を戻す関数を扱っています。この場合は、入力の要素と関数が戻す要素が1対1に対応しているため、例えば0.0という値は変換結果では0.0に、3.0という値は変換結果では6.0に、それぞれなっています。

```
In [81]: g.transform(lambda x: x * 2)
Out[81]:
0    0.0
1    2.0
```

```
2     4.0
3     6.0
4     8.0
5    10.0
6    12.0
7    14.0
8    16.0
9    18.0
10    20.0
11    22.0
Name: value, dtype: float64
```

さらに複雑な例として、次のように、それぞれのグループの中で値を降順に並べた際の順番を数値
として計算することが可能です。

```
In [82]: g.transform(lambda x: x.rank(ascending=False))
Out[82]:
0     4.0
1     4.0
2     4.0
3     3.0
4     3.0
5     3.0
6     2.0
7     2.0
8     2.0
9     1.0
10    1.0
11    1.0
Name: value, dtype: float64
```

いくつかのシンプルな集約関数を組み合わた、次のようなグループの変換関数を考えてみましょう。

```
def normalize(x):
    return (x - x.mean()) / x.std()
```

この場合、transformでもapplyでも同じ結果が得られます。

```
In [84]: g.transform(normalize)
Out[84]:
0    -1.161895
1    -1.161895
2    -1.161895
3    -0.387298
4    -0.387298
5    -0.387298
6     0.387298
7     0.387298
8     0.387298
9     1.161895
```

```
10     1.161895
11     1.161895
Name: value, dtype: float64

In [85]: g.apply(normalize)
Out[85]:
0     -1.161895
1     -1.161895
2     -1.161895
3     -0.387298
4     -0.387298
5     -0.387298
6      0.387298
7      0.387298
8      0.387298
9      1.161895
10     1.161895
11     1.161895
Name: value, dtype: float64
```

　'mean' や 'sum' のような組み込みの集約関数の方が、applyという汎用関数よりもはるかに高速に動作することはよくあります。組み込みの集約関数をtransformと一緒に用いた場合も高速になります。これを使って、グループ演算の**分解**とでも言うような演算も可能になります。

```
In [86]: g.transform('mean')
Out[86]:
0      4.5
1      5.5
2      6.5
3      4.5
4      5.5
5      6.5
6      4.5
7      5.5
8      6.5
9      4.5
10     5.5
11     6.5
Name: value, dtype: float64

In [87]: normalized = (df['value'] - g.transform('mean')) / g.transform('std')

In [88]: normalized
Out[88]:
0     -1.161895
1     -1.161895
2     -1.161895
3     -0.387298
4     -0.387298
5     -0.387298
```

```
6     0.387298
7     0.387298
8     0.387298
9     1.161895
10    1.161895
11    1.161895
Name: value, dtype: float64
```

この例にg.transformが2回登場したことからもわかるように、グループ演算の分解をすると、グループごとの集約が複数回発生する場合があります。しかし大抵の場合、集約の回数が増えるデメリットよりも、ベクトル演算の全体的なメリットの方が上回ります。

12.2.2　時系列データの再サンプリングを伴うグループ化

時系列データについては、機能の意味を考えれば、resampleメソッドが時間区分に基づくグループ演算を行うメソッドと言えます。例えば、まず次のような小さなテーブルを考えてみましょう。

```
In [89]: N = 15

In [90]: times = pd.date_range('2017-05-20 00:00', freq='1min', periods=N)

In [91]: df = pd.DataFrame({'time': times,
    ....:                   'value': np.arange(N)})

In [92]: df
Out[92]:
                  time  value
0  2017-05-20 00:00:00      0
1  2017-05-20 00:01:00      1
2  2017-05-20 00:02:00      2
3  2017-05-20 00:03:00      3
4  2017-05-20 00:04:00      4
5  2017-05-20 00:05:00      5
6  2017-05-20 00:06:00      6
7  2017-05-20 00:07:00      7
8  2017-05-20 00:08:00      8
9  2017-05-20 00:09:00      9
10 2017-05-20 00:10:00     10
11 2017-05-20 00:11:00     11
12 2017-05-20 00:12:00     12
13 2017-05-20 00:13:00     13
14 2017-05-20 00:14:00     14
```

ここで、'time'列の時刻をインデックスとして設定した上で、時間間隔を変更して再サンプリングします。

```
In [93]: df.set_index('time').resample('5min').count()
Out[93]:
                value
```

```
time
2017-05-20 00:00:00     5
2017-05-20 00:05:00     5
2017-05-20 00:10:00     5
```

次に、データフレームに複数の時系列が含まれており、時刻の列とは別に、その行が何の時系列か
を示すグループキーの列も含まれている場合を考えてみましょう。

```
In [94]: df2 = pd.DataFrame({'time': times.repeat(3),
   ....:                     'key': np.tile(['a', 'b', 'c'], N),
   ....:                     'value': np.arange(N * 3.)})

In [95]: df2[:7]
Out[95]:
  key                time  value
0   a 2017-05-20 00:00:00    0.0
1   b 2017-05-20 00:00:00    1.0
2   c 2017-05-20 00:00:00    2.0
3   a 2017-05-20 00:01:00    3.0
4   b 2017-05-20 00:01:00    4.0
5   c 2017-05-20 00:01:00    5.0
6   a 2017-05-20 00:02:00    6.0
```

'key'列に含まれるそれぞれのキーの値に対して前の例と同じような再サンプリングを行うために、
次のようなpandas.TimeGrouperというクラスのオブジェクトを導入します。

```
In [96]: time_key = pd.TimeGrouper('5min')
```

その上で、前の例と同じように'time'列の時刻をインデックスとして設定し、'key'列とtime_keyを
キーとするグループ化により集約しましょう。

```
In [97]: resampled = (df2.set_index('time')
   ....:              .groupby(['key', time_key])
   ....:              .sum())

In [98]: resampled
Out[98]:
                          value
key time
a   2017-05-20 00:00:00    30.0
    2017-05-20 00:05:00   105.0
    2017-05-20 00:10:00   180.0
b   2017-05-20 00:00:00    35.0
    2017-05-20 00:05:00   110.0
    2017-05-20 00:10:00   185.0
c   2017-05-20 00:00:00    40.0
    2017-05-20 00:05:00   115.0
    2017-05-20 00:10:00   190.0
```

```
In [99]: resampled.reset_index()
Out[99]:
  key                time  value
0   a 2017-05-20 00:00:00   30.0
1   a 2017-05-20 00:05:00  105.0
2   a 2017-05-20 00:10:00  180.0
3   b 2017-05-20 00:00:00   35.0
4   b 2017-05-20 00:05:00  110.0
5   b 2017-05-20 00:10:00  185.0
6   c 2017-05-20 00:00:00   40.0
7   c 2017-05-20 00:05:00  115.0
8   c 2017-05-20 00:10:00  190.0
```

TimeGrouperを使う際には制約が1つあります。グループ化を行う時刻がシリーズやデータフレームの列ではなく、インデックスとなっていなければいけない、という制約です[*1]。注意してください。

12.3　メソッドチェーンを行うためのテクニック

データセットに対していくつかの変換を続けて行う際に、いつの間にか、その後の分析では一切使わない一時変数をたくさん作成してしまっていることがあります。例えば次のような例を考えてみましょう。

```
df = load_data()
df2 = df[df['col2'] < 0]
df2['col1_demeaned'] = df2['col1'] - df2['col1'].mean()
result = df2.groupby('key').col1_demeaned.std()
```

この例には実際のデータは何も登場しませんが、これから説明する新しいメソッドが便利であると強く感じてもらうにはうってつけの例でしょう。まず、df[k] = vという形式で列に直接代入する代わりに、**関数を使って同じことが行える**DataFrame.assignというメソッドがあります。このメソッドはオブジェクトに直接変更を加えるのではなく、引数として与えられた変更を加えた結果を、新たなデータフレームとして戻します。したがって、次の2つのコードはまったく同じことを行います。

```
# 関数表現を用いない代入方法
df2 = df.copy()
df2['k'] = v

# 関数表現を用いた代入方法
df2 = df.assign(k=v)
```

直接代入する方がassignを用いた代入よりも実行が高速になるかもしれませんが、assignを用いると簡単にメソッドチェーンが作れるというメリットが得られます。

[*1]　訳注：本文の例で、time_keyというTimeGrouperインスタンスを用いてグループ化を行う際に、グループ化の対象とする時刻として'time'列を用いるよう一切明示的に指定していないことがわかります。これは、groupbyにTimeGrouperインスタンスを引数として渡した場合には、暗黙的にインデックスの時刻を用いるためです。

```
result = (df2.assign(col1_demeaned=df2.col1 - df2.col2.mean())
          .groupby('key')
          .col1_demeaned.std())
```

右辺全体を丸括弧でくくっているのは、改行を入れやすくするためです。

　メソッドチェーンを行う際に心に留めておかなければいけないのは、一時オブジェクトを参照する必要が発生する可能性がある、という点です。先ほどの例では、dfという一時変数に代入していなければ、load_dataの結果を参照することができません。このような状況にも役立つように、assignや他の多くのpandasの関数には、関数などのオブジェクト（「callable」[1]とも呼びます）を引数として渡すことができるようになっています。

　実際の例でcallableを説明します。先ほどの例の一部分を用いて考えてみましょう。

```
df = load_data()
df2 = df[df['col2'] < 0]
```

このコードは次のように書き直せます。

```
df = (load_data()
      [lambda x: x['col2'] < 0])
```

この書き方では、load_dataの結果は変数に代入されていません。そのため、[ ]の内側に書かれた関数は、メソッドチェーンを[ ]の前まで実行した結果のオブジェクトに**束縛**されます。

　後はその後ろに残りのコード全体を、1つのチェーンの式としてつなげて書くだけです。

```
result = (load_data()
          [lambda x: x.col2 < 0]
          .assign(col1_demeaned=lambda x: x.col1 - x.col1.mean())
          .groupby('key')
          .col1_demeaned.std())
```

とはいえ、このようなコーディングスタイルが好きかは好みの問題ですし、1つの式でまとめるよりも複数のステップに分けた方が、コードは読みやすくなるかもしれません。

12.3.1　pipeメソッド

　pandas組み込みの関数の場合は、先ほど見たように、callableを用いたメソッドチェーンへの書き換えによって一時変数を大きく削減できます。しかし、場合によっては自前の関数やサードパーティー製のライブラリに含まれる関数を使う必要があります。そのような場合は、pipeというメソッドの出番です。

　次のようにいくつかの関数呼び出しを連続して行う場合を考えてみましょう。

```
a = f(df, arg1=v1)
b = g(a, v2, arg3=v3)
c = h(b, arg4=v4)
```

---

[1]　訳注：「呼び出し可能」という意味です。

　シリーズやデータフレームのオブジェクトを引数に取り、処理後にシリーズやデータフレームのオブジェクトを戻す関数を使うときは、次のようなpipeメソッドの呼び出しを用いた書き方に書き換えることが可能です。

```
result = (df.pipe(f, arg1=v1)
            .pipe(g, v2, arg3=v3)
            .pipe(h, arg4=v4))
```

　`f(df)`という文と`df.pipe(f)`という文では、処理内容に違いはありません。しかし、`pipe`を用いた表現の方が、メソッドチェーン形式での呼び出しを簡単に行えます。

　`pipe`を使うと便利になる可能性があるのは、いくつかの連続した演算を再利用可能な関数として一般化し、`pipe`と一緒に使うようなパターンです。例として、次のような、一部の行をグループ化して平均値を取り、ある列から引く計算を考えてみましょう。

```
g = df.groupby(['key1', 'key2'])
df['col1'] = df['col1'] - g.transform('mean')
```

　このとき、複数の列から平均値を引いたり、グループ化するキーを簡単に変更したりしたいとします。さらに、この変換をメソッドチェーンで行いたいとします。その場合、処理を一般化した関数の実装例はこんな感じになります。

```
def group_demean(df, by, cols):
    result = df.copy()
    g = df.groupby(by)
    for c in cols:
        result[c] = df[c] - g[c].transform('mean')
    return result
```

　この関数化によって、次のように`pipe`と組み合わせた書き方が可能になります。

```
result = (df[df.col1 < 0]
            .pipe(group_demean, ['key1', 'key2'], ['col1']))
```

12.4　まとめ

　多くのオープンソースソフトウェアプロジェクトと同じように、pandasは今も変化を続けており、新機能の追加や機能改善を行っています。この本の他の章についても言えることですが、この章では、本を執筆してから数年間は変化することのなさそうな安定した機能に絞って、取り上げています。

　もう少し深い知識を持ったpandasユーザになる方法としてお勧めするのは、ドキュメント（http://pandas.pydata.org）を読んでみること、そして開発チームが新たなリリースを行ったときにそのリリースノートを読むことです。さらにバグの修正や新機能の構築、ドキュメントの改善といった形で、pandasの開発にもぜひ参加してください。

13章
Pythonにおける
モデリングライブラリ入門

　この本では、Pythonにおけるデータ分析を行うための基盤となるプログラミング技法に着目してきました。データ分析者や科学者はデータラングリング[*1]に多大な時間を費やすことが多いため、この本の構造は、そのために使う技術を習得する重要さを反映した構造になっています。

　モデルを開発するために使うライブラリは、何に応用するかによって変わるものです。多くの統計的な問題は、最小二乗法を使った回帰のような単純な手法で解決することができますが、より高度な機械学習を要求するような問題も存在します。Pythonは分析手法を実装するための言語として素晴らしい選択肢になりましたので、この本を読み終えた後に手を出すと良さそうな多くのツールが存在します。

　この章では、データラングリングとモデルの最適化や評価との間を行き来するような場合に役立つpandasの機能をいくつか紹介します。その後、人気のある2つのモデリングツールであるstatsmodels（http://statsmodels.org）と scikit-learn （http://scikit-learn.org）を簡単に紹介します。これらのプロジェクトはそれぞれ1冊の本を書けるほど巨大なものなので、それらを包括的に説明することはやめておきます。その代わり、それらのプロジェクトのオンラインキュメントやその他のPythonに関連する統計や機械学習の本などを案内することにします。

13.1　pandasとモデルとのやり取りを行う

　モデルを開発する際の一般的なワークフローでは、モデルを開発するライブラリを使う前に、pandasを使ってデータの読み込みや整理をします。モデル開発をするときに重要なプロセスとして、機械学習の分野で**特徴量エンジニアリング**と呼ばれるものがあります。これは、生データからモデル化に役立ちそうな情報を抽出するためのデータ変形や分析を行うことです。この本で見てきたような、データの集約やグループ化のツールもこの特徴量エンジニアリングでよく使われます。

[*1]　訳注：ラングル（wrangle）とは、家畜の世話をする、といった意味があります。データラングリングとは、データを取得した後、分析のために下準備をするような行為をまとめて言う場合によく使われます。

　良い特徴量エンジニアリングが何かを説明するのは、この本の範囲を超えます。しかし、ここでは、pandasを使ったデータの操作とモデリング作業を、なるべく苦しまずに切り替えられるような方法をいくつか紹介することにします。

　pandasと分析ライブラリとの接点は、通常はNumPy配列になります。データフレームをNumPy配列に変換するには、.values属性を使います。

```
In [10]: import pandas as pd

In [11]: import numpy as np

In [12]: data = pd.DataFrame({
   ....:     'x0': [1, 2, 3, 4, 5],
   ....:     'x1': [0.01, -0.01, 0.25, -4.1, 0.],
   ....:     'y': [-1.5, 0., 3.6, 1.3, -2.]})

In [13]: data
Out[13]:
   x0    x1    y
0   1  0.01 -1.5
1   2 -0.01  0.0
2   3  0.25  3.6
3   4 -4.10  1.3
4   5  0.00 -2.0

In [14]: data.columns
Out[14]: Index(['x0', 'x1', 'y'], dtype='object')

In [15]: data.values
Out[15]:
array([[ 1.  ,  0.01, -1.5 ],
       [ 2.  , -0.01,  0.  ],
       [ 3.  ,  0.25,  3.6 ],
       [ 4.  , -4.1 ,  1.3 ],
       [ 5.  ,  0.  , -2.  ]])
```

　データフレームに戻したい場合、前の章の内容を思い出した人もいるかもしれませんが、データフレームを作成するときに2次元のndarrayを渡し、列名を指定します。

```
In [16]: df2 = pd.DataFrame(data.values, columns=['one', 'two', 'three'])

In [17]: df2
Out[17]:
   one   two  three
0  1.0  0.01   -1.5
1  2.0 -0.01    0.0
2  3.0  0.25    3.6
3  4.0 -4.10    1.3
4  5.0  0.00   -2.0
```

 .values属性は、データが同質のとき（例えば、すべてが数値型のとき）に使うことを想定しています。型が異なるデータを扱う場合は、得られるNumPy配列は、Pythonオブジェクトのndarrayになります。

```
In [18]: df3 = data.copy()

In [19]: df3['strings'] = ['a', 'b', 'c', 'd', 'e']

In [20]: df3
Out[20]:
   x0    x1    y strings
0   1  0.01 -1.5       a
1   2 -0.01  0.0       b
2   3  0.25  3.6       c
3   4 -4.10  1.3       d
4   5  0.00 -2.0       e

In [21]: df3.values
Out[21]:
array([[1, 0.01, -1.5, 'a'],
       [2, -0.01, 0.0, 'b'],
       [3, 0.25, 3.6, 'c'],
       [4, -4.1, 1.3, 'd'],
       [5, 0.0, -2.0, 'e']], dtype=object)
```

モデルによっては、列の一部のみを使いたいこともあるでしょう。その場合は、locでインデックス参照しながらvaluesを使うのをお勧めします。

```
In [22]: model_cols = ['x0', 'x1']

In [23]: data.loc[:, model_cols].values
Out[23]:
array([[ 1.  ,  0.01],
       [ 2.  , -0.01],
       [ 3.  ,  0.25],
       [ 4.  , -4.1 ],
       [ 5.  ,  0.  ]])
```

ライブラリによってはpandasをネイティブでサポートしていて、このような作業を自動的に行ってくれます。つまり、データフレームからNumPy配列へ自動的に変換し、モデルのパラメータ名を結果の表やシリーズに付与してくれます。それができない場合は、こういった「メタデータの管理」を手動で行わなければなりません。

「**12章　pandas：応用編**」では、pandasのCategorical型とpandas.get_dummies関数を確認しました。先ほどのデータ例が、次のような数値でない列を持っていたとしましょう。

```
In [24]: data['category'] = pd.Categorical(['a', 'b', 'a', 'a', 'b'],
    ....:                               categories=['a', 'b'])
```

```
In [25]: data
Out[25]:
   x0    x1    y category
0   1  0.01 -1.5        a
1   2 -0.01  0.0        b
2   3  0.25  3.6        a
3   4 -4.10  1.3        a
4   5  0.00 -2.0        b
```

'category'列をダミー変数で置き換えたい場合は、ダミー変数を作成し、'category'列を削除し、そして、それらの結果を結合します。

```
In [26]: dummies = pd.get_dummies(data.category, prefix='category')
```

```
In [27]: data_with_dummies = data.drop('category', axis=1).join(dummies)
```

```
In [28]: data_with_dummies
Out[28]:
   x0    x1    y  category_a  category_b
0   1  0.01 -1.5           1           0
1   2 -0.01  0.0           0           1
2   3  0.25  3.6           1           0
3   4 -4.10  1.3           1           0
4   5  0.00 -2.0           0           1
```

　統計モデルに対してダミー変数でフィッティングするのは、一定の意味はあります。しかし、数値型以外のデータを保つ場合には、次の節で紹介するPatsyを使う方がより単純で間違いにくくなります。

13.2　Patsyを使ったモデルの記述

　Patsy（https://patsy.readthedocs.io/）は、統計モデル（特に線形モデル）を「式構文」で記述するためのPythonライブラリです。Patsyの式構文は、RやSなどの統計言語で使われている式の構文にインスピレーションを受けて作られた（しかし、厳密に同じではない）ものです。

　Patsyは、線形モデルを記述するためのライブラリとしてstatsmodelsでサポートされているため、ここで少しその主な機能を紹介し、読者の習得を手助けすることにします。Patsyの**formula式**は、次のように特殊な文字列で記述します。

```
y ~ x0 + x1
```

　a + bという構文は、aとbを足す、という意味ではありません。**計画行列**（design matrix）[*1]の項を意味します。patsy.dmatrices関数は、formula式の文字列とデータ（データフレームか、配列をバ

リューに持つディクショナリ）を引数として受け取り、線形モデルを記述する計画行列を生成します。

```
In [29]: data = pd.DataFrame({
   ....:     'x0': [1, 2, 3, 4, 5],
   ....:     'x1': [0.01, -0.01, 0.25, -4.1, 0.],
   ....:     'y': [-1.5, 0., 3.6, 1.3, -2.]})

In [30]: data
Out[30]:
   x0    x1    y
0   1  0.01 -1.5
1   2 -0.01  0.0
2   3  0.25  3.6
3   4 -4.10  1.3
4   5  0.00 -2.0

In [31]: import patsy

In [32]: y, X = patsy.dmatrices('y ~ x0 + x1', data)
```

これで次のような値が得られます。

```
In [33]: y
Out[33]:
DesignMatrix with shape (5, 1)
     y
  -1.5
   0.0
   3.6
   1.3
  -2.0
  Terms:
    'y' (column 0)

In [34]: X
Out[34]:
DesignMatrix with shape (5, 3)
  Intercept  x0     x1
          1   1   0.01
          1   2  -0.01
          1   3   0.25
          1   4  -4.10
          1   5   0.00
  Terms:
    'Intercept' (column 0)
    'x0' (column 1)
    'x1' (column 2)
```

PatsyのDesignMatrixクラスのインスタンスは、NumPyのndarrayにメタデータを付与したものになっています。

```
In [35]: np.asarray(y)
Out[35]:
array([[-1.5],
       [ 0. ],
       [ 3.6],
       [ 1.3],
       [-2. ]])

In [36]: np.asarray(X)
Out[36]:
array([[ 1. ,  1. ,  0.01],
       [ 1. ,  2. , -0.01],
       [ 1. ,  3. ,  0.25],
       [ 1. ,  4. , -4.1 ],
       [ 1. ,  5. ,  0.  ]])
```

Intercept（切片）の項はどこから来たんだ、と思う人もいるかもしれません。これは、最小二乗法などを使った線形モデルにおける慣例のようなものです。この切片の使用を抑止したければ、モデルに+0という項を付け加えます。

```
In [37]: patsy.dmatrices('y ~ x0 + x1 + 0', data)[1]
Out[37]:
DesignMatrix with shape (5, 2)
  x0     x1
   1   0.01
   2  -0.01
   3   0.25
   4  -4.10
   5   0.00
  Terms:
    'x0' (column 0)
    'x1' (column 1)
```

Patsyオブジェクトは、最小二乗法を実行するnumpy.linalg.lstsqのようなアルゴリズムに直接渡すことができます。

```
In [38]: coef, resid, _, _ = np.linalg.lstsq(X, y)
```

モデルのメタデータはdesign_info属性で取得できます。したがって、モデルの列名を推定された係数の列名に付与して、次のようなシリーズを得ることができます。

```
In [39]: coef
Out[39]:
array([[ 0.3129],
       [-0.0791],
       [-0.2655]])

In [40]: coef = pd.Series(coef.squeeze(), index=X.design_info.column_names)
```

```
In [41]: coef
Out[41]:
Intercept    0.312910
x0          -0.079106
x1          -0.265464
dtype: float64
```

13.2.1　**Patsy式におけるデータ変換**

　Patsyのformula式には、Pythonコードを混在させることができます。formula式を評価するときに、Patsyはformula式に使われた関数を実行中のスコープで見つけようとします。

```
In [42]: y, X = patsy.dmatrices('y ~ x0 + np.log(np.abs(x1) + 1)', data)
```

```
In [43]: X
Out[43]:
DesignMatrix with shape (5, 3)
  Intercept  x0  np.log(np.abs(x1) + 1)
          1   1                 0.00995
          1   2                 0.00995
          1   3                 0.22314
          1   4                 1.62924
          1   5                 0.00000
  Terms:
    'Intercept' (column 0)
    'x0' (column 1)
    'np.log(np.abs(x1) + 1)' (column 2)
```

　標準化（standardizing、平均を0にして分散を1にする）や中心化（centering、平均値を引く）など、一般的に使われる変数変換は、組み込みでライブラリに含まれています。

```
In [44]: y, X = patsy.dmatrices('y ~ standardize(x0) + center(x1)', data)
```

```
In [45]: X
Out[45]:
DesignMatrix with shape (5, 3)
  Intercept  standardize(x0)  center(x1)
          1         -1.41421        0.78
          1         -0.70711        0.76
          1          0.00000        1.02
          1          0.70711       -3.33
          1          1.41421        0.77
  Terms:
    'Intercept' (column 0)
    'standardize(x0)' (column 1)
    'center(x1)' (column 2)
```

　モデリングを行うときには、あるデータセットに基づいてモデルの最適化を行い、その後、他のデータセットでモデルの評価を行います。この他のデータは**ホールドアウト**したデータかもしれませんし、

後で観測した新しいデータかもしれません。中心化や標準化を行ったときには、そのモデルを使って新しいデータで予測を行うときに、注意が必要です。これらの変形は**ステートフル**な変形と呼ばれています。なぜなら、新しいデータセットを変形するときにも、元のデータセットの平均や標準偏差などの統計量を使わなければならないからです。

`patsy.build_design_matrices`関数は、保存しておいた元の**サンプル内**のデータセットの情報を使って、**サンプル外**の新しいデータを変形できます。

```
In [46]: new_data = pd.DataFrame({
   ....:     'x0': [6, 7, 8, 9],
   ....:     'x1': [3.1, -0.5, 0, 2.3],
   ....:     'y': [1, 2, 3, 4]})

In [47]: new_X = patsy.build_design_matrices([X.design_info], new_data)

In [48]: new_X
Out[48]:
[DesignMatrix with shape (4, 3)
   Intercept  standardize(x0)  center(x1)
           1          2.12132        3.87
           1          2.82843        0.27
           1          3.53553        0.77
           1          4.24264        3.07
   Terms:
     'Intercept' (column 0)
     'standardize(x0)' (column 1)
     'center(x1)' (column 2)]
```

+という記号はPatsyの式の中では加算を意味しないので、データセットの列同士を足した値をモデルに入れたい場合には、特殊なI関数でラップする必要があります。

```
In [49]: y, X = patsy.dmatrices('y ~ I(x0 + x1)', data)

In [50]: X
Out[50]:
DesignMatrix with shape (5, 2)
   Intercept  I(x0 + x1)
           1        1.01
           1        1.99
           1        3.25
           1       -0.10
           1        5.00
   Terms:
     'Intercept' (column 0)
     'I(x0 + x1)' (column 1)
```

Patsyでは、他にも組み込みの変形が`patsy.builtins`モジュールに含まれています。詳細はオンラインドキュメントを参照してください。

カテゴリ型のデータにおいては、特殊な種類の変形があるので、次の節で説明します。

13.2.2　カテゴリ型データとPatsy

数値ではないデータも、モデルの計画行列においてさまざまな方法で変換することができます。しかし、このトピックに関する詳細はこの本の範囲を超えます。統計学のコースなどで学習した方がよいでしょう。

Patsyのformula式で数値ではないデータを使うと、デフォルトではダミー変数に変換されます。切片（Intercept）ありのモデルにした場合、多重共線性の問題を回避するため、カテゴリ型の変数のレベルのうち1つが取り除かれます[*1]。

```
In [51]: data = pd.DataFrame({
   ....:     'key1': ['a', 'a', 'b', 'b', 'a', 'b', 'a', 'b'],
   ....:     'key2': [0, 1, 0, 1, 0, 1, 0, 0],
   ....:     'v1': [1, 2, 3, 4, 5, 6, 7, 8],
   ....:     'v2': [-1, 0, 2.5, -0.5, 4.0, -1.2, 0.2, -1.7]
   ....: })

In [52]: y, X = patsy.dmatrices('v2 ~ key1', data)

In [53]: X
Out[53]:
DesignMatrix with shape (8, 2)
  Intercept   key1[T.b]
        1           0
        1           0
        1           1
        1           1
        1           0
        1           1
        1           0
        1           1
  Terms:
    'Intercept' (column 0)
    'key1' (column 1)
```

もしモデルから切片を取り除いた場合、カテゴリ変数の値1つごとに計画行列の列が作られます。

```
In [54]: y, X = patsy.dmatrices('v2 ~ key1 + 0', data)

In [55]: X
Out[55]:
DesignMatrix with shape (8, 2)
  key1[a]   key1[b]
        1         0
```

[*1]　訳注：ここでは、bが残されてkey1[T.b]となり、値がbのときだけ1となっていて、aはモデルから取り除かれています。

```
         1        0
         0        1
         0        1
         1        0
         0        1
         1        0
         0        1
     Terms:
       'key1' (columns 0:2)
```

数値を値として持つ列を、カテゴリ型データとして解釈させたい場合には、C関数を使います。

```
In [56]: y, X = patsy.dmatrices('v2 ~ C(key2)', data)
```

```
In [57]: X
Out[57]:
DesignMatrix with shape (8, 2)
  Intercept   C(key2)[T.1]
          1             0
          1             1
          1             0
          1             1
          1             0
          1             1
          1             0
          1             0
     Terms:
       'Intercept' (column 0)
       'C(key2)' (column 1)
```

複数のカテゴリ型データの項をモデルに使う場合は、より複雑になります。この場合、分散分析（ANOVA）と同様に、key1:key2の形式で交互作用（interaction）の項を入れることができます。

```
In [58]: data['key2'] = data['key2'].map({0: 'zero', 1: 'one'})
```

```
In [59]: data
Out[59]:
  key1 key2  v1    v2
0    a zero   1  -1.0
1    a  one   2   0.0
2    b zero   3   2.5
3    b  one   4  -0.5
4    a zero   5   4.0
5    b  one   6  -1.2
6    a zero   7   0.2
7    b zero   8  -1.7
```

```
In [60]: y, X = patsy.dmatrices('v2 ~ key1 + key2', data)
```

```
In [61]: X
```

```
Out[61]:
DesignMatrix with shape (8, 3)
  Intercept  key1[T.b]  key2[T.zero]
         1          0             1
         1          0             0
         1          1             1
         1          1             0
         1          0             1
         1          1             0
         1          0             1
         1          1             1
  Terms:
    'Intercept' (column 0)
    'key1' (column 1)
    'key2' (column 2)

In [62]: y, X = patsy.dmatrices('v2 ~ key1 + key2 + key1:key2', data)

In [63]: X
Out[63]:
DesignMatrix with shape (8, 4)
  Intercept  key1[T.b]  key2[T.zero]  key1[T.b]:key2[T.zero]
         1          0             1                       0
         1          0             0                       0
         1          1             1                       1
         1          1             0                       0
         1          0             1                       0
         1          1             0                       0
         1          0             1                       0
         1          1             1                       1
  Terms:
    'Intercept' (column 0)
    'key1' (column 1)
    'key2' (column 2)
    'key1:key2' (column 3)
```

　Patsyは他にもカテゴリ型データを変形する手段を提供しています。例えば、項を特定の順序で変形する方法などです。詳しくはオンラインキュメントを参照してください。

13.3　statsmodels入門

　statsmodels（http://www.statsmodels.org）は、多くの統計モデルの最適化の実行や、統計検定の実施、データの探索や可視化を行うためのPythonのライブラリです。statsmodelsには、多くの「古典的な」頻度論的統計手法が含まれています。他のライブラリにあるような、ベイズや機械学習のモデルに関しては含まれていません。

　statsmodelsには以下のようなモデルが含まれています。

- 線形モデル、一般化線形モデル、ロバスト線形モデル
- 線形混合効果モデル
- 分散分析
- 時系列分析と状態空間モデル
- 一般化モーメント法

次の節以降では、statsmodelsのいくつかの基礎的なツールを使い、Patsyのformula式とpandasのDataFrameを使ったモデリングインタフェースの使用法を見ていきます。

13.3.1　線形モデルの推定

statsmodelsには、さまざまな線形回帰モデルがあります。基本的なもの（最小二乗法、OLS）から、より複雑なもの（反復再重み付け最小二乗法、IRLS）まであります。

statsmodelsの線形モデルには、2つの主なインタフェースがあります。配列ベースのものと、formula式ベースのものです。これらはそれぞれ次のAPIモジュールをインポートすれば使用できます。

```
import statsmodels.api as sm
import statsmodels.formula.api as smf
```

これらの使い方を見るために、ランダムなデータから線形モデルを1つ作ってみましょう。

```
def dnorm(mean, variance, size=1):
    if isinstance(size, int):
        size = size,
    return mean + np.sqrt(variance) * np.random.randn(*size)

# 再現性のために乱数のシードを指定する
np.random.seed(12345)

N = 100
X = np.c_[dnorm(0, 0.4, size=N),
          dnorm(0, 0.6, size=N),
          dnorm(0, 0.2, size=N)]
eps = dnorm(0, 0.1, size=N)
beta = [0.1, 0.3, 0.5]

y = np.dot(X, beta) + eps
```

ここでは、「真」のモデルを既知のパラメータbetaで記述しています。dnormは特定の平均と分散を持つ正規分布のデータを生成するヘルパー関数です。ここまでで、次のような変数を生成できました。

```
In [66]: X[:5]
Out[66]:
array([[-0.1295, -1.2128,  0.5042],
       [ 0.3029, -0.4357, -0.2542],
       [-0.3285, -0.0253,  0.1384],
```

```
              [-0.3515, -0.7196, -0.2582],
              [ 1.2433, -0.3738, -0.5226]])

In [67]: y[:5]
Out[67]: array([ 0.4279, -0.6735, -0.0909, -0.4895, -0.1289])
```

線形モデルは、Patsyの説明で見てきたように、一般的には切片の項を持った状態で最適化します。sm.add_costant関数は、切片用の列を既存の行列に追加することができます。

```
In [68]: X_model = sm.add_constant(X)

In [69]: X_model[:5]
Out[69]:
array([[ 1.    , -0.1295, -1.2128,  0.5042],
       [ 1.    ,  0.3029, -0.4357, -0.2542],
       [ 1.    , -0.3285, -0.0253,  0.1384],
       [ 1.    , -0.3515, -0.7196, -0.2582],
       [ 1.    ,  1.2433, -0.3738, -0.5226]])
```

sm.OLSクラスは、最小二乗法を使って線形回帰モデルを最適化することができます。

```
In [70]: model = sm.OLS(y, X)
```

モデルのfitメソッドを呼ぶと、回帰結果オブジェクトが戻されます。このオブジェクトには、推定されたモデルのパラメータや診断結果が含まれます。

```
In [71]: results = model.fit()

In [72]: results.params
Out[72]: array([ 0.1783,  0.223 ,  0.501 ])
```

resultsのsummaryメソッドを呼ぶと、モデルの診断結果を出力することができます。

```
In [73]: print(results.summary())
                            OLS Regression Results
==============================================================================
Dep. Variable:                      y   R-squared:                       0.430
Model:                            OLS   Adj. R-squared:                  0.413
Method:                 Least Squares   F-statistic:                     24.42
Date:                Mon, 25 Sep 2017   Prob (F-statistic):           7.44e-12
Time:                        14:06:15   Log-Likelihood:                -34.305
No. Observations:                 100   AIC:                             74.61
Df Residuals:                      97   BIC:                             82.42
Df Model:                           3
Covariance Type:            nonrobust
==============================================================================
                 coef    std err          t      P>|t|      [0.025      0.975]
------------------------------------------------------------------------------
x1             0.1783      0.053      3.364      0.001       0.073       0.283
x2             0.2230      0.046      4.818      0.000       0.131       0.315
```

```
x3                 0.5010      0.080      6.237      0.000      0.342      0.660
==============================================================================
Omnibus:                       4.662   Durbin-Watson:                   2.201
Prob(Omnibus):                 0.097   Jarque-Bera (JB):                4.098
Skew:                          0.481   Prob(JB):                        0.129
Kurtosis:                      3.243   Cond. No.                        1.74
==============================================================================
Warnings:
[1] Standard Errors assume that the covariance matrix of the errors is correctly
specified.
```

　パラメータの名前は、汎用的な名前として x1, x2 などが使われます。一方、すべてのモデルのパラメータが1つのデータフレームに入っている場合を考えます。

```
In [74]: data = pd.DataFrame(X, columns=['col0', 'col1', 'col2'])

In [75]: data['y'] = y

In [76]: data[:5]
Out[76]:
       col0      col1      col2         y
0 -0.129468 -1.212753  0.504225  0.427863
1  0.302910 -0.435742 -0.254180 -0.673480
2 -0.328522 -0.025302  0.138351 -0.090878
3 -0.351475 -0.719605 -0.258215 -0.489494
4  1.243269 -0.373799 -0.522629 -0.128941
```

　この場合、最適化には、statsmodels の formula 式の API と Patsy の formula 式を使うことができます。

```
In [77]: results = smf.ols('y ~ col0 + col1 + col2', data=data).fit()

In [78]: results.params
Out[78]:
Intercept    0.033559
col0         0.176149
col1         0.224826
col2         0.514808
dtype: float64

In [79]: results.tvalues
Out[79]:
Intercept    0.952188
col0         3.319754
col1         4.850730
col2         6.303971
dtype: float64
```

　ここでは、statsmodels が戻した結果のシリーズが、データフレームの列名と連動している点に注目してください。また、formula 式と pandas のオブジェクトを使った場合は、add_constant をする必要も

ありませんでした。

　これで、サンプル外のデータがあれば、推定されたモデルのパラメータを使って予測をすることができます。

```
In [80]: results.predict(data[:5])
Out[80]:
0   -0.002327
1   -0.141904
2    0.041226
3   -0.323070
4   -0.100535
dtype: float64
```

　statsmodelsには、他にも多くの線形モデルの結果を分析したり、診断や可視化をしたりするツールがあるので、確かめるとよいでしょう。最小二乗法より複雑な他の線形モデルも扱えます。

13.3.2　時系列モデルの推定

　statsmodelsにあるもう一種類のモデルに、時系列分析用のモデルがあります。自己回帰モデル、カルマンフィルタ、状態空間モデル、多変量自己回帰モデルなどが含まれています。

　自己回帰構造とノイズを含む時系列データをシミュレートしてみましょう。

```
init_x = 4

import random
values = [init_x, init_x]
N = 1000

b0 = 0.8
b1 = -0.4
noise = dnorm(0, 0.1, N)
for i in range(N):
    new_x = values[-1] * b0 + values[-2] * b1 + noise[i]
    values.append(new_x)
```

　このデータはAR(2) 過程[*1] (2次の**ラグ**を持つ)に従い、パラメータ0.8と −0.4を持ちます。ARモデルを最適化するとき、何個のラグ項がモデルに含まれているかはわからない場合もあります。そのため、モデルにはある程度大きなラグを入れておくことができます。

```
In [82]: MAXLAGS = 5

In [83]: model = sm.tsa.AR(values)

In [84]: results = model.fit(MAXLAGS)
```

---

*1　訳注：詳細は省略しますが、AR(2) 過程とは、過去2時点のデータとノイズに依存して現時点の値が決まる過程です。実際にvalues[-1]とvalues[-2]がシミュレートしている式に使われています。

結果に示されている推定されたパラメータは、切片が最初にあり、1次のラグ、2次のラグと続きます。

```
In [85]: results.params
Out[85]: array([-0.0062,  0.7845, -0.4085, -0.0136,  0.015 ,  0.0143])
```

時系列モデルの詳細と結果の解釈については、この本の範囲を超えます。しかし、statsmodelsのドキュメントには豊富な情報が記載されています。

13.4　scikit-learn入門

scikit-learn（http://scikit-learn.org）は、最も広く使われ、最も信頼されている汎用のPython機械学習ツールの1つです。scikit-learnには、広範囲にわたる標準的な教師あり学習や教師なし学習があり、モデル選択や評価の仕組み、データ変形、データの読み込みとモデルの永続化のツールも併せて提供しています。これらのモデルは、分類やクラスタリング、予測などの一般的なタスクに使えるものです。

世の中には、機械学習やscikit-learnやTensorFlowなどのライブラリを実世界の問題にどのように適用するのかについて記載された、素晴らしいオンラインドキュメントや出版物が存在しています。この節では、scikit-learnのAPIがどのようなスタイルなのか、簡単に紹介してみることにします。

この本の執筆時点では、scikit-learnは、pandasと深く連携はしていません。しかし、サードパーティー製のパッケージはいくつか存在し、開発中です。きっと、pandasはモデルの最適化を行う前に、データを揉みほぐすのに役立つでしょう。

ここでは例として、今や古典になっているKaggleのコンペティションでのデータセット（https://www.kaggle.com/c/titanic）で、1912年に沈没した**タイタニック**の乗客の生存率に関するものを使います。また、検証とトレーニングのためのデータはpandasで読み込みします。

```
In [86]: train = pd.read_csv('datasets/titanic/train.csv')

In [87]: test = pd.read_csv('datasets/titanic/test.csv')

In [88]: train[:4]
Out[88]:
   PassengerId  Survived  Pclass  \
0            1         0       3
1            2         1       1
2            3         1       3
3            4         1       1

                                                Name     Sex   Age  SibSp  \
0                            Braund, Mr. Owen Harris    male  22.0      1
1  Cumings, Mrs. John Bradley (Florence Briggs Th...  female  38.0      1
2                             Heikkinen, Miss. Laina  female  26.0      0
3       Futrelle, Mrs. Jacques Heath (Lily May Peel)  female  35.0      1

   Parch            Ticket     Fare Cabin Embarked
0      0         A/5 21171   7.2500   NaN        S
1      0          PC 17599  71.2833   C85        C
2      0  STON/O2. 3101282   7.9250   NaN        S
```

```
3      0              113803  53.1000  C123        S
```

statsmodelsやscikit-learnなどのライブラリは、一般的に欠損値を扱うことができません。そこで、まず欠損値を含む列について見てみます。

```
In [89]: train.isnull().sum()
Out[89]:
PassengerId     0
Survived        0
Pclass          0
Name            0
Sex             0
Age           177
SibSp           0
Parch           0
Ticket          0
Fare            0
Cabin         687
Embarked        2
dtype: int64

In [90]: test.isnull().sum()
Out[90]:
PassengerId     0
Pclass          0
Name            0
Sex             0
Age            86
SibSp           0
Parch           0
Ticket          0
Fare            1
Cabin         327
Embarked        0
dtype: int64
```

この種の統計や機械学習の例で典型的なタスクは、データから得た特徴量に基づいて、ある乗客が生存するかどうかを予測することです。モデルは**トレーニング**データを使って最適化し、その後、サンプル外の**テスト**データで評価します。

Ageを説明変数として使いたいのですが、欠損値を含んでいます。欠損値を代替する方針には、さまざまなものがありますが、ここでは単純にトレーニングデータの中央値を使って、トレーニングデータとテストデータの両方の穴埋めをすることにします。

```
In [91]: impute_value = train['Age'].median()

In [92]: train['Age'] = train['Age'].fillna(impute_value)

In [93]: test['Age'] = test['Age'].fillna(impute_value)
```

これで後は、モデルを記述するだけです。そのために、'Sex'列を符号化したIsFemaleという列を追加します。

```
In [94]: train['IsFemale'] = (train['Sex'] == 'female').astype(int)
```

```
In [95]: test['IsFemale'] = (test['Sex'] == 'female').astype(int)
```

次に、モデルに使う変数を決め、それらのNumPy配列を作成します。

```
In [96]: predictors = ['Pclass', 'IsFemale', 'Age']
```

```
In [97]: X_train = train[predictors].values
```

```
In [98]: X_test = test[predictors].values
```

```
In [99]: y_train = train['Survived'].values
```

```
In [100]: X_train[:5]
Out[100]:
array([[  3.,   0.,  22.],
       [  1.,   1.,  38.],
       [  3.,   1.,  26.],
       [  1.,   1.,  35.],
       [  3.,   0.,  35.]])
```

```
In [101]: y_train[:5]
Out[101]: array([0, 1, 1, 1, 0])
```

ちなみに、ここで作ったモデルが良いモデルであるというわけではありませんし、モデルに使った変数が適切に選ばれている、というわけでもありません。これは、あくまで説明のために作ったモデルです。次に、scikit-learnのLogisticRegressionモデルを使って、モデルをインスタンス化します。

```
In [102]: from sklearn.linear_model import LogisticRegression
```

```
In [103]: model = LogisticRegression()
```

statsmodelsと同様に、fitメソッドを使って、このモデルをトレーニングデータに最適化することができます。

```
In [104]: model.fit(X_train, y_train)
Out[104]:
LogisticRegression(C=1.0, class_weight=None, dual=False, fit_intercept=True,
          intercept_scaling=1, max_iter=100, multi_class='ovr', n_jobs=1,
          penalty='l2', random_state=None, solver='liblinear', tol=0.0001,
          verbose=0, warm_start=False)
```

これで、model.predictを使ったテストデータに対する予測をすることができます。

```
In [105]: y_predict = model.predict(X_test)
```

```
In [106]: y_predict[:10]
Out[106]: array([0, 0, 0, 0, 1, 0, 1, 0, 1, 0])
```

テストデータの正解値があれば、正確度（accuracy）やその他のエラー指標を測定することができます。

```
(y_true == y_predict).mean()
```

実際には、モデルのトレーニングに関しては、さまざまなレベルの複雑さが存在します。多くのモデルはチューニング可能なパラメータを持ち、**交差検証**（cross-validation）のような手法で、トレーニングデータを過学習してしまわないように調整します。こういった手法によって、よりよい予測性能が得られ、トレーニングに使用していない新しいデータに対しても安定した予測ができます。

交差検証は、トレーニングデータを分割して、サンプル外のデータへの予測をシミュレートするものです。平均二乗誤差などの正確度を測定する指標を使って、モデルのパラメータをグリッドサーチ[*1]することもできます。ロジスティック回帰などのモデルでは、組み込みで交差検証を行うパラメータ推定用のクラスが用意されています。例えば、LogisticRegressionCVクラスでは、どれくらい細かい粒度でグリッドサーチを行うかをCというパラメータで指定して、使うことができます。

```
In [107]: from sklearn.linear_model import LogisticRegressionCV

In [108]: model_cv = LogisticRegressionCV(10)

In [109]: model_cv.fit(X_train, y_train)
Out[109]:
LogisticRegressionCV(Cs=10, class_weight=None, cv=None, dual=False,
          fit_intercept=True, intercept_scaling=1.0, max_iter=100,
          multi_class='ovr', n_jobs=1, penalty='l2', random_state=None,
          refit=True, scoring=None, solver='lbfgs', tol=0.0001, verbose=0)
```

交差検証を自分で行いたい場合は、cross_val_scoreヘルパー関数を使うことができます。この関数は、データの分割処理を行います。例えば、先ほど作ったモデルで、トレーニングデータを重複しないように4分割するためには、次のようにします。

```
In [110]: from sklearn.model_selection import cross_val_score

In [111]: model = LogisticRegression(C=10)

In [112]: scores = cross_val_score(model, X_train, y_train, cv=4)

In [113]: scores
Out[113]: array([ 0.7723,  0.8027,  0.7703,  0.7883])
```

[*1]　訳注：パラメータ空間を格子状に区切って、すべての格子に対して検索する手法です。

　スコアに使われる指標はモデルによって異なりますが、明示的にスコアリング用の関数を指定することもできます。交差検証を行うと、モデルの最適化に時間はかかりますが、その分よい性能を得ることができます。

13.5　この後の学びのために

　この章では、Pythonのモデリングライブラリについて、一部だけを駆け足で紹介しました。しかし、PythonやPythonのインタフェースを持つ、統計や機械学習フレームワークは、まだまだたくさんあります。

　この本では、特にデータラングリングに着目していますが、モデリングやデータサイエンスで使えるツールに関する書籍は、他にもあります。それらの中でも以下の本は、よい内容です。

- 『Pythonではじめる機械学習』Andreas C. Muller、Sarah Guido著、中田秀基訳（オライリー・ジャパン）
- 『Pythonデータサイエンスハンドブック』Jake VanderPlas著、菊池彰訳（オライリー・ジャパン）
- 『ゼロからはじめるデータサイエンス―Pythonで学ぶ基本と実践』Joel Grus著、菊池彰訳（オライリー・ジャパン）
- 『Python機械学習プログラミング―達人データサイエンティストによる理論と実践』Sebastian Raschka、Vahid Mirjalili著、株式会社クイープ訳、福島真太郎監訳（インプレス）
- 『scikit-learnとTensorFlowによる実践機械学習』Aurélien Géron著、下田倫大監訳、長尾高弘訳（オライリー・ジャパン）

　書籍は、学習のために価値のある情報源ではありますが、書籍で紹介しているオープンソースソフトウェアが変化するにつれて、内容が時代遅れになることもあります。統計や機械学習向けフレームワークの最新の機能やAPIについて、知識を保ち続けるためには、公式ドキュメントに慣れておくとよいでしょう。

14章
データ分析の実例

　この本も最終章となり、残りは付録を残すばかりとなりました。最後に、現実世界のデータセットに対する分析を見てみたいと思います。これまでに紹介したテクニックを使って、生データである各データセットから意味ある情報を取り出していきます。ここで紹介する手法は、読者それぞれが分析しようとするデータセットを含めたあらゆるデータセットに適用可能です。この章では、これまで学んだ各種ツールを実践するのにちょうど良い、さまざまなデータセット例を取り上げています。

　この本のGitHubレポジトリ（http://github.com/wesm/pydata-book）にデータセットを準備しましたので活用してください。

14.1　短縮URL Bitlyにおける1.usa.govへの変換データ

　2011年、URL短縮サービスのBitly（https://bitly.com/）がアメリカ合衆国政府のウェブサイト（https://www.usa.gov/）と提携し、.govドメインや.milドメインに対してどのような短縮リンクが短縮されたかの匿名データが提供されていました。2011年の時点では、変換状況の即時配信に加え、毎時のスナップショットをテキストファイルでダウンロードするサービスがありました。この本の執筆時点の2017年では残念ながらこのサービスは既に停止されていますが、例として用いるためにデータの一部を保存してあります。

　毎時のスナップショットでは、各ファイルのそれぞれの行がJSON（JavaScript Object Notation、JavaScriptオブジェクト記法）と呼ばれるWebデータ形式で記されています。ファイルの1行目を読み込むと、例えば次のような出力を確認できます。

```
In [5]: path = 'datasets/bitly_usagov/example.txt'

In [6]: open(path).readline()
Out[6]: '{ "a": "Mozilla\\/5.0 (Windows NT 6.1; WOW64) AppleWebKit\\/535.11
(KHTML, like Gecko) Chrome\\/17.0.963.78 Safari\\/535.11", "c": "US", "nk": 1,
"tz": "America\\/New_York", "gr": "MA", "g": "A6qOVH", "h": "wfLQtf", "l":
"orofrog", "al": "en-US,en;q=0.8", "hh": "1.usa.gov", "r":
"http:\\/\\/www.facebook.com\\/l\\/7AQEFzjSi\\/1.usa.gov\\/wfLQtf", "u":
```

```
"http:\\/\\/www.ncbi.nlm.nih.gov\\/pubmed\\/22415991", "t": 1331923247, "hc":
1331822918, "cy": "Danvers", "ll": [ 42.576698, -70.954903 ] }\n'
```

JSON文字列をディクショナリオブジェクトに変換するのに、組み込みライブラリとサードパーティー製ライブラリのいずれかを選択します。ここでは組み込みライブラリであるjsonモジュールとそのload関数を使って、ファイルのそれぞれの行を読み込みます。

```
import json
path = 'datasets/bitly_usagov/example.txt'
records = [json.loads(line) for line in open(path)]
```

出力されたrecordsオブジェクトはPythonディクショナリのリストになっています。

```
In [18]: records[0]
Out[18]:
{'a': 'Mozilla/5.0 (Windows NT 6.1; WOW64) AppleWebKit/535.11 (KHTML, like Gecko)
Chrome/17.0.963.78 Safari/535.11',
 'al': 'en-US,en;q=0.8',
 'c': 'US',
 'cy': 'Danvers',
 'g': 'A6qOVH',
 'gr': 'MA',
 'h': 'wfLQtf',
 'hc': 1331822918,
 'hh': '1.usa.gov',
 'l': 'orofrog',
 'll': [42.576698, -70.954903],
 'nk': 1,
 'r': 'http://www.facebook.com/l/7AQEFzjSi/1.usa.gov/wfLQtf',
 't': 1331923247,
 'tz': 'America/New_York',
 'u': 'http://www.ncbi.nlm.nih.gov/pubmed/22415991'}
```

14.1.1　Python標準機能でのタイムゾーン情報の集計

　このデータセットを使って、まず最も頻度が高いタイムゾーンが何かを調べてみたいと思います。これにはデータセットのtzフィールドを利用します。いくつかの方法が考えられますが、ここではリスト内包を用いてタイムゾーンのリストを抽出します。

```
In [12]: time_zones = [rec['tz'] for rec in records]
---------------------------------------------------------------------------
KeyError                                  Traceback (most recent call last)
<ipython-input-12-db4fbd348da9> in <module>()
----> 1 time_zones = [rec['tz'] for rec in records]
<ipython-input-12-db4fbd348da9> in <listcomp>(.0)
----> 1 time_zones = [rec['tz'] for rec in records]
KeyError: 'tz'
```

　残念ながらエラーになってしまいました。どうやらタイムゾーン情報が存在しない行が含まれている
ようです。これを回避するのは簡単で、リスト内包表記の後半に if 'tz' in rec を追加してみましょう。

```
In [13]: time_zones = [rec['tz'] for rec in records if 'tz' in rec]
```

```
In [14]: time_zones[:10]
Out[14]:
['America/New_York',
 'America/Denver',
 'America/New_York',
 'America/Sao_Paulo',
 'America/New_York',
 'America/New_York',
 'Europe/Warsaw',
 '',
 '',
 '']
```

　計算結果の先頭10行を出力してみると、いくつか不明 (空白) のタイムゾーンがあることがわかりま
す。これらを除外することもできますが、一旦このままにしておくことにします。ここからタイムゾー
ンごとの集計を取ってみるのですが、これには難しい方法 (Python 標準ライブラリのみによる方法) と
簡単な方法 (pandas を用いる方法) とがあり、まず先に標準ライブラリでの方法を紹介します。思いつ
く方法の1つとして、例えばディクショナリを準備し、それぞれのタイムゾーンごとの集計結果を記録
するやり方が考えられます。これは次のように書くことができます。

```
def get_counts(sequence):
    counts = {}
    for x in sequence:
        if x in counts:
            counts[x] += 1
        else:
            counts[x] = 1
    return counts
```

　あるいは標準ライブラリの中でも応用的なツールを使うと、次のように簡潔に書き直すこともできま
す。

```
from collections import defaultdict

def get_counts2(sequence):
    counts = defaultdict(int) # 初期値を0に設定
    for x in sequence:
        counts[x] += 1
    return counts
```

　ここでは再利用性を考え、集計手順を関数 (get_counts あるいは get_counts2) として定義していま
す。タイムゾーンの集計にはこの関数に先ほどの time_zones を渡して呼び出します。

```
In [17]: counts = get_counts(time_zones)

In [18]: counts['America/New_York']
Out[18]: 1251

In [19]: len(time_zones)
Out[19]: 3440
```

さらにタイムゾーンの上位10件が何かを調べてみましょう。これには少しディクショナリオブジェクトの使い方の工夫が必要です[*1]。

続いてsort関数によりデータを並べ替えます。sortのデフォルト挙動にしたがい、データは第1軸のcountによって並べ替えられます。これは昇順に並ぶため、上位の結果として末尾から順に取り出すよう、インデックスに -n: を指定しています。

```
def top_counts(count_dict, n=10):
    value_key_pairs = [(count, tz) for tz, count in count_dict.items()]
    value_key_pairs.sort()
    return value_key_pairs[-n:]
```

このtop_count関数に先ほどの集計オブジェクトcountを渡すと、次のように上位10件の結果が得られます。

```
In [21]: top_counts(counts)
Out[21]:
[(33, 'America/Sao_Paulo'),
 (35, 'Europe/Madrid'),
 (36, 'Pacific/Honolulu'),
 (37, 'Asia/Tokyo'),
 (74, 'Europe/London'),
 (191, 'America/Denver'),
 (382, 'America/Los_Angeles'),
 (400, 'America/Chicago'),
 (521, ''),
 (1251, 'America/New_York')]
```

Python標準ライブラリのcollections.Counterクラスを使うと、同様の処理をはるかに簡単に実現できます。

```
In [22]: from collections import Counter

In [23]: counts = Counter(time_zones)

In [24]: counts.most_common(10)
```

[*1]　訳注：関数top_countsは、ディクショナリオブジェクトcount_dictと、上位何件までを抜き出すかを引数に取ります。その処理では、まず与えられたディクショナリオブジェクトから、ペアのリストを再構成します。ペアは (count, tz) の順で格納されます。

```
Out[24]:
[('America/New_York', 1251),
 ('', 521),
 ('America/Chicago', 400),
 ('America/Los_Angeles', 382),
 ('America/Denver', 191),
 ('Europe/London', 74),
 ('Asia/Tokyo', 37),
 ('Pacific/Honolulu', 36),
 ('Europe/Madrid', 35),
 ('America/Sao_Paulo', 33)]
```

14.1.2　pandasを使用したタイムゾーン情報の集計

　続いてpandasによる方法を紹介します。DataFrameは元データセットから簡単に作ることができ、各行のリストをpandas.DataFrameに渡します。

```
In [25]: import pandas as pd

In [26]: frame = pd.DataFrame(records)

In [27]: frame.info()
<class 'pandas.core.frame.DataFrame'>
RangeIndex: 3560 entries, 0 to 3559
Data columns (total 18 columns):
_heartbeat_    120 non-null float64
a             3440 non-null object
al            3094 non-null object
c             2919 non-null object
cy            2919 non-null object
g             3440 non-null object
gr            2919 non-null object
h             3440 non-null object
hc            3440 non-null float64
hh            3440 non-null object
kw              93 non-null object
l             3440 non-null object
ll            2919 non-null object
nk            3440 non-null float64
r             3440 non-null object
t             3440 non-null float64
tz            3440 non-null object
u             3440 non-null object
dtypes: float64(4), object(14)
memory usage: 500.7+ KB

In [28]: frame['tz'][:10]
Out[28]:
0       America/New_York
1         America/Denver
```

```
2        America/New_York
3        America/Sao_Paulo
4        America/New_York
5        America/New_York
6            Europe/Warsaw
7
8
9
Name: tz, dtype: object
```

　得られたデータフレームオブジェクトframeの出力結果は、いわば巨大なオブジェクトの**サマリー表示**のようなものです。続いてシリーズ（Series）オブジェクトとしてtz列を取り出すことができます。これにpandasのvalue_countsメソッドを適用して集計し、その結果を使って集計結果の上位10件のタイムゾーンを表示します。

```
In [29]: tz_counts = frame['tz'].value_counts()

In [30]: tz_counts[:10]
Out[30]:
America/New_York       1251
                        521
America/Chicago         400
America/Los_Angeles     382
America/Denver          191
Europe/London            74
Asia/Tokyo               37
Pacific/Honolulu         36
Europe/Madrid            35
America/Sao_Paulo        33
Name: tz, dtype: int64
```

　この結果をMatplotlibにより図示してみましょう。この下準備としてタイムゾーン情報が欠落している箇所にはfillnaで'Missing'という文字列を入れ、空文字列である場合にはブールインデックス参照を用いて'Unknown'を入れることとします。

```
In [31]: clean_tz = frame['tz'].fillna('Missing')

In [32]: clean_tz[clean_tz == ''] = 'Unknown'

In [33]: tz_counts = clean_tz.value_counts()

In [34]: tz_counts[:10]
Out[34]:
America/New_York       1251
Unknown                 521
America/Chicago         400
America/Los_Angeles     382
America/Denver          191
```

```
Missing             120
Europe/London        74
Asia/Tokyo           37
Pacific/Honolulu     36
Europe/Madrid        35
Name: tz, dtype: int64
```

　ここでは横棒グラフを描くために seaborn パッケージ（http://seaborn.pydata.org/）を使ってみます。結果を**図14-1**に示します。

```
In [36]: import seaborn as sns

In [37]: subset = tz_counts[:10]

In [38]: sns.barplot(y=subset.index, x=subset.values)
```

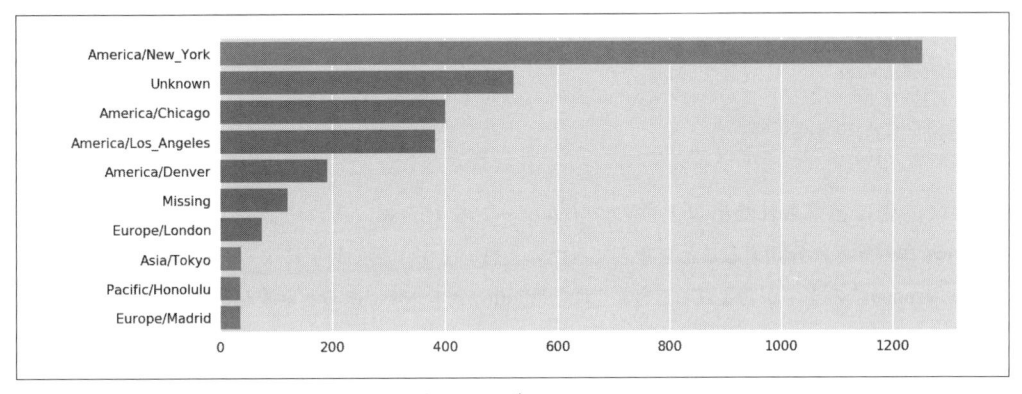

図14-1　1.usa.gov サンプルデータの出現上位タイムゾーン

　別の情報を分析してみたいと思います。フィールド名 a には URL 短縮機能にアクセスしてきたブラウザや機器、アプリケーションの情報が入っています。

```
In [39]: frame['a'][1]
Out[39]: 'GoogleMaps/RochesterNY'

In [40]: frame['a'][50]
Out[40]: 'Mozilla/5.0 (Windows NT 5.1; rv:10.0.2) Gecko/20100101 Firefox/10.0.2'

In [41]: frame['a'][51][:50]  # 1行が長いため途中まで表示してみる
Out[41]: 'Mozilla/5.0 (Linux; U; Android 2.2.2; en-us; LG-P9'
```

　これらのいわゆるユーザエージェント文字列から興味のある情報を抜き出したいのですが、正攻法で立ち向かうには二の足を踏んでしまう複雑さです。1つのアプローチとして、ユーザエージェント文字列の先頭トークンにおおまかなブラウザの種別が入ることから、これを集計してユーザ傾向を把握することにします。

```
In [42]: results = pd.Series([x.split()[0] for x in frame.a.dropna()])

In [43]: results[:5]
Out[43]:
0                Mozilla/5.0
1    GoogleMaps/RochesterNY
2                Mozilla/4.0
3                Mozilla/5.0
4                Mozilla/5.0
dtype: object

In [44]: results.value_counts()[:8]
Out[44]:
Mozilla/5.0                 2594
Mozilla/4.0                  601
GoogleMaps/RochesterNY       121
Opera/9.80                    34
TEST_INTERNET_AGENT           24
GoogleProducer                21
Mozilla/6.0                    5
BlackBerry8520/5.0.0.681       4
dtype: int64
```

　ここで、先ほど得られた出現上位のタイムゾーンを対象に、それぞれをWindowsユーザと非Windowsユーザとに分類することを考えてみたいと思います。話を簡単にするため、ユーザエージェントに'Windows'の文字が含まれるとき、それをWindowsユーザであると定義します。まずユーザエージェントが存在しないレコードを除外します。

```
In [45]: cframe = frame[frame.a.notnull()]
```

　続いて、それぞれのレコード文字列が'Windows'を含むかどうかを判定し、結果を新たに'os'列に格納します。

```
In [47]: cframe['os'] = np.where(cframe['a'].str.contains('Windows'),
   ....:                         'Windows', 'Not Windows')

In [48]: cframe['os'][:5]
Out[48]:
0        Windows
1    Not Windows
2        Windows
3    Not Windows
4        Windows
Name: os, dtype: object
```

続いて、cframeのレコードをタイムゾーンとOSの組み合わせごとにグループ化します。

```
In [49]: by_tz_os = cframe.groupby(['tz', 'os'])
```

そしてsizeを用いてタイムゾーンとOSの組ごとに出現回数を集計します。さらにunstackでこの結果をテーブル形式にまとめます。

```
In [50]: agg_counts = by_tz_os.size().unstack().fillna(0)

In [51]: agg_counts[:10]
Out[51]:
os                              Not Windows  Windows
tz
                                      245.0    276.0
Africa/Cairo                            0.0      3.0
Africa/Casablanca                       0.0      1.0
Africa/Ceuta                            0.0      2.0
Africa/Johannesburg                     0.0      1.0
Africa/Lusaka                           0.0      1.0
America/Anchorage                       4.0      1.0
America/Argentina/Buenos_Aires          1.0      0.0
America/Argentina/Cordoba               0.0      1.0
America/Argentina/Mendoza               0.0      1.0
```

最後に、タイムゾーン全体の中で上位のものを選びます。このためにagg_countsの行ごとの総計、すなわちタイムゾーンごとの出現頻度に基づいて間接インデックス配列を作成します。argsort()はソート結果のインデックスを戻すことに注意します。

```
# 昇順のソートを使用する
In [52]: indexer = agg_counts.sum(1).argsort()

In [53]: indexer[:10]
Out[53]:
tz
                                      24
Africa/Cairo                          20
Africa/Casablanca                     21
Africa/Ceuta                          92
Africa/Johannesburg                   87
Africa/Lusaka                         53
America/Anchorage                     54
America/Argentina/Buenos_Aires        57
America/Argentina/Cordoba             26
America/Argentina/Mendoza             55
dtype: int64
```

ここではユーザ合計数が小さいものから順に`agg_counts`を並べ替えようとしています。並べ替えたデータを得るために`indexer`を生成しました。`indexer`の2列目を用い、次のようにデータ元の`agg_counts`の要素を`indexer`の順に取ってくればよい、ということです。

```
agg_counts.take([24])    -> America/Mazatlan      1    0
agg_counts.take([20])    -> America/La_Paz        0    1
agg_counts.take([21])    -> America/Lima          0    1
agg_counts.take([92])    -> Europe/Volgograd      0    1
agg_counts.take([87])    -> Europe/Sofia          0    1
```

この考え方について説明します。`aggsort()`で得られた`indexer`というシリーズのインデックスには意味がありません。`indexer`は`agg_counts`を基に生成されており、`agg_counts`の1列目と`indexer`の1列目はまったく同一の並び順で構成されています。`indexer`の1列目のタイムゾーンが示すのは、そのタイムゾーンが`agg_counts`では何行目のレコードだったのか、というだけです。したがって、`indexer`の先頭5件は次のように読み解くことができます。

```
ソート結果1番目      agg_counts のインデックス 24 の要素 (23 番目 )
ソート結果2番目      agg_counts のインデックス 20 の要素 (19 番目 )
ソート結果3番目      agg_counts のインデックス 21 の要素 (20 番目 )
ソート結果4番目      agg_counts のインデックス 92 の要素 (91 番目 )
ソート結果5番目      agg_counts のインデックス 87 の要素 (86 番目 )
```

例えば`indexer`の2レコード目を見てみると、Africa/Cairoとインデックス番号20が並んでいます。しかしここでのAfrica/Cairoはソート後の位置を示すだけの意味合いでしかなく、Africa/Cairoとインデックス番号20という情報は関連しません。素朴に読むとAfrica/Cairoが21番目である、とも読めますが誤解です。

さらに2レコード目の解釈を続けます。Africa/Cairoに対して、20というインデックスが組になっています。この意味を読み解くには、元データ`agg_counts`でのAfrica/Cairoの位置に着目する必要があります。Africa/Cairoは2番目に出現していました。このことから、2レコード目の読み方は、「ソートした結果が2番目であるレコード（2行目）は、`agg_counts`のインデックス番号20番目の要素（つまり21番目の要素）である」という意味になります。したがって、ソート結果2番目に位置するタイムゾーンは、`agg_counts.take(20)`の結果であるAmerica/La_Pazであることがわかります。

続いて、得られたインデックス配列`indexer`を使って、`agg_counts`の末尾から10件を取得します。

```
In [54]: count_subset = agg_counts.take(indexer[-10:])

In [55]: count_subset
Out[55]:
os                 Not Windows  Windows
tz
America/Sao_Paulo         13.0     20.0
Europe/Madrid             16.0     19.0
Pacific/Honolulu           0.0     36.0
```

```
Asia/Tokyo                    2.0      35.0
Europe/London                43.0      31.0
America/Denver              132.0      59.0
America/Los_Angeles        130.0     252.0
America/Chicago            115.0     285.0
                           245.0     276.0
America/New_York           339.0     912.0
```

pandasでは同様の処理をnlargestでも実現することができます。

```
In [56]: agg_counts.sum(1).nlargest(10)
Out[56]:
tz
America/New_York        1251.0
                         521.0
America/Chicago          400.0
America/Los_Angeles      382.0
America/Denver           191.0
Europe/London             74.0
Asia/Tokyo                37.0
Pacific/Honolulu          36.0
Europe/Madrid             35.0
America/Sao_Paulo         33.0
dtype: float64
```

そうしたら、前出のコードのようにこの結果を横棒グラフとして描画しましょう。今回はseabornの barplotに追加のオプションを指定し、タイムゾーンごとにOSデータを並べたグラフを作成します（**図 14-2**）。

```
# グラフ描画のため並べ替え
In [58]: count_subset = count_subset.stack()

In [59]: count_subset.name = 'total'

In [60]: count_subset = count_subset.reset_index()

In [61]: count_subset[:10]
Out[61]:
                tz           os   total
0  America/Sao_Paulo  Not Windows   13.0
1  America/Sao_Paulo      Windows   20.0
2      Europe/Madrid  Not Windows   16.0
3      Europe/Madrid      Windows   19.0
4   Pacific/Honolulu  Not Windows    0.0
5   Pacific/Honolulu      Windows   36.0
6         Asia/Tokyo  Not Windows    2.0
7         Asia/Tokyo      Windows   35.0
8      Europe/London  Not Windows   43.0
9      Europe/London      Windows   31.0

In [62]: sns.barplot(x='total', y='tz', hue='os',  data=count_subset)
```

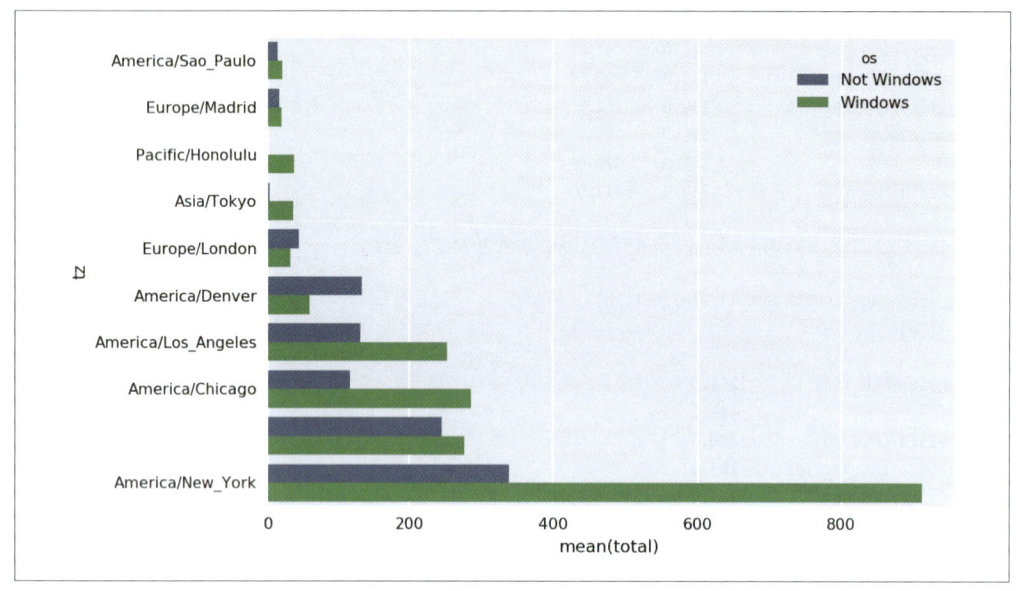

図14-2　出現上位タイムゾーンごとのWindows環境 / 非Windows環境での分類

　ただしこの図では、タイムゾーンごとのWindowsユーザ（もしくは非Windowsユーザ）の相対的な割合を読み取るのが困難です。これを解決するのに、各行を合計が1となるように正規化してみます。

```
def norm_total(group):
    group['normed_total'] = group.total / group.total.sum()
    return group

results = count_subset.groupby('tz').apply(norm_total)
```

これを描画すると**図14-3**のようになります。

```
In [65]: sns.barplot(x='normed_total', y='tz', hue='os',  data=results)
```

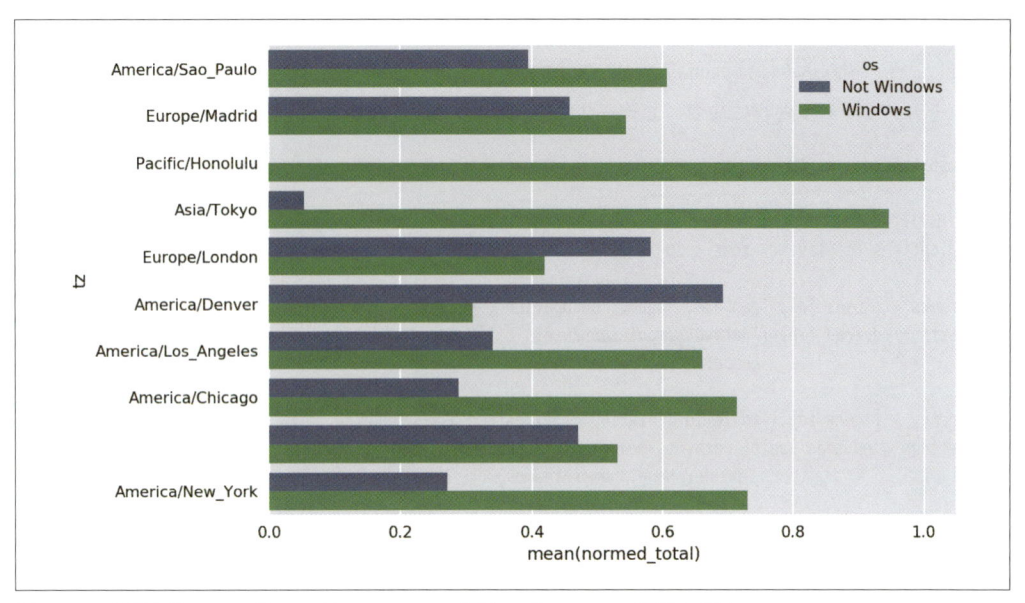

図14-3　出現上位タイムゾーンごとのWindows環境／非Windows環境の割合

　なお正規化した結果を得るには、groupbyのメソッドであるtransformを用いて次のように書くこともできます。

```
In [66]: g = count_subset.groupby('tz')
```

```
In [67]: results2 = count_subset.total / g.total.transform('sum')
```

14.2　MovieLens 1M（映画評価データ）

　次に取り上げるのはMovieLensの映画評価データです。MovieLensは映画評価システムの1つで、ミネソタ大学のグループレンズ（GroupLens）研究所が運営を続けています（http://www.grouplens.org/node/73）。MovieLensの映画評価データは1990年代後半から2000年代前半にかけて、MovieLensユーザを対象に収集されてきました。各データは、その映画への評価値、映画の属性（ジャンルと公開年度）、評価者の属性（年齢、郵便番号、性別、職業）から構成されています。本来こういったデータに興味を持つのは、機械学習アルゴリズムに基づいた情報推薦システムの開発を考えるときです。この本では機械学習を詳細に扱うわけではないのですが、目的に応じたデータの処理方法とはどういったものかを紹介していきたいと思います。

　今回は、MovieLensの提供するMovieLens 1Mというデータを使うことにします。これは100万件（すなわち1 Million）の映画評価データで、4,000本の映画に対する6,000人の評価をまとめたものです。データは3つの表から構成されており、それぞれ評価、ユーザ情報、映画情報についての表になっています。

ダウンロードしたzipデータを復元し、pandasのデータフレームオブジェクトに読み込んでみる[*1]こと
にしましょう。読み込みにはpandas.read_tableを使います。

　それぞれのファイル内容に基づいてデータフレームオブジェクトを生成します。

```
import pandas as pd

# 出力行数を10行に制限する
pd.options.display.max_rows = 10

unames = ['user_id', 'gender', 'age', 'occupation', 'zip']
users = pd.read_table('datasets/movielens/users.dat', sep='::',
                      header=None, names=unames)

rnames = ['user_id', 'movie_id', 'rating', 'timestamp']
ratings = pd.read_table('datasets/movielens/ratings.dat', sep='::',
                        header=None, names=rnames)

mnames = ['movie_id', 'title', 'genres']
movies = pd.read_table('datasets/movielens/movies.dat', sep='::',
                       header=None, names=mnames)
```

　読み込みの正常終了確認に代えて、実際に読み込んだデータの先頭部分を表示させてみましょう。
Pythonのスライス表記により、それぞれのデータフレームオブジェクトの先頭5件を表示させます。

```
In [69]: users[:5]
Out[69]:
   user_id gender  age  occupation    zip
0        1      F    1          10  48067
1        2      M   56          16  70072
2        3      M   25          15  55117
3        4      M   45           7  02460
4        5      M   25          20  55455

In [70]: ratings[:5]
Out[70]:
   user_id  movie_id  rating  timestamp
0        1      1193       5  978300760
1        1       661       3  978302109
2        1       914       3  978301968
3        1      3408       4  978300275
4        1      2355       5  978824291

In [71]: movies[:5]
Out[71]:
   movie_id                   title                        genres
0         1        Toy Story (1995)   Animation|Children's|Comedy
1         2          Jumanji (1995)  Adventure|Children's|Fantasy
```

---

*1　訳注：ユーザ情報はusers.datに、評価情報はratings.datに、映画情報はmovies.datにそれぞれ記されています。

```
2          3              Grumpier Old Men (1995)              Comedy|Romance
3          4              Waiting to Exhale (1995)             Comedy|Drama
4          5  Father of the Bride Part II (1995)              Comedy

In [72]: ratings
Out[72]:
         user_id  movie_id  rating   timestamp
0              1      1193       5   978300760
1              1       661       3   978302109
2              1       914       3   978301968
3              1      3408       4   978300275
4              1      2355       5   978824291
...          ...       ...     ...         ...
1000204     6040      1091       1   956716541
1000205     6040      1094       5   956704887
1000206     6040       562       5   956704746
1000207     6040      1096       4   956715648
1000208     6040      1097       4   956715569
[1000209 rows x 4 columns]
```

　提供データのREADMEに記載されているように、年齢の範囲と職業は符号化[1]されています。この
データを分析するのに、表が3つに分かれているのは扱いにくいので、わかりやすく1つの表にまとめ
てしまいましょう。1つの表にすることで、ある映画についての性別・年齢ごとの平均評価を求める、
といった分析ができ、以降の説明ではこの分析例を見ていくことにします。表の結合にはpandasのマー
ジ（merge）を使い、2ステップに分けて進めます。まず評価情報表（ratings）とユーザ情報表（users）
とを結合し、次にその結果と映画情報表（movies）を結合するという順番です。マージでは、データベー
スの結合（join）と同様に、2つの表に共通列が存在するとき、その列をキーとして結合することができ
ます。pandasはその共通キーを、列名から推測してくれる[2]のです。

```
In [73]: data = pd.merge(pd.merge(ratings, users), movies)

In [74]: data
Out[74]:
         user_id  movie_id  rating   timestamp gender  age  occupation    zip  \
0              1      1193       5   978300760      F    1          10  48067
1              2      1193       5   978298413      M   56          16  70072
2             12      1193       4   978220179      M   25          12  32793
3             15      1193       4   978199279      M   25           7  22903
4             17      1193       5   978158471      M   50           1  95350
...          ...       ...     ...         ...    ...  ...         ...    ...
1000204     5949      2198       5   958846401      M   18          17  47901
1000205     5675      2703       3   976029116      M   35          14  30030
```

----

[1]　訳注：例えば年齢はおよそ10歳刻みにグループ化されており、そのグループごとに整数コードが割り振られています。
　　職業も20程度のグループに分けられており、こちらも整数コードの代入があります。

[2]　訳注：usersとratingsの共通列はuser_idです。さらに、ratingsとusersを結合した表と、moviesの共通列は
　　movie_idです。これらをキーにして、dataという名前の表に結合します。

```
1000206    5780    2845    1  958153068    M  18       17  92886
1000207    5851    3607    5  957756608    F  18       20  55410
1000208    5938    2909    4  957273353    M  25        1  35401
                                          title              genres
0                  One Flew Over the Cuckoo's Nest (1975)                Drama
1                  One Flew Over the Cuckoo's Nest (1975)                Drama
2                  One Flew Over the Cuckoo's Nest (1975)                Drama
3                  One Flew Over the Cuckoo's Nest (1975)                Drama
4                  One Flew Over the Cuckoo's Nest (1975)                Drama
...                                          ...                   ...
1000204                        Modulations (1998)          Documentary
1000205                     Broken Vessels (1998)                Drama
1000206                        White Boys (1999)                Drama
1000207                  One Little Indian (1973)  Comedy|Drama|Western
1000208  Five Wives, Three Secretaries and Me (1998)          Documentary
[1000209 rows x 10 columns]

In [75]: data.iloc[0]
Out[75]:
user_id                                         1
movie_id                                     1193
rating                                          5
timestamp                               978300760
gender                                          F
age                                             1
occupation                                     10
zip                                         48067
title          One Flew Over the Cuckoo's Nest (1975)
genres                                      Drama
Name: 0, dtype: object
```

　では、ある映画についての性別・年齢ごとの平均評価を出してみましょう。先ほど結合したdata表に対して、pandasのpivot_tableを使います。

```
In [76]: mean_ratings = data.pivot_table('rating', index='title',
   ....:                                 columns='gender', aggfunc='mean')

In [77]: mean_ratings[:5]
Out[77]:
gender                        F         M
title
$1,000,000 Duck (1971)         3.375000  2.761905
'Night Mother (1986)           3.388889  3.352941
'Til There Was You (1997)      2.675676  2.733333
'burbs, The (1989)             2.793478  2.962085
...And Justice for All (1979)  3.828571  3.689024
```

　出力されたのはmean_ratingsという名前のデータフレームオブジェクトです。pivot_tableの「index」に与えた映画タイトル（title）が行ラベルで、列ラベルは性別です。この表に、それぞれに対

応する平均評価値が格納されています。ここから、分析対象を250件以上のレビューのある映画に絞り込んでみましょう（250という数字には特別な意味はありません）。このフィルタリングのために、まずはdata表に対して、各映画タイトルで集計[*1]してみることにします。

　次にratings_by_titleから件数が250件以上であるものを抽出し、そのインデックスを配列としてactive_titlesに格納しています。

```
In [78]: ratings_by_title = data.groupby('title').size()

In [79]: ratings_by_title[:10]
Out[79]:
title
$1,000,000 Duck (1971)                 37
'Night Mother (1986)                   70
'Til There Was You (1997)              52
'burbs, The (1989)                    303
...And Justice for All (1979)         199
1-900 (1994)                            2
10 Things I Hate About You (1999)     700
101 Dalmatians (1961)                 565
101 Dalmatians (1996)                 364
12 Angry Men (1957)                   616
dtype: int64

In [80]: active_titles = ratings_by_title.index[ratings_by_title >= 250]

In [81]: active_titles
Out[81]:
Index([''burbs, The (1989)', '10 Things I Hate About You (1999)',
       '101 Dalmatians (1961)', '101 Dalmatians (1996)', '12 Angry Men (1957)',
       '13th Warrior, The (1999)', '2 Days in the Valley (1996)',
       '20,000 Leagues Under the Sea (1954)', '2001: A Space Odyssey (1968)',
       '2010 (1984)',
       ...
       'X-Men (2000)', 'Year of Living Dangerously (1982)',
       'Yellow Submarine (1968)', 'You've Got Mail (1998)',
       'Young Frankenstein (1974)', 'Young Guns (1988)',
       'Young Guns II (1990)', 'Young Sherlock Holmes (1985)',
       'Zero Effect (1998)', 'eXistenZ (1999)'],
      dtype='object', name='title', length=1216)
```

　評価件数が250件以上ある映画タイトルのインデックスがactive_titlesに格納されました。そこで先ほど計算したmean_ratingsにこのインデックスを渡し、評価数250件以上のものだけを抽出します。

```
# インデックスに存在する行のみを選択する
In [82]: mean_ratings = mean_ratings.loc[active_titles]
```

[*1]　訳注：まずgroupby()とsize()を使って、各映画ごとの評価件数をratings_by_titleに格納します。

```
In [83]: mean_ratings
Out[83]:
gender                             F         M
title
'burbs, The (1989)             2.793478  2.962085
10 Things I Hate About You (1999) 3.646552  3.311966
101 Dalmatians (1961)          3.791444  3.500000
101 Dalmatians (1996)          3.240000  2.911215
12 Angry Men (1957)            4.184397  4.328421
...                                 ...       ...
Young Guns (1988)              3.371795  3.425620
Young Guns II (1990)           2.934783  2.904025
Young Sherlock Holmes (1985)   3.514706  3.363344
Zero Effect (1998)             3.864407  3.723140
eXistenZ (1999)                3.098592  3.289086
[1216 rows x 2 columns]
```

得られたmean_ratingsから、女性評価の高いものの上位10件を見てみましょう。F（Female）列に対してソートします。

```
In [85]: top_female_ratings = mean_ratings.sort_values(by='F', ascending=False)

In [86]: top_female_ratings[:10]
Out[86]:
gender                                              F         M
title
Close Shave, A (1995)                           4.644444  4.473795
Wrong Trousers, The (1993)                      4.588235  4.478261
Sunset Blvd. (a.k.a. Sunset Boulevard) (1950)   4.572650  4.464589
Wallace & Gromit: The Best of Aardman Animation... 4.563107  4.385075
Schindler's List (1993)                         4.562602  4.491415
Shawshank Redemption, The (1994)                4.539075  4.560625
Grand Day Out, A (1992)                         4.537879  4.293255
To Kill a Mockingbird (1962)                    4.536667  4.372611
Creature Comforts (1990)                        4.513889  4.272277
Usual Suspects, The (1995)                      4.513317  4.518248
```

14.2.1　評価の分かれた映画の抽出

次の例では、男女間の評価差が大きかった映画について分析してみたいと思います。これには、先ほどのmean_ratingsにdiffという名前の列を追加し、男性評価平均と女性評価平均の差を入れることにします。そしてこのdiff列でソートすればよいでしょう。

```
In [87]: mean_ratings['diff'] = mean_ratings['M'] - mean_ratings['F']
```

diffでソートした結果の上位15件は次のようになりました。この結果は、女性の評価が高く、男性の評価が低かった映画がどのようなものであったかを示しています。

```
In [88]: sorted_by_diff = mean_ratings.sort_values(by='diff')

In [89]: sorted_by_diff[:10]
Out[89]:
gender                                          F         M       diff
title
Dirty Dancing (1987)                     3.790378  2.959596  -0.830782
Jumpin' Jack Flash (1986)                3.254717  2.578358  -0.676359
Grease (1978)                            3.975265  3.367041  -0.608224
Little Women (1994)                      3.870588  3.321739  -0.548849
Steel Magnolias (1989)                   3.901734  3.365957  -0.535777
Anastasia (1997)                         3.800000  3.281609  -0.518391
Rocky Horror Picture Show, The (1975)    3.673016  3.160131  -0.512885
Color Purple, The (1985)                 4.158192  3.659341  -0.498851
Age of Innocence, The (1993)             3.827068  3.339506  -0.487561
Free Willy (1993)                        2.921348  2.438776  -0.482573
```

　さらにソートしたデータを逆順から見ると、今度は男性評価が高く、女性評価の低かった映画がわかります。

```
# 逆順に並べて最初の10件を表示する
In [90]: sorted_by_diff[::-1][:10]
Out[90]:
gender                                          F         M       diff
title
Good, The Bad and The Ugly, The (1966)   3.494949  4.221300  0.726351
Kentucky Fried Movie, The (1977)         2.878788  3.555147  0.676359
Dumb & Dumber (1994)                     2.697987  3.336595  0.638608
Longest Day, The (1962)                  3.411765  4.031447  0.619682
Cable Guy, The (1996)                    2.250000  2.863787  0.613787
Evil Dead II (Dead By Dawn) (1987)       3.297297  3.909283  0.611985
Hidden, The (1987)                       3.137931  3.745098  0.607167
Rocky III (1982)                         2.361702  2.943503  0.581801
Caddyshack (1980)                        3.396135  3.969737  0.573602
For a Few Dollars More (1965)            3.409091  3.953795  0.544704
```

　次は、評価が大きく割れた映画にどういうものがあったかを見てみたいと思います。性別は問わずに丸めてしまいましょう。評価値の分散、もしくは標準偏差を計算することで、各映画の評価がどれくらい割れたのかを知ることができます。

```
# 映画タイトルごとの評価値の標準偏差の計算
In [91]: rating_std_by_title = data.groupby('title')['rating'].std()

# 評価件数250件以上の映画のみを抽出 (active_titles として計算済み)
In [92]: rating_std_by_title = rating_std_by_title.loc[active_titles]

# 得られた Series オブジェクトを降順でソート
In [93]: rating_std_by_title.sort_values(ascending=False)[:10]
Out[93]:
```

```
title
Dumb & Dumber (1994)                     1.321333
Blair Witch Project, The (1999)          1.316368
Natural Born Killers (1994)              1.307198
Tank Girl (1995)                         1.277695
Rocky Horror Picture Show, The (1975)    1.260177
Eyes Wide Shut (1999)                    1.259624
Evita (1996)                             1.253631
Billy Madison (1995)                     1.249970
Fear and Loathing in Las Vegas (1998)    1.246408
Bicentennial Man (1999)                  1.245533
Name: rating, dtype: float64
```

　このデータでは映画のジャンルがパイプ区切り（|）で与えられていることに気付いたでしょうか。も
しジャンルに関する分析をもっと進めたかったとしたら、もう少しデータの変形が必要となっていたで
しょう。

14.3　アメリカの赤ちゃんに名付けられた　　名前リスト（1880-2010）

　次に用いるデータ例は、アメリカ合衆国社会保障局（Social Security Administration, SSA）の提供す
る赤ちゃんの名前データです。1880年から現在まで、毎年継続して集計されています。このデータは
データ分析の入門によく用いられるもので、例えばRでさまざまなパッケージを提供しているHadley
Wickhamもよく参照しています。

　データを読み込むにはある程度の下処理が必要になりますが、これが済んだときに手元に得られる
DataFrameオブジェクトは次のような内容になると予想されます。

```
In [4]: names.head(10)
Out[4]:
        name sex  births  year
0       Mary   F    7065  1880
1       Anna   F    2604  1880
2       Emma   F    2003  1880
3  Elizabeth   F    1939  1880
4     Minnie   F    1746  1880
5   Margaret   F    1578  1880
6        Ida   F    1472  1880
7      Alice   F    1414  1880
8     Bertha   F    1320  1880
9      Sarah   F    1288  1880
```

このデータセットを見て、どんな分析ができるか、考えてみましょう。

- ある特定の名前の出現頻度が、年代順にどのように移り変わるのかを視覚的に表示してみる（例
  えば自分の名前はどうか）。

- ある名前の相対頻度を求めてみる（どれくらいありふれた、あるいは珍しい名前であるか）。
- 年ごとに最も人気のあった名前や、前年と比べて最も増加した名前、もしくは減少した名前を求めてみる。
- 名付けの傾向を分析してみる：どんな母音が多いのか、どんな子音が多いのか。また多様性はどうか。スペルが変化しているか。最初の文字で多いものは何か。末尾の文字で多いものは何か。
- 傾向の外部要因を分析してみる：聖書に出てくる名前はどうか。著名人の名前はどうか。別の観点で、人口動態の変化はわかるか。

こういった分析は、実は先の節で見てきたテクニックを使うと容易にできます。ここではこの中のいくつかを取り上げて紹介したいと思います。

この本の執筆時点では、合衆国社会保障局（SSA）から、性別と名前とを組にした出生数を、各年の統計としてダウンロードすることができます。生データはhttp://www.ssa.gov/oact/babynames/limits.htmlにあります。

ただしこの本が読まれているタイミングによってはリンクが移動している可能性があります。その場合はインターネット検索が最も有効でしょう。先ほどのページ内に「National data」というハイパーリンクがあり、これが今回参照するデータです。ここからリンクされたnames.zipをダウンロードして復元すると、作成されたディレクトリの中に、例えばyob1880.txtといった名前のファイルがあるのがわかります。この先頭10行を表示してみましょう。ここではUNIXのheadコマンドを用いますが、Windows環境ではmoreコマンド、あるいは直接テキストエディタで開くなどの方法が考えられます。

```
In [94]: !head -n 10 datasets/babynames/yob1880.txt
Mary,F,7065
Anna,F,2604
Emma,F,2003
Elizabeth,F,1939
Minnie,F,1746
Margaret,F,1578
Ida,F,1472
Alice,F,1414
Bertha,F,1320
Sarah,F,1288
```

ちょうどコンマ区切りのデータで提供されており、pandas.read_csvを使ってデータフレームオブジェクトに読み込むことができます。

```
In [95]: import pandas as pd

In [96]: names1880 = pd.read_csv('datasets/babynames/yob1880.txt',
   ....:                         names=['name', 'sex', 'births'])

In [97]: names1880
Out[97]:
```

```
           name sex  births
0          Mary   F    7065
1          Anna   F    2604
2          Emma   F    2003
3     Elizabeth   F    1939
4        Minnie   F    1746
...           ...  ..     ...
1995     Woodie   M       5
1996     Worthy   M       5
1997     Wright   M       5
1998       York   M       5
1999  Zachariah   M       5
[2000 rows x 3 columns]
```

各ファイルに含まれる名前は出現頻度が5件以上のものに限られています。したがって、読み込んだデータのbirth列をsex列で場合分けして足し合わせることで、各年度ごとの性別出生数の概数を得ることができます。

```
In [98]: names1880.groupby('sex').births.sum()
Out[98]:
sex
F     90993
M    110493
Name: births, dtype: int64
```

提供されたファイルは年度ごとに分かれているため、これらを1つの巨大なデータフレームオブジェクトにまとめてしまいます。これにはpandas.concatを使います。また、新たな属性（列）として、年（year）も忘れずに追加しておきます。

```
years = range(1880, 2011)

pieces = []
columns = ['name', 'sex', 'births']

for year in years:
    path = 'datasets/babynames/yob%d.txt' % year
    frame = pd.read_csv(path, names=columns)

    frame['year'] = year
    pieces.append(frame)

# pieces に格納されたそれぞれの要素を1つのデータフレームオブジェクトにまとめる
names = pd.concat(pieces, ignore_index=True)
```

ここで2点解説しておきます。まず、pandas.concatの結合はデフォルトでは行方向に従います。列の追加ではなく、行を追加するイメージです。このため今回の用法では、デフォルト通りの挙動が望ましいことになります。次にpandas.concatの第2引数にignore_index=Trueを追加しています。各年度

ファイルから読み込んだ際のオリジナル行番号は不要なので、省略するためです。このようにして、すべてのデータを格納した巨大なデータフレームオブジェクトができ上がりました。

```
In [100]: names
Out[100]:
              name sex  births  year
0             Mary   F    7065  1880
1             Anna   F    2604  1880
2             Emma   F    2003  1880
3        Elizabeth   F    1939  1880
4           Minnie   F    1746  1880
...            ...  ..     ...   ...
1690779    Zymaire   M       5  2010
1690780     Zyonne   M       5  2010
1690781  Zyquarius   M       5  2010
1690782      Zyran   M       5  2010
1690783      Zzyzx   M       5  2010
[1690784 rows x 4 columns]
```

　そしてgroupbyあるいはpivot_tableを使えば、容易に年度ごとの男女別出生数を得ることができます（図14-4）。

```
In [101]: total_births = names.pivot_table('births', index='year',
     .....:                                 columns='sex', aggfunc=sum)

In [102]: total_births.tail()
Out[102]:
sex         F        M
year
2006  1896468  2050234
2007  1916888  2069242
2008  1883645  2032310
2009  1827643  1973359
2010  1759010  1898382

In [103]: total_births.plot(title='Total births by sex and year')
```

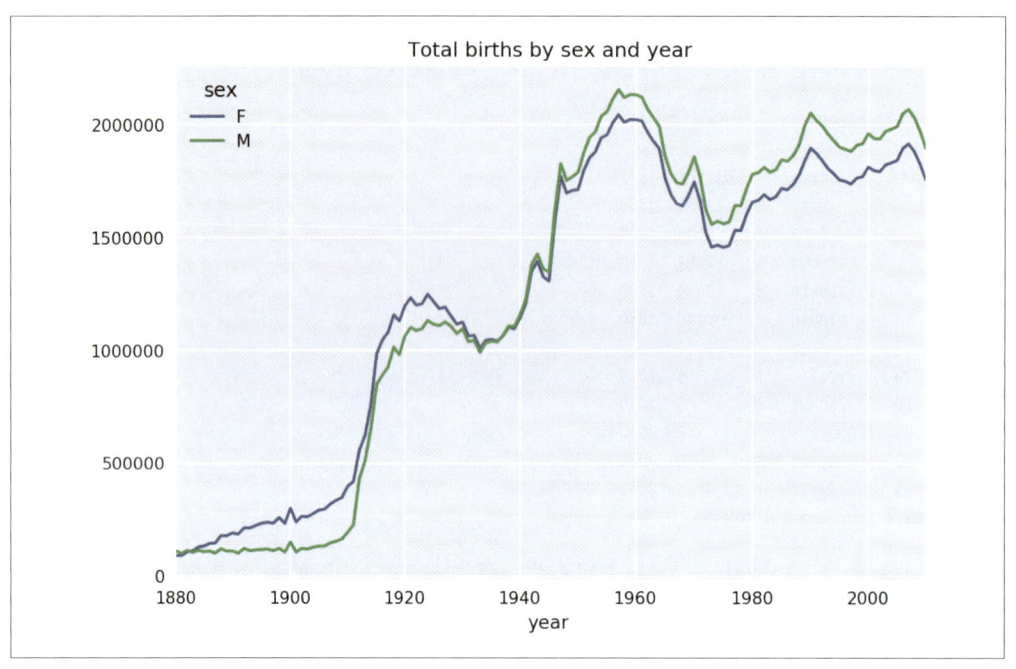

図14-4　年度ごとの男女別出生数

　続いて、このデータフレームオブジェクトに新たな列を追加します。prop[*1]という名前で、全出生数に対するその名前の割合を求めてみましょう。例えばpropが0.02であるということは、赤ちゃん100人に対して2人がその名前であるような割合、ということです。このpropを年度別・性別ごとに計算していくことにします。

```
def add_prop(group):
    group['prop'] = group.births / group.births.sum()
    return group
names = names.groupby(['year', 'sex']).apply(add_prop)
```

　この結果、データフレームオブジェクトは次のような列を持つことになります。

```
In [105]: names
Out[105]:
            name sex  births  year      prop
0           Mary   F    7065  1880  0.077643
1           Anna   F    2604  1880  0.028618
2           Emma   F    2003  1880  0.022013
3      Elizabeth   F    1939  1880  0.021309
4         Minnie   F    1746  1880  0.019188
...          ...  ..     ...   ...       ...
```

---

*1　訳注：proportion、割合のこと。

```
1690779    Zymaire    M    5    2010    0.000003
1690780    Zyonne     M    5    2010    0.000003
1690781    Zyquarius  M    5    2010    0.000003
1690782    Zyran      M    5    2010    0.000003
1690783    Zzyzx      M    5    2010    0.000003
[1690784 rows x 5 columns]
```

今回のようにグループ化した際には検算の実施が有効な場合が多くあります。この例では、それぞれのグループ内を足し合わせたとき、果たしてきちんと1になっているのか、という点です。

```
In [106]: names.groupby(['year', 'sex']).prop.sum()
Out[106]:
year  sex
1880  F      1.0
      M      1.0
1881  F      1.0
      M      1.0
1882  F      1.0
             ...
2008  M      1.0
2009  F      1.0
      M      1.0
2010  F      1.0
      M      1.0
Name: prop, Length: 262, dtype: float64
```

無事検証できたので次の分析に移りたいと思います。年代・性別ごとの、上位1,000件の名前がどのようなものであるかを見てみましょう。データフレームオブジェクトのnamesにグループ操作を適用します。

```
def get_top1000(group):
    return group.sort_values(by='births', ascending=False)[:1000]
grouped = names.groupby(['year', 'sex'])
top1000 = grouped.apply(get_top1000)
# グループごとのインデックスは不要なため削除
top1000.reset_index(inplace=True, drop=True)
```

あるいは、ループを自分で書いてしまう方法も考えられます。

```
pieces = []
for year, group in names.groupby(['year', 'sex']):
    pieces.append(group.sort_values(by='births', ascending=False)[:1000])
top1000 = pd.concat(pieces, ignore_index=True)
```

得られたデータセットは、namesよりもずいぶん小さなものになりました。

```
In [108]: top1000
Out[108]:
        name sex  births  year      prop
```

```
0          Mary   F   7065   1880   0.077643
1          Anna   F   2604   1880   0.028618
2          Emma   F   2003   1880   0.022013
3     Elizabeth   F   1939   1880   0.021309
4        Minnie   F   1746   1880   0.019188
...            ...  ..    ...    ...        ...
261872    Camilo   M    194   2010   0.000102
261873    Destin   M    194   2010   0.000102
261874    Jaquan   M    194   2010   0.000102
261875    Jaydan   M    194   2010   0.000102
261876    Maxton   M    193   2010   0.000102
[261877 rows x 5 columns]
```

以降、この上位1,000件の名前データを使って分析を進めていくことにしましょう。

14.3.1　名付けの傾向分析

ここまでの準備で、全データセットと上位1,000件のデータセットのそれぞれが用意できました。ここから名前の傾向分析に入りたいと思います。まずtop1000を男女別に選り分けておきます。

```
In [109]: boys = top1000[top1000.sex == 'M']

In [110]: girls = top1000[top1000.sex == 'F']
```

JohnやMaryといった（よく見られる）名前の年度別推移を見るだけであれば、単純な時系列データなので簡単にプロットできます。しかし、有用な分析を行うには、もう少しデータの整理が必要です。ここではpivot_tableを使って、top1000を年代別のデータとして整理し直してみましょう。

```
In [111]: total_births = top1000.pivot_table('births', index='year',
    .....:                                    columns='name',
    .....:                                    aggfunc=sum)
```

そしてplotを用いてこの結果をいくつか描画してみましょう。結果は**図14-5**です。

```
In [112]: total_births.info()
<class 'pandas.core.frame.DataFrame'>
Int64Index: 131 entries, 1880 to 2010
Columns: 6868 entries, Aaden to Zuri
dtypes: float64(6868)
memory usage: 6.9 MB

In [113]: subset = total_births[['John', 'Harry', 'Mary', 'Marilyn']]

In [114]: subset.plot(subplots=True, figsize=(12, 10), grid=False,
    .....:            title="Number of births per year")
```

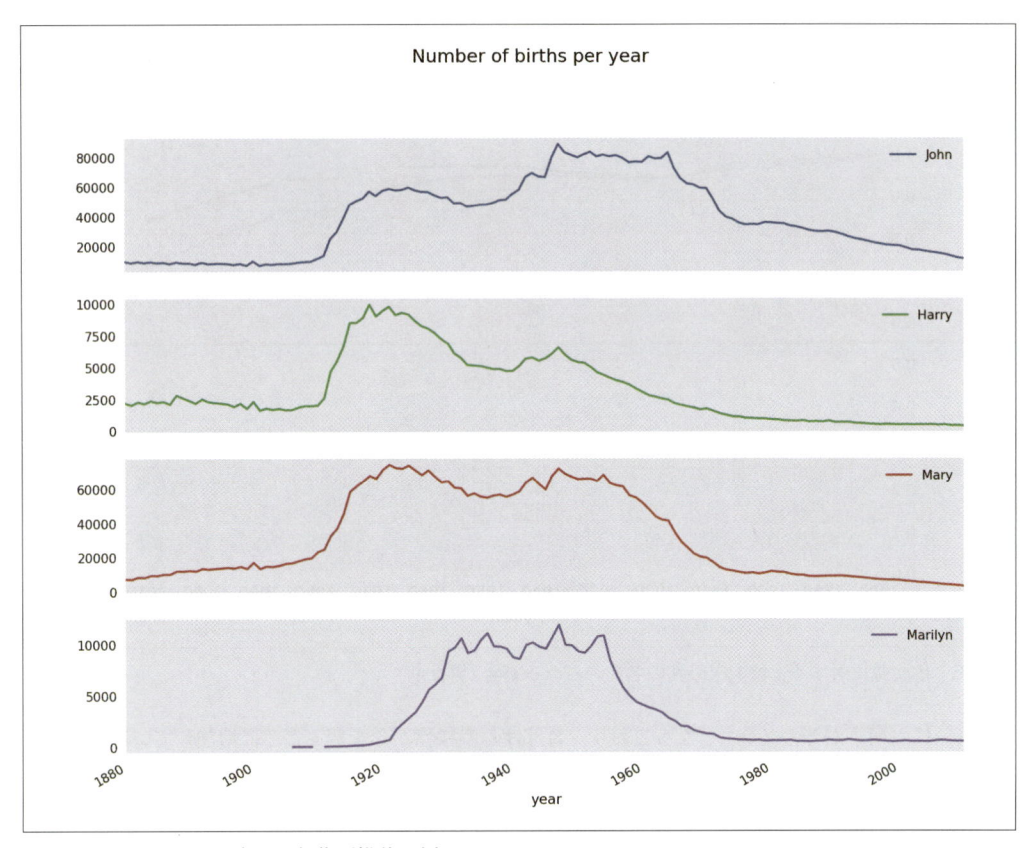

図14-5　男子・女子の名前の年代別推移の例

　この図を見ると、これらの名前はアメリカの人口動態に対して人気を失っているだけである、とい
うように見えてしまうかもしれません。しかし実はもう少し複雑な話があるのです。次節で見ていきま
しょう。

14.3.1.1　多様化していく名付け

　先の図から、子供の名前を付けるとき、いわゆる一般的な名前を選ばない傾向があるのではないか、
という仮説を考えることができます。これをデータから確認してみることにしましょう。尺度の1つと
して、その年の上位1,000件の名前が、その年の名前全体に対して占める割合を考えたいと思います。
結果を図14-6に示します。

```
In [116]: table = top1000.pivot_table('prop', index='year',
   .....:                              columns='sex', aggfunc=sum)

In [117]: table.plot(title='Sum of table1000.prop by year and sex',
   .....:            yticks=np.linspace(0, 1.2, 13), xticks=range(1880, 2020, 10)
   )
```

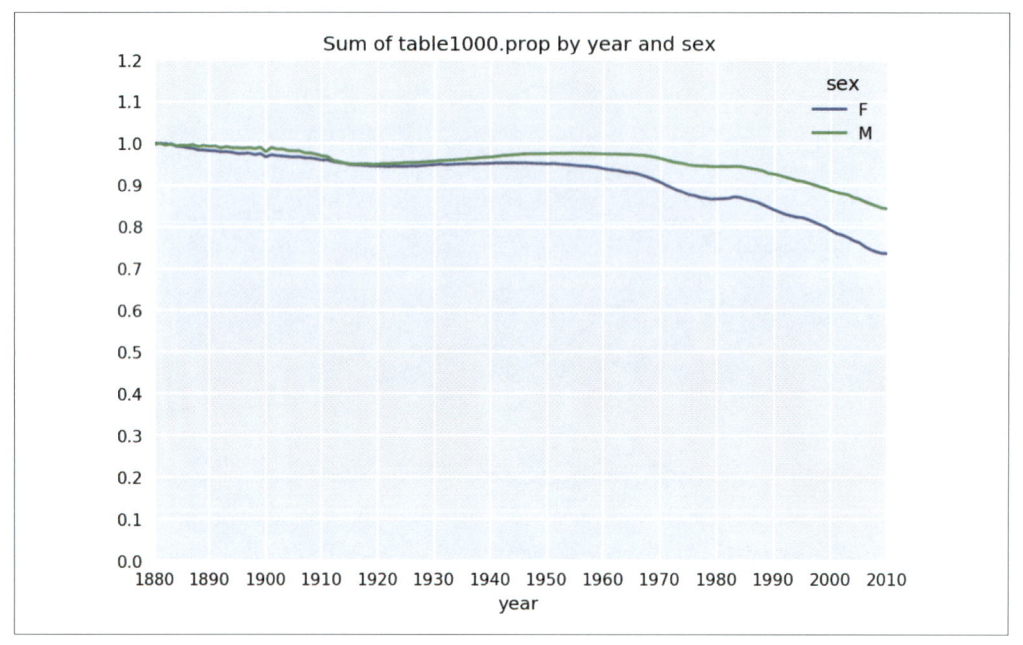

図14-6　出生数に対する上位1,000件の名前の占める割合（男女別）

　きれいに右肩下がりのグラフとなっており、名付けの多様性が年を経るごとに増加していること[1]が
わかります。さらに別の指標で分析することを考えましょう。ここでは、その年の出生数の半分（50%）
が、何種類の名前で構成されるのかを考えます[2]。この計算は少し複雑ですので、順を追ってみていき
たいと思います。例として2010年の男子のデータを見てみましょう。

```
In [118]: df = boys[boys.year == 2010]

In [119]: df
Out[119]:
           name sex  births  year     prop
260877    Jacob   M   21875  2010  0.011523
260878    Ethan   M   17866  2010  0.009411
260879  Michael   M   17133  2010  0.009025
260880   Jayden   M   17030  2010  0.008971
260881  William   M   16870  2010  0.008887
...         ...  ..     ...   ...       ...
261872   Camilo   M     194  2010  0.000102
261873   Destin   M     194  2010  0.000102
261874   Jaquan   M     194  2010  0.000102
```

---

[1]　訳注：名前全体に対して上位1,000件の名前が占める割合が大きいということは、1,001件以降の珍しい名前が相対
　　的に少ないということです。同様に上位1,000件の名前が占める割合が小さいということは、1,001件以降の珍しい名
　　前が多く、多様性に富むという解釈です。

[2]　訳注：出生数の半分を構成する名前の種類が多いほど多様性に富む、という解釈です。

```
261875   Jaydan   M      194   2010   0.000102
261876   Maxton   M      193   2010   0.000102
[1000 rows x 5 columns]
```

propを降順にソートした上で、何番目の名前のところで50%に到達するのかを調べます。自前でがんばってforループを書いてもよいのですが、ここではNumPyの関数を使うのがスマートでしょう。NumPyにはsearchsortedという強力な配列関数があるのです。propの累積和（cumulative sumからcumsumという名前にします）を求め、次にこの累積和が0.5を超えるところがどこかを探すことにします。この配列要素の探索に、NumPyのsearchsortedを使うことができます。

```
In [120]: prop_cumsum = df.sort_values(by='prop', ascending=False).prop.cumsum()
```

```
In [121]: prop_cumsum[:10]
Out[121]:
260877   0.011523
260878   0.020934
260879   0.029959
260880   0.038930
260881   0.047817
260882   0.056579
260883   0.065155
260884   0.073414
260885   0.081528
260886   0.089621
Name: prop, dtype: float64
```

```
In [122]: prop_cumsum.values.searchsorted(0.5)
Out[122]: 116
```

結果、116番目であることがわかりました。ただし配列のインデックスは0から始まるので、1を足して117番目と言った方がよいかもしれません。同様の操作により、1900年のデータに対して何番目の名前が50%に到達するのかを調べてみると、値はもっと小さなものとなります。

```
In [123]: df = boys[boys.year == 1900]
```

```
In [124]: in1900 = df.sort_values(by='prop', ascending=False).prop.cumsum()
```

```
In [125]: in1900.values.searchsorted(0.5) + 1
Out[125]: 25
```

ここまで来れば、すべての出生年・性別の組み合わせに対して分析していくことができます。つまり出生年・性別ごとに分類（groupby）し、そのグループごとに50%点を返す関数を適用していくのです。

```
def get_quantile_count(group, q=0.5):
    group = group.sort_values(by='prop', ascending=False)
    return group.prop.cumsum().values.searchsorted(q) + 1
```

```
diversity = top1000.groupby(['year', 'sex']).apply(get_quantile_count)
diversity = diversity.unstack('sex')
```

　得られたデータフレームオブジェクトdiversityには、男女別の時系列データが格納されています。headでデータの中身を覗いてみて、**図14-7**にプロットしてみましょう。

```
In [128]: diversity.head()
Out[128]:
sex     F    M
year
1880   38   14
1881   38   14
1882   38   15
1883   39   15
1884   39   16

In [129]: diversity.plot(title="Number of popular names in top 50%")
```

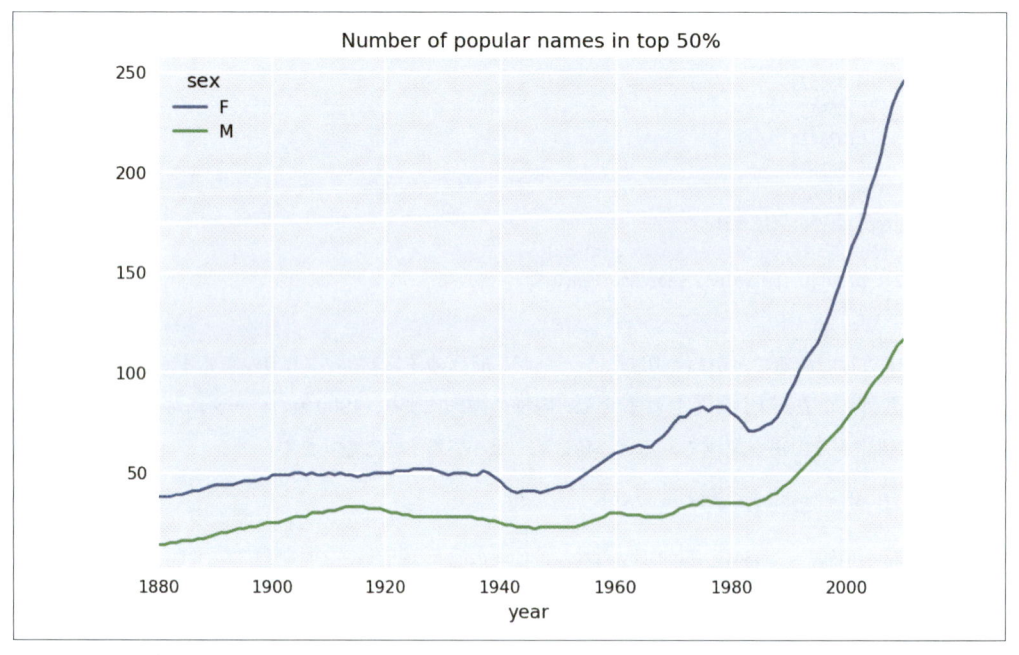

図14-7　年度ごとの名前の多様性変遷

　この結果から、男の子の名前に比べて、女の子の名前が常にバラエティに富んでいたのが見て取れます。また近年、その度合いが急速に拡大したこともわかります。なぜこのようになったのか、その分析は読者のみなさんに委ねたいと思います。ヒントとしては、同じ名前でも複数の綴り方が出現したことなどが考えられるでしょう。

14.3.1.2 名前「末尾一文字」の変化

続いて、名前の末尾文字の変化に着目したいと思います。Laura Wattenbergはアメリカで有名な名付け研究家です。彼女は男の子の名前の末尾の文字が過去100年で大幅に多様化したという事実を2007年に発見し、ウェブサイト (http://www.babynamewizard.com) で紹介しています。これを確かめるのに、全年度分の赤ちゃん命名データを、年度、性別、末尾の文字で集計してみたいと思います。

```python
# 名前列から末尾文字を抽出
get_last_letter = lambda x: x[-1]
last_letters = names.name.map(get_last_letter)
last_letters.name = 'last_letter'

table = names.pivot_table('births', index=last_letters,
                          columns=['sex', 'year'], aggfunc=sum)
```

 末尾文字の抽出過程は次の通りです。まず無名関数 (lambda) を使って、引数に与えられた文字列の配列最終要素 (つまり末尾文字) を返す関数をget_last_letterとして定義しました。次にSeries.mapにより、名前の列挙 (Series型) から、それに対応する名前末尾文字の列挙 (Series型) を得ます。namesはそのままではDataFrame型ですが、names.nameとすることでnames内のname列をSeries型として得ることができます。Series.mapの引数に関数を与えると、その要素の1つ1つに関数が適用されます。この場合は、names.nameの要素ごとにget_last_letterが適用され、その結果を格納したものがシリーズオブジェクトlast_lettersとして返されます。last_lettersはnamesと同じ行数であり、namesそれぞれの行に格納されている名前の末尾文字が連なっています。

最後に、あたかもデータフレームオブジェクトnamesに、列last_lettersが一列増えたかのように考えます。DataFrame.pivot_tableを使い、縦軸にaからzまで26文字分の26行、横軸に1880年から2010年までの131年分が男女それぞれで262列ある、巨大な表を作ります。このそれぞれの表要素 (セル) にaggfunc=sumを渡し、集計結果が入るようにしています。

1880年から2011年までを見通す前に、サンプルとしてそれぞれの期間の代表となる年度を3つ選びます。ここでは1910年、1960年、2010年としましょう。この3つの年度の集計数を、aからeまでの5文字について見てみると次のようになります。

```python
In [131]: subtable = table.reindex(columns=[1910, 1960, 2010], level='year')

In [132]: subtable.head()
Out[132]:
```

sex	F			M		
year	1910	1960	2010	1910	1960	2010
last_letter						
a	108376.0	691247.0	670605.0	977.0	5204.0	28438.0
b	NaN	694.0	450.0	411.0	3912.0	38859.0
c	5.0	49.0	946.0	482.0	15476.0	23125.0

```
d              6750.0    3729.0     2607.0   22111.0   262112.0    44398.0
e            133569.0  435013.0   313833.0   28655.0   178823.0   129012.0
```

次に年度間で比較ができるように、集計数を各年度の全出生数で割り、正規化します[1]。

```
In [133]: subtable.sum()
Out[133]:
sex  year
F    1910     396416.0
     1960    2022062.0
     2010    1759010.0
M    1910     194198.0
     1960    2132588.0
     2010    1898382.0
dtype: float64

In [134]: letter_prop = subtable / subtable.sum()

In [135]: letter_prop
Out[135]:
sex               F                           M
year           1910      1960      2010      1910      1960      2010
last_letter
a          0.273390  0.341853  0.381240  0.005031  0.002440  0.014980
b               NaN  0.000343  0.000256  0.002116  0.001834  0.020470
c          0.000013  0.000024  0.000538  0.002482  0.007257  0.012181
d          0.017028  0.001844  0.001482  0.113858  0.122908  0.023387
e          0.336941  0.215133  0.178415  0.147556  0.083853  0.067959
...             ...       ...       ...       ...       ...       ...
v               NaN  0.000060  0.000117  0.000113  0.000037  0.001434
w          0.000020  0.000031  0.001182  0.006329  0.007711  0.016148
x          0.000015  0.000037  0.000727  0.003965  0.001851  0.008614
y          0.110972  0.152569  0.116828  0.077349  0.160987  0.058168
z          0.002439  0.000659  0.000704  0.000170  0.000184  0.001831
[26 rows x 6 columns]
```

　これで年度間の比較ができるようになりました。具体的にこれら3年の間にどの程度の差異があるのか、縦棒グラフを使って比較してみます。**図14-8**を参照してください。

```
import matplotlib.pyplot as plt

fig, axes = plt.subplots(2, 1, figsize=(10, 8))
letter_prop['M'].plot(kind='bar', rot=0, ax=axes[0], title='Male')
letter_prop['F'].plot(kind='bar', rot=0, ax=axes[1], title='Female',
                      legend=False)
```

---

[1]　訳注：例えば1910年では末尾文字aの集計は108,376件、1960年では691,247件となっていますが、年度ごとの出生数が異なるため、これらの値をそのまま比較することには意味がありません。出生数のばらつきを考慮せず比較できるように、正規化する手順が必要です。

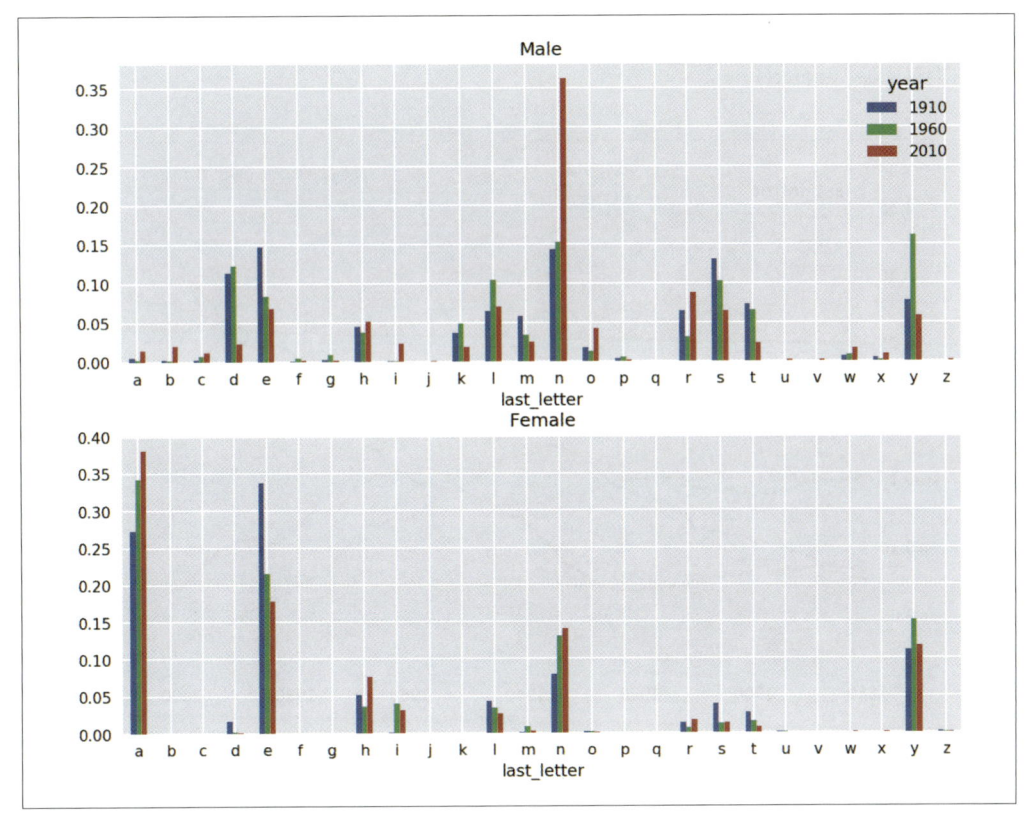

図14-8　名前末尾文字の男女間の差異

　結果を見るとわかるように、「n」で終わる名前の男の子というのは、1960年以降に圧倒的に増えています。これまでは特定の3年分を見ていましたが、全年度について同様に分析することができます。ここでは、男の子の末尾文字「d」、「n」、「y」について、先ほど同様に正規化して比較していきたいと思います。

```
In [138]: letter_prop = table / table.sum()

In [139]: dny_ts = letter_prop.loc[['d', 'n', 'y'], 'M'].T

In [140]: dny_ts.head()
Out[140]:
last_letter         d         n         y
year
1880         0.083055  0.153213  0.075760
1881         0.083247  0.153214  0.077451
1882         0.085340  0.149560  0.077537
1883         0.084066  0.151646  0.079144
1884         0.086120  0.149915  0.080405
```

この集計結果を、折れ線グラフにして**図14-9**に示します。

```
In [143]: dny_ts.plot()
```

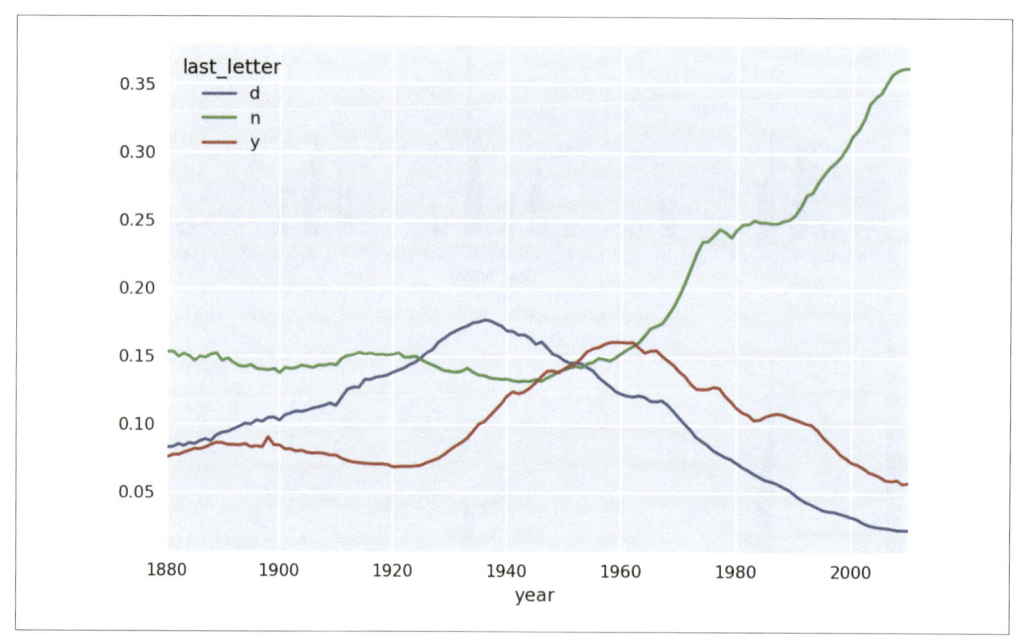

図14-9　男の子の名前末尾文字d, n, yの経年変化

14.3.1.3　男の子の名前として定着した女の子の名前（あるいはその逆）

　別の面白い例を紹介します。かつては男の子の名前として定着していたものが、現在では女の子の名前に変化しているような例を知っているでしょうか。例えば、「レスリー（Leslie）」という名前は、現在は女の子の名前として定着しています。しかしこの名前は「レスリー（Lesley）」という、かつては男の子のものとされていた名前が変化したものなのです[*1]。というわけでtop1000データセットに戻り、「lesl」で始まる名前の一覧を計算することにしましょう。

```
In [144]: all_names = pd.Series(top1000.name.unique())

In [145]: lesley_like = all_names[all_names.str.lower().str.contains('lesl')]

In [146]: lesley_like
Out[146]:
```

[*1]　訳注：この語形変化は、訳者を含めて日本語を母語とする人には直観的ではないかもしれません。欧米圏では、語末の「e」というのを女性的なものとする、という生得的な理解があるようです。フランス語では、「e」で終わる国の名前はすべて女性名詞であるそうです。また2018年現在、「Leslie / Lesley」でインターネット検索してみると、Leslieが女の子の名前である、とする意見が一定数あり、その理由の多くは語末が「e」もしくは「ie」だから、というものです。

```
632      Leslie
2294     Lesley
4262     Leslee
4728     Lesli
6103     Lesly
dtype: object
```

これら「lesl」の含まれる名前をtop1000から抜き出し、この5種類の出現頻度を集計します。

```
In [147]: filtered = top1000[top1000.name.isin(lesley_like)]
```

```
In [148]: filtered.groupby('name').births.sum()
Out[148]:
name
Leslee     1082
Lesley    35022
Lesli       929
Leslie   370429
Lesly     10067
Name: births, dtype: int64
```

続いて、年代・性別順に正規化します。

```
In [149]: table = filtered.pivot_table('births', index='year',
   .....:                               columns='sex', aggfunc='sum')
```

```
In [150]: table = table.div(table.sum(1), axis=0)
```

```
In [151]: table.tail()
Out[151]:
sex     F    M
year
2006   1.0  NaN
2007   1.0  NaN
2008   1.0  NaN
2009   1.0  NaN
2010   1.0  NaN
```

最後にこの結果を図示します。**図14-10**を参照してください。

```
In [153]: table.plot(style={'M': 'k-', 'F': 'k--'})
```

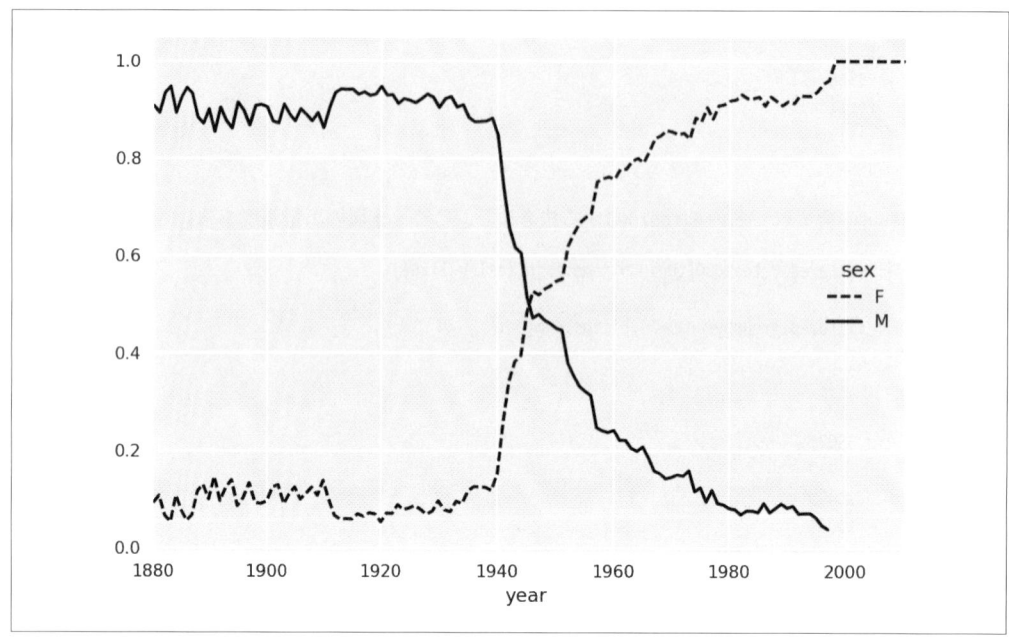

図14-10　「Lesley」に近い綴りの名前の男女間年代別推移

14.4　アメリカ合衆国農務省の食糧データベース

　アメリカ合衆国農務省は食べ物の栄養情報についてのデータベースを提供しています。プログラマのAshley WilliamsがこれをJSON形式に変換しており、その内容は次のようなものです。

```
{
  "id": 21441,
  "description": "KENTUCKY FRIED CHICKEN, Fried Chicken, EXTRA CRISPY,
Wing, meat and skin with breading",
  "tags": ["KFC"],
  "manufacturer": "Kentucky Fried Chicken",
  "group": "Fast Foods",
  "portions": [
    {
      "amount": 1,
      "unit": "wing, with skin",
      "grams": 68.0
    },

    ...
  ],
  "nutrients": [
    {
      "value": 20.8,
      "units": "g",
```

```
        "description": "Protein",
        "group": "Composition"
    },

      ...
    ]
  }
```

それぞれの食品レコードには栄養素 (nutrients) と重量 (portion) の2つのリストが含まれており、その食品にまつわるさまざまな固有値がこれらのリストの属性として記載されています。ただこのデータ形式のままでは少し分析しにくいため、より扱いやすい形に変形していくことにします。

この本のGitHubリポジトリ (http://github.com/wesm/pydata-book) からデータをダウンロードした後は、JSONを読み込むのに組み込みライブラリとサードパーティー製ライブラリのどちらを使うか決めましょう。ここでは組み込みライブラリのjsonモジュールを用います。

```
In [154]: import json

In [155]: db = json.load(open('datasets/usda_food/database.json'))

In [156]: len(db)
Out[156]: 6636
```

リストdbの中には食品ひとつひとつに対応するディクショナリオブジェクトが格納されており、あるディクショナリオブジェクトにはその食品のすべての情報が記載されています。食品ディクショナリ内のフィールドの1つであるnutrientsフィールドはディクショナリのリストであり、それぞれの栄養素がディクショナリとして記録されています。

```
In [157]: db[0].keys()
Out[157]: dict_keys(['id', 'description', 'tags', 'manufacturer', 'group', 'porti
ons', 'nutrients'])

In [158]: db[0]['nutrients'][0]
Out[158]:
{'description': 'Protein',
 'group': 'Composition',
 'units': 'g',
 'value': 25.18}

In [159]: nutrients = pd.DataFrame(db[0]['nutrients'])

In [160]: nutrients[:7]
Out[160]:
                    description        group units   value
0                       Protein  Composition     g   25.18
1              Total lipid (fat)  Composition     g   29.20
2   Carbohydrate, by difference  Composition     g    3.06
3                           Ash        Other     g    3.28
```

```
4                 Energy      Energy  kcal   376.00
5                 Water   Composition    g    39.28
6                 Energy      Energy   kJ  1573.00
```

次に食品名に対して、属する食品カテゴリとID、生産者を抽出し、データフレームオブジェクトinfoに出力してみます。抽出にはディクショナリのリスト (db) からデータフレームオブジェクトを生成する際に、フィールド名を指定します。

```
In [161]: info_keys = ['description', 'group', 'id', 'manufacturer']

In [162]: info = pd.DataFrame(db, columns=info_keys)

In [163]: info[:5]
Out[163]:
                          description                     group    id  \
0                    Cheese, caraway  Dairy and Egg Products  1008
1                    Cheese, cheddar  Dairy and Egg Products  1009
2                       Cheese, edam  Dairy and Egg Products  1018
3                       Cheese, feta  Dairy and Egg Products  1019
4  Cheese, mozzarella, part skim milk  Dairy and Egg Products  1028
  manufacturer
0
1
2
3
4

In [164]: info.info()
<class 'pandas.core.frame.DataFrame'>
RangeIndex: 6636 entries, 0 to 6635
Data columns (total 4 columns):
description    6636 non-null object
group         6636 non-null object
id            6636 non-null int64
manufacturer  5195 non-null object
dtypes: int64(1), object(3)
memory usage: 207.5+ KB
```

食品カテゴリの出現頻度を確認するにはvalue_countsメソッドを用います。

```
In [165]: pd.value_counts(info.group)[:10]
Out[165]:
Vegetables and Vegetable Products    812
Beef Products                        618
Baked Products                       496
Breakfast Cereals                    403
Fast Foods                           365
Legumes and Legume Products          365
Lamb, Veal, and Game Products        345
```

```
Sweets                             341
Pork Products                      328
Fruits and Fruit Juices            328
Name: group, dtype: int64
```

　さて、栄養素の全データを使って分析を進めたいと思います。これには、それぞれの食品に含まれる栄養素を1つの巨大な表にまとめ上げるのが最も単純なやり方です。これを進めるため、前出のnutrientsを破棄し、改めてnutrientsをリストオブジェクトとして初期化します。そして食品ごとの栄養素情報をデータフレームオブジェクトとして生成し、nutrientsリストに追加していきます。リストに追加するタイミングで、食品ごとのデータフレームオブジェクトにはその食品のid列を付与しておきます。最後に、このようにしてでき上がった巨大なデータフレームオブジェクトのリストを元にして、格納されたデータフレームオブジェクトをすべて連結します。

```
nutrients = []

for rec in db:
    fnuts = pd.DataFrame(rec['nutrients'])
    fnuts['id'] = rec['id']
    nutrients.append(fnuts)

nutrients = pd.concat(nutrients, ignore_index=True)
```

　この処理が完了すると、nutrientsは次のようになります。

```
In [167]: nutrients
Out[167]:
                               description        group units    value     id
0                                  Protein  Composition     g   25.180   1008
1                        Total lipid (fat)  Composition     g   29.200   1008
2               Carbohydrate, by difference  Composition    g    3.060   1008
3                                      Ash        Other     g    3.280   1008
4                                   Energy       Energy  kcal  376.000   1008
...                                    ...          ...   ...      ...    ...
389350                    Vitamin B-12, added     Vitamins  mcg    0.000  43546
389351                          Cholesterol        Other    mg    0.000  43546
389352        Fatty acids, total saturated         Other     g    0.072  43546
389353  Fatty acids, total monounsaturated         Other     g    0.028  43546
389354  Fatty acids, total polyunsaturated         Other     g    0.041  43546
[389355 rows x 5 columns]
```

　このデータフレームオブジェクトには重複レコードがあることがわかったため、次のようにして重複を除外します。

```
In [168]: nutrients.duplicated().sum()  # 重複している数
Out[168]: 14179

In [169]: nutrients = nutrients.drop_duplicates()
```

　ここで、infoとnutrients両方のデータフレームオブジェクトを見ると、'group'と'description'のフィールド名が重なっているため、これを変更しておきます。

```
In [170]: col_mapping = {'description' : 'food',
   .....:                 'group'       : 'fgroup'}

In [171]: info = info.rename(columns=col_mapping, copy=False)

In [172]: info.info()
<class 'pandas.core.frame.DataFrame'>
RangeIndex: 6636 entries, 0 to 6635
Data columns (total 4 columns):
food           6636 non-null object
fgroup         6636 non-null object
id             6636 non-null int64
manufacturer   5195 non-null object
dtypes: int64(1), object(3)
memory usage: 207.5+ KB

In [173]: col_mapping = {'description' : 'nutrient',
   .....:                 'group' : 'nutgroup'}

In [174]: nutrients = nutrients.rename(columns=col_mapping, copy=False)

In [175]: nutrients
Out[175]:
                               nutrient      nutgroup units    value     id
0                               Protein   Composition     g   25.180   1008
1                     Total lipid (fat)   Composition     g   29.200   1008
2          Carbohydrate, by difference   Composition     g    3.060   1008
3                                   Ash         Other     g    3.280   1008
4                                Energy        Energy  kcal  376.000   1008
...                                 ...           ...   ...      ...    ...
389350                Vitamin B-12, added      Vitamins   mcg    0.000  43546
389351                       Cholesterol         Other    mg    0.000  43546
389352         Fatty acids, total saturated         Other     g    0.072  43546
389353  Fatty acids, total monounsaturated         Other     g    0.028  43546
389354  Fatty acids, total polyunsaturated         Other     g    0.041  43546
[375176 rows x 5 columns]
```

ここまで来ると、infoとnutrientsをマージできるようになります。

```
In [176]: ndata = pd.merge(nutrients, info, on='id', how='outer')

In [177]: ndata.info()
<class 'pandas.core.frame.DataFrame'>
Int64Index: 375176 entries, 0 to 375175
Data columns (total 8 columns):
nutrient       375176 non-null object
nutgroup       375176 non-null object
```

```
units          375176 non-null object
value          375176 non-null float64
id             375176 non-null int64
food           375176 non-null object
fgroup         375176 non-null object
manufacturer   293054 non-null object
dtypes: float64(1), int64(1), object(6)
memory usage: 25.8+ MB

In [178]: ndata.iloc[30000]
Out[178]:
nutrient                                   Glycine
nutgroup                               Amino Acids
units                                            g
value                                         0.04
id                                            6158
food         Soup, tomato bisque, canned, condensed
fgroup                  Soups, Sauces, and Gravies
manufacturer
Name: 30000, dtype: object
```

ある栄養素に対して、食品グループごとに含まれる量の中央値を描画してみましょう。今回は亜鉛（Zinc, Zn）を例に取ります。**図14-11**を参照してください。

```
In [180]: result = ndata.groupby(['nutrient', 'fgroup'])['value'].quantile(0.5)
```

```
In [181]: result['Zinc, Zn'].sort_values().plot(kind='barh')
```

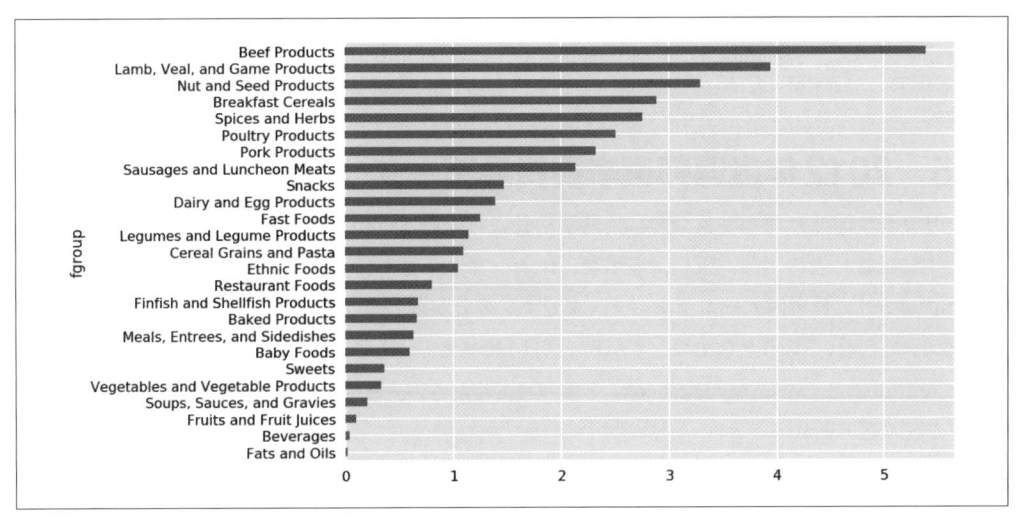

図14-11　食品グループごとの亜鉛含有量の中央値

　また少し工夫すれば、ある栄養素に対してどの食品が最も含有率が高いのかを計算することもできます。

```
by_nutrient = ndata.groupby(['nutgroup', 'nutrient'])

get_maximum = lambda x: x.loc[x.value.idxmax()]
get_minimum = lambda x: x.loc[x.value.idxmin()]

max_foods = by_nutrient.apply(get_maximum)[['value', 'food']]

# foodを扱いやすいサイズに
max_foods.food = max_foods.food.str[:50]
```

　得られたデータフレームオブジェクトは本文に掲載するには大きすぎるため、ここではアミノ酸（Amino Acids）を例に取り上げます。

```
In [183]: max_foods.loc['Amino Acids']['food']
Out[183]:
nutrient
Alanine                        Gelatins, dry powder, unsweetened
Arginine                        Seeds, sesame flour, low-fat
Aspartic acid                          Soy protein isolate
Cystine               Seeds, cottonseed flour, low fat (glandless)
Glutamic acid                          Soy protein isolate
                                ...
Serine          Soy protein isolate, PROTEIN TECHNOLOGIES INTE...
Threonine       Soy protein isolate, PROTEIN TECHNOLOGIES INTE...
Tryptophan        Sea lion, Steller, meat with fat (Alaska Native)
Tyrosine        Soy protein isolate, PROTEIN TECHNOLOGIES INTE...
Valine          Soy protein isolate, PROTEIN TECHNOLOGIES INTE...
Name: food, Length: 19, dtype: object
```

14.5　2012年度連邦選挙委員会データベース

　アメリカ合衆国連邦選挙委員会では、選挙活動に対する寄付の公開データを提供しています。このデータには寄付者の名前、所属、雇用者、住所、寄付金額が含まれています。中でも面白いのが2012年のアメリカ合衆国大統領選挙のデータです。著者が2012年7月にダウンロードしたファイルはP00000001-ALL.csvという名前でファイルサイズは150メガバイトでした。この本のGitHubリポジトリ（http://github.com/wesm/pydata-book）を参照してください。まずこのデータをpandas.read_csvメソッドで読み込みます。

```
In [184]: fec = pd.read_csv('datasets/fec/P00000001-ALL.csv')

In [185]: fec.info()
<class 'pandas.core.frame.DataFrame'>
RangeIndex: 1001731 entries, 0 to 1001730
```

```
Data columns (total 16 columns):
cmte_id             1001731 non-null object
cand_id             1001731 non-null object
cand_nm             1001731 non-null object
contbr_nm           1001731 non-null object
contbr_city         1001712 non-null object
contbr_st           1001727 non-null object
contbr_zip          1001620 non-null object
contbr_employer      988002 non-null object
contbr_occupation    993301 non-null object
contb_receipt_amt   1001731 non-null float64
contb_receipt_dt    1001731 non-null object
receipt_desc          14166 non-null object
memo_cd               92482 non-null object
memo_text             97770 non-null object
form_tp             1001731 non-null object
file_num            1001731 non-null int64
dtypes: float64(1), int64(1), object(14)
memory usage: 122.3+ MB
```

読み込んだデータフレームオブジェクトから任意の1行を抜き出してみます。

```
In [186]: fec.iloc[123456]
Out[186]:
cmte_id             C00431445
cand_id             P80003338
cand_nm          Obama, Barack
contbr_nm          ELLMAN, IRA
contbr_city              TEMPE
                      ...
receipt_desc              NaN
memo_cd                   NaN
memo_text                 NaN
form_tp                 SA17A
file_num               772372
Name: 123456, Length: 16, dtype: object
```

　これらのデータから、まず寄付者と寄付金額に関する統計量を読み取ることを考えてみましょう。これには、データのスライシングやダイシングといった手法を適用することができます。この節では、これまで紹介してきたさまざまな手法を使って分析を試みます。

　このデータには所属政党の情報が付いていないため、まずこの情報を追加します。次のようにuniqueを用いて候補者の一意なリストを作ります。

```
In [187]: unique_cands = fec.cand_nm.unique()

In [188]: unique_cands
Out[188]:
array(['Bachmann, Michelle', 'Romney, Mitt', 'Obama, Barack',
       "Roemer, Charles E. 'Buddy' III", 'Pawlenty, Timothy',
```

```
        'Johnson, Gary Earl', 'Paul, Ron', 'Santorum, Rick', 'Cain, Herman',
        'Gingrich, Newt', 'McCotter, Thaddeus G', 'Huntsman, Jon',
        'Perry, Rick'], dtype=object)

In [189]: unique_cands[2]
Out[189]: 'Obama, Barack'
```

候補者ごとの所属政党を示すには、ディクショナリを使う方法が考えられます[*1]。

```
parties = {'Bachmann, Michelle': 'Republican',
           'Cain, Herman': 'Republican',
           'Gingrich, Newt': 'Republican',
           'Huntsman, Jon': 'Republican',
           'Johnson, Gary Earl': 'Republican',
           'McCotter, Thaddeus G': 'Republican',
           'Obama, Barack': 'Democrat',
           'Paul, Ron': 'Republican',
           'Pawlenty, Timothy': 'Republican',
           'Perry, Rick': 'Republican',
           "Roemer, Charles E. 'Buddy' III": 'Republican',
           'Romney, Mitt': 'Republican',
           'Santorum, Rick': 'Republican'}
```

　これで候補者名に対してその所属政党を決められるようになりました。このディクショナリをシリーズオブジェクトに適用し、所属政党情報を追加します。

```
# ある連続した5レコードの候補者情報
In [191]: fec.cand_nm[123456:123461]
Out[191]:
123456    Obama, Barack
123457    Obama, Barack
123458    Obama, Barack
123459    Obama, Barack
123460    Obama, Barack
Name: cand_nm, dtype: object

# 連続した5レコードの候補者情報それぞれに所属政党情報をマッピング
In [192]: fec.cand_nm[123456:123461].map(parties)
Out[192]:
123456    Democrat
123457    Democrat
123458    Democrat
123459    Democrat
123460    Democrat
Name: cand_nm, dtype: object
```

[*1]　原注：後に所属政党を変え、リバタリアン党の所属となったGary Johnsonについて、ここでは単に共和党の所属として定義しています。

```
# シリーズオブジェクト全体にマッピング
In [193]: fec['party'] = fec.cand_nm.map(parties)

In [194]: fec['party'].value_counts()
Out[194]:
Democrat      593746
Republican    407985
Name: party, dtype: int64
```

ここでデータの下準備をもう少し進めておきます。まずこのデータには、寄付金額に正の値と負の値が混在しています。負の寄付金額は返金を示します。

```
In [195]: (fec.contb_receipt_amt > 0).value_counts()
Out[195]:
True     991475
False     10256
Name: contb_receipt_amt, dtype: int64
```

今回は話を簡単にするため、負の寄付金額をデータセットから除外します。

```
In [196]: fec = fec[fec.contb_receipt_amt > 0]
```

次に、今回の選挙で大勢を占めていたのはBarak ObamaとMitt Romneyの二氏でしたので、この二人に対するサブセットを作成します。

```
In [197]: fec_mrbo = fec[fec.cand_nm.isin(['Obama, Barack', 'Romney, Mitt'])]
```

14.5.1　職業別・雇用者別の寄付の分析

よくある分析の一例として、職業別の寄付について調べたいと思います。例えば弁護士は民主党に寄付し、一方で企業役員は共和党に寄付するようです。この見立てが信じられるかどうかはデータが教えてくれます。最初に職業別の総寄付金額を算出してみましょう。

```
In [198]: fec.contbr_occupation.value_counts()[:10]
Out[198]:
RETIRED                                 233990
INFORMATION REQUESTED                    35107
ATTORNEY                                 34286
HOMEMAKER                                29931
PHYSICIAN                                23432
INFORMATION REQUESTED PER BEST EFFORTS   21138
ENGINEER                                 14334
TEACHER                                  13990
CONSULTANT                               13273
PROFESSOR                                12555
Name: contbr_occupation, dtype: int64
```

これらの職業を観察すると、その多くが同一の基本的な職業で表現できることに気付きます。ある

職業に対して複数の変種がある、と言い換えてもよいでしょう。次のスニペットではいくつかの職業を例に取り、似た表現のものをまとめています。このとき、マッピングの際に該当するエントリがない場合にキーをそのまま返す、いわば「パススルー」動作となるように dict.get を定義した[*1] ことに注意してください。

```
occ_mapping = {
    'INFORMATION REQUESTED PER BEST EFFORTS' : 'NOT PROVIDED',
    'INFORMATION REQUESTED' : 'NOT PROVIDED',
    'INFORMATION REQUESTED (BEST EFFORTS)' : 'NOT PROVIDED',
    'C.E.O.': 'CEO'
}

# マッピングできない場合はxを返す
f = lambda x: occ_mapping.get(x, x)
fec.contbr_occupation = fec.contbr_occupation.map(f)
```

雇用者についても同様の操作を実施します。

```
emp_mapping = {
    'INFORMATION REQUESTED PER BEST EFFORTS' : 'NOT PROVIDED',
    'INFORMATION REQUESTED' : 'NOT PROVIDED',
    'SELF' : 'SELF-EMPLOYED',
    'SELF EMPLOYED' : 'SELF-EMPLOYED',
}

# マッピングできない場合はxを返す
f = lambda x: emp_mapping.get(x, x)
fec.contbr_employer = fec.contbr_employer.map(f)
```

そうしたら pivot_table を用いてデータを職業と支持政党で分類し、さらに寄付金額が200万ドル以上という条件で絞り込みます。

```
In [201]: by_occupation = fec.pivot_table('contb_receipt_amt',
    .....:                                 index='contbr_occupation',
    .....:                                 columns='party', aggfunc='sum')

In [202]: over_2mm = by_occupation[by_occupation.sum(1) > 2000000]

In [203]: over_2mm
Out[203]:
party                    Democrat     Republican
contbr_occupation
ATTORNEY             11141982.97    7.477194e+06
CEO                   2074974.79    4.211041e+06
CONSULTANT            2459912.71    2.544725e+06
```

[*1]　訳注：dict.get(k,d) は、dict に k のエントリがあればそれを返し、なければ d を返します。このため occ_mapping. get(x, x) は、occ_mapping に x のエントリがない場合に x そのものを返す（パススルー）という意味になります。

```
ENGINEER              951525.55   1.818374e+06
EXECUTIVE            1355161.05   4.138850e+06
...                         ...            ...
PRESIDENT           1878509.95   4.720924e+06
PROFESSOR           2165071.08   2.967027e+05
REAL ESTATE          528902.09   1.625902e+06
RETIRED            25305116.38   2.356124e+07
SELF-EMPLOYED        672393.40   1.640253e+06
[17 rows x 2 columns]
```

この結果を見やすくするために横棒グラフで表示したものを**図14-12**に示します。barhは横棒
（horizontal bar）を意味することに注意してください。

```
In [205]: over_2mm.plot(kind='barh')
```

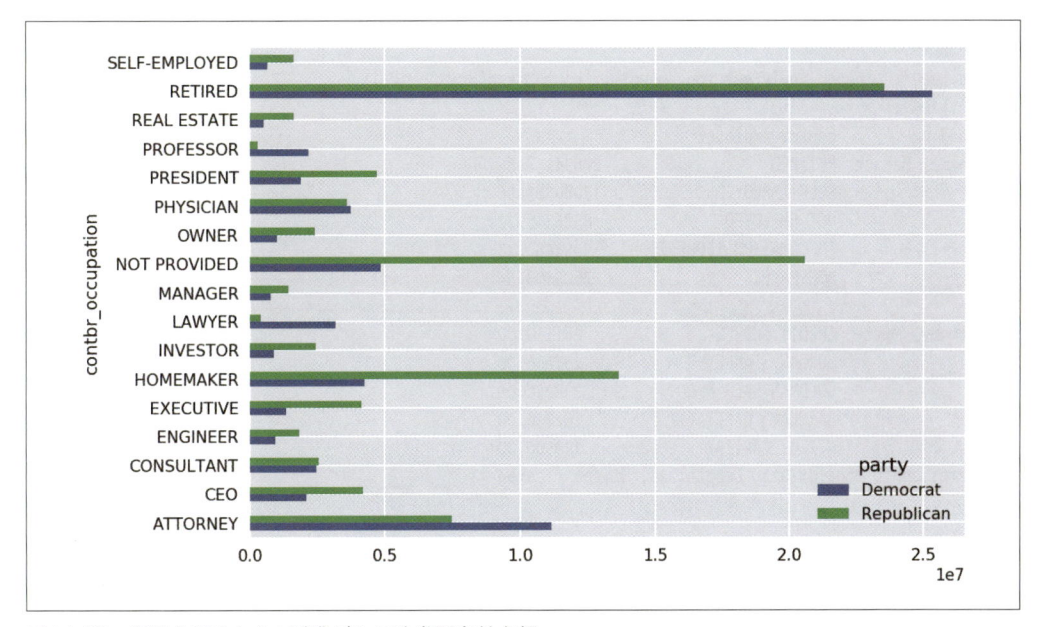

図14-12　寄付金額の大きな職業ごとの政党別寄付金額

さらにObama氏やRomney氏への寄付金額の上位を占めた職業や会社について調査を進めます。
候補者名でグループ化したデータに対し上位の何件かを抽出できるよう、この章の前半で紹介した
nlargestを用いて関数定義します。

```
def get_top_amounts(group, key, n=5):
    totals = group.groupby(key)['contb_receipt_amt'].sum()
    return totals.nlargest(n)
```

データを職業、雇用者名のそれぞれでまとめた後、上位のものを何件か表示します。

```
In [207]: grouped = fec_mrbo.groupby('cand_nm')
```

```
In [208]: grouped.apply(get_top_amounts, 'contbr_occupation', n=7)
Out[208]:
cand_nm         contbr_occupation
Obama, Barack   RETIRED                 25305116.38
                ATTORNEY                11141982.97
                INFORMATION REQUESTED    4866973.96
                HOMEMAKER                4248875.80
                PHYSICIAN                3735124.94
                                            ...
Romney, Mitt    HOMEMAKER                8147446.22
                ATTORNEY                 5364718.82
                PRESIDENT                2491244.89
                EXECUTIVE                2300947.03
                C.E.O.                   1968386.11
Name: contb_receipt_amt, Length: 14, dtype: float64

In [209]: grouped.apply(get_top_amounts, 'contbr_employer', n=10)
Out[209]:
cand_nm         contbr_employer
Obama, Barack   RETIRED                 22694358.85
                SELF-EMPLOYED           17080985.96
                NOT EMPLOYED             8586308.70
                INFORMATION REQUESTED    5053480.37
                HOMEMAKER                2605408.54
                                            ...
Romney, Mitt    CREDIT SUISSE            281150.00
                MORGAN STANLEY           267266.00
                GOLDMAN SACH & CO.       238250.00
                BARCLAYS CAPITAL         162750.00
                H.I.G. CAPITAL           139500.00
Name: contb_receipt_amt, Length: 20, dtype: float64
```

14.5.2　寄付金額ごとの分析

　さらに分析を進めます。このデータを離散化するのに、寄付金額の量で分割することを考えます。これにはpandasのcut関数を用います。

```
In [210]: bins = np.array([0, 1, 10, 100, 1000, 10000,
    .....:                  100000, 1000000, 10000000])

In [211]: labels = pd.cut(fec_mrbo.contb_receipt_amt, bins)

In [212]: labels
Out[212]:
411      (10, 100]
412      (100, 1000]
413      (100, 1000]
414      (10, 100]
```

```
415             (10, 100]
                   ...
701381          (10, 100]
701382         (100, 1000]
701383           (1, 10]
701384          (10, 100]
701385         (100, 1000]
Name: contb_receipt_amt, Length: 694282, dtype: category
Categories (8, interval[int64]): [(0, 1] < (1, 10] < (10, 100] < (100, 1000] < (1
000, 10000] <
                            (10000, 100000] < (100000, 1000000] < (1000000,
  10000000]]
```

　ここで定義した寄付金額の枠ごとに、Obama氏とRomney氏のそれぞれでグループ化して集計すると次の度数分布を得ます。

```
In [213]: grouped = fec_mrbo.groupby(['cand_nm', labels])

In [214]: grouped.size().unstack(0)
Out[214]:
cand_nm                 Obama, Barack  Romney, Mitt
contb_receipt_amt
(0, 1]                          493.0          77.0
(1, 10]                       40070.0        3681.0
(10, 100]                    372280.0       31853.0
(100, 1000]                  153991.0       43357.0
(1000, 10000]                 22284.0       26186.0
(10000, 100000]                   2.0           1.0
(100000, 1000000]                 3.0           NaN
(1000000, 10000000]               4.0           NaN
```

　この結果から、Obama氏が受けた少額の寄付は、Romney氏に比べて極めて多数だったということがわかります。さらに両氏の寄付の割合を寄付金額の枠ごとに計算し、図示してみましょう。これには正規化してパーセンテージ表記に変換します。この結果を**図14-13**に示します。

```
In [216]: bucket_sums = grouped.contb_receipt_amt.sum().unstack(0)

In [217]: normed_sums = bucket_sums.div(bucket_sums.sum(axis=1), axis=0)

In [218]: normed_sums
Out[218]:
cand_nm                 Obama, Barack  Romney, Mitt
contb_receipt_amt
(0, 1]                       0.805182      0.194818
(1, 10]                      0.918767      0.081233
(10, 100]                    0.910769      0.089231
(100, 1000]                  0.710176      0.289824
(1000, 10000]                0.447326      0.552674
(10000, 100000]              0.823120      0.176880
```

```
(100000, 1000000]        1.000000        NaN
(1000000, 10000000]      1.000000        NaN

In [219]: normed_sums[:-2].plot(kind='barh')
```

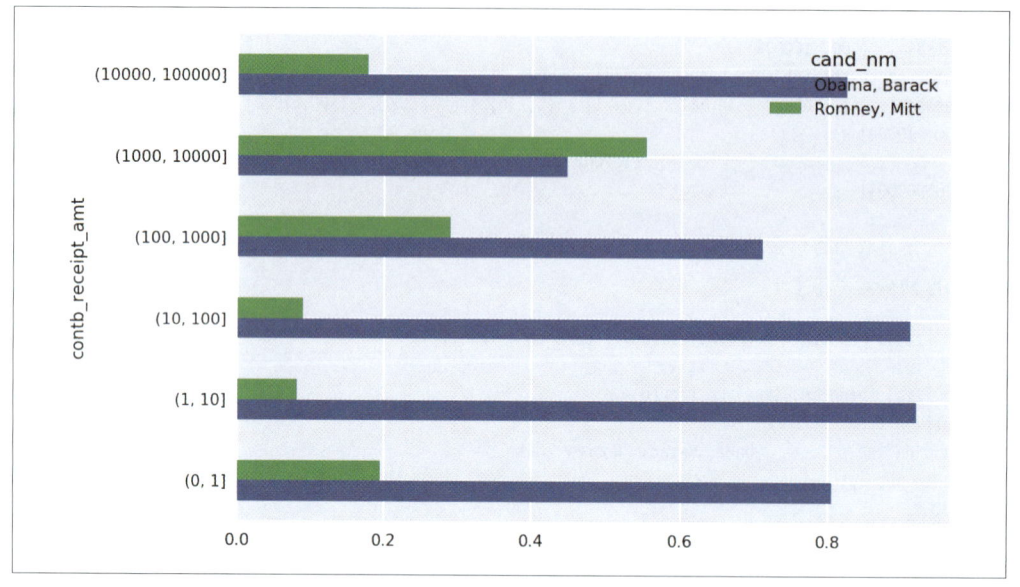

図14-13　寄付金額の枠ごとの候補者別の寄付の割合

　寄付金額枠の上位2つは個人のものでないため除外しました。

　さらにこの分析を改良するのに、さまざまな方法が考えられます。例えば、少額の多数の寄付をした人々がおり、一方で一度（もしくは数度）の大きな寄付をした人々がいます。これらを比較できるよう、寄付を提供者名と郵便番号で集計することが考えられるでしょう。ぜひデータをダウンロードし、手を動かして分析してみることをお勧めします。

14.5.3　州ごとの寄付の分析

　このデータを候補者別、かつ州ごとに集計してみましょう。もはやルーチンに近い手順になってきたでしょうか。

```
In [220]: grouped = fec_mrbo.groupby(['cand_nm', 'contbr_st'])

In [221]: totals = grouped.contb_receipt_amt.sum().unstack(0).fillna(0)

In [222]: totals = totals[totals.sum(1) > 100000]

In [223]: totals[:10]
Out[223]:
cand_nm      Obama, Barack   Romney, Mitt
```

```
contbr_st
AK            281840.15         86204.24
AL            543123.48        527303.51
AR            359247.28        105556.00
AZ           1506476.98       1888436.23
CA          23824984.24      11237636.60
CO           2132429.49       1506714.12
CT           2068291.26       3499475.45
DC           4373538.80       1025137.50
DE            336669.14         82712.00
FL           7318178.58       8338458.81
```

この結果に対し、州ごとの寄付金額の和を計算し、その値でそれぞれの列を割ると、州ごとに正規化したパーセンテージ表記を得ることができます。

```
In [224]: percent = totals.div(totals.sum(1), axis=0)

In [225]: percent[:10]
Out[225]:
cand_nm     Obama, Barack  Romney, Mitt
contbr_st
AK              0.765778      0.234222
AL              0.507390      0.492610
AR              0.772902      0.227098
AZ              0.443745      0.556255
CA              0.679498      0.320502
CO              0.585970      0.414030
CT              0.371476      0.628524
DC              0.810113      0.189887
DE              0.802776      0.197224
FL              0.467417      0.532583
```

14.6　まとめ

ここまでで、ついにこの本の最後に到達したことになります。以降、いくつかの有用なトピックスを選び、付録として記しています。

この本の初版が世に出てから5年が過ぎ、Pythonは特にデータ分析の分野で広く知れ渡る言語となりました。ここまでの道のりで学習したプログラミングスキルは、将来にわたって長く読者を支えてくれることでしょう。この本で紹介したプログラミングツールやライブラリが読者の助けになることを願っています。

付録A
NumPy：応用編

この付録では、配列計算ライブラリNumPyのさらに深い部分を見ていきます。具体的には、ndarray型の詳細な内部構造や、高度な配列操作やアルゴリズムなどです。

この付録には多岐にわたるトピックが含まれているため、頭から順に読んでいく必要はありません。

A.1　ndarrayオブジェクトの内部構造

NumPyのndarrayは、同種のデータ（連続的なデータまたはストライドデータ[*1]）の塊を多次元配列オブジェクトとして解釈する手段を与えてくれます。データの解釈方法はデータ型、つまりdtypeによって決まります。格納されているデータはdtypeの示す型、例えば浮動小数や整数、真偽値などの型として扱われることになります。

ndarrayの柔軟性を高くしている点の1つは、配列オブジェクトがすべて、データの塊の**ストライドビュー**であることです。例えば、配列のビュー arr[::2, ::-1]はデータをコピーせずにどのようにして扱っているのか、不思議に思うかもしれません。実は、ndarrayはメモリの塊とdtypeのみからなっているのではない、というのがその答えです。ndarrayは「ストライド（歩幅）」情報を持っており、刻む幅を変えながらメモリ内の配列を移動できるのです。より正確には、ndarrayは内部的に次の要素からなっています。

- **データへのポインタ**：RAM内やメモリマップファイル内の一連のデータへのポインタ
- **データ型**（dtype）：配列内の各値を格納する固定サイズのセル
- 配列の**形状**（shape）を表すタプル

---

*1　訳注：ストライドデータとは、一連の値が隣接したメモリアドレスに格納されておらず、特定の間隔を空けて格納されているデータを意味します。ストライド（stride）とは「歩幅」の意味で、一連の値を読むためにある「歩幅」でジャンプしながらアクセスする必要があるため、このように呼びます。例えば、8バイトの構造体が配列になっており、各要素の1バイト目にアクセスして回る場合は、1バイト目、9バイト目、17バイト目、……という形でストライドデータとしてアクセスすることになります。ndarrayがストライドデータとしてどのように扱われているかは、この章の後の方で見ていきます。

- **ストライドのタプル**：各次元の方向に要素を1つ進めるための「歩幅」のバイト数を表す整数値のタプル

ndarrayの内部構造の簡単な模式図については、**図A-1**を参照してください。

例えば、次のように、10×5の配列に対しては、形状の属性shapeに(10, 5)が格納されます。

```
In [10]: np.ones((10, 5)).shape
Out[10]: (10, 5)
```

また、例えば、典型的な（つまり、C型の順序の）float64（8バイト）値の3×4×5の配列であれば、ストライドは(160, 40, 8)[*1]となります（ストライドについて知っておくと計算速度の理解や改善に役立つ場合があります。というのも一般的に、ある軸のストライドが大きい場合は、その軸に沿って計算を行うためのコストが大きくなるからです）。

```
In [11]: np.ones((3, 4, 5), dtype=np.float64).strides
Out[11]: (160, 40, 8)
```

NumPyを普通に使っている分には、配列のストライドを気にする場面は多くありません。ただし、ストライドは「ゼロコピー」[*2]な配列のビューを作成する際に必要不可欠な要素です。また、ストライドが負の値を取ることもあります。ストライドに負の値を与えることで、メモリ上で配列を「後ろ」へ進むことが可能になります（ストライドが負である例として、例えばobj[::-1]やobj[:, ::-1]などのスライスを考えるとよいでしょう）。

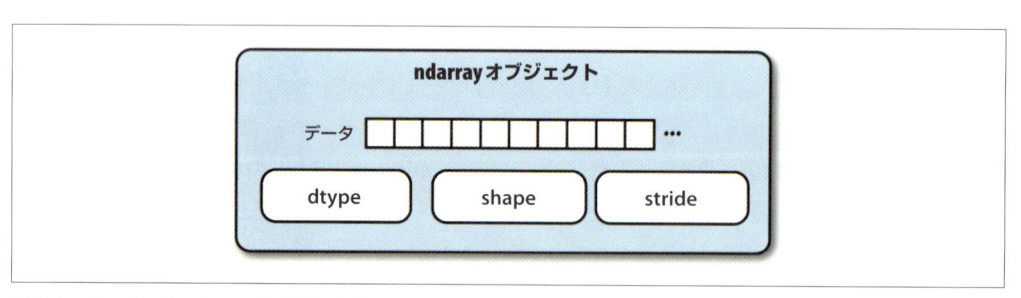

図A-1 NumPyのndarrayオブジェクト

A.1.1 NumPy dtypeの階層構造

コードを書いていると、その配列のデータ型を確認しなければならないことがあります。そのデータは整数や浮動小数、あるいは文字列やPythonオブジェクトかもしれません。データ型の特定を考えるために、例えば浮動小数型について考えてみましょう。浮動小数型には具体的な型として何種

[*1] 訳注：それぞれの数値の意味は、160 = 4×5×8、40 = 5×8、8です。8はfloat64の一歩分で進める距離（バイト数）です。5×8 = 40はfloat64の5歩分に相当し、4×5×8 = 160はfloat64の4×5歩分に相当します。

[*2] 訳注：パフォーマンスを意識したコンピューティングの世界でよく用いられる言葉です。大規模なデータのコピーはメモリを消費しオーバーヘッドとなるので、パフォーマンスの高い処理を行う際には避けたい操作です。

も（float16からfloat128まで）あります。この場合に、浮動小数型のリストを用意しておき、配列の dtypeがそのリストのどれかと一致するかを調べる、というのは、かなり冗長なやり方でしょう。う れしいことに、このようなことをしなくても、dtypeにはnp.integerやnp.floatingといったスーパー クラスがあります。具体的な型がスーパークラスに属するかどうかの判定には、次の例のように関数 np.issubdtypeを用います。

```
In [12]: ints = np.ones(10, dtype=np.uint16)

In [13]: floats = np.ones(10, dtype=np.float32)

In [14]: np.issubdtype(ints.dtype, np.integer)
Out[14]: True

In [15]: np.issubdtype(floats.dtype, np.floating)
Out[15]: True
```

また、特定のdtypeのmroメソッド[*1]を呼び出すと、その型の親クラスをすべて見ることもできま す[*2]。

```
In [16]: np.float64.mro()
Out[16]:
[numpy.float64,
 numpy.floating,
 numpy.inexact,
 numpy.number,
 numpy.generic,
 float,
 object]
```

mroメソッドの結果から、整数型や浮動小数型の親クラスとしてnp.numberがありそうです。先ほど のnp.issubdtypeで確認してみましょう。

```
In [17]: np.issubdtype(ints.dtype, np.number)
Out[17]: True
```

型の階層構造も、普通に使っている分には触れることの少ない知識かもしれません。ただ、ときどき 役立つことがあるので紹介しました。dtypeの階層構造やクラスの親子関係については、**図A-2**を参照 してください[*3]。

[*1]　訳注：mroはPython組み込みのメソッドで、mroという名前はMethod Resolution Order（メソッド解決順序）の頭文 字を取って付けられています。このメソッドの本来の役割は、多重継承において重要となる、メソッドを探索するク ラスの順序を返すことにあります。

[*2]　訳注：戻されたリストは、最初の要素がそのdtype自体、2番目の要素が親クラス、3番目の要素は2番目の要素の親 クラス、というように基本的には順に遡るリストとなっていますが、floatだけは別です。これは多重継承のためです。

[*3]　原注：一部のdtypeは、名前の末尾にアンダースコアが付いています。これは、NumPy固有の型とPython組み込み の型の名前衝突を防ぐためのものです。

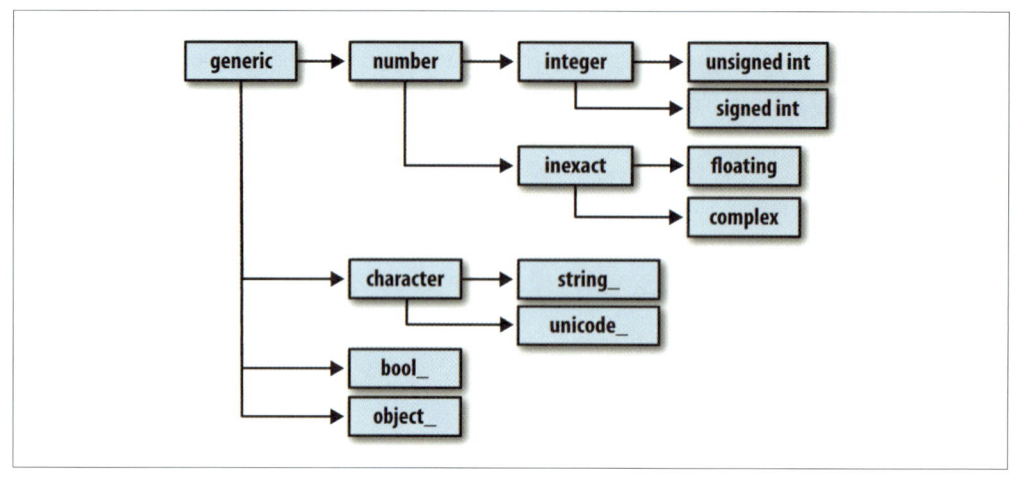

図A-2　NumPy dtypeのクラス階層構造

A.2　配列操作：応用編

これまで見てきたファンシーインデックス参照、スライシング、真偽値を用いたサブセットの取り出しといった操作以外にも、配列を操作する方法はたくさんあります。データ分析アプリケーションの多くの仕事は、pandasの高レベル関数が担ってくれます。しかしある時点に到達すると、既存のライブラリではまかなえない、独自のデータアルゴリズムを書く必要が出てくるでしょう。

A.2.1　配列の形状の再成形

配列を別の形状に再成形するのに、多くの場合、データをコピーする必要はありません。配列を再成形するためには、配列インスタンスのreshapeメソッドに、新しい形状を示すタプルを渡します。例えば、次のような1次元配列を行列として再編成したいとします（**図A-3**に模式図を示します）。

```
In [18]: arr = np.arange(8)

In [19]: arr
Out[19]: array([0, 1, 2, 3, 4, 5, 6, 7])

In [20]: arr.reshape((4, 2))
Out[20]:
array([[0, 1],
       [2, 3],
       [4, 5],
       [6, 7]])
```

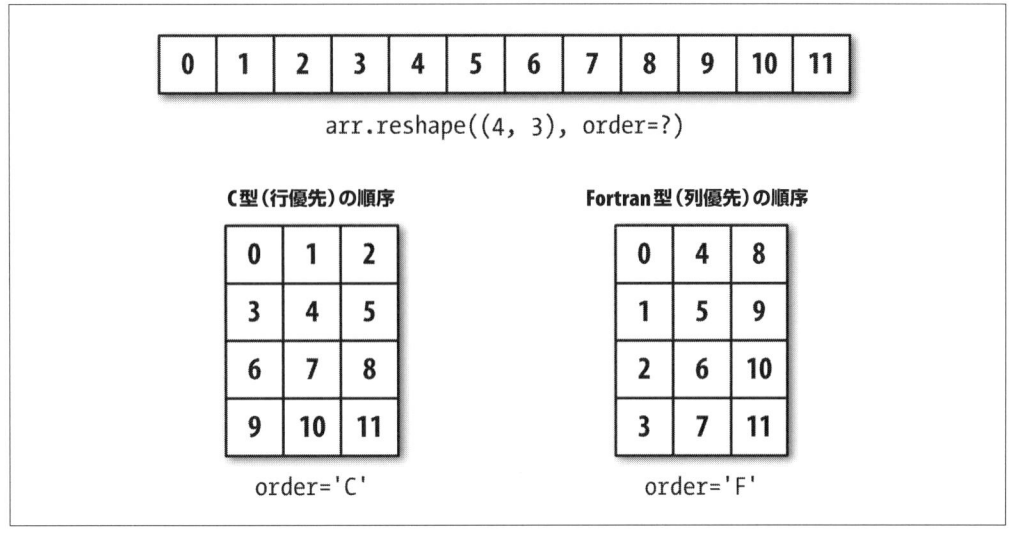

図A-3　C型（行優先）の順序とFortran型（列優先）の順序での再成形

　元の行列は1次元である必要はありません。多次元配列も再成形できます。

```
In [21]: arr.reshape((4, 2)).reshape((2, 4))
Out[21]:
array([[0, 1, 2, 3],
       [4, 5, 6, 7]])
```

　形状を定める次元の1つに−1を指定することもできます。このとき、その次元の要素数はデータから推測されます[*1]。

```
In [22]: arr = np.arange(15)

In [23]: arr.reshape((5, -1))
Out[23]:
array([[ 0,  1,  2],
       [ 3,  4,  5],
       [ 6,  7,  8],
       [ 9, 10, 11],
       [12, 13, 14]])
```

　配列のshape属性はタプルなので、そのままreshapeに渡すこともできます。

```
In [24]: other_arr = np.ones((3, 5))

In [25]: other_arr.shape
Out[25]: (3, 5)
```

[*1]　訳注：例では1次元15要素の配列を2次元配列に再成形していますが、その際に(5, -1)を渡して2次元目をNumPyに推測させています。15÷5＝3なので、結果として得られた配列は(5, 3)です。

```
In [26]: arr.reshape(other_arr.shape)
Out[26]:
array([[ 0,  1,  2,  3,  4],
       [ 5,  6,  7,  8,  9],
       [10, 11, 12, 13, 14]])
```

これまでは1次元から高次元への変換操作を見てきました。その逆の操作は、**平坦化**（flattening）や**レイベリング**（raveling）[1]と呼ばれるものです。NumPyにはインスタンスメソッドflattenとravelが用意されています。

```
In [27]: arr = np.arange(15).reshape((5, 3))

In [28]: arr
Out[28]:
array([[ 0,  1,  2],
       [ 3,  4,  5],
       [ 6,  7,  8],
       [ 9, 10, 11],
       [12, 13, 14]])

In [29]: arr.ravel()
Out[29]: array([ 0,  1,  2,  3,  4,  5,  6,  7,  8,  9, 10, 11, 12, 13, 14])
```

ravelメソッドは、戻す配列に格納する各値データがもともとの配列において連続している場合は、内部の値データのコピーを作成しません。一方、flattenメソッドの動作はravelと基本的に同じですが、必ずデータのコピーを戻します。

```
In [30]: arr.flatten()
Out[30]: array([ 0,  1,  2,  3,  4,  5,  6,  7,  8,  9, 10, 11, 12, 13, 14])
```

配列データを再成形するとき、あるいは平坦化するとき、要素の処理順序を指定することができます。これは特にNumPyの初学者には難しい話題であるため、次の節でしっかり説明することにします。

A.2.2　C型の順序とFortran型の順序

NumPyではメモリ上のデータの配置を柔軟に制御できます。デフォルトでは、NumPyの配列は**行優先**の順序で作成されます。これはメモリ空間的に見れば、2次元配列のデータがあったとすると、配列の各行に入っている値同士がメモリ上の隣接した位置に格納される、という意味です。もう1つの並べ方は、**列優先**の順序で格納する方法です。こちらの並べ方では、データの各列に含まれる値がメモリ上の隣接した位置に格納されます。

歴史的経緯により、行優先の順序はC型の順序、列優先の順序はFortran型の順序とも呼ばれます。FORTRAN 77の時代には、行列はすべて列優先でした。

reshapeやravelといった関数には、配列内でのデータの配置にどの順序を適用するかを指定する

---

[1]　ravelは「ほどく」「解きほぐす」といった意味。

order引数を与えることができます。この引数に設定する値は、通常は'C'か'F'です（あまり使われないオプションとして'A'や'K'もあります。詳しくはNumPyのドキュメントを参照してください。また、これらのオプションによる変化を、先ほどの**図A-3**で説明しています）。次の例では、ravelの処理順序を変えた結果を比較しています。

```
In [31]: arr = np.arange(12).reshape((3, 4))

In [32]: arr
Out[32]:
array([[ 0,  1,  2,  3],
       [ 4,  5,  6,  7],
       [ 8,  9, 10, 11]])

In [33]: arr.ravel()
Out[33]: array([ 0,  1,  2,  3,  4,  5,  6,  7,  8,  9, 10, 11])

In [34]: arr.ravel('F')
Out[34]: array([ 0,  4,  8,  1,  5,  9,  2,  6, 10,  3,  7, 11])
```

2次元より高い次元の配列の再成形は、多少難解に感じるかもしれません（**図A-3**を参照）。C型順序とFortran型順序の違いのポイントは、どの次元を先に走査するのか、という点です。

C型、つまり行優先の順序

より高い次元を**先**にトラバースする（例えば、第0軸の処理に進む前に第1軸を処理する）。

Fortran型、つまり列優先の順序

より高い次元を**後**にトラバースする（例えば、第1軸の処理に進む前に第0軸を処理する）。

A.2.3　配列の結合と分割

numpy.concatenateは、一連の配列の並び（配列のタプル、配列のリストなど）を引数に取り、指定された軸に沿った順序で結合する関数です。第0軸と第1軸での結合の例を示します。

```
In [35]: arr1 = np.array([[1, 2, 3], [4, 5, 6]])

In [36]: arr2 = np.array([[7, 8, 9], [10, 11, 12]])

In [37]: np.concatenate([arr1, arr2], axis=0)
Out[37]:
array([[ 1,  2,  3],
       [ 4,  5,  6],
       [ 7,  8,  9],
       [10, 11, 12]])

In [38]: np.concatenate([arr1, arr2], axis=1)
Out[38]:
```

```
array([[ 1,  2,  3,  7,  8,  9],
       [ 4,  5,  6, 10, 11, 12]])
```

また、よく使われる結合方法については、コンビニエンス関数[1]としてvstackやhstackといった関数も用意されています。これらの関数を使うと、先ほどの操作は次のように書き換えることができます。

```
In [39]: np.vstack((arr1, arr2))
Out[39]:
array([[ 1,  2,  3],
       [ 4,  5,  6],
       [ 7,  8,  9],
       [10, 11, 12]])

In [40]: np.hstack((arr1, arr2))
Out[40]:
array([[ 1,  2,  3,  7,  8,  9],
       [ 4,  5,  6, 10, 11, 12]])
```

splitは軸に沿って、配列を複数の配列に分割する関数です。例を見てみましょう。

```
In [41]: arr = np.random.randn(5, 2)

In [42]: arr
Out[42]:
array([[-0.2047,  0.4789],
       [-0.5194, -0.5557],
       [ 1.9658,  1.3934],
       [ 0.0929,  0.2817],
       [ 0.769 ,  1.2464]])

In [43]: first, second, third = np.split(arr, [1, 3])

In [44]: first
Out[44]: array([[-0.2047,  0.4789]])

In [45]: second
Out[45]:
array([[-0.5194, -0.5557],
       [ 1.9658,  1.3934]])

In [46]: third
Out[46]:
array([[ 0.0929,  0.2817],
       [ 0.769 ,  1.2464]])
```

np.splitに渡された値（この例では[1, 3]）は、配列を分割する位置を指定するインデックスとして扱われます[2]。

---

[1] 訳注：他の関数を用いても書けるものの煩雑になってしまう処理を、より簡潔に記述するために用意された関数を、コンビニエンス関数と言うことがあります。メソッドの場合はコンビニエンスメソッドです。

[2] 訳注：分割位置を[1, 3]と指定し、軸を指定しなかったため、第0軸に沿って[:1]、[1:3]、[3:]からなる3つの部分に分割されています。詳しくはNumPyのドキュメントを参照してください。

結合や分割に関連するすべての関数を**表A-1**にまとめます。なお、先ほども書きましたが、一部は、非常に汎用性の高いconcatenateのコンビニエンス関数です。

表A-1　配列の結合関数

関数	説明
concatenate	最も汎用的な関数。特定の軸に沿って配列のコレクションを結合する。
vstack, row_stack_	行方向に（つまり第0軸に沿って）配列を並べる。
hstack	列方向に（つまり第1軸に沿って）配列を並べる。
column_stack	hstackと似ているが、処理前に1次元配列を2次元配列の列ベクトルに変換する。np.vstack (arr).Tと同義。
dstack	「深さ」方向に（つまり第2軸に沿って）配列を並べる。
split	特定の軸に沿って、引数で指定された位置で配列を分割する。
hsplit/vsplit	それぞれ第0軸、第1軸において分割するためのコンビニエンス関数。

A.2.3.1　配列を並べるためのヘルパー関数：r_とc_

　NumPyの名前空間には、r_とc_という2つの特殊なオブジェクトがあります[*1]。これらを使うと、配列をさらに簡単に積み重ねて（行方向や列方向に結合して）いくことができます。まず行方向に積み重ね、続いて列方向に積み重ねる例を見てみましょう。

```
In [47]: arr = np.arange(6)

In [48]: arr1 = arr.reshape((3, 2))

In [49]: arr2 = np.random.randn(3, 2)

In [50]: np.r_[arr1, arr2]
Out[50]:
array([[ 0.    ,  1.    ],
       [ 2.    ,  3.    ],
       [ 4.    ,  5.    ],
       [ 1.0072, -1.2962],
       [ 0.275 ,  0.2289],
       [ 1.3529,  0.8864]])

In [51]: np.c_[np.r_[arr1, arr2], arr]
Out[51]:
array([[ 0.    ,  1.    ,  0.    ],
       [ 2.    ,  3.    ,  1.    ],
       [ 4.    ,  5.    ,  2.    ],
       [ 1.0072, -1.2962,  3.    ],
       [ 0.275 ,  0.2289,  4.    ],
       [ 1.3529,  0.8864,  5.    ]])
```

[*1]　訳注：r_やc_には、引数のようなものが( )でなく[ ]で与えられているのに注意してください。r_もc_も関数ではないので、通常の関数やメソッドの書式と異なっています。「特殊なオブジェクト」と本文中にあるのもそのためです。

さらに r_ と c_ はスライスを配列に変換することもできます。

```
In [52]: np.c_[1:6, -10:-5]
Out[52]:
array([[  1, -10],
       [  2,  -9],
       [  3,  -8],
       [  4,  -7],
       [  5,  -6]])
```

c_ や r_ を用いてできることについてさらに詳しく知りたい場合は、docstringを参照してください。

A.2.4 要素の繰り返し：tile と repeat

配列の繰り返しや複製を用いてより大きな配列を作るためのツールとして、NumPyには、repeatとtileという2つの便利な関数が用意されています。repeatは配列内の各要素を指定した回数だけ複製して、より大きな配列を作る関数です。

```
In [53]: arr = np.arange(3)

In [54]: arr
Out[54]: array([0, 1, 2])

In [55]: arr.repeat(3)
Out[55]: array([0, 0, 0, 1, 1, 1, 2, 2, 2])
```

 MATLABなどの他の配列プログラミングフレームワークでは、配列の複製や繰り返しが多用されます。しかしNumPyでは、その必要はそれほどありません。その主な理由は、配列の複製や繰り返しのニーズをよりよく満たす手段として、NumPyには**ブロードキャスト**があるためです。ブロードキャストについては、次の節で取り上げます。

repeatに1つの整数を渡すと、各要素がその回数だけ繰り返される、というのがデフォルトの使い方です。一方で、整数の配列を渡せば、繰り返し回数を要素ごとに変化させることができます。

```
In [56]: arr.repeat([2, 3, 4])
Out[56]: array([0, 0, 1, 1, 1, 2, 2, 2, 2])
```

多次元配列に対してのrepeatは、特定の軸に沿って要素を繰り返すことになります。

```
In [57]: arr = np.random.randn(2, 2)

In [58]: arr
Out[58]:
array([[-2.0016, -0.3718],
       [ 1.669 , -0.4386]])

In [59]: arr.repeat(2, axis=0)
```

```
Out[59]:
array([[-2.0016, -0.3718],
       [-2.0016, -0.3718],
       [ 1.669 , -0.4386],
       [ 1.669 , -0.4386]])
```

注意しておく必要があるのは、軸を指定しない場合、配列が最初に平坦化されてしまう点です。この挙動は、想定する挙動とは異なるでしょう。また、1次元の場合と同様に、多次元配列を繰り返す場合にも整数の配列を渡すことができます。これにより、スライスごとに指定した回数を繰り返すことができます。

```
In [60]: arr.repeat([2, 3], axis=0)
Out[60]:
array([[-2.0016, -0.3718],
       [-2.0016, -0.3718],
       [ 1.669 , -0.4386],
       [ 1.669 , -0.4386],
       [ 1.669 , -0.4386]])

In [61]: arr.repeat([2, 3], axis=1)
Out[61]:
array([[-2.0016, -2.0016, -0.3718, -0.3718, -0.3718],
       [ 1.669 ,  1.669 , -0.4386, -0.4386, -0.4386]])
```

tileは特定の軸に沿って配列のコピーを積み重ねるためのショートカットです。イメージとしては、「タイルを敷き詰める」操作と同じだ、と視覚的に理解するのがよいでしょう。

```
In [62]: arr
Out[62]:
array([[-2.0016, -0.3718],
       [ 1.669 , -0.4386]])

In [63]: np.tile(arr, 2)
Out[63]:
array([[-2.0016, -0.3718, -2.0016, -0.3718],
       [ 1.669 , -0.4386,  1.669 , -0.4386]])
```

第2引数はタイルの枚数です。スカラー値を与えた場合、コピーの配置は列ごとではなく行ごとに行われます[*1]。tileの第2引数として、スカラー値ではなく、「タイル」のレイアウトを表すタプルも指定できます。

```
In [64]: arr
Out[64]:
array([[-2.0016, -0.3718],
```

[*1]　訳注：np.tile(arr, 2)が行ごとに、列方向に伸びているのに注意してください。次の例のnp.tile(arr, (2, 1))と比べるとよいかもしれません。

```
       [ 1.669 , -0.4386]])

In [65]: np.tile(arr, (2, 1))
Out[65]:
array([[-2.0016, -0.3718],
       [ 1.669 , -0.4386],
       [-2.0016, -0.3718],
       [ 1.669 , -0.4386]])

In [66]: np.tile(arr, (3, 2))
Out[66]:
array([[-2.0016, -0.3718, -2.0016, -0.3718],
       [ 1.669 , -0.4386,  1.669 , -0.4386],
       [-2.0016, -0.3718, -2.0016, -0.3718],
       [ 1.669 , -0.4386,  1.669 , -0.4386],
       [-2.0016, -0.3718, -2.0016, -0.3718],
       [ 1.669 , -0.4386,  1.669 , -0.4386]])
```

A.2.5　ファンシーインデックス参照の別法：takeとput

「4章　NumPyの基礎：配列とベクトル演算」で見たように、整数配列によるファンシーインデックス参照を用いると、配列のサブセットを取り出したり設定したりすることができます。

```
In [67]: arr = np.arange(10) * 100

In [68]: inds = [7, 1, 2, 6]

In [69]: arr[inds]
Out[69]: array([700, 100, 200, 600])
```

これと同じことが、ndarrayのメソッドを用いてもできます。takeとputは特定の軸に対する操作を提供する関数で、ファンシーインデックス参照と同等の機能を実現できます[*1]。

```
In [70]: arr.take(inds)
Out[70]: array([700, 100, 200, 600])

In [71]: arr.put(inds, 42)

In [72]: arr
Out[72]: array([  0,  42,  42, 300, 400, 500,  42,  42, 800, 900])

In [73]: arr.put(inds, [40, 41, 42, 43])

In [74]: arr
Out[74]: array([  0,  41,  42, 300, 400, 500,  43,  40, 800, 900])
```

---

*1　訳注：例示した2つのarr.putのうち、1つ目では指定したインデックスすべてに同じ値を設定しており、2つ目は別々の値を設定しています。この節の説明は最小限になっていますが、難しい話ではないので、実際に手を動かして引数の値を変えてみると、すんなり理解できると思います。

他の軸に対してtakeを適用する場合は、キーワード引数axisを与えます。

```
In [75]: inds = [2, 0, 2, 1]

In [76]: arr = np.random.randn(2, 4)

In [77]: arr
Out[77]:
array([[-0.5397,  0.477 ,  3.2489, -1.0212],
       [-0.5771,  0.1241,  0.3026,  0.5238]])

In [78]: arr.take(inds, axis=1)
Out[78]:
array([[ 3.2489, -0.5397,  3.2489,  0.477 ],
       [ 0.3026, -0.5771,  0.3026,  0.1241]])
```

putにはaxis引数を指定することができません。その代わりに、平坦化（C型の順序で1次元化）されたインデックスの配列を与える必要があります。したがって、第0軸以外に対して、インデックス配列を使って要素の値を一括設定する必要がある場合には、ファンシーインデックス参照を使うのが最も簡単です。

A.3　ブロードキャスト

ブロードキャストとは、形状の異なる2つの配列の間での算術演算のことを言います。この機能は使いこなせれば強力なのですが、経験の豊かなユーザでも混乱しがちな機能でもあります。ブロードキャストの最も単純な例は、スカラー値と配列を結合する場合です。

```
In [79]: arr = np.arange(5)

In [80]: arr
Out[80]: array([0, 1, 2, 3, 4])

In [81]: arr * 4
Out[81]: array([ 0,  4,  8, 12, 16])
```

この場合、「乗算演算において、配列arrの要素すべてにスカラー値4が、**ブロードキャストされた**」などと表現します。

例えば、配列の各列から平均値を引くと、要素が含まれている列の平均からの差分を求めることができます。この場合は非常に単純です[*1]。

```
In [82]: arr = np.random.randn(4, 3)
```

[*1]　訳注：最後の行の結果が示しているように、いずれの列も、「列内の各要素の平均からの差分」の平均は0になります。平均値の和は全要素の値の和に等しいため、「平均値からの差分」の和は0になりますので、それを要素数で割った「平均からの差分の平均」も0になります。

```
In [83]: arr.mean(0)
Out[83]: array([-0.3928, -0.3824, -0.8768])

In [84]: demeaned = arr - arr.mean(0)

In [85]: demeaned
Out[85]:
array([[ 0.3937,  1.7263,  0.1633],
       [-0.4384, -1.9878, -0.9839],
       [-0.468 ,  0.9426, -0.3891],
       [ 0.5126, -0.6811,  1.2097]])

In [86]: demeaned.mean(0)
Out[86]: array([-0.,  0., -0.])
```

　ブロードキャスト操作のイメージは**図A-4**を見てください。ただし、後ほどしっかり見ていきますが、ブロードキャスト操作で（各列ではなく）各行の平均からの差分を求める場合は注意が必要です。幸い、配列のあらゆる次元に対して低次元な値をブロードキャストする操作（2次元配列の各列から行の平均値を引くなど）は、規則に従っている限りは適用可能です。

　ここで、その規則を確認しておきましょう。

ブロードキャストの規則

　2つの配列に対してブロードキャストが適用できる条件は、両配列の最も高い次元から低い方向へ、対応する次元をそれぞれ調べていった場合に、両者の配列の長さが一致しているか一方の配列の長さが1であることです。この場合、ブロードキャストは、一方に存在しない次元や長さが1の次元に適用されます。

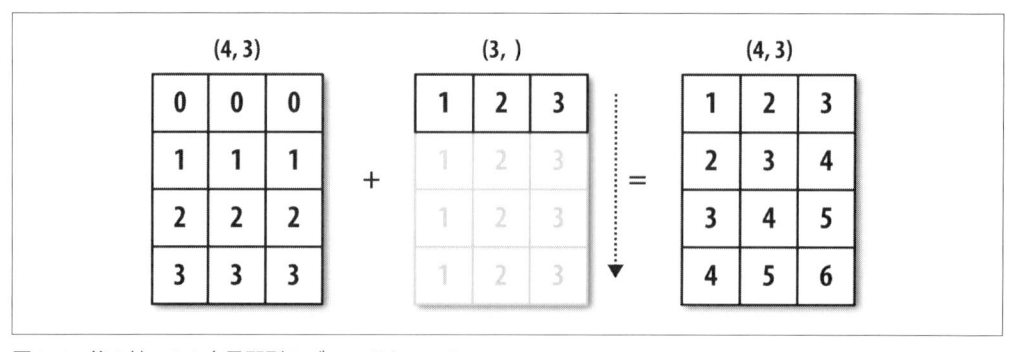

図A-4　第0軸への1次元配列のブロードキャスト

これは文章の説明だけでは少しわかりにくいので、例で示しましょう。(2, 3, 1)という形状の3次元配列aと(3, 4)という形状の2次元配列bの場合、対応次元は次元の高い方から見ていき、aの第2軸(配列長1)とbの第1軸(配列長4)、aの第1軸(配列長3)とbの第0軸(配列長3)になります。両方とも条件に一致しているのでブロードキャストが適用されます。aで長さが1となっている第2軸は、bの第1軸の数だけ要素が補われて4つになります。また、aの第0軸に対応する軸はbにはないので、これはaの第0軸の要素の数(2つ)だけ補われます。aとbの演算の出力の形状は(2, 3, 4)となります。

次のようにa + bの加算を行うと、まず、aの第2軸がbの第1軸に対応するように要素が補われて4つになり、またaの第0軸に対応する軸がbに追加されます。np.tile(a, (1, 1, 4))とnp.tile([b], (2, 1, 1))を加算するのをイメージするとわかりやすいかもしれません。

```
In [1]: a = np.array([[[1],[2],[3]], [[4],[5],[6]]])

In [2]: a
Out[2]:
array([[[1],
        [2],
        [3]],

       [[4],
        [5],
        [6]]])

In [3]: a.shape
Out[3]: (2, 3, 1)

In [4]: b = np.array([[1, 2, 3, 4], [5, 6, 7, 8], [9, 10, 11, 12]])

In [5]: b
Out[5]:
array([[ 1,  2,  3,  4],
       [ 5,  6,  7,  8],
       [ 9, 10, 11, 12]])

In [6]: b.shape
Out[6]: (3, 4)

In [7]: a + b
Out[7]:
array([[[ 2,  3,  4,  5],
        [ 7,  8,  9, 10],
        [12, 13, 14, 15]],

       [[ 5,  6,  7,  8],
        [10, 11, 12, 13],
        [15, 16, 17, 18]]])

In [8]: np.tile(a, (1, 1, 4))
Out[8]:
array([[[1, 1, 1, 1],
        [2, 2, 2, 2],
        [3, 3, 3, 3]],
```

```
       [[4, 4, 4, 4],
        [5, 5, 5, 5],
        [6, 6, 6, 6]]])

In [9]: np.tile([b], (2, 1, 1))
Out[9]:
array([[[ 1,  2,  3,  4],
        [ 5,  6,  7,  8],
        [ 9, 10, 11, 12]],

       [[ 1,  2,  3,  4],
        [ 5,  6,  7,  8],
        [ 9, 10, 11, 12]]])

In [10]: np.tile(a, (1, 1, 4)) + np.tile([b], (2, 1, 1))
Out[10]:
array([[[ 2,  3,  4,  5],
        [ 7,  8,  9, 10],
        [12, 13, 14, 15]],

       [[ 5,  6,  7,  8],
        [10, 11, 12, 13],
        [15, 16, 17, 18]]])
```

　著者はNumPy経験が豊富な方だと思います。しかしそんな著者でさえも、ブロードキャストの規則については、少し立ち止まって図を描きながら考えざるをえないことがしばしばあります。先ほどの平均値を引く例で、各列ではなく各行から平均値を引きたいとしましょう。arr.mean(0)の長さは3、arrの対応次元（第1軸）の長さも3で一致するので、第0軸に対してはブロードキャストを適用できます。しかしブロードキャストの規則により、第1軸から引くためには（つまり各行から行の平均値を引くためには）、小さな方の配列の形状は(4, 1)でなければいけません[1]。

```
In [87]: arr
Out[87]:
array([[ 0.0009,  1.3438, -0.7135],
       [-0.8312, -2.3702, -1.8608],
       [-0.8608,  0.5601, -1.2659],
       [ 0.1198, -1.0635,  0.3329]])

In [88]: row_means = arr.mean(1)

In [89]: row_means.shape
Out[89]: (4,)

In [90]: row_means.reshape((4, 1))
Out[90]:
array([[ 0.2104],
```

---

[1]　訳注：実行例の通り、arr.mean(1)の形状は(4,)なので、(4, 3)と(4,)に対して演算を行うことになってしまい、ブロードキャストが適用できません。(4,)を(4, 1)に再成形することで、(4, 3)と(4, 1)に演算を行う形にしてあげれば、ブロードキャストを適用できます。

```
            [-1.6874],
            [-0.5222],
            [-0.2036]])

In [91]: demeaned = arr - row_means.reshape((4, 1))

In [92]: demeaned.mean(1)
Out[92]: array([ 0., -0.,  0.,  0.])
```

この操作の説明については**図A-5**を見てください。

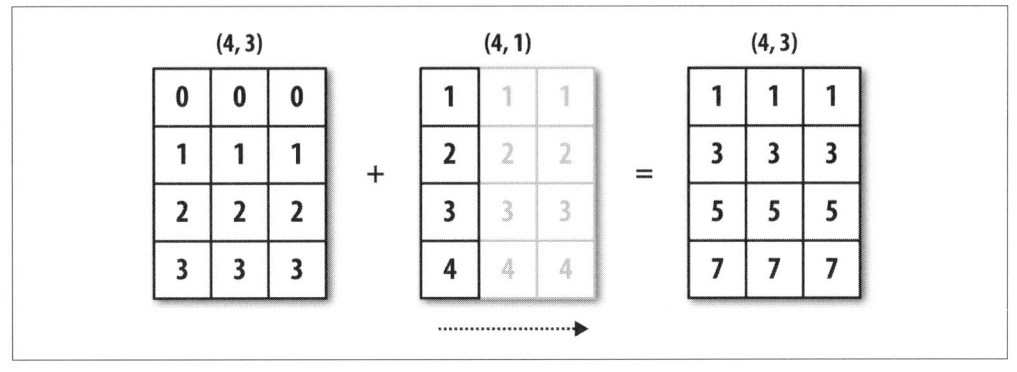

図A-5　2次元配列の第1軸へのブロードキャスト

別の例が**図A-6**にあります。ここでは、3次元配列の第0軸に2次元配列を加える例を示しています。

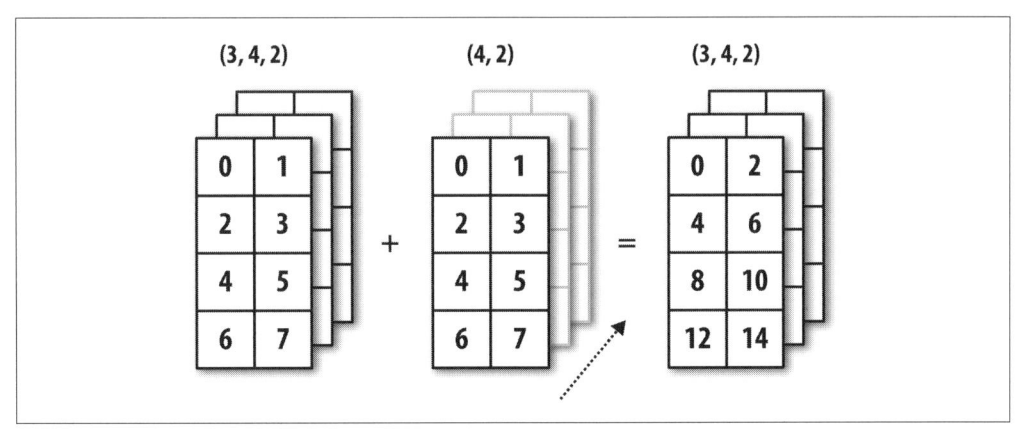

図A-6　3次元配列の第0軸へのブロードキャスト

A.3.1　他の軸へのブロードキャスト

　もっと高次元の配列にブロードキャストを適用することもできます。さらに混乱してしまいそうですが、実は先ほどの規則に従うことだけ考えていれば問題ありません。規則に従っていない場合は、次

のようなエラーになります。

```
In [93]: arr - arr.mean(1)
---------------------------------------------------------------------
ValueError                                Traceback (most recent call last)
<ipython-input-93-7b87b85a20b2> in <module>()
----> 1 arr - arr.mean(1)
ValueError: operands could not be broadcast together with shapes (4,3) (4,)
```

ある低次元配列を用いた算術演算を、第0軸以外の軸に対して行いたい、ということは非常によくあります。ブロードキャストの規則に基づいて考えると、小さな方の配列では「ブロードキャストの次元」が1でなければなりません。先ほどの各行から平均値を引く例では、行の平均値の配列を(4,)から(4, 1)に再成形したのがこれに当たります。

```
In [94]: arr - arr.mean(1).reshape((4, 1))
Out[94]:
array([[-0.2095,  1.1334, -0.9239],
       [ 0.8562, -0.6828, -0.1734],
       [-0.3386,  1.0823, -0.7438],
       [ 0.3234, -0.8599,  0.5365]])
```

3次元配列の場合も、3つの次元のいずれかへのブロードキャストは、形状が規則に従うようデータを再成形してやりさえすれば問題ありません。**図A-7**は、3次元配列の各軸へのブロードキャストに必要となる形状を、うまく可視化しています。

したがって、ブロードキャストだけのために、長さが1の新たな軸を追加する必要が出てくる、という問題がよく起きます。reshapeを用いるのが1つの選択肢ですが、軸を挿入するとなると、新たな形状を表すタプルを作る必要があります。これは大抵、手の運動にしかなりません。そこでNumPyでは、インデックス参照を使って新たな軸を挿入できる特殊な構文が提供されています。次のように、np.newaxisという特殊な属性を「完全な」スライス(:)とともに用いると、新たな軸を挿入できます。

```
In [95]: arr = np.zeros((4, 4))

In [96]: arr_3d = arr[:, np.newaxis, :]

In [97]: arr_3d.shape
Out[97]: (4, 1, 4)

In [98]: arr_1d = np.random.normal(size=3)

In [99]: arr_1d[:, np.newaxis]
Out[99]:
array([[-2.3594],
       [-0.1995],
       [-1.542 ]])

In [100]: arr_1d[np.newaxis, :]
Out[100]: array([[-2.3594, -0.1995, -1.542 ]])
```

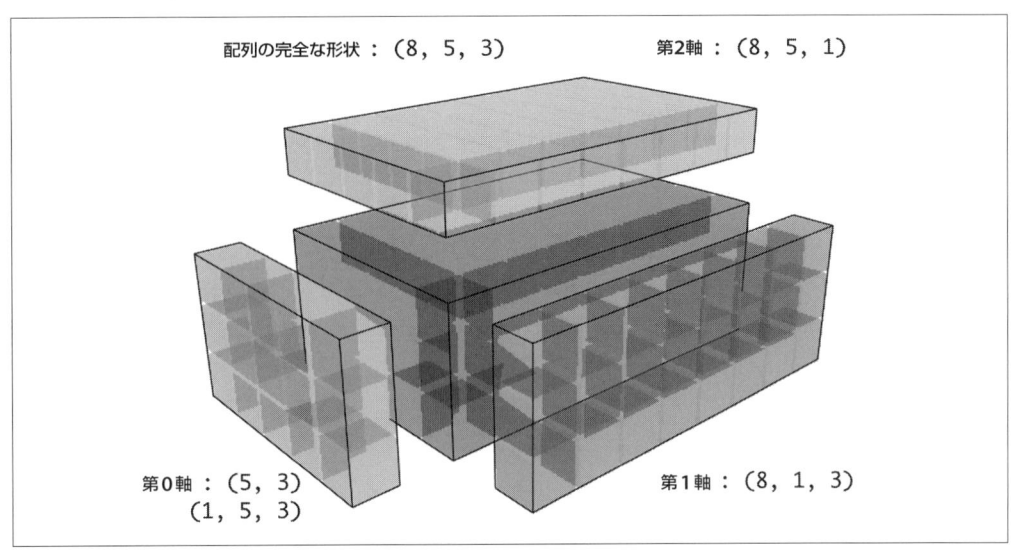

図A-7　3次元配列に対してブロードキャストできる2次元配列の形状

　したがって、例えば3次元配列の第2軸の平均からの差分を求めたい場合は、次のように書くだけで
よいのです。

```
In [101]: arr = np.random.randn(3, 4, 5)

In [102]: depth_means = arr.mean(2)

In [103]: depth_means
Out[103]:
array([[-0.4735,  0.3971, -0.0228,  0.2001],
       [-0.3521, -0.281 , -0.071 , -0.1586],
       [ 0.6245,  0.6047,  0.4396, -0.2846]])

In [104]: depth_means.shape
Out[104]: (3, 4)

In [105]: demeaned = arr - depth_means[:, :, np.newaxis]

In [106]: demeaned.mean(2)
Out[106]:
array([[ 0.,  0., -0., -0.],
       [ 0.,  0., -0.,  0.],
       [ 0.,  0., -0., -0.]])
```

　パフォーマンスを犠牲にせずに、ある軸の平均からの差分を求める計算を一般化する方法はないの
か、と思うかもしれません。実はあるのですが、インデックス操作の修行が必要になります。

```
def demean_axis(arr, axis=0):
```

```
means = arr.mean(axis)

# [:, :, np.newaxis]のようなものをN次元に一般化
indexer = [slice(None)] * arr.ndim
indexer[axis] = np.newaxis
return arr - means[indexer]
```

A.3.2　ブロードキャストによる配列への値の設定

　算術演算を支配しているのと同じブロードキャストの規則が、インデックス参照を用いた、配列への値の設定にも当てはまります。単純なケースでは、次のようなことができます。

```
In [107]: arr = np.zeros((4, 3))

In [108]: arr[:] = 5

In [109]: arr
Out[109]:
array([[ 5.,  5.,  5.],
       [ 5.,  5.,  5.],
       [ 5.,  5.,  5.],
       [ 5.,  5.,  5.]])
```

　しかし、ある1次元配列を配列の列に設定する場合には、先ほどと同様に配列の形状がブロードキャストの規則に合うようにしておく必要があります。

```
In [110]: col = np.array([1.28, -0.42, 0.44, 1.6])

In [111]: arr[:] = col[:, np.newaxis]

In [112]: arr
Out[112]:
array([[ 1.28,  1.28,  1.28],
       [-0.42, -0.42, -0.42],
       [ 0.44,  0.44,  0.44],
       [ 1.6 ,  1.6 ,  1.6 ]])

In [113]: arr[:2] = [[-1.37], [0.509]]

In [114]: arr
Out[114]:
array([[-1.37 , -1.37 , -1.37 ],
       [ 0.509,  0.509,  0.509],
       [ 0.44 ,  0.44 ,  0.44 ],
       [ 1.6  ,  1.6  ,  1.6  ]])
```

A.4　ufuncの使い方：応用編

多くの人にとってユニバーサル関数（ufunc）を使う場面は限られていると思います。要素単位での高速な操作くらいではないでしょうか。しかし、ユニバーサル関数には他にもたくさんの機能がありますので、ここでそれらの使い方の一部を紹介します。これらの機能は、ループを使わずに簡潔なコードを書く手助けになることでしょう。

A.4.1　ufuncのインスタンスメソッド

NumPyの二項ufuncには、特殊なベクトル化演算のための特殊メソッドが用意されています。これらは**表A-2**にまとめられていますが、どのように動作するか具体例をいくつかお見せしましょう。

reduceは配列を1つ引数に取り、軸が指定されている場合はその軸に沿って、配列に対して一連の2項演算を行って値を集計します。例えば、ある配列内の要素の合計を求めるのに、順に足していく代わりに、np.add.reduceを使って計算することができます。

```
In [115]: arr = np.arange(10)

In [116]: np.add.reduce(arr)
Out[116]: 45

In [117]: arr.sum()
Out[117]: 45
```

初期値はufuncによって異なります（上の例のaddの場合は0）。また、引数で軸が指定されている場合、集計はその軸に沿って行われます。うまくこの機能を使うことで、コードが簡潔になる場合があります。もう少し実用的な例として、np.logical_andを使って配列の各行の値がソートされているかチェックしてみましょう。

```
In [118]: np.random.seed(12346)  # みなさんが次の乱数生成時に同じ結果を得られるようにする

In [119]: arr = np.random.randn(5, 5)

In [120]: arr[::2].sort(1)  # 0行目、2行目、4行目のみソートしておく

In [121]: arr[:, :-1] < arr[:, 1:]  # 各行の0〜3番目の要素と、1〜4番目までの要素を比較
                                    # ソート済みの行ではすべての要素がTrueになる
Out[121]:
array([[ True,  True,  True,  True],
       [False,  True, False, False],
       [ True,  True,  True,  True],
       [ True, False,  True,  True],
       [ True,  True,  True,  True]], dtype=bool)

In [122]: np.logical_and.reduce(arr[:, :-1] < arr[:, 1:], axis=1)
                         # 行要素がTrueであるか（ソート済みか）を確認
Out[122]: array([ True, False,  True, False,  True], dtype=bool)
```

logical_and.reduceと同じことを行う、allというメソッドもあります。

accumulateとreduceの関係は、cumsumとsumの関係と同様です。accumulateは、処理途中の「累積値」を含んだ、与えられた配列と同じサイズの配列を生成します。次の例で、例えば第0行の第2要素の3は0 + 1 + 2の結果、第1行第2要素の18は5 + 6 + 7の結果となっており、addの処理途中の累積値であることがわかります。

```
In [123]: arr = np.arange(15).reshape((3, 5))

In [124]: np.add.accumulate(arr, axis=1)
Out[124]:
array([[ 0,  1,  3,  6, 10],
       [ 5, 11, 18, 26, 35],
       [10, 21, 33, 46, 60]])
```

outerは2つの配列の直積を計算します。次の例を見てください。例えば第0行は第1引数の0番目の要素に対して第2引数を掛けたもの、第1行は第1引数の1番目の要素に対して第2引数を掛けたものとなっていることがわかります[1]。

```
In [125]: arr = np.arange(3).repeat([1, 2, 2])

In [126]: arr
Out[126]: array([0, 1, 1, 2, 2])

In [127]: np.multiply.outer(arr, np.arange(5))
Out[127]:
array([[0, 0, 0, 0, 0],
       [0, 1, 2, 3, 4],
       [0, 1, 2, 3, 4],
       [0, 2, 4, 6, 8],
       [0, 2, 4, 6, 8]])
```

outerが出力する配列の次元は、入力された配列同士の次元数を並べたものになります。次のouterを用いた計算では、(3, 4)という形状を持つ2次元配列と、(5,)という形状を持つ1次元配列の演算を行っています。計算結果は、(3, 4, 5)という形状を持つ3次元配列となります。

```
In [128]: x, y = np.random.randn(3, 4), np.random.randn(5)

In [129]: result = np.subtract.outer(x, y)

In [130]: result.shape
Out[130]: (3, 4, 5)
```

最後のメソッドreduceatは、「局所的なreduce（集計）」、要するに配列をスライスごとに集計する

---

[1]　訳注：もちろん、掛け算となっているのはnp.multiply.outerとしているためで、np.add.outerとすれば足し算になります。また、1次元配列同士であれば、同じ掛け算はarr.reshape(5, 1) * np.arange(5)のような計算でもできます。

groupby操作を行うメソッドです。reduceatには、配列をどのように分割して値を集計するかを表す、一連の「ビンの境界値（bin edges）」を引数として指定します。次の例では、0から9までの配列に対し、3つのビンを設定し、それぞれのスライスごとに和を求めています。

```
In [131]: arr = np.arange(10)

In [132]: np.add.reduceat(arr, [0, 5, 8])
Out[132]: array([10, 18, 17])
```

境界を[0, 5, 8]と指定しているため、結果は、arr[0:5]、arr[5:8]、arr[8:]に対する集計（ここでは合計）となります。他のメソッドと同様、軸を引数で指定できます。

```
In [133]: arr = np.multiply.outer(np.arange(4), np.arange(5))

In [134]: arr
Out[134]:
array([[ 0,  0,  0,  0,  0],
       [ 0,  1,  2,  3,  4],
       [ 0,  2,  4,  6,  8],
       [ 0,  3,  6,  9, 12]])

In [135]: np.add.reduceat(arr, [0, 2, 4], axis=1)
Out[135]:
array([[ 0,  0,  0],
       [ 1,  5,  4],
       [ 2, 10,  8],
       [ 3, 15, 12]])
```

ufuncメソッドの一部を**表A-2**にまとめています。

表A-2　ufuncメソッド

メソッド	説明
reduce(x)	演算を連続的に適用して値を集計する。
accumulate(x)	途中の部分集計結果を保存しながら値を集計する。
reduceat(x, bins)	「局所的な」reduce、または「グループ化」。データを連続したスライスに分けてreduceを実行し、集計された配列を生成する。
outer(x, y)	xとyの要素のすべてのペアに対して演算を適用する。出力される配列の形状（shape属性）はx.shape + y.shapeとなる。

A.4.2　Pythonで新しいufuncを書く方法

NumPyのufuncを自分で作成する方法はいくつもあります。最も汎用的なのはNumPyのC APIを用いてC言語で書く方法ですが、この方法を説明するのはこの本の範疇を超えてしまいます。この節では、ピュアPythonでufuncを作成する方法を見ていきましょう。

numpy.frompyfuncという関数があります。この関数は、Pythonの関数と入力・出力の数を引数に取ります。例えば、要素ごとに足し合わせる単純な関数は、このような記述で作れます。

```
In [136]: def add_elements(x, y):
   .....:     return x + y

In [137]: add_them = np.frompyfunc(add_elements, 2, 1)

In [138]: add_them(np.arange(8), np.arange(8))
Out[138]: array([0, 2, 4, 6, 8, 10, 12, 14], dtype=object)
```

dtype=objectとなっているのに気付いたでしょうか。frompyfuncを用いて作られた関数は、常に、NumPyの数値型ではなくPythonオブジェクトの配列を戻します。これでは、計算結果を用いてさらにNumPyで計算を行う場合などに効率が悪くなるため、不便なことがあります。幸いなことに、（多少機能性は劣りますが、）返す型を指定できるnumpy.vectorizeという別の関数があります。

```
In [139]: add_them = np.vectorize(add_elements, otypes=[np.float64])

In [140]: add_them(np.arange(8), np.arange(8))
Out[140]: array([  0.,   2.,   4.,   6.,   8.,  10.,  12.,  14.])
```

これらの関数を使えばufuncに相当する機能を持つ関数を自前で用意することができます。このとき注意しておきたいのは、パフォーマンスについてです。いずれの関数も、各要素を計算するたびにPythonの関数呼び出しを必要とするため、NumPyのCベースのufuncループを使った場合と比べると、処理ははるかに遅くなります。

```
In [141]: arr = np.random.randn(10000)

In [142]: %timeit add_them(arr, arr)
4.12 ms +- 182 us per loop (mean +- std. dev. of 7 runs, 100 loops each)

In [143]: %timeit np.add(arr, arr)
6.89 us +- 504 ns per loop (mean +- std. dev. of 7 runs, 100000 loops each)
```

この章の後の節では、Numba（http://numba.pydata.org/）を用いてPythonで高速なufuncを作成する方法を紹介します。

A.5　構造化配列とレコード配列

既に気付いているかもしれませんが、ndarrayは**同種**のデータのコンテナです。つまり、ndarrayの実体は、各要素の領域が同じ大きさ（dtypeで決まる一定のバイト数）であるメモリの塊なのです。そのため、表面上は、種類の異なるデータやテーブルのようなデータをndarrayで表現する手段はなさそうに見えるかもしれません。ここで紹介するのが、NumPyのndarrayの一種である**構造化配列**（structured array）です。構造化配列の各要素は構造を持つことができます。Cの**構造体**（「構造化配列」という名前の由来です）が並んだもの、あるいはSQLなどリレーショナルデータベースにおいて名前の付いた列が複数並んだものと考えるのがよいでしょう。次の例では、float64とint32の組が要素になっ

ているような構造化配列を定義しています。

```
In [144]: dtype = [('x', np.float64), ('y', np.int32)]
```

```
In [145]: sarr = np.array([(1.5, 6), (np.pi, -2)], dtype=dtype)
```

```
In [146]: sarr
Out[146]:
array([( 1.5   ,  6), ( 3.1416, -2)],
      dtype=[('x', '<f8'), ('y', '<i4')])
```

　構造化配列を定義するとき、dtypeに構造を指定する方法はいくつかあります（オンラインのNumPy
ドキュメントを参照してください）。よく使われるのは、（フィールド名, フィールドデータ型）という
形のタプルのリストで指定する方法です。このように指定すると、配列の要素はタプルのようなオブ
ジェクトとなり、ディクショナリのようにアクセスできるようになります。

```
In [147]: sarr[0]
Out[147]: ( 1.5, 6)
```

```
In [148]: sarr[0]['y']
Out[148]: 6
```

　フィールド名はdtype.names属性に格納されています。構造化配列のフィールドにアクセスすると、
データのストライドビューが返されます。したがってコピーは発生しません。

```
In [149]: sarr['x']
Out[149]: array([ 1.5   ,  3.1416])
```

A.5.1　ネストした構造を持つdtypeと多次元フィールド

　dtypeに構造を指定する際には、その形状も追加で指定できます（指定には整数値もしくはタプルを
使います）。次の例は整数値で形状を指定しています。

```
In [150]: dtype = [('x', np.int64, 3), ('y', np.int32)]
```

```
In [151]: arr = np.zeros(4, dtype=dtype)
```

```
In [152]: arr
Out[152]:
array([([0, 0, 0], 0), ([0, 0, 0], 0), ([0, 0, 0], 0), ([0, 0, 0], 0)],
      dtype=[('x', '<i8', (3,)), ('y', '<i4')])
```

この場合、各レコードのxフィールドは長さ3の配列を参照するようになります。

```
In [153]: arr[0]['x']
Out[153]: array([0, 0, 0])
```

便利なことに、arr['x']にアクセスすると、先ほどの例のように1次元配列が返ってくるのではなく

2次元配列が返ってきます。つまり、arr[0]['x']、arr[1]['x']、……と各レコードのxフィールドを順に見ていくような操作は不要です。

```
In [154]: arr['x']
Out[154]:
array([[0, 0, 0],
       [0, 0, 0],
       [0, 0, 0],
       [0, 0, 0]])
```

　これを用いると、メモリ上の配列の単位として、もっと複雑で入れ子構造を持った構造を表現できます。同様に、dtypeを階層化して、さらに複雑な構造を持たせることも可能です。次の例を見てみましょう。

```
In [155]: dtype = [('x', [('a', 'f8'), ('b', 'f4')]), ('y', np.int32)]

In [156]: data = np.array([((1, 2), 5), ((3, 4), 6)], dtype=dtype)

In [157]: data['x']
Out[157]:
array([( 1.,  2.), ( 3.,  4.)],
      dtype=[('a', '<f8'), ('b', '<f4')])

In [158]: data['y']
Out[158]: array([5, 6], dtype=int32)

In [159]: data['x']['a']
Out[159]: array([ 1.,  3.])
```

　pandasのデータフレーム（DataFrame）では、この機能を直接的にはサポートしていませんが、階層型インデックスという似た機能を持っています。

A.5.2　構造化配列を使うべき理由

　ところで、pandasのデータフレームと比べると、NumPyの構造化配列は比較的低レイヤーに属するツールです。構造化配列はメモリ領域を、任意の複雑な入れ子構造の列を持ったテーブル構造として扱えるようにしてくれます。このときメモリ内では、配列の各要素は固定長のバイト列として表されます。したがって、構造化配列を使うと、ディスク（メモリマップを含む）へのデータの読み書き、ネットワーク経由での転送などを、非常に高速かつ効率的に行うことができます。

　構造化配列のもう1つの用途に、固定長レコードのバイトストリームを用いたデータファイルの書き出しに使う場合があります。このようなデータファイルは、CやC++のコードにおけるデータのシリアライズ方法として一般的で、従来のレガシーなシステムで使われている手法です。書き出したデータは、ファイル形式（各レコードのサイズと、各要素の順序、バイト数、データ型）がわかっていれば、np.fromfileを使ってメモリに読み込むことができます。残念ながら、こういった機能を詳細に紹介し

ていくと、この本のカバーする範囲を超えてしまいます。ただ、いつか必要になったときにそのような使い方ができるということを思い出してみてください。

A.6　ソートについてさらに詳しく

ndarrayのインスタンスメソッドsortは**インプレースのソート**[*1]、つまり新たな配列を作らずに配列内部で要素を入れ替えるソートです。これはPython組み込みのリストと同様です。

```
In [160]: arr = np.random.randn(6)

In [161]: arr.sort()

In [162]: arr
Out[162]: array([-1.082 ,  0.3759,  0.8014,  1.1397,  1.2888,  1.8413])
```

インプレースのソートなので、ソート対象が他のndarrayのビューである場合、もともとの配列も変更されることを覚えておいてください。

```
In [163]: arr = np.random.randn(3, 5)

In [164]: arr
Out[164]:
array([[-0.3318, -1.4711,  0.8705, -0.0847, -1.1329],
       [-1.0111, -0.3436,  2.1714,  0.1234, -0.0189],
       [ 0.1773,  0.7424,  0.8548,  1.038 , -0.329 ]])

In [165]: arr[:, 0].sort()  # 1つ目の列をインプレースでソート

In [166]: arr
Out[166]:
array([[-1.0111, -1.4711,  0.8705, -0.0847, -1.1329],
       [-0.3318, -0.3436,  2.1714,  0.1234, -0.0189],
       [ 0.1773,  0.7424,  0.8548,  1.038 , -0.329 ]])
```

他方で、numpy.sortはソートされた配列のコピーを作成します。それ以外の点は同じで、ndarray.sortと同じ引数（kindなど）を取ります。

```
In [167]: arr = np.random.randn(5)

In [168]: arr
Out[168]: array([-1.1181, -0.2415, -2.0051,  0.7379, -1.0614])

In [169]: np.sort(arr)
Out[169]: array([-2.0051, -1.1181, -1.0614, -0.2415,  0.7379])

In [170]: arr
```

[*1]　訳注：元のデータに改変を加えるので、「破壊的なソート」とも言います。

```
Out[170]: array([-1.1181, -0.2415, -2.0051,  0.7379, -1.0614])
```

これらのsortメソッドはすべて、ソートに用いる軸を引数で指定すれば、データの一部を特定の軸に沿ってソートできます[*1]。

```
In [171]: arr = np.random.randn(3, 5)

In [172]: arr
Out[172]:
array([[ 0.5955, -0.2682,  1.3389, -0.1872,  0.9111],
       [-0.3215,  1.0054, -0.5168,  1.1925, -0.1989],
       [ 0.3969, -1.7638,  0.6071, -0.2222, -0.2171]])

In [173]: arr.sort(axis=1)

In [174]: arr
Out[174]:
array([[-0.2682, -0.1872,  0.5955,  0.9111,  1.3389],
       [-0.5168, -0.3215, -0.1989,  1.0054,  1.1925],
       [-1.7638, -0.2222, -0.2171,  0.3969,  0.6071]])
```

どのsortメソッドも、降順にソートするオプションを持たないことに気付いたかもしれません。これは問題に見えますが、実際は大きな問題ではありません。なぜなら、配列のスライスにアクセスすれば、データのコピーや、計算を必要とする操作は発生しないからです。つまり、わざわざ降順ソートを実装するまでもなく、多くのPythonユーザの知っている技法、すなわちリストvaluesの逆順のリストはvalues[::-1]で得られるという「トリック」で代用が効くのです。この「トリック」がndarrayにも当てはまります。

```
In [175]: arr[:, ::-1]
Out[175]:
array([[ 1.3389,  0.9111,  0.5955, -0.1872, -0.2682],
       [ 1.1925,  1.0054, -0.1989, -0.3215, -0.5168],
       [ 0.6071,  0.3969, -0.2171, -0.2222, -1.7638]])
```

A.6.1　間接ソート：argsortとlexsort

データ分析においては、1つ以上のキーに従ってデータセットを並べ替えることがよく必要になります。例えば学生についてのテーブルデータであれば、まず姓、次に名でソートすることでしょう。これは**間接ソート**の例で、pandas関連の章をお読みなら、もっと高いレベルの実例を既にたくさん目にしているはずです。一般に、1つ以上のキーを使ってソートする場面を考えてみましょう。ソートに使いたいキーが1つ、またはキーの配列が1つ以上あるとします。ここで必要となるのは、ソートされた後

[*1]　訳注：例ではaxis=1を指定していますが、無指定でも同じ結果を得ることになります。これは、sortのデフォルトでは最も高い次元の軸（axis=-1）でソートするためです。2次元配列に対してのaxis=-1は、axis=1と同義です。

の並び順を表す、整数の**インデックスの配列**を得ることです（著者はこういった配列を口語的に**インデクサ**（indexer）と呼んでいます）。このインデクサを用いたソートが間接ソートで、NumPyでそれを実現する主なメソッドとしては、argsortとnumpy.lexsortの2つがあります。まずは例を見てみましょう。

```
In [176]: values = np.array([5, 0, 1, 3, 2])

In [177]: indexer = values.argsort()

In [178]: indexer
Out[178]: array([1, 2, 4, 3, 0])

In [179]: values[indexer]
Out[179]: array([0, 1, 2, 3, 5])
```

もう少し複雑な例を見てみましょう。このコードは、2次元配列の1行目の値を基に順序を変えます。

```
In [180]: arr = np.random.randn(3, 5)

In [181]: arr[0] = values

In [182]: arr
Out[182]:
array([[ 5.    ,  0.    ,  1.    ,  3.    ,  2.    ],
       [-0.3636, -0.1378,  2.1777, -0.4728,  0.8356],
       [-0.2089,  0.2316,  0.728 , -1.3918,  1.9956]])

In [183]: arr[:, arr[0].argsort()]
Out[183]:
array([[ 0.    ,  1.    ,  2.    ,  3.    ,  5.    ],
       [-0.1378,  2.1777,  0.8356, -0.4728, -0.3636],
       [ 0.2316,  0.728 ,  1.9956, -1.3918, -0.2089]])
```

lexsortはargsortに似ていますが、複数のキーを持つ配列に対して**辞書順**で間接ソートを実行します。姓名が識別子となっているデータをソートする例を考えます。

```
In [184]: first_name = np.array(['Bob', 'Jane', 'Steve', 'Bill', 'Barbara'])

In [185]: last_name = np.array(['Jones', 'Arnold', 'Arnold', 'Jones', 'Walters'])

In [186]: sorter = np.lexsort((first_name, last_name))

In [187]: sorter
Out[187]: array([1, 2, 3, 0, 4])

In [188]: list(zip(last_name[sorter], first_name[sorter]))
Out[188]:
[('Arnold', 'Jane'),
 ('Arnold', 'Steve'),
 ('Jones', 'Bill'),
```

```
('Jones', 'Bob'),
('Walters', 'Barbara')]
```

初めてlexsortを使ったときに戸惑うであろうポイントは、**最後**に引数に渡された配列から順に、配列内のキーが並べ替えに使われていくところです[*1]。上の例では、first_nameを使う前にlast_nameを使って並べ替えられています[*2]。

 シリーズやデータフレームのsort_valuesメソッドなど、pandasのソート用のメソッドは、これらの関数の変種を用いて実装されています（これらは、欠損値を含むケースを考慮に入れた実装となっています）。

A.6.2　使用可能な他のソートアルゴリズム

安定ソートアルゴリズムとは、同等な要素の位置関係をソート後も保存するものです。これは、相対順序が意味を持つ間接ソートでは特に大切になることがあります。

```
In [189]: values = np.array(['2:first', '2:second', '1:first', '1:second',
    .....:                    '1:third'])

In [190]: key = np.array([2, 2, 1, 1, 1])

In [191]: indexer = key.argsort(kind='mergesort')

In [192]: indexer
Out[192]: array([2, 3, 4, 0, 1])

In [193]: values.take(indexer)
Out[193]:
array(['1:first', '1:second', '1:third', '2:first', '2:second'],
      dtype='<U8')
```

使用可能な安定ソートは**mergesort**のみで、このソート方法は（複雑なケースでは）計算量O(n log n)のパフォーマンスを保証しています。しかし平均すると、デフォルトのquicksortの方がよいパフォーマンスが出ます。使用可能なソート方法とそれらのパフォーマンスの相対的な比較は（および保証されているパフォーマンスも）、**表A-3**にまとめています。多くの読者にとってはこのようなパフォーマンス

---

*1　訳注：一般に、複数キーによるソートを実装した関数は、優先度の順に並べられたキーの配列やリストを引数に取るようなインタフェースを持つのが普通です。lexsortはその逆で、優先度の低い順なので、このように記載しています。

*2　訳注：複数キーによるソートになじみのない読者のために補足しておきますと、np.lexsort((first_name, last_name))は、「はじめにlast_nameでソートし、last_nameが同じ場合はfirst_nameでソートする」という意味です。今回の場合、last_nameだけでソートするためにnp.lexsort((last_name,))とすると、[1, 2, 0, 3, 4]という配列が返ってきますが、2番目のキーとしてfirst_nameを使うよう指定しているため、[1, 2, 3, 0, 4]という結果になっています。なお、最後のzipは、同じインデクサでソートした2つの配列をくっつけて、姓名の1つの配列とするために使われています。

の違いを気にする場面は少ないことと思いますが、違いがあることを知っておく価値はあります。

表A-3 配列のソートメソッド

種類	速度	安定性	作業領域	最悪の計算量
`'quicksort'`	1	不安定	0	O(n^2)
`'mergesort'`	2	安定	n / 2	O(n log n)
`'heapsort'`	3	不安定	0	O(n log n)

A.6.3　配列の一部分をソートする

　時として、配列内で最も大きな要素や最も小さな要素いくつかを決定するためにソートを行うことがあります。NumPyには、このような用途に最適化されたメソッドnumpy.partitionとnp.argpartitionがあります。これらのメソッドを使うと、配列内で最も小さな要素k個を取り出すことが可能です。

```
In [194]: np.random.seed(12345)

In [195]: arr = np.random.randn(20)

In [196]: arr
Out[196]:
array([-0.2047,  0.4789, -0.5194, -0.5557,  1.9658,  1.3934,  0.0929,
        0.2817,  0.769 ,  1.2464,  1.0072, -1.2962,  0.275 ,  0.2289,
        1.3529,  0.8864, -2.0016, -0.3718,  1.669 , -0.4386])

In [197]: np.partition(arr, 3)
Out[197]:
array([-2.0016, -1.2962, -0.5557, -0.5194, -0.3718, -0.4386, -0.2047,
        0.2817,  0.769 ,  0.4789,  1.0072,  0.0929,  0.275 ,  0.2289,
        1.3529,  0.8864,  1.3934,  1.9658,  1.669 ,  1.2464])
```

　partition(arr, 3)を呼び出すと、返ってきた配列の最初の3つの要素は配列arrの要素のうち最も小さな3つの値となりますが、その順序は必ずしも小さい順とはなりません[*1]。numpy.argpartitionもnumpy.argsortと似ていますが、こちらは入力の配列をnumpy.argsortの出力する配列へと変換するためのインデックスの配列（つまり前述のインデクサ）を返します。

```
In [198]: indices = np.argpartition(arr, 3)

In [199]: indices
Out[199]:
array([16, 11,  3,  2, 17, 19,  0,  7,  8,  1, 10,  6, 12, 13, 14, 15,  5,
        4, 18,  9])

In [200]: arr.take(indices)
Out[200]:
array([-2.0016, -1.2962, -0.5557, -0.5194, -0.3718, -0.4386, -0.2047,
```

---

*1　訳注：この例ではたまたま小さい順となっています。

```
       0.2817,  0.769 ,  0.4789,  1.0072,  0.0929,  0.275 ,  0.2289,
       1.3529,  0.8864,  1.3934,  1.9658,  1.669 ,  1.2464])
```

A.6.4 numpy.searchsorted：ソート済みの配列内で要素を探す

searchsortedを使うと、ソート済みの配列内で二分探索ができます。ソート済みの配列に対してこのメソッドを呼び出し、何らかの値を引数として与えると、その値がどの位置に入るべきかを探索して位置のインデックスを返してくれます。

```
In [201]: arr = np.array([0, 1, 7, 12, 15])

In [202]: arr.searchsorted(9)
Out[202]: 3
```

引数に値の配列を指定することもできます。この場合は、それぞれの値が入るべき位置のインデックスの配列が戻されます。

```
In [203]: arr.searchsorted([0, 8, 11, 16])
Out[203]: array([0, 3, 3, 5])
```

上の例で、0という要素に対してsearchsortedが0を返したのに気付いたでしょうか。これは、デフォルトの挙動では、等しい値がある場合はその値のグループの左端のインデックスを戻すためです。この挙動を変えるには、side引数を指定します。

```
In [204]: arr = np.array([0, 0, 0, 1, 1, 1, 1])

In [205]: arr.searchsorted([0, 1])
Out[205]: array([0, 3])

In [206]: arr.searchsorted([0, 1], side='right')
Out[206]: array([3, 7])
```

searchsortedの別の適用例を考えてみましょう。0と10,000の間の値をランダムに持つ配列と、それらのデータを入れておく箱を表す別の配列があるとします（「**A.4.1 ufuncのインスタンスメソッド**」の節で出した「ビンの境界値」と同じ考え方）。

```
In [207]: data = np.floor(np.random.uniform(0, 10000, size=50))

In [208]: bins = np.array([0, 100, 1000, 5000, 10000])

In [209]: data
Out[209]:
array([ 9940.,  6768.,  7908.,  1709.,   268.,  8003.,  9037.,   246.,
        4917.,  5262.,  5963.,   519.,  8950.,  7282.,  8183.,  5002.,
        8101.,   959.,  2189.,  2587.,  4681.,  4593.,  7095.,  1780.,
        5314.,  1677.,  7688.,  9281.,  6094.,  1501.,  4896.,  3773.,
        8486.,  9110.,  3838.,  3154.,  5683.,  1878.,  1258.,  6875.,
```

```
7996.,  5735.,  9732.,  6340.,  8884.,  4954.,  3516.,  7142.,
5039.,  2256.])
```

例えば1つ目の箱は区間[0, 100][*1]です。このとき、各データポイントがどの箱（区間）に入るかを知るには、単にsearchsortedを使うだけでよいのです。

```
In [210]: labels = bins.searchsorted(data)

In [211]: labels
Out[211]:
array([4, 4, 4, 3, 2, 4, 4, 2, 3, 4, 4, 2, 4, 4, 4, 4, 4, 2, 3, 3, 3, 3, 4,
       3, 4, 3, 4, 4, 4, 3, 3, 3, 4, 4, 3, 3, 4, 3, 3, 4, 4, 4, 4, 4, 3,
       3, 4, 4, 3])
```

この結果をpandasのgroupbyと組み合わせれば、簡単にデータをそれぞれの区間に分類できます。

```
In [212]: pd.Series(data).groupby(labels).mean()
Out[212]:
2     498.000000
3    3064.277778
4    7389.035714
dtype: float64
```

A.7　Numbaを用いて高速なNumPy関数を書く

Numba（http://numba.pydata.org/）[*2]は、CPUやGPUなどのハードウェアを用いてNumPyなどのデータを高速に処理する関数を作成するオープンソースプロダクトです。Numbaは、LLVM（http://llvm.org/）を用いてPythonのコードを機械語にコンパイルします。

Numbaの使い方を学ぶために、forループを用いて、式(x - y).mean()を計算する関数をピュアPythonで書いてみましょう。

```python
import numpy as np

def mean_distance(x, y):
    nx = len(x)
    result = 0.0
    count = 0
    for i in range(nx):
        result += x[i] - y[i]
        count += 1
    return result / count
```

この関数は非常に低速です。

---

*1　訳注：左側の[は閉区間、右側の)は開区間の端点を表す数学記号。開区間とは端点を含まない区間、閉区間は端点を含む区間のこと。

*2　訳注：Anacondaの開発をしているContinuum Analyticsが開発をしています。

```
In [209]: x = np.random.randn(10000000)

In [210]: y = np.random.randn(10000000)

In [211]: %timeit mean_distance(x, y)
1 loop, best of 3: 2 s per loop

In [212]: %timeit (x - y).mean()
100 loops, best of 3: 14.7 ms per loop
```

　NumPyバージョンは100倍以上高速です。では、numba.jitという関数を用いて、この関数を
Numbaの関数へとコンパイルします。

```
In [213]: import numba as nb

In [214]: numba_mean_distance = nb.jit(mean_distance)
```

このコンパイル処理はPythonのデコレータを用いても書けます。

```
@nb.jit
def mean_distance(x, y):
    nx = len(x)
    result = 0.0
    count = 0
    for i in range(nx):
        result += x[i] - y[i]
        count += 1
    return result / count
```

　コンパイルによって生成された関数は、なんと、ベクトル化されたNumPyバージョンの関数よりも
高速です。

```
In [215]: %timeit numba_mean_distance(x, y)
100 loops, best of 3: 10.3 ms per loop
```

　Numbaは任意のピュアPythonのコードをコンパイルできるわけではありません。しかし、ピュア
Pythonのうち、数値計算のアルゴリズムを書く上で最も有用なサブセットはサポートしています。
　Numbaは奥の深いライブラリで、さまざまな種類のハードウェアや複数のコンパイルモード、ユー
ザ定義の拡張をサポートしています。さらに、明示的なforループを使わないNumPyのPython APIの
大部分もコンパイルできます。Numbaは文法構造を認識でき、機械語にコンパイル可能であればコン
パイルします。コンパイル方法がわからない関数については、CPython APIの呼び出しに置き換えます。
また、Numbaの関数jitには、nopython=Trueというオプションがあります。このオプションを使うと、
Python C APIをまったく呼び出さずにLLVMにコンパイル可能なPythonコードのみ、機械語にコンパ
イルできるようになります。jit(nopython=True)には、numba.njitという簡単な記法が用意されてい
ます。

先ほどの例は、このようにも書けます。

```python
from numba import float64, njit

@njit(float64(float64[:], float64[:]))
def mean_distance(x, y):
    return (x - y).mean()
```

Numbaについては、ぜひオンラインドキュメント（http://numba.pydata.org/）を読んで、もっとしっかりと学んでみてください。次の節では、独自定義のNumPy ufuncオブジェクトをNumbaを用いて作成する例を示します。

A.7.1　独自定義のnumpy.ufuncオブジェクトをNumbaを用いて作成する

numba.vectorizeという関数を用いると、コンパイルされたNumPy ufuncを作成できます。このNumPy ufuncは、NumPy組み込みのufuncと同じように使えます。numpy.addをPythonで実装して、Numbaでufuncに変換してみましょう。

```python
from numba import vectorize

@vectorize
def nb_add(x, y):
    return x + y
```

次のように、作成したnb_addの使い方はnumpy.addと同じです。

```python
In [13]: x = np.arange(10)

In [14]: nb_add(x, x)
Out[14]: array([  0.,   2.,   4.,   6.,   8.,  10.,  12.,  14.,  16.,  18.])

In [15]: nb_add.accumulate(x, 0)
Out[15]: array([  0.,   1.,   3.,   6.,  10.,  15.,  21.,  28.,  36.,  45.])
```

A.8　配列の入出力：応用編

「4章　NumPyの基礎：配列とベクトル演算」では、配列をバイナリ形式でディスクに書き出す方法として、np.saveとnp.loadを学びました。さらに高度な使い方が必要な場合は、他にもさまざまな選択肢を検討した方がよいでしょう。特にメモリマップには、RAMに収まらないデータセットを取り扱えるようになるという付加的な利点もあります。

A.8.1　メモリマップファイル

メモリマップファイルとは、ディスク上のバイナリデータを、あたかもメモリ内の配列であるかのように扱う方法です。この機能を実現するため、NumPyでは、ndarrayによく似た機能を持つmemmapオ

ブジェクトが実装されています。memmapは巨大ファイル内の配列全体をメモリに読み込まず、ファイルの一部分だけ読み書きすることができます。さらに、memmapはメモリ内の配列と同じメソッドを持っているため、ndarrayの使用を想定しているさまざまなアルゴリズムにおいて代用できます。

　新しいメモリマップを作成するには、関数np.memmapにファイルパス、dtype、形状、ファイルのモードを渡します。

```
In [214]: mmap = np.memmap('mymmap', dtype='float64', mode='w+',
    .....:                 shape=(10000, 10000))

In [215]: mmap
Out[215]:
memmap([[ 0.,  0.,  0., ...,  0.,  0.,  0.],
        [ 0.,  0.,  0., ...,  0.,  0.,  0.],
        [ 0.,  0.,  0., ...,  0.,  0.,  0.],
        ...,
        [ 0.,  0.,  0., ...,  0.,  0.,  0.],
        [ 0.,  0.,  0., ...,  0.,  0.,  0.],
        [ 0.,  0.,  0., ...,  0.,  0.,  0.]])
```

memmapをスライスすると、ディスク上のデータのビューが返されます。

```
In [216]: section = mmap[:5]
```

これらのビューにデータを代入すると、データは（Pythonのファイルオブジェクトのように）メモリ内にバッファされます。ディスクに書き出す（フラッシュする）にはflushを呼び出します。

```
In [217]: section[:] = np.random.randn(5, 10000)

In [218]: mmap.flush()

In [219]: mmap
Out[219]:
memmap([[ 0.7584, -0.6605,  0.8626, ...,  0.6046, -0.6212,  2.0542],
        [-1.2113, -1.0375,  0.7093, ..., -1.4117, -0.1719, -0.8957],
        [-0.1419, -0.3375,  0.4329, ...,  1.2914, -0.752 , -0.44  ],
        ...,
        [ 0.    ,  0.    ,  0.    , ...,  0.    ,  0.    ,  0.    ],
        [ 0.    ,  0.    ,  0.    , ...,  0.    ,  0.    ,  0.    ],
        [ 0.    ,  0.    ,  0.    , ...,  0.    ,  0.    ,  0.    ]])

In [220]: del mmap
```

　メモリマップがスコープの外に出てガーベジコレクション対象となるときは、常に、加えられたあらゆる変更もディスクへフラッシュされることを覚えておいてください。また、（書き出すときだけでなく）**既存のメモリマップを開く際にも、やはりdtypeと形状は指定しなければなりません**。メモリマップファイルは、メタデータを持たないディスク上のバイナリデータの塊に過ぎないからです。

```
In [221]: mmap = np.memmap('mymmap', dtype='float64', shape=(10000, 10000))
```

```
In [222]: mmap
Out[222]:
memmap([[ 0.7584, -0.6605,  0.8626, ...,  0.6046, -0.6212,  2.0542],
        [-1.2113, -1.0375,  0.7093, ..., -1.4117, -0.1719, -0.8957],
        [-0.1419, -0.3375,  0.4329, ...,  1.2914, -0.752 , -0.44  ],
        ...,
        [ 0.    ,  0.    ,  0.    , ...,  0.    ,  0.    ,  0.    ],
        [ 0.    ,  0.    ,  0.    , ...,  0.    ,  0.    ,  0.    ],
        [ 0.    ,  0.    ,  0.    , ...,  0.    ,  0.    ,  0.    ]])
```

メモリマップは、先に説明したような構造化されたdtypeや階層構造を持ったdtypeも問題なく扱えます。

A.8.2　HDF5やその他の配列保存方法

データの保存について、PyTablesとh5pyの2つのPythonプロジェクトを紹介しておきましょう。これらは、効率的で圧縮可能なHDF5形式（HDFは **hierarchical data format**（階層型データ形式）の意味）で配列データを保存するための、NumPyと親和性のあるインタフェースを提供しています。これらを用いると、何百GB、さらには何TBものHDF5形式のデータを安全に書き出せます。PythonでHDF5を使う方法についてさらに詳しく知りたい場合は、pandasのオンラインドキュメント（http://pandas.pydata.org）を読むことをお勧めします。

A.9　パフォーマンス改善のための豆知識

NumPyを利用したコードでよいパフォーマンスを出すというのは、実は大抵の場合簡単なことです。NumPyの配列操作を使うと、通常、NumPyと比べて非常に低速なピュアPythonのループが置き換えられるためです。ここでは、心に留めておくべきいくつかのことを簡単にまとめておきます。

- Pythonのループと条件分岐のロジックを、配列操作と真偽値の配列の操作に変換する
- 可能なときは必ずブロードキャストする
- データのコピーを防ぐため、配列のビュー（スライシング）を使用する
- ufuncとufuncメソッドを活用する

NumPyの提供する能力を活用しきっても必要なパフォーマンスが得られないという場合には、CやFortran、Cythonでコードを書くことを検討してみてください。筆者は、最小限の開発でCのようなパフォーマンスを出せる簡単な手段として、Cython（http://cython.org）を仕事で多用しています。

A.9.1　連続したメモリの重要性

一部のアプリケーションでは、配列のメモリレイアウトが計算速度に重大な影響を与えることがあります。このトピックについて網羅的に書くのはこの本の範疇を少し超えてしまいますが、考え方の基本に触れておきたいと思います。メモリレイアウトが計算速度に影響する主な理由の1つは、計算速度が

CPUのキャッシュ階層と関係しているためです。メモリサブシステムが適切なメモリブロックを超高速なL1/L2 CPUキャッシュにバッファするため、メモリ上の連続したブロックにアクセスする操作（C型順序の配列の各行を足し合わせる、など）は、一般的に言って最も高速な処理です。また、NumPyのCコードベースに含まれる一部のコードパスは、メモリの一般的なストライドアクセスを回避できる、連続アクセス可能な状況に最適化されています。

配列のメモリレイアウトが**連続的**ということは、配列の要素がメモリ内に保存されている順序が、Fortran型（列優先）またはC型（行優先）の順序である、という意味です。デフォルトではNumPyの配列は、**C型の連続的な配列**として作成されます。単に連続的な配列という場合はこちらを指します。他方で、C型の連続的な配列の転置行列など列優先の配列は、Fortran型の連続的な配列と呼ばれます。これらの性質は、ndarrayのflags属性できちんと確認できます。

```
In [225]: arr_c = np.ones((1000, 1000), order='C')

In [226]: arr_f = np.ones((1000, 1000), order='F')

In [227]: arr_c.flags
Out[227]:
  C_CONTIGUOUS : True
  F_CONTIGUOUS : False
  OWNDATA : True
  WRITEABLE : True
  ALIGNED : True
  UPDATEIFCOPY : False

In [228]: arr_f.flags
Out[228]:
  C_CONTIGUOUS : False
  F_CONTIGUOUS : True
  OWNDATA : True
  WRITEABLE : True
  ALIGNED : True
  UPDATEIFCOPY : False

In [229]: arr_f.flags.f_contiguous
Out[229]: True
```

この例の場合、配列の各行を足し合わせる操作に関しては、理論的には、メモリ内で行が連続的になっているarr_cの方がarr_fよりも高速になるはずです。実際にそうなることは、IPythonの%timeitを使って確認できます。

```
In [230]: %timeit arr_c.sum(1)
784 us +- 10.4 us per loop (mean +- std. dev. of 7 runs, 1000 loops each)

In [231]: %timeit arr_f.sum(1)
934 us +- 29 us per loop (mean +- std. dev. of 7 runs, 1000 loops each)
```

　NumPyのパフォーマンスをさらに引き出す場合、このようなメモリ内の連続性に腐心することがしばしばあります。配列のメモリ内の順序が望ましくない場合、copyの引数に'C'か'F'のどちらかを渡して使ってください。

```
In [232]: arr_f.copy('C').flags
Out[232]:
  C_CONTIGUOUS : True
  F_CONTIGUOUS : False
  OWNDATA : True
  WRITEABLE : True
  ALIGNED : True
  UPDATEIFCOPY : False
```

　注意すべきなのは、配列のビューを作成する場合です。ビューを用いて配列にアクセスする場合、メモリ上連続的であることは保証されていません。

```
In [233]: arr_c[:50].flags.contiguous
Out[233]: True

In [234]: arr_c[:, :50].flags
Out[234]:
  C_CONTIGUOUS : False
  F_CONTIGUOUS : False
  OWNDATA : False
  WRITEABLE : True
  ALIGNED : True
  UPDATEIFCOPY : False
```

付録B
IPythonシステム上級編

「2章 Pythonの基礎、IPythonとJupyter Notebook」ではIPythonシェルとJupyter Notebookの基礎を学びました。この章ではコマンドラインあるいはJupyter Notebookから呼び出すことのできる、IPythonシステムのいくつかの機能について掘り下げ、紹介します。

B.1 コマンド履歴

IPythonはディスク上に小さなデータベースを作成し、ここにコマンドの実行履歴テキストを保管します。これにより、次のような機能が提供されています。

- 最小限のキータッチによるコマンド履歴の検索と履歴からの補完、実行
- IPythonセッション間でのコマンド履歴の共有
- コマンド入出力の履歴のファイルへの保管

ただし、それぞれのセルにコマンド入出力の履歴がそのまま蓄積されるというのはJupyter Notebook環境の特徴そのものです。このため、上記の機能の有用性はむしろIPythonシェル環境で発揮されます。

B.1.1 コマンド履歴の検索とその再利用

IPythonシェルでは以前に実行したコマンドやコードを検索し、もう一度実行することができます。これは%runコマンドのような、あるコード片を繰り返して何度も実行したいというような場面で特に有用です。例えば次のような%runコマンドを実行していたとしましょう。

```
In[7]: %run first/second/third/data_script.py
```

その結果、スクリプト自体は正常終了したものの、計算が間違っていたことに気付いたとします。そこで修正すべき箇所を特定してdata_script.pyを修正し、もう一度実行します。このとき、前出の%runコマンドの先頭数文字を入力し、Ctrl-Pあるいは上矢印キーを入力すると、入力文字にマッチするコマンド履歴の中から直近の入力文字列を取り出すことができます。履歴をさらに遡るには、この状

態で、Ctrl-Pあるいは上矢印キーをさらに入力します。もし遡るのを行き過ぎてしまった場合も、あわてることはありません。Ctrl-Nあるいは下矢印キーで、今度は履歴を**時間軸に沿って**検索していくことができます。このような操作を何度か繰り返しているうちに、意識することなくこれらのキー操作を使いこなせるようになっていることでしょう。

Ctrl-Rでインクリメンタルサーチ機能を呼び出すことができます。これを実現するのに、UNIXあるいはLinux環境では、bashなど、シェルの提供するreadline機能を透過的に呼び出しており、Windows環境ではreadline機能に相当する挙動をIPythonが実装しています。インクリメンタルサーチを使うには、Ctrl-Rを入力してから、検索したいキーワードの数文字を入力します。

```
In [1]: a_command = foo(x, y, z)

(reverse-i-search)`com': a_command = foo(x, y, z)
```

さらにCtrl-Rを入力することで、入力したキーワードにマッチするコマンド履歴を遡って検索することができます。

B.1.2　入出力変数

あるコマンドを実行した結果を変数に保管しておくつもりだったのに、つい忘れてしまった、というような経験はないでしょうか。こんなときのために、IPythonではコマンドの入力と出力の**両方**を特別な変数に保持しています。まず_(アンダースコア1つ)および__(アンダースコア2つ)という変数には、それぞれ直前に実行したものの出力、2つ前に実行したものの出力が保管されています。

```
In [24]: 2 ** 27
Out[24]: 134217728

In [25]: _
Out[25]: 134217728
```

入力の変数名は_iXという形式で呼び出すことができ、Xは行番号を指定します。また、それぞれの入力変数_iXに対応する出力変数が定められており、_Xでアクセスします。具体的には、例えば27行目の入力が済んだ時点で2つの変数が代入され、_27が出力、_i27が入力をそれぞれ示します。

```
In [26]: foo = 'bar'

In [27]: foo
Out[27]: 'bar'

In [28]: _i27
Out[28]: u'foo'

In [29]: _27
Out[29]: 'bar'
```

入力変数（_iX）は文字列です。したがってこの表現を評価するにはPythonのevalキーワードを使い

ます。

```
In [30]: eval(_i27)
Out[30]: 'bar'
```

ここで_i27はコード入力のIn [27]に相当します。

IPythonには、入出力履歴を制御できるマジック関数が用意されています。%histは入力履歴の全体、あるいは一部を表示します。このとき、行番号付き、もしくは行番号なしを選択できます。%resetは対話名前空間をクリアします。このとき、入出力キャッシュも合わせてクリアすることができます。%xdelは**特定の**オブジェクトへの参照をすべて削除することができます。これらのマジック関数の詳細についてはドキュメントを参照してください。

> 巨大なデータセットを扱っていて、Python標準のdelキーワードなどで変数を削除するような場合、IPythonの入出力履歴機能はガベージコレクトされない（メモリ解放されない）ことに注意してください。このような場面では、誤操作に留意しながら%xdelや%resetを活用することで対処できる場合があることを覚えておいてください。

B.2　オペレーティングシステムとの連携

IPythonの重要な機能の1つに、オペレーティングシステム（OS）のシェルとの統合があります。とりわけ有用なのは、IPython環境を終了せずに、基本的なOSコマンド操作を直接実行できる点です。具体的には、シェルコマンドの実行、カレントディレクトリの変更、リストや文字列などPythonオブジェクトへのシェルコマンド結果の格納といったことができます。さらにIPythonはシンプルなシェルコマンドのエイリアス（別名定義）や、ディレクトリへのブックマーク機能も提供しており、これらを見ていきたいと思います。

表B-1に、シェルコマンド呼び出しのためのマジック関数とその構文をまとめました。ここから数節を使って、これらの機能のうちいくつかを紹介します。

表B-1　IPythonのシステム関連コマンド

コマンド	説明
!cmd	OSのシェル上でcmdを実行。
output = !cmd args	cmdを実行し、標準出力（stdout）に出力される実行結果をoutputに保管。
%alias *alias_name cmd*	システムコマンド（シェルコマンド）cmdに別名alias_nameを付ける。
%bookmark	IPythonのディレクトリブックマーク機能の有効化。
%cd *directory*	引数で与えられたディレクトリにワーキングディレクトリを移動する。
%pwd	現在のワーキングディレクトリを表示する。
%pushd *directory*	現在のワーキングディレクトリをスタックに保管し、引数で与えられたディレクトリに移動する。
%popd	スタックから最上位に保管されたディレクトリを除去し、ワーキングディレクトリをそこに移動する。
%dirs	現在のディレクトリスタックを表示する。

コマンド	説明
%dhist	ディレクトリの訪問履歴を表示する。
%env	システム環境変数の一覧をディクショナリオブジェクトとして返す。
%matplotlib	matplotlib環境の有効化。

B.2.1 シェルコマンドとエイリアス（別名定義）

IPythonへの入力行を感嘆符（!）で始めた場合、IPythonは感嘆符より後ろのすべての文字列をシステムのシェルで実行します。つまり、IPython上でファイルの削除（Unixではrm、Windowsではdelなど）、ディレクトリの変更、別プロセスの実行などが可能になります。

コンソールに出力されるシェルコマンドの結果をPythonの変数に保管することができます。これには、変数の値に!表記のコマンドを指定します。例えば著者の環境はイーサネット接続されたLinuxベースのマシンです。このIPアドレスをPython変数として保管するには次のようにします。

```
In [1]: ip_info = !ifconfig wlan0 | grep "inet "

In [2]: ip_info[0].strip()
Out[2]: 'inet addr:10.0.0.11  Bcast:10.0.0.255  Mask:255.255.255.0'
```

変数ip_infoは、コンソール出力保管のために用意されたカスタム型からなるオブジェクトです。これは、さまざまなコンソール出力を格納できるようにした独自のリスト型です。

また、IPythonではPythonの変数の値をシステムに渡して処理させることもできます。これには!でシェルコマンドを呼び出す際、次の例のように、変数名の前にドル記号（$）を付けるようにします。

```
In [3]: foo = 'test*'

In [4]: !ls $foo
test4.py  test.py  test.xml
```

マジック関数%aliasを使うと、シェルコマンドのショートカットを定義することができます。簡単な例を見てみましょう。

```
In [1]: %alias ll ls -l

In [2]: ll /usr
total 332
drwxr-xr-x    2 root root   69632 2012-01-29 20:36 bin/
drwxr-xr-x    2 root root    4096 2010-08-23 12:05 games/
drwxr-xr-x  123 root root   20480 2011-12-26 18:08 include/
drwxr-xr-x  265 root root  126976 2012-01-29 20:36 lib/
drwxr-xr-x   44 root root   69632 2011-12-26 18:08 lib32/
lrwxrwxrwx    1 root root       3 2010-08-23 16:02 lib64 -> lib/
drwxr-xr-x   15 root root    4096 2011-10-13 19:03 local/
drwxr-xr-x    2 root root   12288 2012-01-12 09:32 sbin/
drwxr-xr-x  387 root root   12288 2011-11-04 22:53 share/
drwxrwsr-x   24 root src     4096 2011-07-17 18:38 src/
```

複数コマンドの直列実行には、各コマンドをセミコロンで区切って指定します。次の例を見てください。

```
In [558]: %alias test_alias (cd examples; ls; cd ..)

In [559]: test_alias
macrodata.csv  spx.csv  tips.csv
```

IPythonの対話セッション内で定義したエイリアスは、セッション終了とともに消去されます。永続的に定義したい場合、後述するIPython構成機能で定義する必要があります。

B.2.2　ディレクトリブックマークシステム

IPythonにはディレクトリを簡単に行き来できるよう、ディレクトリのブックマーク機能が用意されています。例えば、手元の環境にクローンしたこの本のGitHubリポジトリ（http://github.com/wesm/pydata-book）をブックマークに登録してみましょう。

```
In [6]: %bookmark py4da /home/wesm/code/pydata-book
```

このように定義しておくと、以降%cdマジックコマンドから次のようにしてブックマークを呼び出すことができます。

```
In [7]: cd py4da
(bookmark:py4da) -> /home/wesm/code/pydata-book
/home/wesm/code/pydata-book
```

時として、カレントディレクトリ内にブックマーク名と同名のディレクトリが存在し、競合することがあります。ブックマーク側のディレクトリに移動するには、%cdの-bオプションを使い、明示的にブックマークを呼び出すようにします。現在のブックマーク登録状況を確認するには、%bookmarkを-lオプション付きで呼び出します。

```
In [8]: %bookmark -l
Current bookmarks:
py4da -> /home/wesm/code/pydata-book-source
```

エイリアスと異なり、登録したブックマークはセッションの終了後も永続的に保管されます。

B.3　ソフトウェア開発ツール

対話的な計算とデータ処理をよりよい環境で進められるよう、IPythonにはソフトウェア開発ツールが準備されています。データ分析アプリケーションに重要なのは、まず**正しく**動作するコードを記述することです。これを支えるため、IPythonはPython標準の組み込みデバッガpdbとの統合を改良してきました。次に重要なのは、**速く**動作するコードにするということです。これを実現できるよう、IPythonには簡便に使うことのできる時間計測ツールとプロファイリングツールが提供されています。

この節ではこれらの機能について紹介します。

B.3.1　対話的デバッガ

IPythonでのpdbデバッガ拡張では、タブ補完、構文のハイライト、例外トレースバック時の周辺行表示といった機能が提供されます。デバッガを呼び出すべきタイミングというのはいくつかありますが、中でもエラーが起こったそのときに呼び出すのが一番効果的です。例外の発生した直後に%debugコマンドを入力すると、いわゆるポストモーテムデバッガ（post-mortem debugger、検死デバッガ）が起動されます。ここから、例外発生時点の関数呼び出しスタックフレームに踏み込んでいきます。次の例を見てください[*1]。

```
In [2]: run examples/ipython_bug.py
---------------------------------------------------------------------------
AssertionError                            Traceback (most recent call last)
/home/wesm/code/pydata-book/examples/ipython_bug.py in <module>()
     13         throws_an_exception()
     14
---> 15 calling_things()

/home/wesm/code/pydata-book/examples/ipython_bug.py in calling_things()
     11 def calling_things():
     12     works_fine()
---> 13     throws_an_exception()
     14
     15 calling_things()

/home/wesm/code/pydata-book/examples/ipython_bug.py in throws_an_exception()
      7     a = 5
      8     b = 6
----> 9     assert(a + b == 10)
     10
     11 def calling_things():

AssertionError:

In [3]: %debug
> /home/wesm/code/pydata-book/examples/ipython_bug.py(9)throws_an_exception()
      8     b = 6
----> 9     assert(a + b == 10)
     10

ipdb>
```

デバッガの起動後には、その関数スタックフレーム内での任意のPythonコードの実行、またインタ

[*1]　訳注：このサンプルコードはhttps://github.com/wesm/pydata-book/blob/1st-edition/ch03/ipython_bug.pyから入手できます。この本のGitHubリポジトリから1st-editionブランチをgit checkoutしてください。

プリタによって例外発生時点の状態が保存されているため、その時点のオブジェクトやデータの表示が可能です。デフォルトでは、開始位置はエラー発生スタックの最下層となっています。スタック内の移動には、u (up) および d (down) を用いてレベルを変更します。

```
ipdb> u
> /home/wesm/code/pydata-book/examples/ipython_bug.py(13)calling_things()
     12     works_fine()
---> 13     throws_an_exception()
     14
```

例外発生時に自動的にデバッガを起動するには%pdbコマンドを用います。%pdbコマンドはトグルになっており、発行することによりonもしくはoffを切り替えます。

デバッガを用いることで、ブレークポイントを設定しての実行や、各ステージでの挙動確認のための1ステップごとの実行が可能になります。この起動にはいくつかの方法があります。まず、%runコマンドに-dオプションを設定する方法を見ていきます。この方法では、スクリプトの実行前に事前にデバッガを起動します。実際にスクリプトを実行していくにはまずs (step) を入力し、スクリプト内の命令を実行していきます。

```
In [5]: run -d examples/ipython_bug.py
Breakpoint 1 at /home/wesm/code/pydata-book/examples/ipython_bug.py:1
NOTE: Enter 'c' at the ipdb>  prompt to start your script.
> <string>(1)<module>()

ipdb> s
--Call--
> /home/wesm/code/pydata-book/examples/ipython_bug.py(1)<module>()
1---> 1 def works_fine():
     2     a = 5
     3     b = 6
```

ここから自由にデバッグを進めていくことができます。例えば前出の例外 (ipython_bug.pyで発生したAssertionError) に対して、エラーの発生する直前の命令であるworks_fineメソッドにb (breakpoint) でブレークポイントを設定してみましょう。ブレークポイント手前まで一気に処理させるのに、c (continue) を入力します。

```
ipdb> b 12
ipdb> c
> /home/wesm/code/pydata-book/examples/ipython_bug.py(12)calling_things()
     11 def calling_things():
2--> 12     works_fine()
     13     throws_an_exception()
```

ここで2通りの選択肢があります。

1つ目はworks_fine()に「ステップイン」して踏み込む (コマンドはs) か、works_fine()を実行する

かのいずれかです。ここでは n (next) を入力し、works_fine() を実行します。

```
ipdb> n
> /home/wesm/code/pydata-book/examples/ipython_bug.py(13)calling_things()
2    12       works_fine()
---> 13       throws_an_exception()
     14
```

　続いて throws_an_exception() の調査に入ります。エラーの起きた行を精査し、またその時点でスコープにある変数の値が何であったかを確認します。注意すべき点は、デバッガコマンドと変数名が重なった場合、優先的にデバッガコマンドとして解釈されるということです。明示的に変数として解釈させるには、変数の前に ! を付けます。

```
ipdb> s
--Call--
> /home/wesm/code/pydata-book/examples/ipython_bug.py(6)throws_an_exception()
      5
----> 6 def throws_an_exception():
      7     a = 5

ipdb> n
> /home/wesm/code/pydata-book/examples/ipython_bug.py(7)throws_an_exception()
      6 def throws_an_exception():
----> 7     a = 5
      8     b = 6

ipdb> n
> /home/wesm/code/pydata-book/examples/ipython_bug.py(8)throws_an_exception()
      7     a = 5
----> 8     b = 6
      9     assert(a + b == 10)

ipdb> n
> /home/wesm/code/pydata-book/examples/ipython_bug.py(9)throws_an_exception()
      8     b = 6
----> 9     assert(a + b == 10)
     10

ipdb> !a
5
ipdb> !b
6
```

　ここまでデバッグの例を見てきましたが、対話的デバッガに熟達するには、1にも2にも練習と経験が必要です。**表B-2** に、主要なデバッガコマンドのリストを載せておきました。IDE環境と比較すると、この端末ベースのデバッガというのは最初は敷居が高く感じられますが、使っていくうちに慣れていくものです。一方でPython IDEの中には優れたGUIデバッガが付属するものもあり、こちらを便利に感

じるユーザも多いかもしれません。

表B-2　IPython（およびPython標準）デバッガコマンド一覧

コマンド	動作
h(elp)	コマンドのリストを表示。
help *command*	*command*のヘルプを表示。
c(ontinue)	プログラムの実行を再開。
q(uit)	デバッガの終了。以降のコードは実行しない。
b(reak) *number*	現在のファイルに対して行番号*number*にブレークポイントを設定。
b *path/to/file.py:number*	指定したファイルに対して行番号*number*にブレークポイントを設定。
s(tep)	呼び出し先の関数の**中**に踏み込む（ステップイン）。
n(ext)	現在の行を実行し、同一レベルにある次の行を実行（ステップオーバー）。
u(p)/d(own)	関数呼び出しスタック内を1段上がる／1段下がる。
a(rgs)	現在の関数の引数を表示。
debug *statement*	再帰的に新しいデバッガを起動し、その中で*statement*をデバッグする。
l(ist) *statement*	現在行とその前後の行を表示。
w(here)	現在位置からの完全な関数スタックトレースを表示。

B.3.1.1　その他のデバッガ起動方法

　デバッガを起動するには他にもいくつかの方法があります。最初に挙げるset_trace関数は、「安っぽい」ブレークポイント（「poor man's breakpoint」）と呼ばれる手法です[*1]。ここで取り上げるset_trace()とそれからもう1つdebug()のコード片を、私のようにIPythonプロファイルに追加しておくなどして普段使いできるようにどこかに保管しておくのをお勧めします。

```python
from IPython.core.debugger import Pdb

def set_trace():
    Pdb(color_scheme='Linux').set_trace(sys._getframe().f_back)

def debug(f, *args, **kwargs):
    pdb = Pdb(color_scheme='Linux')
    return pdb.runcall(f, *args, **kwargs)
```

　最初の関数set_traceはとてもシンプルな機能です。開発中のコードの任意の位置にset_trace()を仕込んでおくと、そこで動作を停止させてデバッガを起動することができます。例えば、例外が発生することがわかっている直前の位置に仕込んでおくと、次のようになります。

```
In [7]: run examples/ipython_bug.py
> /home/wesm/code/pydata-book/examples/ipython_bug.py(16)calling_things()
     15     set_trace()
---> 16     throws_an_exception()
     17
```

[*1]　訳注：日本で言うところのprintfデバッグに相当。

その後、c (continue) を指示することで停止位置以降のコードを実行します。

一方のdebug関数は、任意の関数に対して対話的デバッガを起動させるものです。例えば次のような関数fを書いたとして、このfの内部ロジックを追いたいというケースを考えます。

```
def f(x, y, z=1):
    tmp = x + y
    return tmp / z
```

fの呼び出し方法は、f(1, 2, z=3)といった形式になっています。debug関数でfの挙動を調べるには、まずdebugの第1引数に関数 (この場合はf) を指定します。そして第2引数以降にfに与える本来の引数を指定します。

```
In [6]: debug(f, 1, 2, z=3)
> <ipython-input>(2)f()
      1 def f(x, y, z):
----> 2     tmp = x + y
      3     return tmp / z

ipdb>
```

著者の日々の開発作業の中で、これら2つの関数のおかげでこれまでに莫大な時間を節約することができました。

最後に見るのは、%runと組み合わせてデバッガを使う方法です。スクリプトを%run -dで起動すると、そのスクリプトに対してデバッガが起動します。

```
In [1]: %run -d examples/ipython_bug.py
Breakpoint 1 at /home/wesm/code/pydata-book/examples/ipython_bug.py:1
NOTE: Enter 'c' at the ipdb>  prompt to start your script.
> <string>(1)<module>()

ipdb>
```

オプションに-bで行番号を指定することで、事前にブレークポイントを設定することができます。

```
In [2]: %run -d -b2 examples/ipython_bug.py
Breakpoint 1 at /home/wesm/code/pydata-book/examples/ipython_bug.py:2
NOTE: Enter 'c' at the ipdb>  prompt to start your script.
> <string>(1)<module>()

ipdb> c
> /home/wesm/code/pydata-book/examples/ipython_bug.py(2)works_fine()
      1 def works_fine():
1---> 2     a = 5
      3     b = 6

ipdb>
```

B.3.2　処理時間の計測：%timeと%timeit

　データ分析アプリケーションが大規模になる場合や、長時間実行することになる場合を考えます。このような場面では実行時間の計測が重要で、そのレベルはコンポーネントごとであったり、個々の命令であったり、関数呼び出しであったりとさまざまです。またさまざまな関数呼び出しのうち、どれに一番時間がかかっているかを突き止める必要もあるでしょう。こういった場面に応えられるよう、IPythonには処理時間計測のツールが用意されています。

　まず愚直な例として、自前で処理時間を計測することを考えます。この場合、組み込みのtimeモジュールからtime.clockとtime.timeを使い、次のような面白くもない定形コードを毎回書くことになるでしょう。

```
import time
start = time.time()
for i in range(iterations):
    # 繰り返し実行するコードを書く
elapsed_per = (time.time() - start) / iterations
```

　処理時間の計測のため毎回こういったコードを書く必要がないように、IPythonには2種類のマジック関数%timeと%timeitが用意されています。

　%timeは指定された処理を1度だけ実行し、総実行時間を教えてくれます。例えば文字列からなる巨大なリストがあり、特定の文字列から始まるものを抽出することを考えます。これを実現するいくつかの処理を比較したとき、どの処理が最も速いのかを知りたいものとします。ここでは600,000の文字列からなるリストがあり、'foo'から始まる文字列を抽出する2種類の処理を比較する例を見てみましょう。

```
# 文字列を莫大に格納したリスト
strings = ['foo', 'foobar', 'baz', 'qux',
           'python', 'Guido Van Rossum'] * 100000

method1 = [x for x in strings if x.startswith('foo')]

method2 = [x for x in strings if x[:3] == 'foo']
```

　method1とmethod2にはパフォーマンス上の違いがあるのでしょうか。これを確かめるのに%timeを使います。

```
In [561]: %time method1 = [x for x in strings if x.startswith('foo')]
CPU times: user 0.19 s, sys: 0.00 s, total: 0.19 s
Wall time: 0.19 s

In [562]: %time method2 = [x for x in strings if x[:3] == 'foo']
CPU times: user 0.09 s, sys: 0.00 s, total: 0.09 s
Wall time: 0.09 s
```

最も着目すべき値は、Wall timeで示される実処理時間です[*1]。これを見ると、method1はmethod2の2倍以上の時間がかかったことがわかりますが、実際はこの値は厳密な計測とは言えません。仮に何度かこの%timeコマンドを実行してみると、毎回結果が変動することがわかるでしょう。この計測をもう少し正確にするために用意されているのが、マジック関数%timeitです。%timeitに任意のコマンドを与えると、自動的に最適と思われる計測回数が選ばれ、各回の計測平均が戻されます。

```
In [563]: %timeit [x for x in strings if x.startswith('foo')]
10 loops, best of 3: 159 ms per loop

In [564]: %timeit [x for x in strings if x[:3] == 'foo']
10 loops, best of 3: 59.3 ms per loop
```

この例は一見大したことのない結果のようですが、これから利用していくPython標準ライブラリ、NumPy、pandasや他のライブラリの性能を評価する上で大変重要になってきます。つまり、大規模データの分析に当たっては、ほんの数ミリ秒の違いが大きく積み重なってくるのです！

%timeitが特に有効な場面は、命令の実行時間のオーダーがマイクロ秒（10^{-6}秒）、あるいはナノ秒（10^{-9}秒）といったごく短い時間となる場合です。このレベルの実行時間は、1回分を見れば本当にわずかなものですが、ある処理を100万回実行するとき、20マイクロ秒の処理を5マイクロ秒にできるとすれば、15秒も稼ぐことができます。ここでは上の2つの関数の性能を比較してみることにします[*2]。

```
In [565]: x = 'foobar'

In [566]: y = 'foo'

In [567]: %timeit x.startswith(y)
1000000 loops, best of 3: 267 ns per loop

In [568]: %timeit x[:3] == y
10000000 loops, best of 3: 147 ns per loop
```

B.3.3　プロファイリングの基礎：%prunと%run -p

コードのプロファイリングは処理時間計測によく似た概念ですが、唯一の違いはプロファイリングではどこで時間を消費しているのかを突き止める、という点です。ここで紹介するcProfileモジュールはPythonの標準プロファイリングツールであり、IPython固有のものというわけではありません。cProfileは対象のプログラムやコードに対し、それぞれの関数の消費時間をトラッキングします。

cProfileの基本的な利用方法は、コマンドラインから任意のプログラムをcProfile指定で起動し、その結果を関数ごとの消費時間のまとめとして受け取るという流れです。ここに、簡単な線形代数計

[*1]　訳注：Wall timeとは文字通り「壁時計」のことで、現実世界の経過時間という意味で用いられます。
[*2]　訳注：この例では純粋に文字列比較性能だけを計測するため、対象文字列リストの条件を短いものに変更しています。

算を行うスクリプトがあるものとします。このスクリプトでは、100×100行列を要素とするリストに対し、それぞれの行列の固有値の絶対値の最大のものを計算します。

```python
import numpy as np
from numpy.linalg import eigvals

def run_experiment(niter=100):
    K = 100
    results = []
    for _ in range(niter):
        mat = np.random.randn(K, K)
        max_eigenvalue = np.abs(eigvals(mat)).max()
        results.append(max_eigenvalue)
    return results
some_results = run_experiment()
print('Largest one we saw: {0}'.format(np.max(some_results)))
```

ここで注目すべきなのは、スクリプトを次のようにしてcProfile経由で実行する点です。

```
python -m cProfile cprof_example.py
```

これにより関数名でソートされた計測結果が表示されますが、しかしこれでは最も時間を消費していたのがどの関数かがよくわかりません。そこで-sフラグで**ソート順**を指定し、次のようにします。

```
$ python -m cProfile -s cumulative cprof_example.py
Largest one we saw: 11.923204422
    15116 function calls (14927 primitive calls) in 0.720 seconds

Ordered by: cumulative time

ncalls  tottime  percall  cumtime  percall filename:lineno(function)
     1    0.001    0.001    0.721    0.721 cprof_example.py:1(<module>)
   100    0.003    0.000    0.586    0.006 linalg.py:702(eigvals)
   200    0.572    0.003    0.572    0.003 {numpy.linalg.lapack_lite.dgeev}
     1    0.002    0.002    0.075    0.075 __init__.py:106(<module>)
   100    0.059    0.001    0.059    0.001 {method 'randn'}
     1    0.000    0.000    0.044    0.044 add_newdocs.py:9(<module>)
     2    0.001    0.001    0.037    0.019 __init__.py:1(<module>)
     2    0.003    0.002    0.030    0.015 __init__.py:2(<module>)
     1    0.000    0.000    0.030    0.030 type_check.py:3(<module>)
     1    0.001    0.001    0.021    0.021 __init__.py:15(<module>)
     1    0.013    0.013    0.013    0.013 numeric.py:1(<module>)
     1    0.000    0.000    0.009    0.009 __init__.py:6(<module>)
     1    0.001    0.001    0.008    0.008 __init__.py:45(<module>)
   262    0.005    0.000    0.007    0.000 function_base.py:3178(add_newdoc)
   100    0.003    0.000    0.005    0.000 linalg.py:162(_assertFinite)
    ...
```

ここでは最初の15行を載せています。計測結果はcumtime列でソートされており、各関数が**内部で**どれだけの時間を消費したかがわかるようになっています。ここで覚えておく必要があるのは、ある関

数が他の関数を呼び出しているときの計測方法です。この場合、呼び出し元に対しての**時間計測は止めません**。cProfileではある関数の起動時刻と終了時刻を用いて、その関数の実行時間を求めています。

　cProfileの別の呼び出し方法も見ておきましょう。cProfileでは任意のコードブロックを対象にプロファイリングすることができます。IPythonでこの機能を使うときには、マジックコマンドの%prunおよび%runコマンドの-pオプションが用意されています。%prunではcProfileが受け取るのと同じオプションを指定できます。また対象は実行可能な完全なコード（.pyファイル）である必要はなく、任意の命令を受け付けます。

```
In [4]: %prun -l 7 -s cumulative run_experiment()
        4203 function calls in 0.643 seconds

Ordered by: cumulative time
List reduced from 32 to 7 due to restriction <7>

ncalls  tottime  percall  cumtime  percall filename:lineno(function)
     1    0.000    0.000    0.643    0.643 <string>:1(<module>)
     1    0.001    0.001    0.643    0.643 cprof_example.py:4(run_experiment)
   100    0.003    0.000    0.583    0.006 linalg.py:702(eigvals)
   200    0.569    0.003    0.569    0.003 {numpy.linalg.lapack_lite.dgeev}
   100    0.058    0.001    0.058    0.001 {method 'randn'}
   100    0.003    0.000    0.005    0.000 linalg.py:162(_assertFinite)
   200    0.002    0.000    0.002    0.000 {method 'all' of 'numpy.ndarray'}
```

　一方、%run -pでは完全なコードを受け取ります。%run -p -s cumulative cprof_example.pyのように呼び出すことができますが、このときIPythonを終了することなくプロファイリングできるのが強みです。

　Jupyter Notebook環境でコードブロックをプロファイリングするには、%%prunマジックコマンドを使用します。セル内の対象が1行のときはラインマジックである%prunを用い、セル内の複数行を対象にする場合はセルマジックである%%prunを用います。次の例は前出のrun_experiment関数をラインマジック%prunでプロファイリングする例です。

```
%prun -s cumulative some_results = run_experiment()
```

　プロファイル結果はブラウザの下側に表示される独立のウィンドウに表示されます。なぜこのコードブロックの実行はこんなに遅いんだろう、というような場面で役立つことでしょう。

　ここで紹介したもの以外にも、IPython環境やJupyter環境で使うことのできるさまざまなプロファイリグツールが存在します。例えばSnakeViz（https://github.com/jiffyclub/snakeviz/）はd3.jsを用いており、プロファイリング結果を視覚的に表示することができます。

B.3.4　行ごとのプロファイリング

　%prun、あるいは他のcProfileベースのツールでプロファイリングを進めていくと、関数名でまとめて集計されてしまうために関数内部の挙動が見えず、解釈が困難なケースに遭遇することがあります。このような場合に有効なのが、line_profiler（行プロファイラ）と呼ばれる小さなライブラリです。第1章の説明に従ってAnacondaをインストールしている場合、行プロファイラはconda install line_profilerでインストールすることができます。行プロファイラが提供するのは%lprunというIPython拡張マジックコマンドで、対象の関数に対する行ごとのプロファイリングが可能になります。行プロファイラを有効にするには、IPython構成システムで次のように設定する必要があります（構成システムについては後の節で述べます。IPythonドキュメントも参照してください）。

```
# 読み込むIPython拡張モジュールのリスト
c.TerminalIPythonApp.extensions = ['line_profiler']
```

　あるいは次のコマンドを実行することでも有効にできます。

```
%load_ext line_profiler
```

　行プロファイラはコードから機能を呼び出すこともできますが（詳細はドキュメントを参照してください）、その威力を発揮するのはやはりIPythonから対話的に利用する場合でしょう。ここでは、prof_modという名前のモジュールがあり、次のようにNumpyの配列演算がコーディングされているものとします。

```
from numpy.random import randn

def add_and_sum(x, y):
    added = x + y
    summed = added.sum(axis=1)
    return summed

def call_function():
    x = randn(1000, 1000)
    y = randn(1000, 1000)
    return add_and_sum(x, y)
```

　このモジュールに定義されたadd_and_sum関数の処理速度を確認するには、先ほど見たように%prunからprof_modを呼び出します。

```
In [569]: %run prof_mod

In [570]: x = randn(3000, 3000)

In [571]: y = randn(3000, 3000)

In [572]: %prun add_and_sum(x, y)
         4 function calls in 0.049 seconds
```

```
Ordered by: internal time
  ncalls  tottime  percall  cumtime  percall filename:lineno(function)
       1    0.036    0.036    0.046    0.046 prof_mod.py:3(add_and_sum)
       1    0.009    0.009    0.009    0.009 {method 'sum' of 'numpy.ndarray'}
       1    0.003    0.003    0.049    0.049 <string>:1(<module>)
```

しかし、この結果からはあまり意味のある情報は得られません。そこで行プロファイラ%lprunの出番です。%lprunと%prunの唯一の違いは、詳細を知りたい関数名を指定する必要があるという点だけです。%lprunの一般的な構文は次のようになります[1]。プロファイルされる関数は-fオプションで指定した関数のみが対象になります。

%lprun -f func1 -f func2 **statement_to_profile**

今回知りたいのはadd_and_sumの詳細ですので、次のようにします。

```
In [573]: %lprun -f add_and_sum add_and_sum(x, y)
Timer unit: 1e-06 s
File: prof_mod.py
Function: add_and_sum at line 3
Total time: 0.045936 s
Line #      Hits         Time  Per Hit   % Time  Line Contents
==============================================================
     3                                           def add_and_sum(x, y):
     4         1        36510  36510.0     79.5      added = x + y
     5         1         9425   9425.0     20.5      summed = added.sum(axis=1)
     6         1            1      1.0      0.0      return summed
```

今度はどの処理がボトルネックとなっていたのか、一目瞭然でしょう。今回紹介したケースはいわば局所的な解析で、プロファイルする処理（add_and_sum(x,y)）と、実際に詳細を見る関数（-f add_and_sum）が一致していました。前出のスクリプト全体を解析するために、プロファイルする処理としてcall_functionを指定し、詳細を見る関数にはadd_and_sumとcall_function両方を指定してみましょう。

```
In [574]: %lprun -f add_and_sum -f call_function call_function()
Timer unit: 1e-06 s
File: prof_mod.py
Function: add_and_sum at line 3
Total time: 0.005526 s
Line #      Hits         Time  Per Hit   % Time  Line Contents
==============================================================
     3                                           def add_and_sum(x, y):
     4         1         4375   4375.0     79.2      added = x + y
     5         1         1149   1149.0     20.8      summed = added.sum(axis=1)
     6         1            2      2.0      0.0      return summed
File: prof_mod.py
```

---

[1] 訳注：statement_to_profileに指示された処理がline_profilerでプロファイリングされます。

```
Function: call_function at line 8
Total time: 0.121016 s
Line #      Hits         Time  Per Hit   % Time  Line Contents
==============================================================
     8                                           def call_function():
     9         1        57169  57169.0     47.2      x = randn(1000, 1000)
    10         1        58304  58304.0     48.2      y = randn(1000, 1000)
    11         1         5543   5543.0      4.6      return add_and_sum(x, y)
```

　著者の経験からは、%prun(cProfile)で目的とするのはいわば「マクロ」のプロファイリングで、一方 %lprun(line_profiler)では「ミクロ」のプロファイリングを目的とします。この2つのツールを使いこなし、効率的な開発に役立ててください。

 なぜ%lprunではプロファイルしたい関数名を明示的に指定する必要があるのでしょうか。これは、実際に関数内の各行をトレースする実行時間オーバーヘッドが馬鹿にならないためです。興味のない関数内までもトレースしていると、プロファイリング結果を大幅に変動させてしまうのです。

B.4　IPythonでの生産的コード開発に向けたヒント

　コードを書くとき、開発しやすく、デバッグしやすく、そして究極的には**使いやすく**することを目指そうとすると、多くの人にとって考え方を変革する必要が出てくるかもしれません。ここでは、そのために必要なコーディングスタイルへのアドバイスだけでなく、コード再読み込み時の考え方のような、Pythonならではの習熟が必要な技法についても触れたいと思います。

　この節の大部分は論理的、科学的というよりは経験則に基づいたものです。それゆえ、ここで書かれていることを生かすには、読者自身の試行錯誤が必要です。究極的に言えば、自身のコードを構造的にしておくことで、再利用性を高め、プログラムや関数の実行結果を苦労なく得られるようにしたいというのは誰もが目指すところです。著者が発見したのは、IPythonで設計・開発したソフトウェアというのは、単にスタンドアロンのコマンドラインアプリケーションとして開発されたものより、使い勝手がよいということです。この点を特に痛感するのは、例えば数ヶ月、あるいは数年前に誰かが開発したコードに何か不具合があり、何とか修正しなければならないような場面です。

B.4.1　依存関係を考慮したモジュールの再読み込み

　Pythonでimport some_libという命令を実行すると、some_libに定義された処理が実行されます。またsome_libの内容はsome_libモジュール名前空間に展開されます。展開される内容は、some_libに定義されたすべての変数、関数定義、importです。次に再びimport some_libを実行すると、先に生成しておいたモジュール名前空間への参照が用いられます。この仕様は、IPython上で対話的に開発を進めるときに問題になる場合があります。例えば%runで実行させるスクリプトの内部からあるモジュー

ルを呼び出しており、そのモジュールに変更を加えたいような場合です。次のようなtest_script.py
を考えてみましょう。

```
import some_lib

x = 5
y = [1, 2, 3, 4]
result = some_lib.get_answer(x, y)
```

%run test_script.pyを実行し、その直後にsome_lib.pyを修正する必要があったとしましょう。こ
のとき、修正後に実行する%run test_script.pyでは、some_libの**古い方**への参照を見てしまいます。
この挙動はMATLABなど、コードの変更を自動反映するデータ分析環境とは異なる点です[1]。これに
対処するにはいくつかの方法があります。最初に紹介するのはPython標準のimportlibモジュールに
含まれるreload()関数です。test_script.pyに、次のように1行追加します。

```
import some_lib
import importlib

importlib.reload(some_lib)
```

このようにすれば、test_script.pyを実行するときには、最新のsome_libが読み込まれることが保
証されます。ただし、依存関係が深く、複雑になっていくと、このreload()命令をすべてのimportに
仕込んでいくのは困難になります。この問題を解決するのに、IPythonが提供しているのがdreload関
数（"deep reloading of module"）です（これはマジック関数**ではありません**）。some_libをimportする
際、dreload(some_lib)を発行しておくと、some_libのすべての呼び出しにおいて再読み込みしてくれ
ます。残念ながらこの仕組みは完璧なものではありません。したがって、うまく再読み込みが動作しな
い場合にはIPython環境を再起動するようにしましょう。

B.4.2　コード設計のヒント

この話題に対する簡潔な回答というのはありません。しかしここでは、著者自身の経験から得られた、
いくつかの大原則を紹介してみたいと思います。

B.4.2.1　重要なオブジェクトとデータは目の届くところに

コマンドライン用に書かれたプログラムとして、次の例のような構造をときどき見かけます。

```
from my_functions import g
```

---

[1]　原注：あるモジュールやパッケージが、あるプログラム内のさまざまな箇所からimportされる可能性があることから、
Pythonではそのモジュールコードの初回呼び出し時にキャッシュするようにしています。毎回の呼び出しに対して毎
回ロードするようにはなっていません。これはトレードオフで、モジュール化とそれによる優れたコード構成を実現
するために、初回ロードによりオーバーヘッドを極小化するのか、それとも実行速度を犠牲にしても毎回ロードによ
り処理内容を確実に保証するのか、という設計上の選択があったと考えられます。

```python
def f(x, y):
    return g(x + y)

def main():
    x = 6
    y = 7.5
    result = x + y

if __name__ == '__main__':
    main()
```

このプログラムの何が悪いと言うのでしょうか。IPythonでこのプログラムを実行する場合を考えてみると、実行後、このプログラムに関連する変数やオブジェクトに対し、IPythonシェルからはどれひとつとしてアクセスすることができません。これを解決するには、main関数にあるコードをすべて、そのモジュールのグローバル名前空間に入れてしまう（あるいはこのプログラムをimport可能にする場合は`__name__ == '__main__':`ブロックに入れてしまう）ようにします。このようにすれば、%runでプログラムを実行したときにmain内のすべての変数にアクセスできるのです。Jupyter Notebook環境の場合、変数をセルのトップレベルに定義しておくことで同様の考え方を実現できます。

B.4.2.2　ネストさせなくていいならしない方がいい

呼び出しが深くネストされたコードを見ると、著者はいつもタマネギのことを思い浮かべてしまいます。関数をテストし、デバッグするとき、目的のコード位置に到達するのに、こういう設計ではタマネギの皮を何枚剥かなければならないのでしょうか。「ネストさせなくていいならしない方がいい」というのはPythonの極意（"the Zen of Python"[*1]）の一部であり、他の対話的な開発にも応用可能な考え方です。関数（およびクラス）を分離し、モジュール化しておくのです。そうすれば、（単体テストがあれば）テストしやすく、デバッグしやすく、対話的に使いやすいコードになります。

B.4.2.3　ソースコード分割したい病の克服

Javaやそれに類する言語の経験をお持ちの読者は、1ファイルを小さくするように、と言われたことがあるでしょう。多くの言語ではこの考え方はアドバイスとして適切です。巨大なコードファイルからは、いわゆる「臭うコード」の雰囲気が漂い、リファクタリングや大幅な設計見直しの必要性を知らせてくれます。一方、IPythonで開発する場合に、例えば相互に関連する10ファイルがあり、1ファイル当たりせいぜい100行程度、というプログラム群を考えてみてください。このような環境で開発するのを思うだけで頭が痛くなってきます。むしろ、1ファイルに全行がコーディングされている状態、あるいは多くても2,3ファイルに分けて全行が記録されている状態の方が、よほど扱いやすいものです。

Pythonにおいてファイルが少ないということは、再読み込みに必要なモジュールが少なくて済み、また開発の際にファイル間を飛び回る回数も少なくて済む、ということです。著者のこれまでの経験で

[*1]　訳注：Tim Peters「The Zen of Python」(http://www.python.org/dev/peps/pep-0020/)

わかってきたことは、大きなモジュールで、**その内部**で密結合しているようなもの、というのが断然使いやすく、保守しやすく、またPython風であるということです。この状態がスタートラインです。そして将来、コードを繰り返し用いていくうちに、自然とリファクタリングの機運が高まり、大きなファイルを小さないくつかに分離していくこともあるでしょう。

　ここで確認しておきたいのは、著者には極論を振りかざすつもりはないという点です。これまでのありとあらゆるコード資産を、1つの莫大なファイルに押し込めなさい、などと言うつもりはありません。そもそも大規模なコードベースに対して、そのモジュールおよびパッケージ構造はどうあるべきでしょうか。構造を常識的かつ直感的なものにするというのは、少し骨の折れる仕事ですが、しかしチームでの開発を成功させるためには大変重要な作業です。その構造の満たすべき条件は、モジュール内部で密結合していることと、関数とクラスが担当する機能ごとに分離しており、可能な限り明確に整理されていることが挙げられます。

B.5　高度なIPython機能

　IPython機能を完全に使いこなすことができると、IPython設定の詳細がわかるようになります。またこれまでと少し違ったコードの書き方ができるかもしれません。

B.5.1　自前のクラスのIPythonへの親和性を高める技法

　IPythonでは、あらゆるオブジェクトに対してその中身をコンソールにわかりやすく表示することができます。ディクショナリやリスト、タプルといったオブジェクトに対しては、組み込みのpprintモジュール（Data pretty printer）がこの表示機能を担います。一方ユーザ定義のクラスに対しては、そのコンソール上への表示をどのようにすべきか、ユーザが設計しなければなりません。例えば次のような簡単なクラスを考えます。

```
class Message:
    def __init__(self, msg):
        self.msg = msg
```

　このように定義し、このクラスのインスタンスをコンソールに表示してみます。しかしその結果は見やすいとは言えず、残念なものです。

```
In [576]: x = Message('I have a secret')

In [577]: x
Out[577]: <__main__.Message instance at 0x60ebbd8>
```

　実はIPythonがコンソール上に文字列を表示するときには、__repr__特殊メソッドが実行されています。__repr__を定義しておくと、まず内部的にPython組み込みのrepr()を用い、output=repr(obj)が呼び出されます。そして__repr__で定義した結果を評価してoutputとしてコンソールに出力します。したがって、ユーザは自前のクラスに__repr__を定義しておくことで、まともなコンソール出力

を得ることができます。先ほどのクラスに設定してみましょう。

```
class Message:
    def __init__(self, msg):
        self.msg = msg

    def __repr__(self):
        return 'Message: %s' % self.msg

In [579]: x = Message('I have a secret')

In [580]: x
Out[580]: Message: I have a secret
```

B.5.2　IPythonプロファイルと構成機能

　IPythonの構成機能を使うと、IPythonの外観に関連する多くの部分（色設定、プロンプト、行間の幅など）やIPythonシェルの振る舞いを設定できます。具体的には次のような項目を設定可能です。

- 色設定の変更。
- 入力および出力プロンプトの変更、出力直後に挿入される空行の有無。
- 任意のPythonコードの実行。具体的には常にインポートしておきたいモジュールを指定する命令など。
- IPython拡張機能の有効化。前出のline_profilerに含まれる%lprunなど。
- Jupyter拡張機能の有効化。
- ユーザ自身のマジックコマンドやシステムエイリアスの定義。

　これらの構成のすべてが記録されるのは、ipython_config.pyという名前の特別なファイルです。ipython_config.pyのありかはプラットフォームにより異なり、UNIX系OSであれば~/.config/ipython/の直下、Windows系OSであれば%HOME%/.ipython/の直下です。ホームディレクトリがどこになるかはシステムの設定によります。各構成は**プロファイル**に基づいて読み込まれます。通常IPythonを起動すると、まずprofile_defaultディレクトリにある**デフォルトプロファイル**が読み込まれます。著者のLinux環境では、デフォルトプロファイルの位置は次の通りでした。

```
/home/wesm/.ipython/profile_default/ipython_config.py
```

プロファイルを作成するには次のコマンドを実行します。

```
ipython profile create
```

　このファイルにはさまざまな設定項目がありますが、この本ではそれらの詳細には触れません。ただしファイル内の構成オプションに対して、きちんとそれぞれにコメントが付けられています。したがって必要があれば、それぞれのコメントから意味を紐解いてみることをお勧めします。その中でも有用

な機能の1つに、**複数プロファイル**のサポートがあります。例えばある特別なアプリケーションやプロジェクトに対して、それ専用のIPython環境を用意しておきたいようなことがあります。このとき、そのプロジェクト専用のプロファイルを作成するには次のようにします。

```
ipython profile create secret_project
```

この後、このプロファイル用の`ipython_config.py`が`profile_secret_project`ディレクトリにできているはずです。これを編集してカスタマイズしておきます。そして次のようにプロファイルを指定し、IPythonを起動します。

```
$ ipython --profile=secret_project
Python 3.5.1 | packaged by conda-forge | (default, May 20 2016, 05:22:56)
Type "copyright", "credits" or "license" for more information.

IPython 5.1.0 -- An enhanced Interactive Python.
?         -> Introduction and overview of IPython's features.
%quickref -> Quick reference.
help      -> Python's own help system.
object?   -> Details about 'object', use 'object??' for extra details.

IPython profile: secret_project
```

もしIPythonプロファイルと構成についてわからないことが出てきたときには、オンラインのドキュメントに当たってみてください。

Jupyter環境での設定はIPythonのものとやや異なっており、これはnotebookで扱うことのできる言語がPythonに限定されないためです。同様の構成ファイルをJupyterで生成するには次のようにします。

```
jupyter notebook --generate-config
```

このコマンドにより、ユーザのホームディレクトリに`.jupyter/jupyter_notebook_config.py`というファイルが作成されます。要件に応じて更新した後、次のように名前変更しておくこともできます。

```
$ mv ~/.jupyter/jupyter_notebook_config.py ~/.jupyter/my_custom_config.py
```

そしてJupyterを起動する際、次のように`--config`オプションに構成ファイルを指定することができます。

```
jupyter notebook --config=~/.jupyter/my_custom_config.py
```

B.6　まとめ

ここまでこの本で取り上げたサンプルコードを学び、Pythonプログラマとしてのスキルを高めてきた読者にぜひお勧めしたいのは、これからもIPythonとJupyter環境のエコシステムについて学び続け

ていただきたいという点です。どちらのプロジェクトもユーザの開発生産性を向上させる目的を掲げており、単にPythonと関連ライブラリだけの環境よりも容易に開発できることに気付いたことでしょう。

　最後に、Jupyter Notebookでどのようなことができるかを知るのに、さまざまなノートブックの例が集められたサイトであるnbviewer website (https://nbviewer.jupyter.org/) を紹介して終わりたいと思います。

索引

さ行

た行

●著者紹介

Wes McKinney (ウェス・マッキニー)

ニューヨークを拠点に活動するソフトウェア開発者兼起業家。MITで数学を専攻し、2007年に卒業した後は、コネチカット州グリニッジのAQR Capital Managementでクオンツ運用に従事。使いにくいデータ分析ツールに辟易し、2008年にPythonを覚えて、のちにpandasと呼ばれることになるプロジェクトを始める。現在、Pythonの科学コミュニティのアクティブメンバーであり、データ分析、金融、統計計算アプリケーション分野でのPython推進者でもある。共同創立者兼CEOであったDataPadの技術資産およびチームが2014年にClouderaに買収された後は、Apache Software FoundationのApache ArrowならびにApache Parquetプロジェクトの管理委員会に参加。2016年にニューヨークを拠点とするTwo Sigma Investmentsに入社し、オープンソースソフトウェアを通じてデータ分析をより迅速かつ容易に行うために尽力している。

●訳者紹介

瀬戸山 雅人 (せとやま まさと)

大手SIerで勤務後、現在は、株式会社プレセナ・ストラテジック・パートナーズにてeラーニングシステムの開発と運用を行なっている。大学時代には昆虫の研究活動の中でRや統計学の基礎を学習した。共訳書に『RとRubyによるデータ解析入門』『Rグラフィックスクックブック』『戦略的データサイエンス』『データサイエンス講義』『Rパッケージ開発入門』(以上オライリー・ジャパン)。

小林 儀匡 (こばやし のりただ)

東京大学大学院修了後、株式会社ウェザーニューズにて、インフラやフロントエンド、アプリの開発・運用・保守を経て、現在はサービスメニュー開発チームに所属。各種気象データやビジネスデータを用いた調査分析、機械学習等にpandasやNumPy、Jupyterを日々愛用している。様々な技術に触れることは趣味の一つでもあり、オープンソースソフトウェアやデータをいじって好奇心を満たすのが日々の楽しみ。共監訳書に『Subversion 実践入門:達人プログラマに学ぶバージョン管理 第2版』(オーム社)がある。

滝口 開資 (たきぐち はるよし)

東京大学大学院修了。日本アイ・ビー・エム株式会社にてメインフレームのエンジニアとして、様々な顧客の基幹業務システムを担当したのち、2013年よりアマゾン ウェブ サービス ジャパン株式会社にて技術支援業務に従事。顧客のクラウド基盤がより良いものとなるよう日々尽力している。

カバーの説明

表紙の動物は、ツパイ（学名 Ptilocercus lowii）です。欧米では、golden-tailed（金の尾）あるいは pen-tailed（ペンの尾）などと呼ばれています。「golden-tailed」と呼ばれるものは、ハネオツパイ科（Ptilocercidae）ハネオツパイ属（Ptilocercus）のたった1種だけで、他のツパイはすべてツパイ科（Tupaiidae）に属します。ツパイの特徴は、長い尾と柔軟な赤褐色の毛皮です。ハネオツパイはその名のごとく、羽根ペンの羽根に似た尻尾を持ちます。

ツパイは雑食性で、主として昆虫、果物、種子、小型の脊椎動物を捕食します。主にインドネシア、マレーシアおよびタイで観察されているのですが、野生のツパイはアルコールを日常的に摂取することで知られています。マレーシアでは、ハネオツパイが自然発酵したブラタムヤシの蜜を数時間かけて飲むことが確認されています。これは度数3.8%のワイン約10〜12杯に相当します。かなりの量を飲んでいるにも関わらず、ハネオツパイが酔うことはありません。強力なエタノール分解能力を持ち、人間とは違う方法でアルコールを代謝しているためです。飲酒習慣だけでなく、人間を含む哺乳動物の中で、体に占める脳の容積比が一番大きいという特徴も、ツパイは持ちます。

名前に「shrew」（トガリネズミ）が付きますが、ツパイはトガリネズミの仲間ではなく、より霊長類に近いと考えられています。そのため、ツパイは近視、心理社会的ストレスおよび肝炎といった医学的実験用に霊長類の代用として使われてきました。

Pythonによるデータ分析入門 第2版
NumPy、pandasを使ったデータ処理

| 2018年 7 月24日 | 初版第 1 刷発行 |
| 2021年 5 月25日 | 初版第 4 刷発行 |

著　　　者	Wes McKinney（ウェス・マッキニー）
訳　　　者	瀬戸山 雅人（せとやま まさと）、小林 儀匡（こばやし のりただ）、 滝口 開資（たきぐち はるよし）
発 行 人	ティム・オライリー
制　　　作	ビーンズ・ネットワークス
印 刷・製 本	株式会社平河工業社
発 行 所	株式会社オライリー・ジャパン 〒160-0002　東京都新宿区四谷坂町12番22号 Tel　　（03）3356-5227 Fax　　（03）3356-5263 電子メール　japan@oreilly.co.jp
発 売 元	株式会社オーム社 〒101-8460　東京都千代田区神田錦町3-1 Tel　　（03）3233-0641（代表） Fax　　（03）3233-3440

Printed in Japan（ISBN978-4-87311-845-1）
乱丁本、落丁本はお取り替え致します。